쉽고 빠르게
소방설비기사
합격!

쉽고 빠르게 합격하는
소방설비(산업)기사

| 소방기계분야 실기 |

이종오 편저

PREFACE

"쉽고 빠르게 합격하는 소방설비(산업)기사" 시리즈의 저자 이종오 입니다.

2010년 이후 건물이 고층화되고 안전관리분야가 강화되면서 매년 소방설비기사 기계분야 및 전기분야 응시생들이 증가하고 있는 추세입니다. 안전관리 분야의 강화에 맞춰 새로운 취업의 기회를 제공할 것이며 관련 인력 또한 많이 필요해질 겁니다.

"쉽고 빠르게 합격하는 소방설비(산업) 기사" 시리즈는 시험 합격을 최우선으로 두고 관련 이론의 이해와 기출 중심의 문제풀이를 중심으로 단권화했습니다 단권화를 통해 꼭 강의를 듣지 않더라고 자연스럽게 이해할 수 있게 체계적으로 구성 빠른 학습이 가능하도록 했습니다.
부족한 부분은 관련 동영상 강의를 참조하시면 좀 더 확실한 이해가 가능하실 겁니다.

교재를 보시는 소방설비기사 및 산업기사 응시생 여러분의 합격을 빌겠습니다 감사합니다.

학습방법

1. 소방기계시설 설계 및 시공

단원별 공부방법	최근 5년간 기출 비중
유체역학★	18%
소화기구 및 자동소화장치	2%
옥내소화전설비★	4%
옥외소화전설비	2%
스프링클러설비★	10%
간이스프링클러설비	2%
화재조기진압용스프링클러설비	–
물분무 소화설비	2%
미분무 소화설비	1%
포소화설비★	5%

2. 소방기계시설 설계 및 시공

단원별 공부방법	최근 5년간 기출 비중
이산화탄소 소화설비★	8%
할론 소화설비	5%
할로겐화합물 소화설비★	7%
분말소화설비	6%
제연설비★	15%
피난구조설비 및 기타설비	4%
연결송수관 설비	4%
연결살수설비	1%
연소방지설비	1%
소화용수설비	3%

Ⅰ 소방기계시설 설계 및 시공실무

PART 01 소방기계시설 설계 및 시공실무 1

- CHAPTER 01 배관 및 도시기호 ··· 12
  - 핵심문제 ··· 17
- CHAPTER 02 유체역학 ··· 26
  - 핵심문제 ··· 32
- CHAPTER 03 소화기구 및 자동소화장치 ··· 59
  - 핵심문제 ··· 66
- CHAPTER 04 옥내소화전설비 ··· 72
  - 핵심문제 ··· 83
- CHAPTER 05 옥외소화전설비 ··· 106
  - 핵심문제 ··· 108
- CHAPTER 06 스프링클러설비 ··· 116
  - 핵심문제 ··· 126
- CHAPTER 07 간이스프링클러설비 ··· 172
  - 핵심문제 ··· 175
- CHAPTER 08 화재조기진압용 스프링클러설비 ··· 176
- CHAPTER 09 물분무 소화설비 ··· 178
  - 핵심문제 ··· 181
- CHAPTER 10 미분무 소화설비 ··· 187
  - 핵심문제 ··· 189
- CHAPTER 11 포소화설비 ··· 190
  - 핵심문제 ··· 198

PART 02 소방기계시설 설계 및 시공실무 2

- CHAPTER 12 이산화탄소 소화설비 ··· 222
  - 핵심문제 ··· 231
- CHAPTER 13 할론소화설비 ··· 257
  - 핵심문제 ··· 262
- CHAPTER 14 할로겐화합물 및 불활성기체소화설비 ··· 270
  - 핵심문제 ··· 276
- CHAPTER 15 분말소화설비 ··· 285
  - 핵심문제 ··· 290
- CHAPTER 16 제연설비 ··· 297
  - 핵심문제 ··· 311
- CHAPTER 17 피난구조설비 및 기타설비 ··· 339
  - 핵심문제 ··· 344
- CHAPTER 18 연결송수관설비 및 연결살수설비 ··· 349
  - 핵심문제 ··· 354
- CHAPTER 19 지하구 소방시설 ··· 360
  - 핵심문제 ··· 363
- CHAPTER 20 소화수조 및 저수조 ··· 366
  - 핵심문제 ··· 367
- CHAPTER 21 기타 기준 ··· 368
  - 핵심문제 ··· 381

시 험 정 보

① 시 행 처 : 한국산업인력공단
② 시험과목
- 기계필기 : 1. 소방원론 2. 소방유체역학 3. 소방관계법규 4. 소방기계시설의 구조 및 원리
- 전기필기 : 1. 소방원론 2. 소방전기일반 3. 소방관계법규 4. 소방전기시설의 구조 및 원리
- 기계실기 : 소방기계시설 설계 및 시공실무
- 전기실기 : 소방전기시설 설계 및 시공실무
③ 검정방법
- 필기 : 객관식 4지 택일형 과목당 20문항(과목당 30분)
- 실기 : 필답형(3시간, 100점)
⑤ 합격기준
- 필기 : 100점을 만점으로 하여 과목당 40점 이상, 전과목 평균 60점 이상
- 실기 : 100점을 만점으로 하여 60점 이상

소방설비기사(기계분야) 출제기준 (2023.1.1 _ 2025.12.31)

출제기준-(실기)

직무분야	안전관리	중직무분야	안전관리	자격종목	소방설비기사(기계분야)	적용기간	2023.1.1. ~ 2025.12.31.

○ **직무내용** : 소방시설(기계)의 설계, 공사, 감리 및 점검업체 등에서 설계 도서류를 작성하거나, 소방설비 도서류를 바탕으로 공사 관련 업무를 수행하고, 완공된 소방설비의 점검 및 유지관리업무와 소방계획수립을 통해 소화, 화재통보 및 피난 등의 훈련을 실시하는 소방안전관리자로서의 주요사항을 수행하는 직무이다.

○ **수행준거** : 1. 소방기계시설의 구성요소에 대한 조작과 특성을 설명할 수 있다.
           2. 소방시설의 시스템을 설계 할 수 있다.
           3. 소방시설의 배치계획 및 설계서류 작성 및 적산을 수행할 수 있다.
           4. 소방시설의 작동 및 유지관리 업무를 수행할 수 있다.
           5. 소방시설 시공 실무를 수행할 수 있다.

실기검정방법	필답형	시험시간	3시간

실기과목명	주요항목	세부항목	세세항목
소방기계시설 설계 및 시공 실무	1. 소방기계시설 설계	1. 작업분석하기	1. 현장 여건, 요구사항 분석을 할 수 있다. 2. 기본계획 수립, 기본설계서, 실시설계서를 작성할 수 있다. 3. 공사시방서, 공사내역서, 운영관리지침서를 작성할 수 있다.
		2. 소방기계시설 구성하기	1. 재료의 상호 연관성에 대해 설명할 수 있다. 2. 소방기계시설의 기기 및 부품을 조작할 수 있다. 3. 소방기계시설의 기능 및 특성을 설명할 수 있다.
		3. 소방시설의 시스템 설계하기	1. 소방기계시설을 구성하는 재료의 규격 및 크기를 산정할 수 있다. 2. 소방기계시설의 물량을 결정하기 위한 계산을 수행할 수 있다. 3. 소방기계시설 자료의 활용을 할 수 있다. 4. 도면작성 및 판독을 할 수 있다. 5. 시방서의 작성 등을 할 수 있다.
		4. 소방시설의 배치계획 및 설계서류 작성하기	1. 계통도를 작성할 수 있다. 2. 평면도를 작성할 수 있다. 3. 상세도를 작성할 수 있다. 4. 소방기계시설의 설계 및 시공 관련 업무를 수행할 수 있다. 5. 소방기계설비의 적산 등을 할 수 있다.
	2. 소방기계시설 시공	1. 설계도서 검토하기	1. 설계도서상의 누락, 오류, 문제점을 검토하여 설계도서 검토서를 작성할 수 있다. 2. 설계도면, 시공 상세도, 계산서를 검토하여 시공상의 문제점을 파악하고 조치할 수 있다.
		2. 소방기계시설 시공하기	1. 소화기구를 설치할 수 있다. 2. 옥내외소화전설비를 설치할 수 있다. 3. 스프링클러(간이스프링클러)설비를 설치할 수 있다. 4. 물분무소화설비를 설치할 수 있다. 5. 포소화설비를 설치할 수 있다. 6. 이산화탄소소화설비를 설치할 수 있다.

실기과목명	주요항목	세부항목	세세항목
			7. 할로겐화합물소화설비를 설치할 수 있다.
			8. 분말소화설비를 설치할 수 있다.
			9. 청정소화약제소화설비를 설치할 수 있다.
			10. 피난기구 및 인명구조기구를 설치할 수 있다.
			11. 소화용수설비를 설치할 수 있다.
			12. 거실제연 및 특별피난계단 및 비상용 승강기 승강장의 제연설비를 설치할 수 있다.
			13. 연결송수관설비, 연결살수설비, 연소방지설비를 설치할 수 있다.
			14. 기타 소방기계시설 관련 설비를 설치할 수 있다
		3. 공사 서류 작성하기	1. 시공된 시설을 검사하여 설계도서와 일치여부를 판단할 수 있다.
			2. 시공된 시설을 검사하여 관련 서류를 작성할 수 있다.
			3. 공정관리 일정을 계획하여 공사일지를 작성 할 수 있다.
	3. 소방기계시설 유지관리	1. 소방시설의 작동 및 유지관리 하기	1. 소방시설의 기술공무 관리 및 실무 작업을 할 수 있다.
			2. 기계시설의 점검 및 조작을 할 수 있다.
			3. 계측 및 사고요인을 파악할 수 있다.
			4. 재해방지 및 안전관리 업무를 수행할 수 있다.
			5. 자재관리 업무를 수행할 수 있다.
		2. 소방기계 시설의 유지보수 및 시험점검하기	1. 유지보수 관리 및 계획을 수립할 수 있다.
			2. 시험 및 검사를 할 수 있다.
			3. 기계기구 점검 및 보수작업을 할 수 있다.
			4. 설치된 소방시설을 정상 가동하고, 작동기능 점검 사항을 기록할 수 있다.
			5. 종합정밀 점검 사항을 기록할 수 있다.
			6. 소방시설 운영에 관한 업무 일지를 작성할 수 있다.
			7. 기록 사항을 분석하여 보수정비를 할 수 있다.
			8. 보수에 필요한 부품 및 장비를 확보하고, 점검 기록부를 작성 보존할 수 있다.

소방설비산업기사(기계분야) 출제기준 (2023.1.1 ~ 2025.12.31)

출제기준-(실기)

직무분야	안전관리	중직무분야	안전관리	자격종목	소방설비산업기사(기계분야)	적용기간	2023.1.1. ~ 2025.12.31.
○ 직무내용 : 소방시설(기계)의 설계, 공사, 감리 및 점검업체 등에서 소방설비 도서류를 바탕으로 공사업무를 수행하고 완공된 소방설비의 점검 및 유지관리업무와 소방계획수립을 통해 소화, 화재통보 및 피난 등의 훈련을 실시하는 소방안전관리자로서의 소방안전관련 일반사항을 수행하는 직무이다.							
○ 수행준거 : 1. 소방기계시설의 구성요소에 대한 조작과 특성을 설명 할 수 있다. 2. 소방시설의 시스템을 설계 할 수 있다. 3. 소방시설의 배치계획 및 설계서류 작성 및 적산을 수행할 수 있다. 4. 소방시설의 작동 및 유지관리 업무를 수행할 수 있다. 5. 소방시설 시공 실무를 수행할 수 있다.							
실기검정방법		필답형		시험시간		2시간 30분	

실기과목명	주요항목	세부항목	세세항목
소방기계시설 설계 및 시공 실무	1. 소방기계시설 설계	1. 작업분석하기	1. 현장 여건, 요구사항 분석을 할 수 있다. 2. 기본계획 수립, 기본설계서, 실시설계서를 작성할 수 있다. 3. 공사시방서, 공사내역서, 운영관리지침서를 작성할 수 있다.
		2. 소방기계시설 구성하기	1. 재료의 상호 연관성에 대해 설명할 수 있다. 2. 소방기계시설의 기기 및 부품을 조작할 수 있다. 3. 소방기계시설의 기능 및 특성을 설명할 수 있다.
		3. 소방시설의 시스템 설계하기	1. 소방기계시설을 구성하는 재료의 규격 및 크기를 산정할 수 있다. 2. 소방기계시설의 물량을 결정하기 위한 계산을 수행할 수 있다. 3. 소방기계시설 자료의 활용을 할 수 있다. 4. 도면작성 및 판독을 할 수 있다. 5. 시방서의 작성 등을 할 수 있다.
		4. 소방시설의 배치계획 및 설계서류 작성하기	1. 계통도를 작성할 수 있다. 2. 평면도를 작성할 수 있다. 3. 상세도를 작성할 수 있다. 4. 소방기계시설의 시공 및 감리의 계획수립 및 실무 작업을 수행할 수 있다. 5. 소방기계설비의 적산 등을 할 수 있다.
	2. 소방기계시설시공	1. 소방기계시설 시공하기	1. 소화기구를 설치할 수 있다. 2. 옥내외소화전설비를 설치할 수 있다. 3. 스프링클러(간이스프링클러)설비를 설치할 수 있다. 4. 물분무소화설비를 설치할 수 있다. 5. 포소화설비를 설치할 수 있다. 6. 이산화탄소소화설비를 설치할 수 있다. 7. 할로겐화합물소화설비를 설치할 수 있다. 8. 분말소화설비를 설치할 수 있다. 9. 청정소화약제소화설비를 설치할 수 있다. 10. 피난기구 및 인명구조기구를 설치할 수 있다. 11. 소화용수설비를 설치할 수 있다. 12. 거실제연 및 특별피난계단 및 비상용 승강기 승강장의 제연설비를 설치할 수 있다. 13. 연결송수관설비, 연결살수설비, 연소방지설비를 설치할 수 있다. 14. 기타 소방기계시설 관련 설비를 설치할 수 있다.

실기과목명	주요항목	세부항목	세세항목
		2. 공사 서류 작성하기	1. 시공된 시설을 검사하여 설계도서와 일치여부를 판단할 수 있다. 2. 시공된 시설을 검사하여 관련 서류를 작성할 수 있다. 3. 공정관리 일정을 계획하여 공사일지를 작성 할 수 있다.
	3. 소방기계시설 유지관리	1. 소방시설의 작동 및 유지관리 하기	1. 소방시설의 기술공무 관리 및 실무 작업을 할 수 있다. 2. 기계시설의 점검 및 조작을 할 수 있다. 3. 계측 및 사고요인을 파악할 수 있다. 4. 재해방지 및 안전관리 업무를 수행할 수 있다. 5. 자재관리 업무를 수행할 수 있다.
		2. 소방기계 시설의 유지보수 및 시험점검 하기	1. 유지보수 관리 및 계획을 수립할 수 있다. 2. 시험 및 검사를 할 수 있다. 3. 기계기구 점검 및 보수작업을 할 수 있다. 4. 설치된 소방시설을 정상 가동하고, 작동기능 점검 사항을 기록할 수 있다. 5. 종합정밀 점검 사항을 기록할 수 있다. 6. 소방시설 운영에 관한 업무 일지를 작성할 수 있다. 7. 기록 사항을 분석하여 보수정비를 할 수 있다. 8. 보수에 필요한 부품 및 장비를 확보하고, 점검 기록부를 작성 보존할 수 있다.

I 소방기계시설 설계 및 시공실무

쉽고 빠르게 합격하는 소방설비(산업)기사 실기시험 대비

PART 01

소방기계시설 설계 및 시공실무 1

CHAPTER 01 배관 및 도시기호
CHAPTER 02 유체역학
CHAPTER 03 소화기구 및 자동소화장치
CHAPTER 04 옥내소화전설비
CHAPTER 05 옥외소화전설비
CHAPTER 06 스프링클러설비
CHAPTER 07 간이스프링클러설비
CHAPTER 08 화재조기진압용 스프링클러설비
CHAPTER 09 물분무 소화설비
CHAPTER 10 미분무 소화설비
CHAPTER 11 포소화설비

CHAPTER 01 배관 및 도시기호

01 도시기호 : 소방시설 자체 점검사항 등에 관한 고시 [별표] [★위주로 암기해주세요]

분류		명칭	도시기호	분류	명칭	도시기호
배관		일반배관	———	헤드류	스프링클러헤드폐쇄형 상향식(평면도)	●—
		옥내·외소화전★	— H —		스프링클러헤드폐쇄형 하향식(평면도)	●—⊙—
		스프링클러★	— SP —		스프링클러헤드개방형 상향식(평면도)	—○—
		물분무	— WS —		스프링클러헤드개방형 하향식(평면도)	—⊙—
		포소화	— F —		스프링클러헤드폐쇄형 상향식(계통도)	⊥
		배수관	— D —		스프링클러헤드폐쇄형 하향식(입면도)	⊤
	전선관	입상	↗		스프링클러헤드폐쇄형 상·하향식(입면도)	↕
		입하	↘		스프링클러헤드 상향형(입면도)★	↑
		통과	↗		스프링클러헤드 하향형(입면도)★	↓
관이음쇠		후렌지★	—╢╟—		분말·탄산가스· 할로겐헤드★	⊄ △
		유니온★	—╢┃╟—		연결살수헤드	—⋈—
		플러그	—⊣		물분무헤드(평면도)	—⊗—
		90°엘보★	⌐		물분무헤드(입면도)	▽
		45°엘보	╱		드랜쳐헤드(평면도)	—⊘—
		티	┼		드랜쳐헤드(입면도)	▽
		크로스	┼┼		포헤드(평면도)★	⊜
		맹후렌지★	—┤		포헤드(입면도)	▼
		캡★	—⊐		감지헤드(평면도)	⊙

분류	명칭	도시기호	분류	명칭	도시기호
헤드류	감지헤드(입면도)		밸브류	릴리프밸브(이산화탄소용)	
	청정소화약제방출헤드(평면도)			릴리프밸브(일반)★	
	청정소화약제방출헤드(입면도)			동체크밸브	
밸브류	체크밸브★			앵글밸브★	
	가스체크밸브★			FOOT밸브★	
	게이트밸브(상시개방)★			볼밸브	
	게이트밸브(상시폐쇄)★			배수밸브	
	선택밸브★			자동배수밸브★	
	조작밸브(일반)			여과망	
	조작밸브(전자식)			자동밸브	
	조작밸브(가스식)			감압밸브	
	경보밸브(습식)★			공기조절밸브	
	경보밸브(건식)★		계기류	압력계★	
	프리액션밸브★			연성계★	
	경보델류지밸브★			유량계★	
	프리액션밸브수동조작함★	SVP	소화전	옥내소화전함★	
	플렉시블조인트★			옥내소화전 방수용기구병설	
	솔레노이드밸브			옥외소화전★	
	모터밸브★			포말소화전	

분류	명칭	도시기호	분류	명칭	도시기호
소화전	송수구★		경보설비기기류	차동식스포트형감지기	
	방수구			보상식스포트형감지기	
스트레이너	Y형★			정온식스포트형감지기	
	U형			연기감지기	S
저장탱크류	고가수조 (물올림장치)			감지선	
	압력챔버★			공기관	
	포말원액탱크	(수직) (수평)		열전대	
레듀셔	편심레듀셔★			열반도체	∞
	원심레듀셔★			차동식분포형 감지기의검출기	
혼합장치류	프레져프로포셔너			발신기셋트 단독형	PBL
	라인프로포셔너★			발신기셋트 옥내소화전내장형	PBL
	프레져사이드 프로포셔너			경계구역번호	△
	기 타	P		비상용누름버튼	F
펌프류	일반펌프			비상전화기	ET
	펌프모터(수평)	M		비상벨	B
	펌프모토(수직)	M		싸이렌	
저장용기류	분말약제 저장용기	P.D		모터싸이렌	M
	저장용기			전자싸이렌	S
				조작장치	E P
				증폭기	AMP

분류	명칭	도시기호	분류	명칭	도시기호
경보설비기기류	기동누름버튼	Ⓔ	경보설비 기기류	종단저항	Ω
	이온화식감지기 (스포트형)	[S]I	제연설비	수동식제어	□
	광전식연기감지기 (아날로그)	[S]A		천장용배풍기	
	광전식연기감지기 (스포트형)	[S]P		벽부착용 배풍기	
	감지기간선, HIV1.2mm×4(22C)	— F ///		배풍기 / 일반배풍기	
	감지기간선, HIV1.2mm×8(22C)	— F /// ///		배풍기 / 관로배풍기	
	유도등간선 HIV2.0mm×3(22C)	— EX —		댐퍼 / 화재댐퍼	
	경보부저	ⒷⓏ		댐퍼 / 연기댐퍼	
	제어반	⊠		댐퍼 / 화재/연기댐퍼	
	표시반		스위치류	압력스위치	ⓅⓈ
	회로시험기	⊙		탬퍼스위치	TS
	화재경보벨	Ⓑ	방연·방화문	연기감지기(전용)	[S]
	시각경보기 (스트로브)	◇		열감지기(전용)	◯
	수신기	⊠		자동폐쇄장치	ⒺⓇ
	부수신기			연동제어기	
	중계기			배연창기동 모터	Ⓜ
	표시등	◐		배연창수동조작함	
	피난구유도등	⊗	피뢰침	피뢰부(평면도)	⊙
	통로유도등	→		피뢰부(입면도)	
	표시판	△			
	보조전원	T R		피뢰도선 및 지붕위 도체	——

분류	명칭	도시기호	분류	명칭	도시기호
제연설비	접지	⏚	기타	비상콘센트	⊙⊙
	접지저항 측정용단자	⊗		비상분전반	⧖
소화기류	ABC소화기	소		가스계소화설비의 수동조작함	RM
	자동확산 소화기	자		전동기구동	M
	자동식소화기	◀소▶		엔진구동	E
	이산화탄소 소화기	C		배관행거	〜〜
	할로겐화합물 소화기	△		기압계	⚞
기타	안테나	⊻		배기구	—↑—
	스피커	▽		바닥은폐선	- - - -
	연기 방연벽	▨		노출배선	———
	화재방화벽	—		소화가스 패키지	PAC
	화재 및 연기방벽	▨			

02 배관 스케줄 넘버 계산

$$\text{스케줄번호(Schedule No)} = 1000 \times \frac{P}{S}$$

여기서 • P : 최대허용압력[Pa]

• S : 허용인장응력[Pa] ($S = \dfrac{인장강도}{안전율}$)

CHAPTER 01 배관 및 도시기호

01 부속류 또는 배관방식 등에 관한 다음의 KS규격 배관도시기호 명칭을 쓰시오.

정답 ① 나사이음 ② 유니온 ③ 오리피스
④ 캡 ⑤ 스리브이음 ⑥ Y형 스트레이너

02 소방시설 설계도에서 표시하는 기호를 도시하시오.

(1) 옥내소화전 배관
(2) 스프링클러 배관
(3) CO_2 설비의 약제 방출헤드
(4) 선택밸브
(5) Y형 스트레이너
(6) 맹플랜지

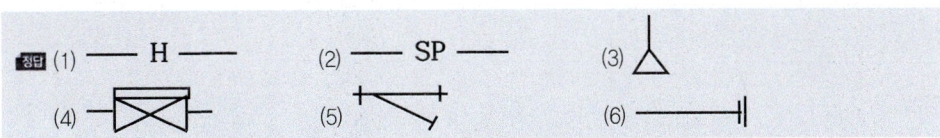

03 관 부속류 또는 배관 방식 등에 관한 다음 소방시설 도시기호 명칭을 쓰시오.

정답 (1) 포헤드(평면도)　　(2) 유니온　　(3) 가스체크밸브
　　　(4) 라인프로포셔너　(5) 옥외소화전　(6) 모터밸브

04 후드밸브가 설치되는 가압송수 장치에서 펌프의 흡입 측 배관에 설치되는 관 부속품 5개를 계통도 그림 위에 도시하고 그 관 부속품(5개)들에 대한 기능을 설명하시오.(단, 펌프 흡입측 연결관은 동일 구경이다.)

(1) 계통도

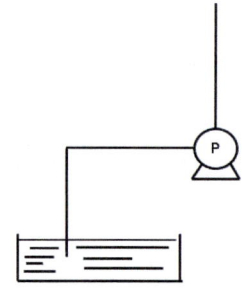

(2) 관 부속품 5개를 나열하고 그 기능을 설명하시오.

정답 (1)

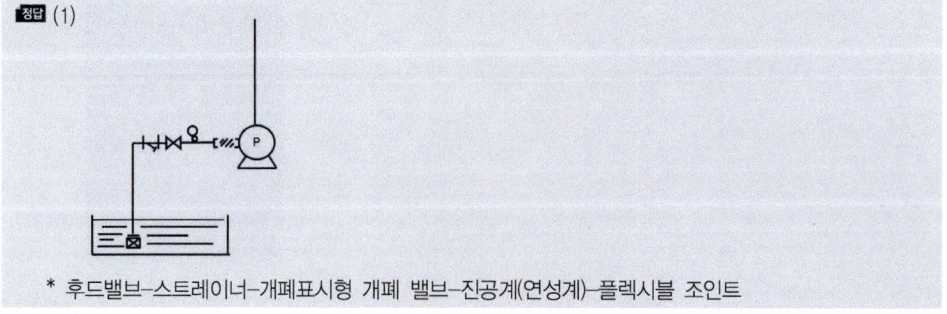

* 후드밸브–스트레이너–개폐표시형 개폐 밸브–진공계(연성계)–플렉시블 조인트

(2) • 후드밸브(흡입식 일때만 설치) : 흡입측에 설치하여 체크기능 및 여과기능
　　• 스트레이너 : 흡입측에 설치하여 여과기능
　　• 개폐표시형 개폐밸브 : 흡입측 배관 개폐 기능
　　• 진공계(연성계) : 흡입측 전양정(압력) 표시 기능
　　• 플렉시블 조인트 : 펌프의 진동 및 소음 흡수

05 소화 설비의 급수 배관에 사용하는 개폐 표시형 밸브 중 버터플라이(볼형식 이외)이외 밸브를 꼭 사용하여야 하는 배관의 이름과 그 이유를 기술하시오.

(1) 배관 이름 :
　• 정답 :
(2) 설치 이유 :
　• 정답 :

> **정답** (1) 배관 : 펌프흡입배관(펌프1차측 배관)
> 　　　(2) 이유 : 마찰손실을 적게 하여 물의 흐름을 좋게 하고 공동현상을 방지하기 위해서이다.

06 습식스프링클러설비의 동절기 배관 동파 방지 방법을 3가지 쓰시오.

(1)
(2)
(3)
• 정답 :

> **정답** ① 배관을 보온재로 보온하는 방법
> 　　　② 히팅코일을 배관 표면에 설치하는 방법
> 　　　③ 배관 내에 부동액을 주입하는 방법
> 　　　④ 중앙집중식 난방을 하는 방법
> **참고** 모든 수계소화설비 공통 기준이다.

07 다음 밸브의 정확한 명칭 및 (가)의 용도를 쓰시오.

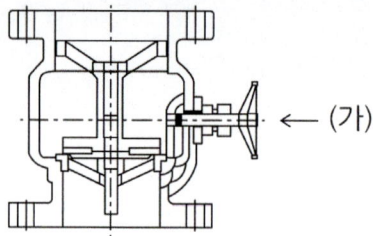

> **정답** • 명칭 : 스모렌스키 체크밸브
> • 용도 : 체크밸브 2차측의 물을 1차측으로 배수시키는 용도(가의 명칭은 바이패스 밸브이다.)

08 탬퍼 스위치(Tamper Switch)에 대하여 간단히 설명하시오.

• 정답 :

> **정답** 개폐표시형 개폐밸브에 부착하여 밸브의 개폐상태를 수신반에서 확인할 수 있도록 해주는 스위치이다.

09 탬퍼 스위치(Tamper Switch)설치 위치를 5가지 쓰시오.

(1)
(2)
(3)
(4)
(5)
• 정답 :

> **정답** ① 펌프 토출측 개폐밸브　　② 펌프 흡입측 개폐밸브
> ③ 유수검지장치 1차측 개폐밸브　④ 유수검지장치 2차측 개폐밸브
> ⑤ 일제개방밸브 1차측 개폐밸브　⑥ 일제개방밸브 2차측 개폐밸브

기계분야 [소방기계시설 설계 및 시공실무]

10 토너먼트 배관을 설치해야하는 소화설비의 종류 4가지를 기술하고, 스프링클러설비에는 토너먼트 배관설비를 설치하지 못하는 이유를 2가지 기술하시오.

(1) 토너먼트 배관 설치하는 설비
 ①   ②
 ③   ④
• 정답 :

(2) 토너먼트 배관 설비를 설치하지 못하는 이유
 ①   ②
• 정답 :

> **정답** (1) ① 이산화탄소 소화설비 ② 할론 소화설비
>   ③ 분말 소화설비 ④ 할로겐화합물 및 불활성기체 소화설비
>   ⑤ 압축공기포 소화설비
> (2) ① 마찰손실이 크다 ② 분기 지점에 수격발생 ③ 배수가 어렵다.

11 옥내소화전 설비에 합성수지배관을 설치할 수 있는 조건 세가지를 쓰시오.

(1)
(2)
(3)
• 정답 :

> **정답** (1) 배관을 지하에 매설하는 경우
> (2) 다른 부분과 내화구조로 구획된 덕트 또는 피트의 내부에 설치하는 경우
> (3) 천장(상층이 있는 경우에는 상층바닥의 하단을 포함한다. 이하 같다)과 반자를 불연재료 또는 준불연 재료로 설치하고 소화배관 내부에 항상 소화수가 채워진 상태로 설치하는 경우
> **참고** 모든 수계소화설비 공통 기준이다.

Chapter 01 배관 및 도시기호 **21**

12 연성계, 진공계, 압력계의 설치위치와 측정범위를 표에 채우시오.

계측기	설치위치	측정범위
연성계	( )	( )
진공계	( )	( )
압력계	( )	( )

정답

계측기	설치위치	측정범위
연성계	펌프의 흡입(1차)측	대기압 이상, 대기압 이하
진공계	펌프의 흡입(1차)측	대기압 이하
압력계	펌프의 토출(2차)측	대기압 이상

13 다음 도면을 보고 틀린 곳이 있으면 바르게 정정하고 그 이유를 쓰시오.

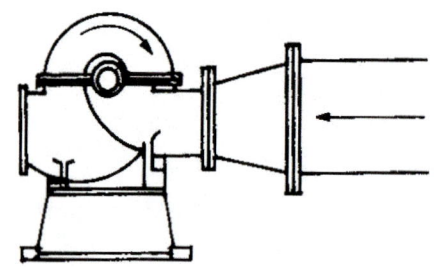

정답

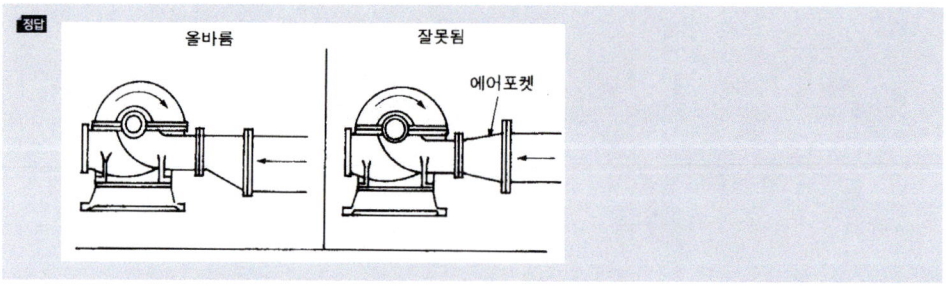

14 소방시설중 내진설계를 필요로 하는 설비를 3가지 쓰시오.

(1)
(2)
(3)
• 정답 :

정답 옥내소화전설비, 스프링클러설비, 물분무등소화설비

15 수평회전축 원심펌프를 소화용 펌프로 사용하는 소화설비에서 펌프의 흡입측 배관을 설치할 때 화재안전기준상 규정된 설치기준 2가지를 설명하시오.(단, 펌프 흡입 측 수조의 수위는 펌프의 설치위치보다 낮다고 가정 한다.)

(1)
(2)
• 정답 :

정답 (1) 공기고임이 생기지 아니하는 구조로 하고 여과장치를 설치할 것
    (2) 수조가 펌프보다 낮게 설치된 경우에는 각 펌프마다 수조로부터 별도로 설치할 것
참고 모든 수계소화설비 공통 기준이다.

16 앵글밸브와 글로브밸브에 대하여 설명하시오.

(1) 앵글밸브(Angle valve)   (2) 글로브밸브(Glove valve)

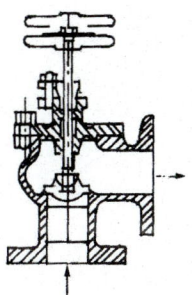   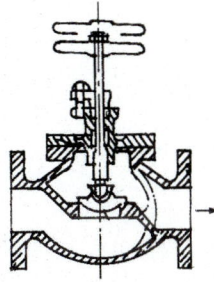

정답 (1) 앵글밸브는 수류의 방향을 90° 방향으로 전환시켜주는 밸브로 옥내소화전설비의 방수구 및 스프링클러설비의 유수검지장치 중 배수밸브 등에 주로 사용된다.
(2) 글로브밸브는 수류의 방향을 180° 방향으로 전환시켜주는 밸브로 섬세한 유량조절이 가능하다.

17 다음의 각 설명에 해당하는 밸브의 종류 및 관이음쇠의 명칭을 쓰시오.

(1) 순환배관에 사용하는 밸브는?
(2) 관경이 서로 다른 배관을 연결할 때 사용하는 관이음쇠는?
(3) 소화설비의 급수배관에 사용하는 밸브는?
(4) 수원의 수위가 펌프보다 낮은 경우 펌프의 흡입배관 흡수부분에 설치하여야 하는 밸브는?
(5) 유량이 거꾸로 흐르는 것을 방지하는 밸브는?
(6) 유량을 분기할 때 사용하는 이음쇠는?
(7) 관의 흐름의 방향을 바꿀 때 설치하는 관이음쇠는?
(8) 흐름 방향을 직각으로 바꾸는데 사용하는 밸브는?
• 정답 :

정답 (1) 릴리프밸브   (2) 레듀셔   (3) 개폐표시형 개폐밸브
(4) 후드밸브   (5) 체크밸브   (6) 티
(7) 엘보   (8) 앵글밸브

18 체크밸브 종류 스윙형과, 리프트형의 특징을 각각 2가지씩 쓰시오.

(1) 스윙형 체크밸브
• 정답 :
(2) 리프트형 체크밸브
• 정답 :

정답 (1) 스윙형 체크밸브
① 수평 및 수직배관에 모두 설치가 가능하다.
② 유체에 대한 저항이 리프트형보다 작다.
③ 작은 배관상에 사용한다.
(2) 리프트형 체크밸브
① 고압 및 빠른 유속에 적합하다.
② 유체에 대한 저항이 스윙형보다 크다.
③ 주배관상에 많이 사용한다.

19 배관의 사용압력 60[kg/cm²], 인장강도 38[kg/mm²], 안전율 4인 배관의 스케줄 번호(Sch No)를 계산하고 다음 보기에서의 답을 선택하시오.

> [보 기]
> 20, 30, 40, 50, 80…100

계산과정 $1000 \times \dfrac{60}{\dfrac{38 \times 100}{4}} = 63.157$

정답 Sch 80

20 어느 배관의 인장강도가 20[kgf/mm²]이고, 내부압력이 40[kgf/cm²]일 때 스케줄번호(Sch No)는? (단, S(안전율)= 5)

- 계산과정 :
- 정답 :

계산과정 스케줄번호(Schedule No) = $1000 \times P/S = 1000 \times \dfrac{40}{4 \times 100} = 100$

→ $S = \dfrac{\text{인장강도}}{\text{안전율}} = \dfrac{20}{5} = 4[\text{kg/mm}^2] = 4 \times 100\ [\text{kg/cm}^2]$

정답 Sch 100

CHAPTER 02 유체역학

01 유체역학의 기초

(1) 단위계

구 분	량	길 이	시 간
절대 단위계	질량[kg_m]	[m]	[sec]
중력 단위계	중량[kg_f]	[m]	[sec]
SI 단위계	힘[N]	[m]	[sec]

$F = ma$ (SI단위계)	$F = mg$ (중력단위계)
힘 = 질량 × 가속도	중량 = 질량 × 중력가속도
$1[N] = 1[kg_m] \times 1[m/\sec^2]$	$1[kg_f] = 1[kg_m] \times 9.8[m/\sec^2]$
$1[N] = 1[kg_m] \cdot m/\sec^2$	$1[kg_f] = 9.8[kg_m \cdot m/\sec^2]$

$$1[kg_f] = 9.8[kg_m \cdot m/\sec^2] = 9.8[N]$$

(2) 밀도 : ρ

- 정의 : 단위 체적당 유체의 질량
- 공식 : $\rho = \dfrac{m}{V} = \dfrac{질량}{체적} [kg_m/m^3]$, $[N \cdot s^2/m^4]$
- ρ_w(1atm 4℃ 순수한 물의 밀도) = $1000[kg_m/m^3] = 1000[N \cdot s^2/m^4]$

(3) 비중량 : γ

- 정의 : 단위 체적당 유체의 무게
- 공식 : $\gamma = \dfrac{W}{V} = \dfrac{무게}{체적} [kg_f/m^3]$, $[N/m^3]$
- γ_w(1atm 4℃ 순수한 물의 비중량) = $1000[kg_f/m^3] = 9800[N/m^3]$

(4) 비중 : s

- $s = \dfrac{\rho}{\rho_w} = \dfrac{\gamma}{\gamma_w} = \dfrac{어떤물질의\ 밀도(비중량)}{물의\ 밀도(비중량)}$ (물의 비중은 1이다.)
- $\rho = s \times \rho_w$, $\gamma = s \times \gamma_w$

(5) 압력

- 정의 : 단위 면적당 가해지는 힘
- 공식 및 단위 : $P(압력) = \dfrac{힘(전압력)}{단위면적} = \dfrac{F}{A} [N/m^2 = \mathrm{Pa}]$ [bar]
- 수두 : 높은 곳에 있는 물이 가지는 기계적 에너지, 압력, 속도 따위를 물의 높이로 나타낸 값

(6) 표준 대기압(atm) : P_0 해수면에서의 국소 대기압의 평균값을 말한다.

$1\,[\text{atm}] = 760\,[\text{mmHg}]$(수은주 15℃)

$= 10332\,[\text{kg}_f/\text{m}^2] = 101325\,[\text{N}/\text{m}^2] = 101.325\,[\text{kPa}]$

$= 1.0332\,[\text{kg}_f/\text{cm}^2]$(중력 단위 0℃)

$= 10.332\,[\text{mAq}]$(물의 수두 4℃) $= 10332\,[\text{mmAq}]\,(※1[\text{mmAq}] = 1\,[\text{kg}_f/\text{m}^2])$

$= 1.013\,[\text{bar}] = 14.7\,[\text{psi(lb/in}^2)]$

02 연속방정식(질량보존의 법칙)

(1) 질량 유량 : $m = \rho \times A \times V\,[kg_m/s]$ (ρ : 밀도$[kg/m^3]$, A : 면적[m²], V : 유속[m/s])

(2) 중량 유량 : $G = \gamma \times A \times V\,[N/s]$ (γ : 비중량$[N/m^3]$, A : 면적[m²], V : 유속[m/s])

(3) 체적 유량 : $Q = AV\,[m^3/s]$

- $V(\text{유속}) = \dfrac{4Q}{\pi D^2}\,[m/s]$ • $D(\text{직경}) = \sqrt{\dfrac{4Q}{\pi V}}\,[m]$

03 수정베르누이방정식(마찰손실 수두를 고려)

$$\frac{P_1}{\gamma} + \frac{V_1^2}{2g} + Z_1 = \frac{P_2}{\gamma} + \frac{V_2^2}{2g} + Z_2 + h_L$$

- P : 압력 $[Pa]$ ($\dfrac{P}{\gamma}$: 압력수두$[m]$)
- V : 유속$[m/s]$ ($\dfrac{V^2}{2g}$: 속도수두$[m]$)
- Z : 위치수두$[m]$
- h_L : 손실수두$[m]$

04 달시-바이스바흐 방정식(수두손실)

$$h_L = f\frac{L}{d}\frac{V^2}{2g}\,[\text{m}]$$

- h_L : 수두손실$[m]$
- f : 관마찰계수(층류시 $f = \dfrac{64}{Re}$)
- L : 길이$[m]$
- d : 직경$[m]$
- V : 유속$[m/s]$

> **참고** 압력손실 : $\dfrac{\Delta P}{\gamma} = f\dfrac{L}{d}\dfrac{V^2}{2g}\,[\text{m}]$
> - ΔP : 압력손실 $[Pa]$

05 하이젠 윌리엄 방정식(압력손실)

$$\Delta P = 6.053 \times 10^4 \times \frac{Q^{1.85}}{C^{1.85} \times d^{4.87}} \times L$$

- ΔP : 압력손실 [MPa]
- L : 관길이 [m] (배관길이 + 부속류의 등가길이)
- C : 조도계수(거칠기)
- Q : 유량 [L/min]
- d : 직경 [mm]

06 소방용 호스의 반동력, 반발력, 플랜지 볼트에 걸리는 힘[N]

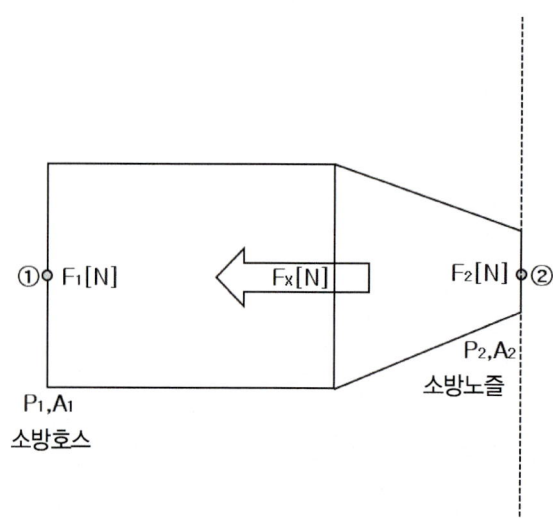

$$F_x[N] = P_1 \cdot A_1 - \rho \cdot Q \cdot \Delta V$$

- P_1 : 호스압력 [MPa]
- ρ : 밀도 [$N \cdot s^2/m^4$]
- ΔV : 유속차 [m/s] ($V_2 - V_1$)
- A_1 : 호스면적 [m²]
- Q : 유량 [m³/s]

참고! 또다른 공식의 표현

$$F = \frac{\gamma Q^2 A_1}{2g} \times \left(\frac{A_1 - A_2}{A_1 A_2}\right)^2$$

- F : 플랜지볼트 걸리는힘(노즐반발력)[N]
- γ : 비중량[N/m³]
- Q : 유량[m³/s]
- A_1 : 호스단면적[m²]
- A_2 : 노즐단면적[m²]
- g : 중력가속도[m/s²]

> **노즐 운동량에 따른 반발력**
> $F = \rho Q \Delta V = \rho Q (V_2 - V_1)$
> - F : 운동량에 따른 반발력[N]
> - ρ : 밀도 [N·s^2/m^4]
> - Q : 유량[m^3/s]
> - V_1 : 호스 유속[m/s]
> - V_2 : 노즐 유속[m/s]

07 펌프 관련 문제

(1) 유효흡입양정

① 펌프 설비에서 얻어지는 $NPSH_{av}$: 유효흡입양정으로 펌프 그 자체와는 무관하게 펌프를 설치하는 현장 여건에 따라 결정되며 펌프 운전시 공동현상 발생이 없이 펌프를 안전하게 운전할 수 있는 수두를 말한다.

- 펌프 설비에 얻어지는 이용 가능한 유효 흡입 양정 계산식

$$NPSH_{av} = \frac{P_a}{\gamma} - \frac{P_v}{\gamma} \pm H_s - H_f = H_a - H_v \pm H_s - H_f [m]$$

여기서,
- NPSH-av : 이용 가능한 유효 흡입 양정 [m]
- P_a : 흡입 수면의 대기압 [N/m²](일반적으로 101,325[Pa])
- H_f : 흡입측 배관의 마찰 손실 수두 [m]
- H_s : 흡입 양정으로 흡상일 때(-), 압입일 때(+) [m]
- P_v : 유체의 온도에 상당하는 포화증기압 [N/m²]

② 펌프 자체가 필요로 하는 $NPSH_{re}$: 필요흡입양정으로 펌프 자체가 가지고 있는 고유한 특성에 따라 메이커에서 결정한 양정으로 펌프의 기동시 압력강하에 의한 손실수두를 말한다.

③ 공동현상 방지를 위한 설계
공동현상을 방지하고 펌프를 사용할 수 있는 범위는 $NPSH_{av} \geq NPSH_{re}$ 영역이 된다.

㉠ $NPSH_{av} = NPSH_{re}$: 발생한계

㉡ $NPSH_{av} > NPSH_{re}$: 발생하지 않음

㉢ $NPSH_{av} \geq NPSH_{re} \times 1.3$: 설계시 적용

(2) 상사법칙

① 서로 같은 치수의 펌프를 비교(상사)했을 때(N : 회전수[rpm])

㉠ 유량 [m^3/s] $Q_2 = Q_1 \times \dfrac{N_2}{N_1}$

㉡ 양정 [m](압력) $H_2 = H_1 \times \left(\dfrac{N_2}{N_1}\right)^2$

㉢ (축)동력 [kW] $P_2 = P_1 \times \left(\dfrac{N_2}{N_1}\right)^3$

② 서로 다른 치수의 펌프를 비교(상사)했을 때(D_1, D_2가 같지 않다.)

㉠ 유량 $[m^3/s]$ $Q_2 = Q_1 \times \left(\dfrac{N_2}{N_1}\right)^1 \times \left(\dfrac{D_2}{D_1}\right)^3$

㉡ 양정 [m](압력) $H_2 = H_1 \times \left(\dfrac{N_2}{N_1}\right)^2 \times \left(\dfrac{D_2}{D_1}\right)^2$

㉢ (축)동력 [kW] $P_2 = P_1 \times \left(\dfrac{N_2}{N_1}\right)^3 \times \left(\dfrac{D_2}{D_1}\right)^5$

(3) 비속도 및 압축비

① 비속도 $n_s = \dfrac{N\sqrt{Q}}{\left(\dfrac{H}{\text{단수}}\right)^{3/4}}$ [m³/min·m·rpm]

- N : 회전수 [rpm]
- Q : 유량 [m³/min]
- H : 전양정 [m]

② 압축비 $\gamma = \sqrt[\epsilon]{\dfrac{P_2}{P_1}} = \left(\dfrac{P_2}{P_1}\right)^{\frac{1}{\epsilon}}$

- ϵ : 단수
- P_1 : 흡입압력 [MPa]
- P_2 : 토출압력 [MPa]

08 피토정압관 유속

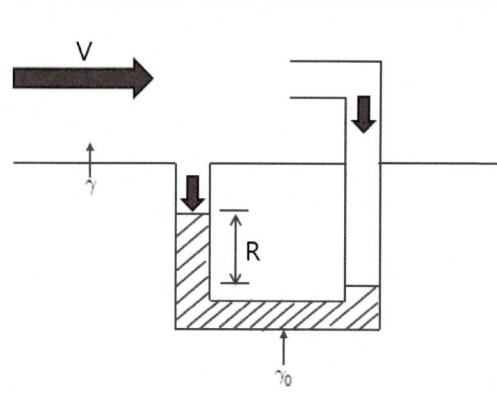

$$V = C\sqrt{2 \times g \times \left(\dfrac{\gamma}{\gamma_0} - 1\right) \times R} = C\sqrt{2 \times g \times \left(\dfrac{S}{S_0} - 1\right) \times R}$$

- V : 유속 [m/s]
- C : 계수
- g : 중력가속도(9.8[m/s^2])
- γ : 배관(물)유체 비중량[N/㎥]
- γ_0 : 피토관 내부 유체 비중량[N/㎥]
- R : 높이차 [m]

09 벤츄리 미터 유량 및 유속

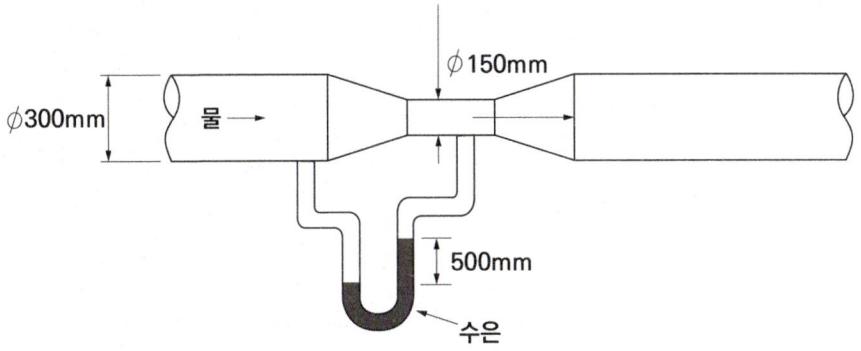

- 유량 공식

$$Q = C \times \frac{A_2}{\sqrt{1-(\frac{A_2}{A_1})^2}} \sqrt{2 \times g \times \left(\frac{\gamma_2}{\gamma_1}-1\right) \times R} \quad (참고 : (\frac{A_2}{A_1})^2 = (\frac{D_2}{D_1})^4)$$

$$Q = C \times \frac{A_2}{\sqrt{1-(\frac{D_2}{D_1})^4}} \sqrt{2 \times g \times \left(\frac{s_2}{s_1}-1\right) \times R}$$

- 유속 공식 : $V = \dfrac{C}{\sqrt{1-(\frac{A_2}{A_1})^2}} \sqrt{2 \times g \times \left(\frac{\gamma_2}{\gamma_1}-1\right) \times R}$

- Q : 유량 [m³/s]
- C_d : 유량(유동)계수
  ① 수축계수(C_C)나 속도계수(C_V)가 주여지면 C_d 방출계수 $= C_V \times C_C$로 계산
  ② 만일 수축계수나 속도계수중 하나만 주어지면 한 개만 고려해주면 됨
- γ_1 : 배관(물)유체 비중량[N/m³]   • γ_2 : 벤츄리미터(수은) 유체 비중량[N/m³]
- A_1 : 배관 면적 [m²]   • A_2 : 벤츄리미터 면적 [m²]
- R : 높이차 [m]

CHAPTER 02 유체 역학

01 다음 그림을 보고 Q_2[m³/s] 및 V_2[m/s]를 구하시오.

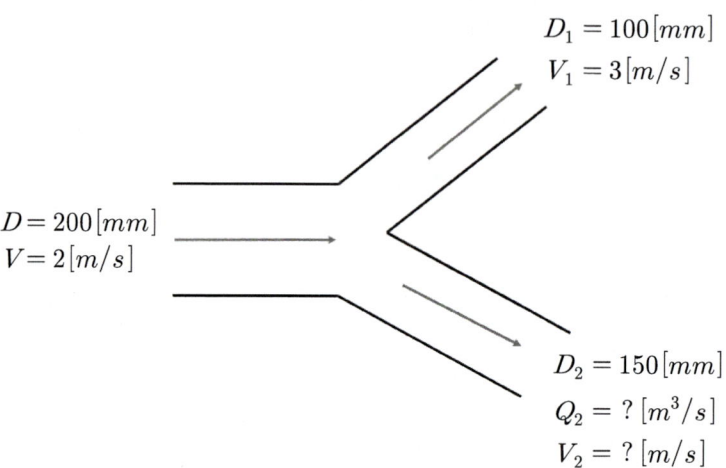

- 계산과정 :
- 정답 :

계산과정

$Q_T = Q_1 + Q_2$

$Q_T = \dfrac{\pi}{4} \times 0.2^2 [m^2] \times 2[m/s] = 0.0628[m^3/s]$

$Q_1 = \dfrac{\pi}{4} \times 0.1^2 [m^2] \times 3[m/s] = 0.0235[m^3/s]$

$Q_2 = Q_T - Q_1 = 0.0628 - 0.0235 = 0.0393[m^3/s]$

$V_2 = \dfrac{4Q_2}{\pi d_2^2} = \dfrac{4 \times 0.0393[m^3/s]}{\pi \times 0.15^2 [m^2]} = 2.2239[m/s]$

정답 $Q_2 = 0.04[m^3/s]$, $V_2 = 2.22[m/s]$

02 그림을 이용하여 ②지점 밀도 $\rho[g/cm^3]$를 구하시오.

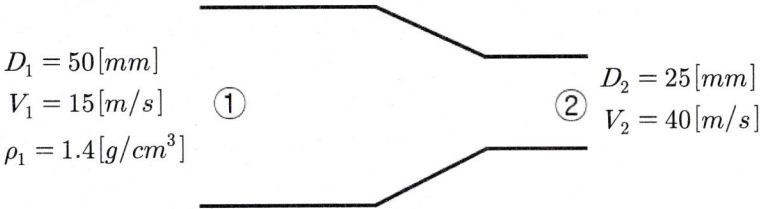

- 계산과정 :
- 정답 :

> **계산과정**
> $\rho_1 A_1 V_1 = \rho_2 A_2 V_2$
> $\rho_2 = \rho_1 \times \dfrac{A_1}{A_2} \times \dfrac{V_1}{V_2} = \rho_1 \times \left(\dfrac{D_1}{D_2}\right)^2 \times \dfrac{V_1}{V_2} = 1.4 \times \left(\dfrac{50}{25}\right)^2 \times \dfrac{15}{40} = 2.1 [g/cm^3]$
> **정답** $2.1 [g/cm^3]$

03 제연설비의 공기 유입닥트내에 분당 180[m³]의 공기가 유입될 때 그림의 "(1), (2), (3)" 각 부분에서의 이론 공기유속[m/s]은 각각 얼마인가? (단, 닥트내의 마찰손실은 무시한다.)

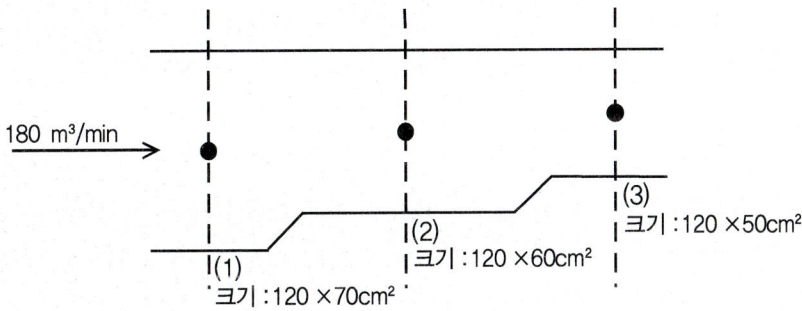

- 계산과정 :
- 정답 :

> **계산과정** · $1[m^2] = 10^4[cm^2]$을 이용하여 단위환산
> ① $V_1 = \dfrac{Q}{A_1} = \dfrac{(180/60)[m^3/\sec]}{(120 \times 70 \times 10^{-4})[m^2]} = 3.57[m/\sec]$

② $V_2 = \dfrac{Q}{A_2} = \dfrac{(180/60)[m^3/\sec]}{(120 \times 60 \times 10^{-4})[m^2]} = 4.17[m/\sec]$

③ $V_3 = \dfrac{Q}{A_3} = \dfrac{(180/60)[m^3/\sec]}{(120 \times 50 \times 10^{-4})[m^2]} = 5[m/\sec]$

정답 ① 3.57[m/sec] ② 4.17[m/sec] ③ 5[m/sec]

---

04 내경 80[mm]인 배관에 소화수 390[L.P.M]이다. 다음 각 물음에 답하시오.

(1) 배관의 유속[m/s]을 구하시오.
- 계산과정 :
- 정답 :

(2) 배관의 질량유량[kg/s]을 구하시오.
- 계산과정 :
- 정답 :

(3) 배관의 중량유량[N/s]을 구하시오.
- 계산과정 :
- 정답 :

계산과정

(1) $V = \dfrac{4Q}{\pi D^2} = \dfrac{4 \times 0.39}{\pi \times 0.08^2 \times 60} = 1.29[m/s]$

(2) $M = \rho A V = 1000[kg/m^3] \times \dfrac{\pi}{4} \times 0.08^2[m^2] \times 1.29[m/s] = 6.48[kg/s]$

(3) $G = \gamma A V = 9800[N/m^3] \times \dfrac{\pi}{4} \times 0.08^2[m^2] \times 1.29[m/s] = 63.55[N/s]$

정답 (1) 1.29[m/s] (2) 6.48[kg/s] (3) 63.55[N/s]

---

05 벤추리관에 유량이 5.6[m³/min]으로 물이 흐르고 있다. 내경이 30[cm]인 배관에 내경이 15[cm]인 벤추리 미터가 설치되어 있다. 벤추리관에서의 압력차 $P_1 - P_2$[kPa]을 구하시오.(단, 벤츄리관의 유량계수는 0.85으로 한다.)

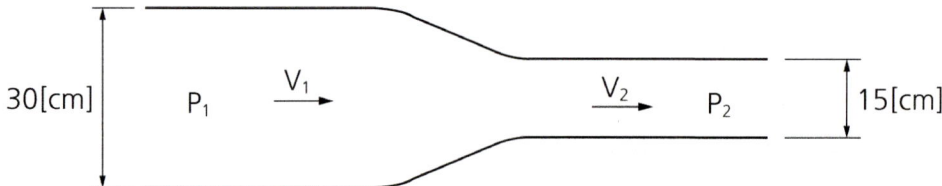

- 계산과정 :
- 정답 :

계산과정
- $Q = A \times V \times C$ 이므로

① $V_1 = \dfrac{Q}{A_1 \times C} = \dfrac{\dfrac{5.6}{60}}{\dfrac{\pi}{4} \times 0.3^2 \times 0.85} = 1.5534 [m/s]$

② $V_2 = \dfrac{Q}{A_2 \times C} = \dfrac{\dfrac{5.6}{60}}{\dfrac{\pi}{4} \times 0.15^2 \times 0.85} = 6.2136 [m/s]$

③ 베르누이 방정식
   * 수평배관이므로 $Z_1 = Z_2$ 이다.

$\dfrac{P_1}{\gamma} + \dfrac{V_1^2}{2g} = \dfrac{P_2}{\gamma} + \dfrac{V_2^2}{2g}$

$(P_1 - P_2) = \gamma \times (\dfrac{V_2^2 - V_1^2}{2g}) = 9.8 \times (\dfrac{6.2136^2 - 1.5534^2}{2 \times 9.8}) = 18.0978 = 18.09 [kPa]$

정답 18.09[kPa]

---

06 그림과 같은 배관의 A지점에서 B지점으로 50[N/s]의 소화수가 흐를 때, A와 B지점의 평균속도를 구하시오.(단, 소화수의 비중은 1.2로 하며 답은 셋째자리에서 반올림하여 둘째자리까지 구하시오.)

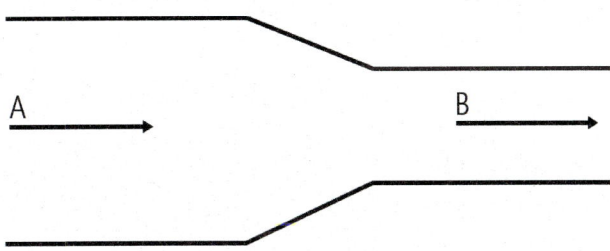

- A지점 : 호칭경 100[mm], 바깥지름 114.3[mm], 두께 4.5[mm]
- B지점 : 호칭경 80[mm], 바깥지름 89.1[mm], 두께 4.05[mm]

- 계산과정 :
- 정답 :

계산과정

- A지점의 직경 : 114.3−(4.5×2) = 105.3[mm] = 0.1053[m]
- B지점의 직경 : 89.1−(4.05×2) = 81[mm] = 0.081[m]
- 소화수의 비중량 : $s \times \gamma_w = 1.2 \times 9800 = 11760 [N/m^3]$

① $V_A = \dfrac{G}{\gamma A_A} = \dfrac{50}{11760 \times \dfrac{\pi}{4} \times 0.1053^2} = 0.48822 [m/s] = 0.49 [m/s]$

② $V_B = \dfrac{G}{\gamma A_B} = \dfrac{50}{11760 \times \dfrac{\pi}{4} \times 0.081^2} = 0.8250 [m/s] = 0.83 [m/s]$

정답 V_A : 0.49[m/s], V_B : 0.83[m/s]

---

07 그림과 같이 물이 흐르는 배관의 ⓐ점은 직경 50[mm], 압력 12[kPa] ⓑ점은 직경 50[mm], 압력 11.5[kPa] ⓒ점은 직경 30[mm], 압력 10.5[kPa]이며 유량은 5[ℓ/s] 이다. 각 물음에 답하시오.

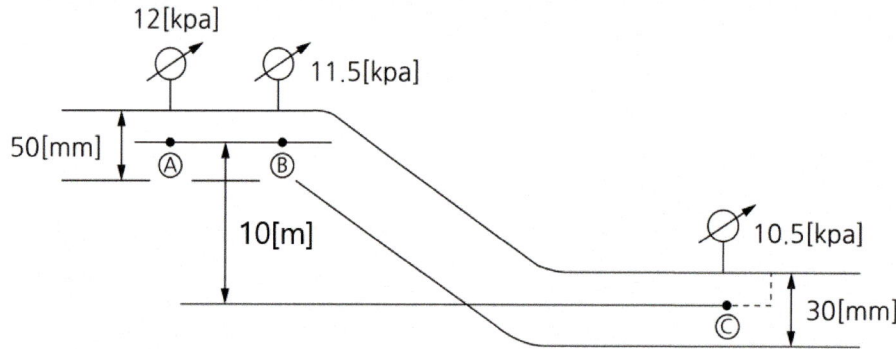

(1) ⓐ 지점에서 유속[m/s]을 구하시오.
- 계산과정 :
- 정답 :

(2) ⓒ 지점에서 유속[m/s]을 구하시오.
- 계산과정 :
- 정답 :

(3) ⓐ 지점과 ⓑ지점간의 마찰손실[m]을 구하시오.
- 계산과정 :
- 정답 :

(4) ⓐ 지점과 ⓒ지점간의 마찰손실[m]을 구하시오.
- 계산과정 :
- 정답 :

계산과정

(1) $V_a = \dfrac{4Q}{\pi D_a^2} = \dfrac{4 \times 5 \times 10^{-3}[m^3/s]}{\pi \times 0.05^2 [m^2]} = 2.5464[m/s] = 2.55[m/s]$

(2) $V_c = \dfrac{4Q}{\pi D_c^2} = \dfrac{4 \times 5 \times 10^{-3}[m^3/s]}{\pi \times 0.03^2 [m^2]} = 7.0735[m/s] = 7.07[m/s]$

(3) $\dfrac{P_a}{\gamma} + \dfrac{V_a^2}{2g} + Z_a = \dfrac{P_b}{\gamma} + \dfrac{V_b^2}{2g} + Z_b + h_L$, $h_L = \dfrac{P_a - P_b}{\gamma} = \dfrac{12 - 11.5[kPa]}{9.8[kN/m^3]} = 0.051[m] = 0.05[m]$

(4) $\dfrac{P_a}{\gamma} + \dfrac{V_a^2}{2g} + Z_a = \dfrac{P_c}{\gamma} + \dfrac{V_c^2}{2g} + Z_c + h_L$

$h_L = \dfrac{12 - 10.5[kPa]}{9.8[kN/m^3]} + \dfrac{2.55^2 - 7.07^2[m/s]^2}{2 \times 9.8[m/s^2]} + 10[m] = 7.9345[m] = 7.93[m]$

정답 (1) 2.55[m/s]　(2) 7.07[m/s]　(3) 0.05[m]　(4) 7.93[m]

---

08 1시간 30분 동안에 50톤의 물의 길이가 350[m]이고 안지름이 155[mm]인 수평배관에 흐르고 있다. 배관의 마찰손실계수는 0.03일 때 다음 각 물음에 답하시오.

(1) 배관 내 물의 유속(m/s)을 계산하시오.
　• 계산과정 :
　• 정답 :

(2) 배관내 마찰손실압력(kPa)을 계산하시오.
　• 계산과정 :
　• 정답 :

계산과정

(1) ※ 물 1[ton]=1[m³], 물 1[L]=1[kg] 은 참고 부탁드립니다.

　• $v = \dfrac{4Q}{\pi D^2} = \dfrac{4 \times 50}{\pi \times 0.155^2 \times (1.5 \times 3600)} = 0.4907[m/s] = 0.49[m/s]$

(2) $h_L = f \dfrac{L}{d} \dfrac{V^2}{2g} [m]$

　• $h_L = 0.03 \times \dfrac{350}{0.155} \times \dfrac{0.49^2}{2 \times 9.8} = 0.8298[m] \times 9.8[kN/m^3] = 8.13[kPa]$

정답 (1) 0.49[m/s]　(2) 8.13[kPa]

09 어느 물분무소화설비의 배관에 물이 흐르고 있다. 두 지점에 흐르는 물의 압력은 각각 0.5[MPa], 0.42[MPa] 이었다. 만약 유량을 2배로 송수한다면 두 지점간의 압력차는 얼마인가? (단, 배관의 마찰손실압력은 하이젠–윌리엄 공식을 이용하시오.)

- 계산과정 :
- 정답 :

계산과정
$0.08 : Q^{1.85} = \Delta P : (2Q)^{1.85}$
$\Delta P = 0.08 \times 2^{1.85} = 0.2884 [MPa] = 0.29 [MPa]$
정답 $0.29 [MPa]$

10 배관 마찰계수가 0.016인 관내에 유체가 3[m/s]로 흐르고 있다. 관의 길이가 1000m, 내경이 100mm인 배관내의 거칠기(조도) C값을 소수점은 반올림하여 정수로 구하시오.(단, 배관 마찰은 달시–웨버식과 하겐–윌리암식을 이용)

- 계산과정 :
- 정답 :

계산과정

① $h_L = f \times \dfrac{L}{D} \times \dfrac{V^2}{2g} = 0.016 \times \dfrac{1000}{0.1} \times \dfrac{3^2}{2 \times 9.8} = 73.4693 [m]$

② $Q = \dfrac{\pi \times 0.1^2}{4} \times 3 \times 1000 \times 60 = 1413.7166 [\ell/min]$

③ $\Delta P = \dfrac{73.4693}{10.332} \times 0.101325 [MPa] = 0.7205 [MPa]$

- 조도 : $0.7205 = 6.05 \times 10^4 \times \dfrac{1413.7166^{1.85}}{C^{1.85} \times 100^{4.87}} \times 1000$, C = 147.50

정답 148

11 다음 배관 조건을 보고 다음 각 물음에 답하시오.

① 배관유체 비중 s=0.85 이다.
② 배관의 길이는 3000[m], 직경은 0.3[m] 이다.
③ 배관 유체의 유량은 900[L/min] 이다.
④ 배관 유체의 점성계수 μ=0.103[N·s/m^2] 이다.

(1) 배관 유체의 유속[m/s]을 구하시오.
- 계산과정 :
- 정답 :

(2) 배관 유체의 레이놀즈수를 구하고 층류인지 난류인지 판단하시오.
- 계산과정 :
- 정답 :

(3) 달시 방정식을 이용하여 수두 압력손실[m]을 구하시오.
- 계산과정 :
- 정답 :

계산과정

(1) $v = \dfrac{4Q}{\pi D^2} = \dfrac{4 \times 0.9}{60 \times \pi \times 0.3^2} = 0.2122 = 0.21[m/s]$

(2) $Re = \dfrac{\rho(=s \times \rho_w)vd}{\mu} = \dfrac{0.85 \times 1000 \times 0.21 \times 0.3}{0.103} = 519.9029 = 519.9(층류)$

(레이놀즈수가 2100보다 작으므로 층류로 판단한다.)

(3) ① 관마찰계수 $f = \dfrac{64}{Re} = \dfrac{64}{519.9} = 0.123$

② 달시방정식 $h_L = f \times \dfrac{L}{D} \times \dfrac{V^2}{2g} = 0.123 \times \dfrac{3000}{0.3} \times \dfrac{0.21^2}{2 \times 9.8} = 2.7675 = 2.77[m]$

정답 (1) 0.21[m/s] (2) 층류 (3) 2.77[m]

12 내경이 10[cm]인 소방용 호스에 내경이 3[cm]인 노즐이 부착되어있다. 1.5[m³/min]의 방수량으로 대기 중에 방사할 경우 아래 조건에 따라 각 물음에 답하시오.(단, 마찰손실은 무시한다.)

(1) 소방용 호스의 평균유속[m/s]을 계산하시오.
- 계산과정 :
- 정답 :

(2) 소방용 호스에 부착된 노즐의 유속[m/s]을 계산하시오.
- 계산과정 :
- 정답 :

(3) 소방용 노즐의 반동력[N]을 계산하시오.
- 계산과정 :
- 정답 :

계산과정

(1) $V = \dfrac{4 \times 1.5}{\pi \times 0.1^2 \times 60} = 3.18 [m/s]$

(2) $V = \dfrac{4 \times 1.5}{\pi \times 0.03^2 \times 60} = 35.37 [m/s]$

(3) $\dfrac{P_1}{\gamma} + \dfrac{V_1^2}{2g} = \dfrac{P_2}{\gamma} + \dfrac{V_2^2}{2g}$ ($P_2 =$ 대기압으로 무시, 수평노즐이므로 $Z_1 = Z_2$ 이다.)

$\dfrac{P_1}{9800} + \dfrac{3.18^2}{2 \times 9.8} = \dfrac{0}{9800} + \dfrac{35.37^2}{2 \times 9.8}$

$P_1 = 620462.25 [Pa]$

$F_x = P_1 \cdot A_1 - \rho \cdot Q \cdot \triangle V$

$= (620462.25 \times \dfrac{\pi}{4} \times 0.1^2) - (1000 \times \dfrac{1.5}{60} \times (35.37 - 3.18)) = 4068.35 [N]$

정답 (1) $3.18 [m/s]$ (2) $35.37 [m/s]$ (3) $4068.35 [N]$

---

13 옥외소화전 1개를 개방하여 피토게이지로 방수압을 측정한 결과 $0.6[MPa]$이었다. 호스 구경 65[mm], 노즐구경 20[mm]일 경우 노즐의 반발력을 구하시오.

- 계산과정 :
- 정답 :

계산과정

$F[N] = 1.57 \times D^2 [mm^2] \times P[MPa] = 1.57 \times 20^2 \times 0.6 = 376.8 [N]$

정답 $376.8 [N]$

14 그림과 같은 배관을 통하여 유량이 80ℓ/s로 흐르고 있다. B, C관의 마찰손실수두는 3m로 같다. B관의 유량은 20ℓ/s일 때 C관의 내경 [mm]을 구하시오. (단 하이젠 윌리암 공식 $\triangle P = 6.05 \times 10^4 \times \dfrac{Q^{1.85}}{C^{1.85} \times D^{4.87}} \times L$, $\triangle P$는 압력차[MPa], L은 배관의 길이[m], Q는 [ℓ/min], 조도 C=100이며, D는 내경[mm]을 사용한다.)

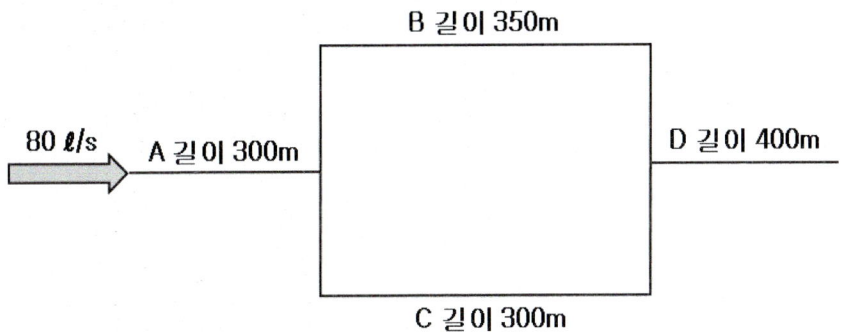

- 계산과정 :
- 정답 :

계산과정

$Q_ⓐ = Q_ⓑ + Q_ⓒ$

$Q_ⓒ = 80 - 20 = 60[\ell/s] = 3600[\ell/min]$

$0.03 = 6.05 \times 10^4 \times \dfrac{3600^{1.85}}{100^{1.85} \times d^{4.87}} \times 300$ (* $\dfrac{3[m]}{10.332[m]} \times 0.101325[MPa] = 0.0294 \fallingdotseq 0.03[MPa]$)

$d^{4.87} = \dfrac{6.05 \times 10^4 \times 3600^{1.85} \times 300}{100^{1.85} \times 0.03}$

$d = \left(\dfrac{6.05 \times 10^4 \times 3600^{1.85} \times 300}{100^{1.85} \times 0.03}\right)^{\frac{1}{4.87}} = 247.99[mm]$

정답 247.99[mm]

15 그림과 같은 루프(loop) 배관에 직결된 노즐로부터 300[L/min]의 물이 방사되고 있다. 화살표의 방향으로 흐르는 유량 Q_1, Q_2[L/min]를 각각 구하시오.

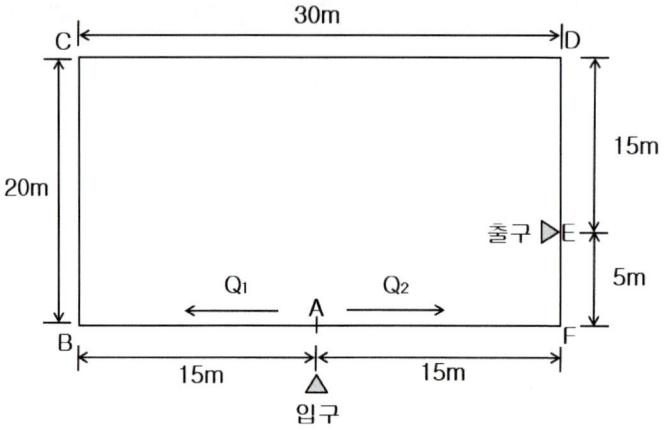

[조 건]
① 부속의 등가길이는 모두 무시한다.
② 마찰손실 구하는 공식은 하이젠-윌리엄스 공식을 사용하되 계산 편의상 다음과 같다고 가정한다.

$$\Delta p_m = 6.05 \times 10^4 \times \frac{Q^2}{100^2 \times D^5}$$

ΔP_m : 배관 1m당 마찰손실압력[MPa], Q : 유량[L/min], D : 관의 안지름[mm]
③ 루프 배관상의 직경은 모두 같다.

• 계산과정 :
• 정답 :

계산과정

$Q_{ABCDE} = Q_1$, $Q_{AFE} = Q_2$로 한다.
$\Delta P_1 = \Delta P_2$ 로 가정한다.

$6.05 \times 10^4 \times \dfrac{Q_1^2}{100^2 \times D^5} \times (15+20+30+15) = 6.05 \times 10^4 \times \dfrac{Q_2^2}{100^2 \times D^5} \times (15+5)$

$Q_1^2 \times (80) = Q_2^2 \times (20)$
$Q_2 = 2Q_1$ 이다.
• 유량은 $Q_1 + Q_2 = 300[L/min]$
  $Q_1 + 2Q_1 = 300$ 이므로 $Q_1 = 100[L/min]$
  $Q_2 = 300 - Q_1 = 300 - 100 = 200[L/min]$
정답 $Q_1 = 100[L/min]$, $Q_2 = 200[L/min]$

16 그림은 어느 배관 평면도이며 화살표의 방향으로 물이 흐르고 있다. 조건을 참고하여 $Q_{ABCD} = Q_1$ 및 $Q_{AEFD} = Q_2$ 간을 흐르는 유량을 각각 계산하시오.

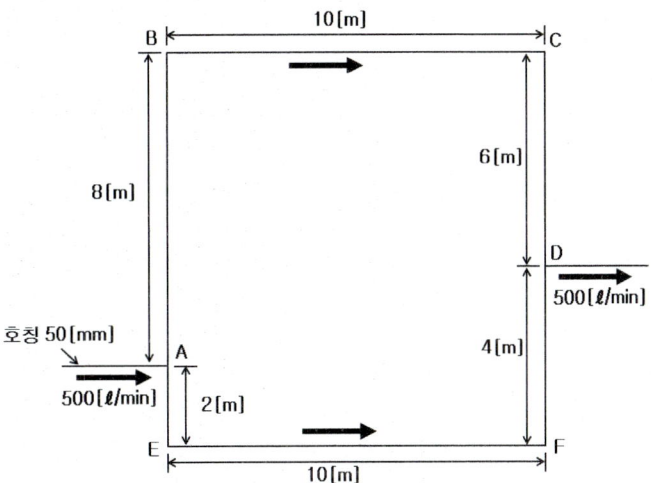

[조 건]

① 하이젠-윌리암 공식은 다음과 같다.

$$\Delta p_m = 6.05 \times 10^4 \times \frac{Q^{1.85}}{100^{1.85} \times D^{4.87}}$$

단, ΔP_m = 배관 1m당 마찰손실압력 $[MPa/m]$, Q : 유량[L/min], D : 배관의 내경[mm]
② 호칭 50mm 배관의 안지름은 54mm으로 한다.
③ 호칭 50mm 엘보 90°의 등가길이는 1개당 1.6m으로 한다.
④ A 및 D점에 있는 티이의 마찰손실은 무시한다.
⑤ 루프배관의 호칭구경은 50mm이다.

• 계산과정 :

• 정답 :

계산과정

$Q_T = 500[\ell/\min] = Q_1 + Q_2$ ············· (1)식

$\Delta P_1 = \Delta P_2$ ································ (2)식

$\Delta P_1 = 6.05 \times 10^4 \times \frac{Q_1^{1.85}}{100^{1.85} \times 54^{4.87}} \times (8 + 10 + 6 + 1.6 \times 2)$

$\Delta P_2 = 6.05 \times 10^4 \times \frac{Q_2^{1.85}}{100^{1.85} \times 54^{4.87}} \times (2 + 10 + 4 + 1.6 \times 2)$ ········ (2)식에 대입

$27.2 \times Q_1^{1.85} = 19.2 \times Q_2^{1.85}$

$Q_1 = 0.8283 \times Q_2$ ··· (1)식에 대입

$500[\ell/\min] = 0.8283 \times Q_2 + Q_2 = 1.8283 Q_2$

$Q_2 = 273.48 [\ell/min]$
$Q_1 = 500 - 273.48 = 226.52 [\ell/min]$
정답 $Q_1 = 226.52 [\ell/min]$, $Q_2 = 273.48 [\ell/min]$

17 소화배관에 2,000[L/min]의 유량이 흐르고 있다가 Q_1, Q_2, Q_3 로 분기되어 흐르다가 다시 합쳐졌다. [조건]을 참고하여 Q_1, Q_2, Q_3 [L/min]를 구하시오.(단, 계산결과는 반올림하여 정수로 나타낸다.)

[조 건]
① 각 분기배관에서의 마찰손실은 10[m]로 동일하며, 배관의 마찰손실은 아래 하이젠 윌리엄 공식으로 산정한다.

• $\Delta P = 6.053 \times 10^4 \times \dfrac{Q^{1.85}}{C^{1.85} \times D^{4.87}}$

단, •ΔP : 배관 1m당 마찰손실압력[MPa], •Q : 유량[L/min], •D : 배관 내경[mm]
② 배관의 조도는 모두 동일하며, 물의 비중량은 $\gamma = 9.8[kN/m^3]$이다.

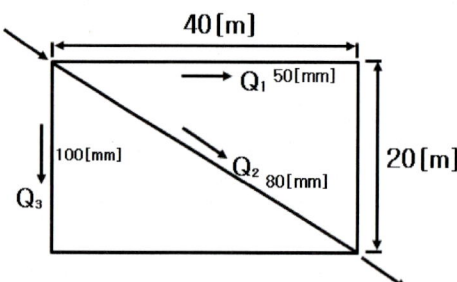

• 계산과정 :

• 정답 :

계산과정
① $Q_T = Q_1 + Q_2 + Q_3$ (질량보존의 법칙)
② $\Delta P_1 = \Delta P_2 = \Delta P_3$ (조건에 의하여)
 • 수두손실 10[m]를 압력손실로 환산하면 $P = \gamma H = 9.8 \times 10 = 98[KPa] = 0.098[MPa]$
 • 조건에 주어진 하이젠 윌리엄 공식을 유량 Q로 정리한다.

$Q^{1.85} = \dfrac{\Delta P \times C^{1.85} \times D^{4.87}}{6.053 \times 10^4 \times L}$, $Q = (\dfrac{\Delta P \times D^{4.87}}{6.053 \times 10^4 \times L})^{\frac{1}{1.85}} \times C$

$Q_1 = (\dfrac{\Delta P_1 \times D_1^{4.87}}{6.053 \times 10^4 \times L_1})^{\frac{1}{1.85}} \times C = (\dfrac{0.098 \times 50^{4.87}}{6.053 \times 10^4 \times (40+20)})^{\frac{1}{1.85}} \times C = 2.4050 C$

$Q_2 = (\dfrac{\Delta P_2 \times D_2^{4.87}}{6.053 \times 10^4 \times L_2})^{\frac{1}{1.85}} \times C = (\dfrac{0.098 \times 80^{4.87}}{6.053 \times 10^4 \times \sqrt{40^2 + 20^2}})^{\frac{1}{1.85}} \times C = 9.7152 C$

$$Q_3 = \left(\frac{\Delta P_3 \times D_3^{4.87}}{6.053 \times 10^4 \times L_3}\right)^{\frac{1}{1.85}} \times C = \left(\frac{0.098 \times 100^{4.87}}{6.053 \times 10^4 \times (20+40)}\right)^{\frac{1}{1.85}} \times C = 14.9131\,C$$

위 공식을 정리하면 $2.4051\,C + 9.7152\,C + 14.9131\,C = 2000$
$27.0334\,C = 2000$ ∴ $C = 73.9825$
$Q_1 = 2.4050\,C = 2.4050 \times 73.9825 = 177.9279 = 178[\ell/min]$
$Q_2 = 9.7152\,C = 9.7152 \times 73.9825 = 718.7547 = 719[\ell/min]$
$Q_3 = 2000 - 178 - 719 = 1103[\ell/min]$

정답 $Q_1 = 178[\ell/min]$, $Q_2 = 719[\ell/min]$, $Q_3 = 1103[\ell/min]$

---

18 아래 그림을 보고 배관A 및 배관B 부분의 유량[m³/s]과 유속[m/s]을 각각 구하시오. (단, 손실은 Darcy Weisbach식을 이용하며 마찰손실계수는 0.0026으로 한다)

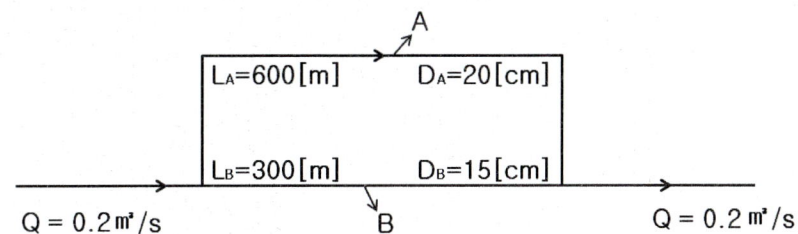

- 계산과정 :
- 정답 :

계산과정

$Q_T = Q_{(A)} + Q_{(B)}$ ………… (1)식
$\Delta h_{(A)} = \Delta h_{(B)}$ ………… (2)식
(2)식에서
$$f \cdot \frac{L_{(A)}}{d_{(A)}} \cdot \frac{V_{(A)}^2}{2g} = f \cdot \frac{L_{(B)}}{d_{(B)}} \cdot \frac{V_{(B)}^2}{2g}$$
$$V_{(A)}^2 = \frac{L_{(B)} \times d_{(A)}}{L_{(A)} \times d_{(B)}} \times V_{(B)}^2$$
$$V_{(A)} = \sqrt{\frac{300 \times 20}{600 \times 15}} \times V_{(B)} = 0.8164 \times V_{(B)} \quad\text{………(1)식에 대입}$$
$Q_T = Q_{(A)} + Q_{(B)} = A_{(A)} V_{(A)} + A_{(B)} V_{(B)}$
$\quad = \frac{\pi}{4} \times 0.2^2 \times 0.8164 \times V_{(B)} + \frac{\pi}{4} \times 0.15^2 \times V_{(B)}$
$\quad = 0.0256\,V_{(B)} + 0.0176\,V_{(B)}$
$0.2 = 0.0432\,V_{(B)}$
$V_{(B)} = 4.6296[m/s] = 4.63[m/s]$
$V_{(A)} = 0.8164 \times 4.63 = 3.7799[m/s] = 3.78[m/s]$

$$Q_{(A)} = \frac{\pi}{4} \times 0.2^2 \times 3.78 = 0.1187 [m^3/s] = 0.12 [m^3/s]$$

$$Q_{(B)} = Q_T - Q_{(A)} = 0.2 - 0.12 = 0.08 [m^3/s]$$

정답 $V_{(A)} = 3.78 [m/s]$, $V_{(B)} = 4.63 [m/s]$,

$Q_{(A)} = 0.12 [m^3/s]$, $Q_{(B)} = 0.08 [m^3/s]$

19 $NPSH_{av}$와 $NPSH_{re}$에 대하여 설명하고, 캐비테이션 발생 한계조건을 설명하시오.

• 정답 :

정답 (1) $NPSH_{av}$: 유효흡입양정으로 펌프 그 자체와는 무관하게 펌프를 설치하는 현장 여건에 따라 결정되며 펌프 운전시 공동현상 발생이 없이 펌프를 안전하게 운전할 수 있는 수두를 말한다.
(2) $NPSH_{re}$: 필요흡입양정으로 펌프 자체가 가지고 있는 고유한 특성에 따라 메이커에서 결정한 양정으로 펌프의 기동시 압력강하에 의한 손실수두를 말한다.
(3) 캐비테이션 발생 한계조건 : $NPSH_{av} = NPSH_{re}$ 이다.
(공동현상이 발생하지 않는 영역은 $NPSH_{av} > NPSH_{re}$ 이다.)

20 그림과 같은 소화펌프가 해발고도 1000[m]에 설치되어 있다. 다음 조건을 참고하여 유효흡입수두(NPSHav)를 구하고 이 펌프에서 공동현상(cavitation)이 발생하는지에 대해 판단하시오.

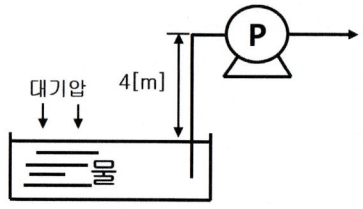

[조 건]
① 대기압 = 1.033 × 10⁵[Pa](해발 0m에서)
      = 0.901 × 10⁵[Pa](해발 1000[m]에서)
② 배관의 마찰손실수두는 0.5[m]이고, 수위의 변화는 없다.
③ 펌프 제조사에서 제시한 필요흡입수두는 4.5[m]이다.
④ 동일온도에서 포화수증기압은 2.334[kPa]이다.
⑤ 중력가속도는 반드시 $9.8 [m/s^2]$으로 계산한다.

(1) 펌프의 유효흡입수두 NPSHav를 구하시오.
- 계산과정 :
- 정답 :

(2) 공동현상(cavitation)의 발생 여부를 설명하시오.
- 정답 :

계산과정

(1) $NPSH_{av} = \dfrac{P_0}{\gamma} - \dfrac{P_V}{\gamma} - H_S - H_L \ (H_S : \text{흡입양정}, H_L : \text{손실수두})$

$= \dfrac{0.901 \times 10^2 \ [kN/m^2]}{9.8 \ [kN/m^3]} - \dfrac{2.334 \ [kN/m^2]}{9.8 \ [kN/m^3]} - 4[m] - 0.5[m] = 4.4557 = 4.46[m]$

(2) 4.46(유효흡입수두)<4.5(필요흡입수두) 이므로 발생한다.

정답 (1) 4.46[m] (2) 발생한다.

---

21 아래의 그림과 조건을 참조하여 다음 물음에 답하시오.

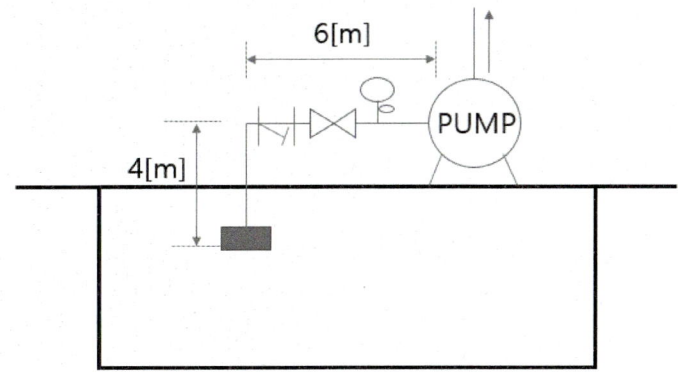

[조 건]

① 흡입측 배관의 관부속품에 따른 상당길이는 15[m]이다.
② 대기압은 10.3[m]이며, 물의 포화수증기압은 0.2[m]이다.
③ 펌프의 유량 144[m³/h]이고, 흡입배관의 구경은 125[mm]이다.
④ 배관의 마찰손실수두는 다음의 공식을 따라 계산하며, 속도수두는 무시한다.

$$\triangle H = 6 \times 10^6 \times \dfrac{Q^2}{120^2 \times d^5} \times L$$

여기서, $\triangle H$: 배관의 마찰손실수두[m]
   Q : 배관 내의 유량[ℓ/min]
   d : 관의 내경[mm]
   L : 배관의 길이[m]

(1) 조건에 주어진 공식을 이용하여 흡입배관의 마찰손실수두[m]를 구하시오.
- 계산과정 :
- 정답 :

(2) 유효흡입양정[m]을 구하시오.
- 계산과정 :
- 정답 :

(3) 펌프의 필요흡입수두가 4.5[m]인 경우, 펌프의 사용가능여부를 판정하시오.
- 정답 :

(4) 펌프가 흡입이 안 될 경우 개선방법 2가지를 쓰시오.
- 정답 :

【계산과정】

(1) $\triangle H = 6 \times 10^6 \times \dfrac{Q^2}{120^2 \times d^5} \times L$

$= 6 \times 10^6 \times \dfrac{2400^2}{120^2 \times 125^5} \times (15+10) = 1.96608[m] = 1.97[m]$

(2) $NPSH = \dfrac{P_a}{\gamma} - H_S - h_L - \dfrac{P_v}{\gamma} = 10.3[m] - 4[m] - 1.97[m] - 0.2[m] = 4.13[m]$

【정답】(1) 1.97[m]   (2) 4.13[m]

(3) $NPSH_{av} < NPSH_{re}$ 이므로 공동현상이 발생하므로, 사용 불가능하다.

(4) ① 펌프의 설치 높이를 될 수 있는 대로 낮추어 흡입 양정을 짧게 한다.
② 흡입배관 관경을 크게 하여 유속을 낮춘다.
③ 회전 속도를 낮추어 흡입 속도를 줄인다.
④ 양흡입 펌프를 사용한다.
⑤ 2대 이상의 펌프를 사용한다.
⑥ 흡입 손실 수두를 줄인다.(흡입관의 관경을 크게 하고 흡입관을 단순 직관화하여 마찰 손실을 줄인다.)

22 조건을 판단하여 다음 물음에 답하시오.

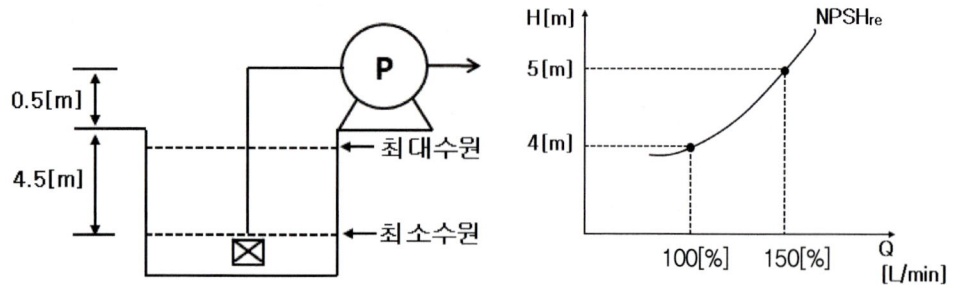

[조 건]
① 대기압은 0.1[MPa]이다.
② 물의 온도는 20[℃] 이고, 물의 포화 증기압은 2.33[kPa] 이다.
③ 물의 비중량은 9.8[kN/m³] 이며, 배관내 마찰손실수두는 0.3[m] 이다.

(1) 유효 흡입수두($NPSH_{av}$)[m]는 얼마인가?
- 계산과정 :
- 정답 :

(2) 필요흡입수두($NPSH_{re}$) 그래프를 보고 펌프 사용 가능 여부와 이유를 설명하시오.
- 정답 :

계산과정

(1) $NPSH_{av} = \dfrac{0.1 \times 10^3}{9.8} - \dfrac{2.33}{9.8} - 5 - 0.3 = 4.6663 = 4.67[m]$

정답 (1) 4.67[m]

(2) 정격운전 100%시에는 공동현상이 발생하지 않아 펌프를 사용 가능하나, 최대운전 150%운전시에는 공동현상이 발생하여 펌프를 사용하지 못한다.

참고
- 100% 운전시 → $NPSH_{av}$: 4.67[m] 〉 $NPSH_{re}$: 4[m](공동현상 방지)
- 150% 운전시 → $NPSH_{av}$: 4.67[m] 〈 $NPSH_{re}$: 5[m](공동현상 발생)

---

23 조건을 판단하여 유효흡입양정을 구하고 공동현상이 발생하는지 여부를 판별하시오.

[조 건]
① 흡입식으로 설치되어 있다.
② 흡입배관의 마찰손실수두는 3.5[kPa] 이다.
③ 물의 포화 증기압은 2.33[kPa] 이다.
④ 흡입 양정은 3[m] 이다.
⑤ $NPSH_{re}$(필요흡입양정)는 5[m] 이다.

- 계산과정 :
- 정답 :

계산과정

$NPSH_{av} \geq NPSH_{re}$ 유효흡입양정이 필요흡입양정보다 커야 공동현상을 방지할 수 있다.

$NPSH_{av} = 10.332 - \dfrac{2.33}{9.8} - \dfrac{3.5}{9.8} - 3 = 6.74[m]$

참고 ● $NPSH-av = \dfrac{P_a}{\gamma} - \dfrac{P_v}{\gamma} \pm H_s - H_f [m]$

여기서, $NPSH-av$: 이용 가능한 유효 흡입 양정[m]
- P_a : 흡입 수면의 대기압[N/m²]
- H_f : 흡입측 배관의 마찰 손실 수두[m]
- H_s : 흡입 양정으로 흡상일 때(-), 압입일 때(+)[m]
- P_v : 유체의 온도에 상당하는 포화증기압[N/m²]

정답 $NPSH_{av}$가 $NPSH_{re}$ 보다 크므로 공동현상이 발생하지 않는다.

24
소화펌프의 성능에서 임펠러 직경 150[mm], 회전수 1770[rpm], 유량 4,000[ℓ/min]과 양정 50[m]로 가압 송수하고 있을 때, 펌프를 교환하여 임펠러직경 200[mm], 회전수1170[rpm]로 운전하면 유량[ℓ/min], 양정 [m]은 각각 얼마인가?

- 계산과정 :
- 정답 :

계산과정

$$Q_2 = Q_1 \times \left(\frac{N_2}{N_1}\right) \times \left(\frac{d_2}{d_1}\right)^3 = 4000 \times \left(\frac{1170}{1770}\right) \times \left(\frac{200}{150}\right)^3 = 6267.42 \ [\ell/min]$$

$$H_2 = H_1 \times \left(\frac{N_2}{N_1}\right)^2 \times \left(\frac{d_2}{d_1}\right)^2 = 50 \times \left(\frac{1170}{1770}\right)^2 \times \left(\frac{200}{150}\right)^2 = 38.84 \ [m]$$

정답 (Q_2) 6267.42 [ℓ/min], (H_2) 38.84[m]

25
송풍기와 관련된 내용으로 조건을 참고하여 다음 각 물음에 답하시오.

[조 건]

① 펌프의 크기(직경) : 1[m]
② 정압 : 50[mmAq]
③ 전압(정압+손실압) : 80[mmAq]
④ 회전수 : 1750[rpm]
⑤ 효율 : 75%
⑥ 유량 : 750[m³/min]
⑦ 소요동력 : 100[kW]

(1) 회전수를 2000rpm으로 변경 시 유량[m³/min]은 얼마인가?
   (단, 펌프의 직경의 크기는 1[m]로 동일하다고 가정한다.)
   • 계산과정 :
   • 정답 :

(2) 펌프의 크기를 1.2m로 변경 시 동력[kW]은 얼마인가?
   (단, 회전수는 1750rpm으로 유지한다.)
   • 계산과정 :
   • 정답 :

(3) 펌프의 크기를 1.2m로 변경 시 정압[mmAq]은 얼마인가?
   (단, 회전수는 1750rpm으로 유지한다.)
   • 계산과정 :
   • 정답 :

계산과정

(1) $Q_2 = Q_1 \times (\frac{N_2}{N_1}) = 750 \times (\frac{2000}{1750}) = 857.14 [m^3/min]$

(2) $P_2 = P_1 \times (\frac{D_2}{D_1})^5 = 100 \times (\frac{1.2}{1})^5 = 248.83 [kW]$

(3) $H_2 = H_1 \times (\frac{D_2}{D_1})^2 = 50 \times (\frac{1.2}{1})^2 = 72 [mmAq]$

정답 (1) 857.14[m³/min] (2) 248.83[kW] (3) 72[mmAq]

---

26 회전수가 3600[rpm] 전양정 128[m]에 대하여 1.228[m³/min]의 수량을 내는 펌프가 필요하다. 비속도가 $N_S = 200 \sim 260 [m^3/min \cdot m \cdot rpm]$의 범위에 속하는 펌프를 설정할 때 몇 단의 펌프를 해야 하는지 구하시오.

• 계산과정 :
• 정답 :

계산과정

$N_S(비속도) = \dfrac{N\sqrt{Q}}{(\dfrac{H}{단수})^{\frac{3}{4}}}$

① N_S가 200이라면

$200 = \dfrac{3600\sqrt{1.228}}{(\dfrac{128}{단수})^{\frac{3}{4}}}$, $(\dfrac{128}{단수}) = (\dfrac{3600\sqrt{1.228}}{200})^{\frac{4}{3}}$, 단수 = 2.3661

② N_S가 260이라면

$$260 = \frac{3600\sqrt{1.228}}{(\frac{128}{단수})^{\frac{3}{4}}}, \quad (\frac{128}{단수}) = (\frac{3600\sqrt{1.228}}{260})^{\frac{4}{3}}, \quad 단수 = 3.3571$$

∴ 2.3361~3.3571 = 3단

정답 3단

27 유량 980[N/s], 40℃ ②에서 공동현상이 발생하지 않는 ①최소압력[kPa]을 구하시오.(관 손실이 없음. 40℃ 물증기압 55.324[mmHg], abs)

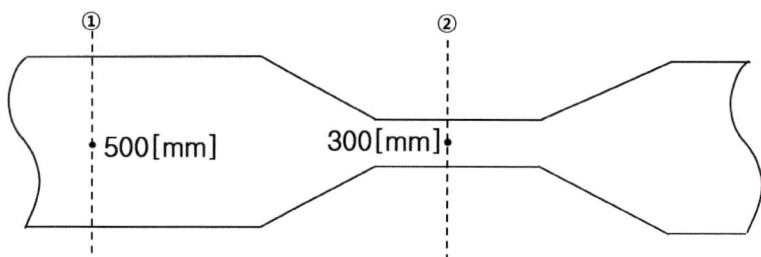

- 계산과정 :
- 정답 :

계산과정

$G = \gamma_1 \cdot A_1 \cdot V_1 = \gamma_2 \cdot A_2 \cdot V_2 \quad (\gamma_1 = \gamma_2 = 9800 \, [N/m^3])$

$V_1 = \dfrac{980}{9800 \times \dfrac{\pi}{4} \times 0.5^2} = 0.5092 \, [m/s]$

$V_2 = \dfrac{980}{9800 \times \dfrac{\pi}{4} \times 0.3^2} = 1.4147 \, [m/s]$

$\dfrac{P_1}{\gamma} + \dfrac{V_1^2}{2g} = \dfrac{P_2}{\gamma} + \dfrac{V_2^2}{2g} \quad \left(P_2 = \dfrac{55.324 \, [mmHg]}{760 \, [mmHg]} \times 101325 \, [Pa] = 7375.9267 \, [Pa]\right)$

$\dfrac{P_1}{9800} + \dfrac{0.5092^2}{2 \times 9.8} = \dfrac{7375.9267}{9800} + \dfrac{1.4147^2}{2 \times 9.8}$

$P_1 = 8246.9724 \, [Pa] = 8.25 \, [kPa]$

정답 8.25[kPa]

28 옥내소화전의 시험을 위하여 피토게이지로 압력을 측정하니 0.2MPa이었다. 노즐에서의 토출 유속[m/s]를 구하시오.

- 계산과정 :
- 정답 :

계산과정

$V = \sqrt{2gh}$, $V = \sqrt{2 \times 9.8 \times \dfrac{0.2 \times 10^6}{9800}} = 20[m/s]$

정답 20[m/s]

29 500[mm] 배관에 300[ℓ/min]의 물이 흐르고 그 끝에 25[mm] 노즐을 달아 공기중으로 방출할 때 노즐에서의 부차적 손실압력은[kPa]?(단, 부차적 손실 계수는 5.5이다.)

- 계산과정 :
- 정답 :

계산과정

$h_L = K \times \dfrac{V_2^2}{2g} = 5.5 \times \dfrac{10.18^2}{2 \times 9.8} = 29.0805[m]$

$\triangle P = \gamma H = 9800 \times 29.0805 = 284988[Pa] = 284.98[kPa]$

(* $V_2 = \dfrac{4Q}{\pi D_2^2} = \dfrac{4 \times 0.3}{\pi \times 0.025^2 \times 60} = 10.18[m/s]$)

정답 284.98[kPa]

30 안지름이 각각 300[mm]와 450[mm]의 원관이 연결되어 있다. 지름이 작은관에서 큰관으로 매초 230[L]의 물이 흐를 때, 돌연 확대부분에서의 손실[m]을 구하시오.(중력가속도 g = 9.8[m/s²]으로 한다.)

- 계산과정 :
- 정답 :

계산과정

$h_L(확대관손실) = \dfrac{(V_1 - V_2)^2}{2g} = \dfrac{(3.2538 - 1.4461)^2}{2 \times 9.8} = 0.1667 = 0.17[m]$

(① V_1(축소관) $= \dfrac{4Q}{\pi D_1^2} = \dfrac{4\times 0.23}{\pi \times 0.3^2} = 3.2538[m/s]$, ② V_2(확대관) $= \dfrac{4Q}{\pi D_2^2} = \dfrac{4\times 0.23}{\pi \times 0.45^2} = 1.4461[m/s]$)

정답 0.17[m]

31 그림과 같은 벤츄리미터(venturi-meter)에서 관 속에 흐르는 물의 유량[ℓ/s]을 구하시오. (단, 수은의 비중은 13.6, 속도계수(벤츄리계수, Cv) 0.97, 수은주의 높이차이는 500mm, 중력가속도는 9.8m/s²이다.)

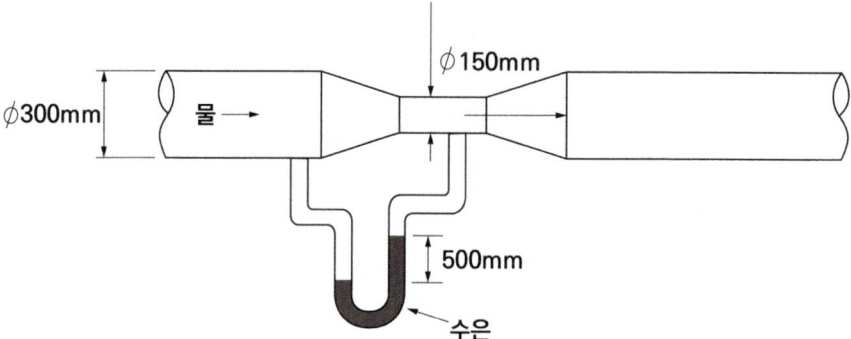

- 계산과정 :
- 정답 :

계산과정

- $Q[m^3/s] = C\times \dfrac{A_2}{\sqrt{1-(\dfrac{A_2}{A_1})^2}} \times \sqrt{2g(\dfrac{\gamma_s}{\gamma_w}-1)R}$

(C : 계수, A_1 : 배관면적[m²], A_2 : 벤츄리미터 면적[m^2], γ_s = 벤츄리미터 비중량[N/m^3], γ_w : 배관유체 비중량[N/m^3], R : 높이차[m])

① $Q[m^3/s] = 0.97 \times \dfrac{\dfrac{\pi}{4}\times 0.15^2}{\sqrt{1-(\dfrac{\dfrac{\pi}{4}\times 0.15^2}{\dfrac{\pi}{4}\times 0.3^2})^2}} \times \sqrt{2\times 9.8 \times (\dfrac{13.6\times 9.8}{9.8}-1)\times 0.5}$

$= 0.196723[m^3/s] = 196.72[\ell/s]$

참고 $\gamma_s = s_s \times \gamma_w$ 로 본다.

정답 196.72[ℓ/s]

32 다음 그림과 같은 벤투리관을 설치하여 배관의 유속을 측정하고자 한다. 액주계에는 비중 (S_{Hg}) 13.6인 수은이 들어 있고 액주계에서 수은의 높이차가 30[cm]일 때 배관에 흐르는 물의 속도(V_1)는 몇 [m/s]인가?(단, 피토정압관의 유량계수(C_V)는 0.92이며, 중력가속도는 9.8[m/s^2]이다.)

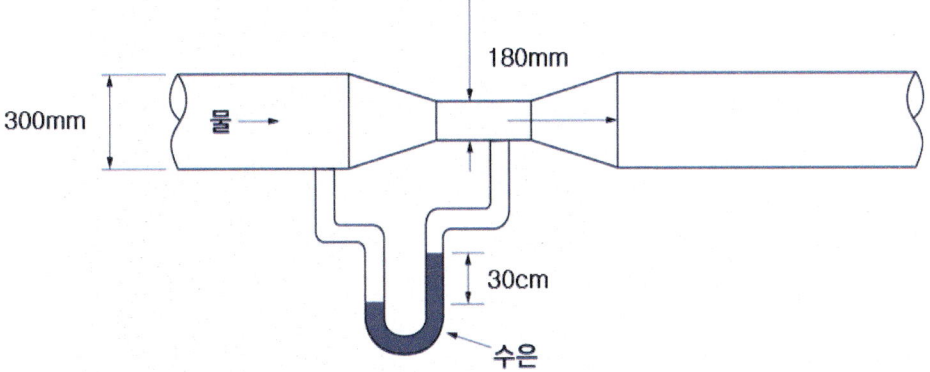

- 계산과정 :
- 정답 :

계산과정

벤츄리관 유속 공식] $V_2[m/s] = C \times \sqrt{2g(\dfrac{\gamma_s}{\gamma_w} - 1)R}$

(C : 계수, A_1 : 배관면적[m²], γ_s = 벤츄리미터 비중량[N/m^3], γ_w : 배관유체 비중량[N/m^3], R : 높이차[m])

① $V_2[m/s] = 0.92 \times \sqrt{2g(\dfrac{\gamma_s}{\gamma_w} - 1)R} = 0.92 \times \sqrt{2 \times 9.8 \times (\dfrac{13.6}{1} - 1) \times 0.3} = 8.4879[m/s] ≒ 8.49[m/s]$

참고 $\dfrac{\gamma_s}{\gamma_w} = \dfrac{S_s}{S_w}$ 로 본다.

② $A_1 V_1 = A_2 V_2$ 이므로 $V_1 = \dfrac{A_2}{A_1} V_2 = (\dfrac{\dfrac{\pi}{4} \times 180^2}{\dfrac{\pi}{4} \times 390^2}) \times 8.49 ≒ 1.8[m/s]$

정답 1.8[m/s]

33 그림과 같은 벤츄리미터(venturi-meter)에서 관 속에 흐르는 물의 유량[L/min]을 구하시오. (단, 수은의 비중은 13.6, 수은주의 높이차이는 25mm, 중력가속도는 9.8m/s^2이다.)

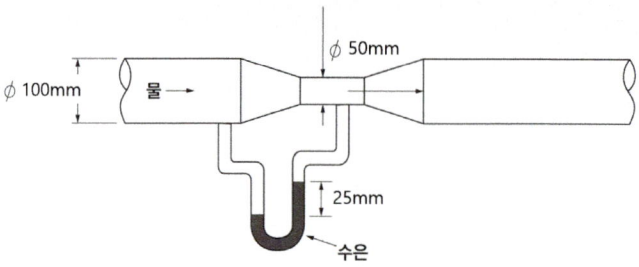

• 계산과정 :

• 정답 :

계산과정

$$Q[m^3/s] = \frac{\frac{\pi}{4} \times 0.05^2}{\sqrt{1-(\frac{\frac{\pi}{4} \times 0.05^2}{\frac{\pi}{4} \times 0.1^2})^2}} \times \sqrt{2 \times 9.8 \times (\frac{13.6 \times 9.8}{9.8} - 1) \times 0.025}$$

$$= 5.0388 \times 10^{-3}[m^3/s] = 302.33[L/min]$$

정답 302.33[L/min]

34 아래의 그림과 같은 배관에 물이 흐를 때 (1),(2),(3) 배관의 유량을 구하시오.

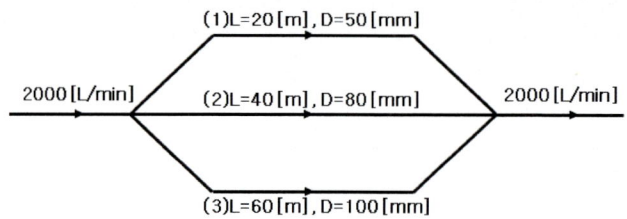

(1) 모든 배관에서의 마찰손실수두는 10[m]이며, 각 경로의 마찰압력은 아래의 하이젠- 윌리 암 식을 이용한다.

$$\triangle P = 6.053 \times 10^4 \times \frac{Q^{1.85}}{C^{1.85} \times d^{4.87}} \times L$$

• $\triangle P$: 마찰손실압력[MPa]   • Q : 유량[L/min]
• C : 관의 조도계수   • d : 관의내경[mm]
• L : 배관의길이[m]

(2) 소수점 미만의 답은 반올림하여 정수로 답하시오.

- 계산과정 :
- 정답 :

계산과정

① $Q_T = Q_1 + Q_2 + Q_3$ (질량보존의 법칙)
② $\Delta P_1 = \Delta P_2 = \Delta P_3$ (조건에 의하여)
- 조건에 주어진 하이젠 윌리암 공식을 유량 Q로 정리한다.

$$Q^{1.85} = \frac{\Delta P \times C^{1.85} \times D^{4.87}}{6.053 \times 10^4 \times L}, \quad Q = (\frac{\Delta P \times D^{4.87}}{6.053 \times 10^4 \times L})^{\frac{1}{1.85}} \times C$$

$$Q_1 = (\frac{\Delta P_1 \times D_1^{4.87}}{6.053 \times 10^4 \times L_1})^{\frac{1}{1.85}} \times C = (\frac{0.1 \times 50^{4.87}}{6.053 \times 10^4 \times 20})^{\frac{1}{1.85}} \times C = 4.4032C$$

$$Q_2 = (\frac{\Delta P_2 \times D_2^{4.87}}{6.053 \times 10^4 \times L_2})^{\frac{1}{1.85}} \times C = (\frac{0.1 \times 80^{4.87}}{6.053 \times 10^4 \times 40})^{\frac{1}{1.85}} \times C = 10.4324C$$

$$Q_3 = (\frac{\Delta P_3 \times D_3^{4.87}}{6.053 \times 10^4 \times L_3})^{\frac{1}{1.85}} \times C = (\frac{0.1 \times 100^{4.87}}{6.053 \times 10^4 \times 60})^{\frac{1}{1.85}} \times C = 15.0769C$$

- ①번에 의해 2000 = 4.4032C+10.4324C+15.0769C
  29.9125C = 2000 ∴ C = 66.8616
  $Q_1 = 4.4032C = 4.4032 \times 66.8616 = 294.4049 = 294[\ell/min]$
  $Q_2 = 10.4324C = 10.4324 \times 66.8616 = 697.5269 = 698[\ell/min]$
  $Q_3 = 2000 - 294 - 698 = 1008[\ell/min]$

정답 $Q_1 = 294[\ell/min], \; Q_2 = 698[\ell/min], \; Q_3 = 1008[\ell/min]$

35 아래 그림은 입구의 지름 36[cm], 목의 지름 13[cm]인 벤투리미터를 나타낸 것이다. 벤투리 송출계수가 0.86이고 유량이 5.6[㎥/min]일 때 입구와 목의 압력차[kPa]를 구하시오.(단, 유체는 정상흐름이고 비압축성 유체의 흐름이며, 물의 비중량은 9.8[kN/㎥]이다.)

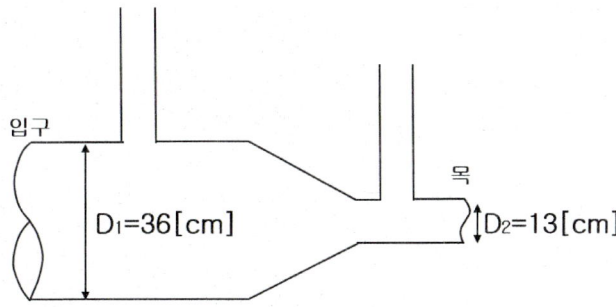

- 계산과정 :
- 정답 :

[계산과정]

① 입구유속 $Q = AVC$, $V = \dfrac{Q}{AC} = \dfrac{\frac{5.6}{60}}{\frac{\pi}{4} \times 0.36^2 \times 0.86} = 1.066 [m/s]$

② 목의 유속 $Q = AVC$, $V = \dfrac{Q}{AC} = \dfrac{\frac{5.6}{60}}{\frac{\pi}{4} \times 0.13^2 \times 0.86} = 8.176 [m/s]$

③ 벤츄리 미터 압력차

$\triangle P = \gamma \times \dfrac{V_2^2 - V_1^2}{2g} = 9.8 \times (\dfrac{8.176^2 - 1.066^2}{2 \times 9.8}) = 32.86 [kPa]$

[정답] 32.86[kPa]

CHAPTER 03 소화기구 및 자동소화장치

01 용어의 정의

(1) 소화기 : 소화약제를 압력에 따라 방사하는 기구로서 사람이 수동으로 조작하여 소화하는 다음 각 목의 것을 말한다.

① "**소형소화기**"란 능력단위가 1단위 이상이고 대형소화기의 능력단위 미만인 소화기를 말한다.

② "**대형소화기**"란 화재 시 사람이 운반할 수 있도록 운반대와 바퀴가 설치되어 있고 능력단위가 A급 10단위 이상, B급 20단위 이상인 소화기를 말한다.

* 대형소화기 약제량에 의한 구분

종류	소화약제 양	종류	소화약제 양
물소화기	80[L]이상	CO_2(이산화탄소)소화기	50[kg]이상
강화액소화기	60[L]이상	할로겐 화합물 소화기	30[kg]이상
포소화기	20[L]이상	분말소화기	20[kg]이상

(2) 자동확산소화기 : 화재를 감지하여 자동으로 소화약제를 방출 확산시켜 국소적으로 소화하는 소화기를 말한다.

① "**일반화재용자동확산소화기**"란 보일러실, 건조실, 세탁소, 대량화기취급소 등에 설치되는 자동확산소화기를 말한다.

② "**주방화재용자동확산소화기**"란 음식점, 다중이용업소, 호텔, 기숙사, 의료시설, 업무시설, 공장 등의 주방에 설치되는 자동확산소화기를 말한다.

③ "**전기설비용자동확산소화기**"란 변전실, 송전실, 변압기실, 배전반실, 제어반, 분전반등에 설치되는 자동확산소화기를 말한다.

(3) 자동소화장치

① "**주거용** 주방자동소화장치"란 주거용 주방에 설치된 열발생 조리기구의 사용으로 인한 화재발생 시 열원(전기 또는 가스)을 자동으로 차단하며 소화약제를 방출하는 소화장치를 말한다.

② "**상업용** 주방자동소화장치"란 상업용 주방에 설치된 열발생 조리기구의 사용으로 인한 화재발생 시 열원(전기 또는 가스)을 자동으로 차단하며 소화약제를 방출하는 소화장치를 말한다.

③ "**캐비닛형** 자동소화장치"란 열, 연기 또는 불꽃 등을 감지하여 소화약제를 방사하여 소화하는 캐비닛형태의 소화장치를 말한다.

④ "**가스**자동소화장치"란 열, 연기 또는 불꽃 등을 감지하여 가스계 소화약제를 방사하여 소화하는 소화장치를 말한다.

⑤ "**분말**자동소화장치"란 열, 연기 또는 불꽃 등을 감지하여 분말의 소화약제를 방사하여 소화하는 소화장치를 말한다.

⑥ "**고체**에어로졸자동소화장치"란 열, 연기 또는 불꽃 등을 감지하여 에어로졸의 소화약제를 방사하여 소화하는 소화장치를 말한다.

(4) **간이소화용구**
① 에어로졸식소화용구
② 투척용소화용구
③ 소공간용소화용구
④ 소화약제 외의 것을 이용한 소화용구(마른모래, 팽창질석, 팽창진주암)

(5) **능력단위** : 소화기 및 소화약제에 따른 간이소화용구에 있어서는 형식승인 된 수치를 말하며, 소화약제 외의 것을 이용한 간이소화용구에 있어서는 표1에 따른 수치를 말한다.

(표1) 소화약제 외의 것을 이용한 간이소화용구의 능력단위

	간이소화용구	능력단위
1. 마른모래	삽을 상비한 50L 이상의 것 1포	0.5단위
2. 팽창질석 또는 팽창진주암	삽을 상비한 80L 이상의 것 1포	

(6) **소화약제** : 소화기구 및 자동소화장치에 사용되는 소화성능이 있는 고체·액체 및 기체의 물질을 말한다.

(7) **"일반화재(A급 화재)"** 란 나무, 섬유, 종이, 고무, 플라스틱류와 같은 일반 가연물이 타고 나서 재가 남는 화재를 말한다. 일반화재에 대한 소화기의 적응 화재별 표시는 'A'로 표시한다.

(8) **"유류화재(B급 화재)"** 란 인화성 액체, 가연성 액체, 석유 그리스, 타르, 오일, 유성도료, 솔벤트, 래커, 알코올 및 인화성 가스와 같은 유류가 타고 나서 재가 남지 않는 화재를 말한다. 유류화재에 대한 소화기의 적응 화재별 표시는 'B'로 표시한다.

(9) **"전기화재(C급 화재)"** 란 전류가 흐르고 있는 전기기기, 배선과 관련된 화재를 말한다. 전기화재에 대한 소화기의 적응 화재별 표시는 'C'로 표시한다.

(10) **"주방화재(K급 화재)"** 란 주방에서 동식물유를 취급하는 조리기구에서 일어나는 화재를 말한다. 주방화재에 대한 소화기의 적응 화재별 표시는 'K'로 표시한다.

(11) **"금속화재(D급화재)"** 란 마그네슘 합금 등 가연성 금속에서 일어나는 화재를 말한다. 금속화재에 대한 소화기의 적응 화재별 표시는 'D'로 표시한다.

02 가압방식에 의한 소화기 분류

(1) **가압식 소화기**

소화약제의 방출원이 되는 압축가스를 소화약제가 담긴 본체용기와는 별도의 전용용기(압력봄베)에 봉입하여 장치하고, 압력봄베의 봉판을 파괴하는 등의 조작으로 방출되는 가스의 압력으로 소화약제를 방사하는 방식의 것

(2) **축압식 소화기**

본체 용기 중에 소화약제와 함께 소화약제의 방출원이 되는 압축가스(질소 등)를 봉입한 방식의 것. (지시압력계[0.7~0.98[MPa] 가 달려있다.)

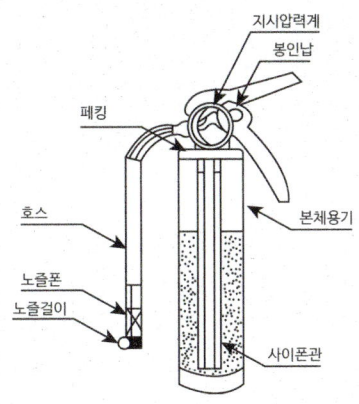

03 설치기준

(1) 소화기구는 다음 각 호의 기준에 따라 설치하여야 한다.
　① 특정소방대상물의 설치장소에 따라 표2에 적합한 종류의 것으로 할 것

(표 2) 소화기구의 소화약제별 적응성

소화약제 구분 적응대상	가스			분말		액체				기타			
	이산화탄소소화약제	할론소화약제	할로겐화합물및불활성기체	인산염류소화약제	중탄산염류소화약제	산알칼리소화약제	강화액소화약제	포소화약제	물·침윤소화약제	고체에어로졸화합물	마른모래	팽창질석·팽창진주암	그밖의것
일반화재(A급 화재)	-	○	○	○	-	○	○	○	○	○	○	○	-
유류화재(B급 화재)	○	○	○	○	○	○	○	○	○	○	○	○	-
전기화재(C급 화재)	○	○	○	○	○	*	*	*	*	○	-	-	-
주방화재(K급 화재)	-	-	-	-	*	-	*	*	*	-	-	-	*
금속화재(D급 화재)	-	-	-	-	*	-	-	-	-	-	○	○	*

주) "*"의 소화약제별 적응성은 「소방시설법」 제37조에 의한 형식승인 및 제품검사의 기술기준에 따라 화재 종류별 적응성에 적합한 것으로 인정되는 경우에 한한다.

② 특정소방대상물에 따른 소화기구의 능력단위는 표 3의 기준에 따를 것

(표3) 특정소방대상물별 소화기구의 능력단위

소방 대상물	소화기구의 능력단위
1. 위락시설	당해 용도의 바닥면적 30[m²] 마다 능력단위 1단위 이상
2. 공연장·집회장·관람장·문화재·장례식장 및 의료시설	당해 용도의 바닥면적 50[m²]마다 능력단위 1단위 이상
3. 근린생활시설·판매시설·운수시설·숙박시설·노유자시설·전시장·공동주택·업무시설·방송통신시설·공장·창고시설·항공기 및 자동차 관련 시설 및 관광휴게시설	당해 용도의 바닥면적 100[m²]마다 능력단위 1단위 이상
4. 그밖의 것(교육연구시설 기출)	당해 용도의 바닥면적 200[m²]마다 능력단위 1단위 이상

※ 비고 : 소화기구의 능력단위를 산출함에 있어서 건축물의 주요구조부가 내화구조이고, 벽 및 반자의 실내에 면하는 부분이 불연재료·준불연재료 또는 난연재료로 된 소방대상물에 있어서는 위 표의 기준면적의 2배를 당해 소방대상물의 기준면적으로 한다.

③ 제②호에 따른 능력단위 외에 표 4에 따라 부속용도별로 사용되는 부분에 대하여는 소화기구 및 자동소화장치를 추가하여 설치할 것

(표 4) 부속용도별로 추가하여야 할 소화기구

용도별	소화기구의 능력단위
1. 다음 각 목의 시설. 다만, 스프링클러설비·간이스프링클러설비·물분무등소화설비 또는 상업용 주방자동소화장치가 설치가 설치된 경우에는 자동확산 소화기를 설치하지 않을 수 있다. 가. 보일러실·건조실·세탁소·대량화기취급소 나. 음식점(지하가의 음식점을 포함한다)·다중이용업소·노유자·호텔·기숙사·노유자시설·의료시설·업무시설·공장·장례식장·교육연구시설·교정 및 군사시설의 주방.다만, 의료시설·업무시설 및 공장의 주방은 공동 취사를 위한 것에 한한다. 다. 관리자의 출입이 곤란한 변전실·송전실·변압기실 및 배전반실(불연재료로 된 상자안에 장치된 것을 제외한다)	1. 해당 용도의 바닥면적 25[m²]마다 능력단위 1단위 이상의 소화기로 할 것. 이 경우 나목의 주방에 설치하는 소화기 중 1개 이상은 주방화재용 소화기(K급)로 설치해야 한다. 2. 자동확산 소화기는 해당 용도의 바닥면적을 기준으로 10[m²] 이하는 1개, 10[m²] 초과는 2개 이상을 설치하되, 보일러, 조리기구, 변전설비 등 방호대상에 유효하게 분사될 수 있는 위치에 배치될 수 있는 수량으로 설치할 것

2. 발전실·변전실·송전실·변압기실·배전반실·통신기기실·전산기기실·기타 이와 유사한 시설이 있는 장소. 다만, 제1호 다목의 장소를 제외한다.	해당 용도의 바닥면적 50㎡마다 적응성이 있는 소화기 1개 이상 또는 유효설치방호체적 이내의 가스·분말·고체에어로졸 자동소화장치, 캐비닛형자동소화장치(다만, 통신기기실·전자기기실을 제외한 장소에 있어서는 교류 600V 또는 직류750V 이상의 것에 한한다)
3. 위험물 안전관리법 시행령 별표 1에 따른 지정수량의 1/5 이상 지정수량 미만의 위험물을 저장 또는 취급하는 장소	능력단위 2단위 이상 또는 유효설치 방호체적 이내의 가스·분말·고체에어로졸 자동소화장치, 캐비닛형 자동소화장치
4. 특수가연물 저장 취급하는 장소	법에서 정하는 수량이상 / 수량 50배 이상마다 능력단위1단위 이상
	법에서 정하는 수량의 500배 이상 / 대형소화기 1개 이상
5. 마그네슘 합금 칩을 저장또는 취급하는 장소	금속화재용 소화기(D급) 1개 이상을 금속재료로부터 보행거리 20m 이내에 설치할 것

④ 소화기의 설치기준

ㄱ) 특정소방대상물의 각 층마다 설치하되, 각층이 2 이상의 거실로 구획된 경우에는 각 층마다 설치하는 것 외에 바닥면적이 33㎡ 이상으로 구획된 각 거실에도 배치할 것

ㄴ) 특정소방대상물의 각 부분으로부터 1개의 소화기까지의 보행거리가 소형소화기의 경우에는 20m 이내, 대형소화기의 경우에는 30m 이내가 되도록 배치할 것. 다만, 가연성물질이 없는 작업장의 경우에는 작업장의 실정에 맞게 보행거리를 완화하여 배치할 수 있음

⑤ 능력단위가 2단위 이상이 되도록 소화기를 설치해야 할 특정소방대상물 또는 그 부분에 있어서는 간이소화용구의 능력단위가 전체 능력단위의 2분의 1을 초과하지 않게 할 것. 다만, 노유자시설의 경우에는 그렇지 않다.

⑥ 소화기구(자동확산소화기를 제외한다)는 거주자 등이 손쉽게 사용할 수 있는 장소에 바닥으로부터 높이 1.5m 이하의 곳에 비치하고, 소화기에 있어서는 "소화기", 투척용소화용구에 있어서는 "투척용소화용구", 마른모래에 있어서는 "소화용모래", 팽창질석 및 팽창진주암에 있어서는 "소화질석"이라고 표시한 표지를 보기 쉬운 곳에 부착할 것. 다만, 소화기 및 투척용소화용구의 표지는 「축광표지의 성능인증 및 제품검사의 기술기준」에 적합한 축광식표지로 설치하고, 주차장의 경우 표지를 바닥으로부터 1.5m 이상의 높이에 설치할 것

⑦ 자동확산소화기는 다음의 기준에 따라 설치할 것

1. 방호대상물에 소화약제가 유효하게 방출될 수 있도록 설치할 것
2. 작동에 지장이 없도록 견고하게 고정할 것

(2) 이산화탄소 또는 할로겐화합물을 방출하는 소화기구(자동확산소화기를 제외한다)는 지하층이나 무창층 또는 밀폐된 거실로서 그 바닥면적이 20㎡ 미만의 장소에는 설치할 수 없다. 다만, 배기를 위한 유효한 개구부가 있는 장소인 경우에는 그렇지 않다.

04 주방자동소화장치 설치기준(주거용/상업용)

(1) 주거용 주방 자동소화장치 설치대상
아파트의 세대별 주방 및 오피스텔 각실별 주방

(2) 주거용 자동소화장치 설치기준
① 소화약제 방출구는 환기구(주방에서 발생하는 열기류 등을 밖으로 배출하는 장치를 말한다. 이하 같다)의 청소부분과 분리되어 있어야 하며, 형식승인 받은 유효설치 높이 및 방호면적에 따라 설치할 것
② 감지부는 형식승인 받은 유효한 높이 및 위치에 설치할 것
③ 차단장치(전기 또는 가스)는 상시 확인 및 점검이 가능하도록 설치할 것
④ 가스용 주방자동소화장치를 사용하는 경우 탐지부는 수신부와 분리하여 설치하되, 공기보다 가벼운 가스를 사용하는 경우에는 천장 면으로부터 30cm 이하의 위치에 설치하고, 공기보다 무거운 가스를 사용하는 장소에는 바닥 면으로부터 30cm 이하의 위치에 설치할 것
⑤ 수신부는 주위의 열기류 또는 습기 등과 주위온도에 영향을 받지 아니하고 사용자가 상시 볼 수 있는 장소에 설치할 것

(3) 상업용 주방 자동소화장치 설치기준
① 소화장치는 조리기구의 종류 별로 성능인증 받은 설계 매뉴얼에 적합하게 설치할 것
② 감지부는 성능인증 받는 유효높이 및 위치에 설치할 것
③ 차단장치(전기 또는 가스)는 상시 확인 및 점검이 가능하도록 설치할 것
④ 후드에 방출되는 분사헤드는 후드의 가장 긴 변의 길이까지 방출될 수 있도록 약제 방출 방향 및 거리를 고려하여 설치할 것
⑤ 덕트에 방출되는 분사헤드는 성능인증 받은 길이 이내로 설치할 것

참고 캐비닛형자동소화장치 설치기준

(1) 분사헤드(방출구)의 설치 높이는 방호구역의 바닥으로부터 형식승인을 받은 범위 내에서 유효하게 소화약제를 방출시킬 수 있는 높이에 설치할 것
(2) 화재감지기는 방호구역 내의 천장 또는 옥내에 면하는 부분에 설치하되「자동화재탐지설비 및 시각경보장치의 화재안전기술기준(NFTC 203)」감지기 기준에 적합하도록 설치할 것
(3) 방호구역내의 화재감지기의 감지에 따라 작동되도록 할 것
(4) 화재감지기의 회로는 교차회로방식으로 설치할 것. 다만, 화재감지기를 오동작 우려가 없는 감지기로 설치하는 경우에는 그렇지 않다.
(5) 개구부 및 통기구(환기장치를 포함한다. 이하 같다)를 설치한 것에 있어서는 소화약제가 방출되기 전에 해당 개구부 및 통기구를 자동으로 폐쇄할 수 있도록 할 것. 다만, 가스압에 의하여 폐쇄되는 것은 소화약제 방출과 동시에 폐쇄할 수 있다.
(6) 작동에 지장이 없도록 견고하게 고정할 것
(7) 구획된 장소의 방호체적 이상을 방호할 수 있는 소화성능이 있을 것

05 소화기의 감소

소화기 종류	설비	감소 또는 면제 기준
소형소화기	옥내소화전설비 · 스프링클러설비 · 물분무등소화설비 · 옥외소화전설비 설치	소형 소화기의 3분의 2 감소
	대형소화기를 비치	소형 소화기의 2분의 1 감소
	다만, 층수가 11층 이상인 부분, 근린생활시설, 위락시설, 문화 및 집회시설, 운동시설, 판매시설, 운수시설, 숙박시설, 노유자시설, 의료시설, 업무시설(무인변전소를 제외한다), 방송통신시설, 교육연구시설, 항공기 및 자동차관련 시설, 관광 휴게시설은 그렇지 않다.	
대형소화기	옥내소화전설비 · 스프링클러설비 · 물분무등소화설비 · 옥외소화전설비	대형소화기 설치면제

CHAPTER 03 소화기구 및 자동소화장치

01 다음은 ABC급 분말소화기의 구조도를 나타낸 것이다. 각 물음에 답하시오.

(1) 가압방식에 의한 분류상의 종류는?
(2) 소화기의 주성분 명칭 및 화학식은?
(3) 사용온도[℃] 범위는?
(4) 지시압력계[MPa] 범위는?

• 정답 :

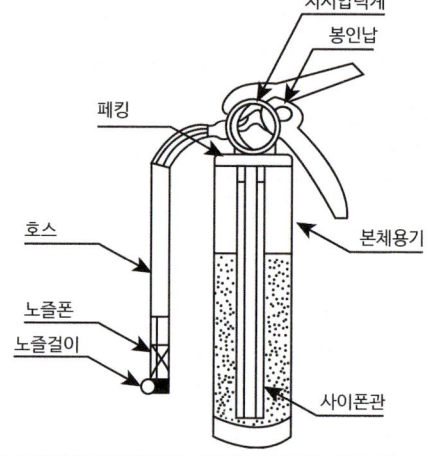

정답 (1) 축압식
(2) 제1인산암모늄, $NH_4H_2PO_4$
(3) −20℃ ~ 40℃
(4) 0.7[MPa] ~ 0.98[MPa]

---

02 면적이 600[m²] 인 판매시설에 ABC급 분말소화기를 비치하고자 한다. 최소 A급 몇 단위가 필요한지 구하시오. (단, 내장재는 없으며, 배치상의 보행거리는 고려하지 않는다.)

• 계산과정 :
• 정답 :

계산과정
설치갯수(N) = $\dfrac{600}{100}$ = 6단위

정답 6단위

참고 특정소방대상물별 소화기구의 능력단위

소방 대상물	소화기구의 능력단위
1. 위락시설	당해 용도의 바닥면적 30[m²] 마다 능력단위 1단위 이상
2. 공연장 · 집회장 · 관람장 · 문화재 · 장례식장 및 의료시설	당해 용도의 바닥면적 50[m²] 마다 능력단위 1단위 이상

3. 근린생활시설·판매시설·운수시설·숙박시설·노유자시설·전시장·공동주택·업무시설·방송통신시설·공장·창고시설·항공기 및 자동차 관련 시설 및 관광휴게시설	당해 용도의 바닥면적 100[㎡]마다 능력단위 1단위 이상
4. 그밖의 것	당해 용도의 바닥면적 200[㎡]마다 능력단위 1단위 이상

※ 비고 : 소화기구의 능력단위를 산출함에 있어서 건축물의 주요구조부가 내화구조이고, 벽 및 반자의 실내에 면하는 부분이 불연재료·준불연재료 또는 난연재료로 된 소방대상물에 있어서는 위 표의 기준면적의 2배를 당해 소방대상물의 기준면적으로 한다.

03 지하 1층 용도가 판매시설로서 본 용도로 사용되는 바닥면적이 3,000㎡일 경우, 이 장소에 소화능력 단위가 3단위능력의 수동식소화기를 몇 개 배치하여야 하는가? (단, 설명되지 않는 기타조건은 무시한다.)

- 계산과정 :
- 정답 :

계산과정

$$\frac{3000[m^2]}{100[m^2]} = 30단위 \qquad 소화기 개수 = \frac{30}{3} = 10개$$

정답 10개

04 다음 장소에 2단위 분말소화기를 설치할 경우 최소로 설치하여야 할 분말 소화기 개수를 구하시오.(주요구조부는 내화구조가 아니고 마감재료도 불연재료가 아니다.)

(1) 문화재 바닥면적 500[㎡]
- 계산과정 :
- 정답 :
(2) 전시장 바닥면적 1200[㎡]
- 계산과정 :
- 정답 :

계산과정

(1) $\dfrac{500}{50(문화재 기준면적)} = 10단위, \quad \dfrac{10단위}{2단위/개} = 5개$

(2) $\dfrac{1200}{100(전시장 기준면적)} = 12단위, \quad \dfrac{12단위}{2단위/개} = 6개$

정답 (1) 5개, (2) 6개

05 바닥 면적이 24[m]×40[m]인 다음의 장소에 분말소화기를 설치할 경우 각각의 장소에 필요한 분말소화기의 소화능력단위를 구하시오.

(1) 위락시설(비내화구조이다.)
- 계산과정 :
- 정답 :

(2) 집회장(비내화구조이다.)
- 계산과정 :
- 정답 :

(3) 전시장(단, 건축물의 주요구조부가 내화구조이고, 벽 및 반자의 실내에 면하는 부분이 불연재료로 되어 있다.)
- 계산과정 :
- 정답 :

계산과정

(1) $\dfrac{24 \times 40}{30} = 32$단위

(2) $\dfrac{24 \times 40}{50} = 19.2$단위

(3) $\dfrac{24 \times 40}{(100 \times 2)} = 4.8$단위

정답 (1) 32단위 (2) 19.2단위 (3) 4.8단위

---

06 조건을 참고하여 건물 각 층의 소화기의 설치 개수를 산정하시오.

[조 건]
① 지하 1, 2층 주차장 건물이고, 1층~3층 사무실 용도로 쓰는 건물이다.
② 지하 2층에 보일러실 100[m²]이 설치되어 있다.(주차장 용도는 1400[m²] 이다.)
③ 층당 바닥면적은 1500[m²] 이다.
④ 내화구조가 아니고 건물에 설치하는 소화기는 A급 소화기 능력단위 3단위 설치한다.

(1) 지하 1층 주차장
- 계산과정 :
- 정답 :

(2) 지하 2층 주차장(보일러실 설치)
- 계산과정 :
- 정답 :

(3) 지상 1~3층 사무실
  • 계산과정 :
  • 정답 :

계산과정

(1) 지하 1층 → $\frac{1500}{100}=15$단위, 소화기 갯수 $=\frac{15}{3}=5$개

(2) 지하 2층 → $\frac{1500}{100}=15$단위, 소화기 갯수 $=\frac{15단위}{3단위/개}=5$개

  (부속용도별추가[별표4] : 보일러실$=\frac{100}{25}=4$단위, 소화기 갯수 $=\frac{4}{3}=2$개)

(3) 지상 1층~3층 → $\frac{1500}{100}=15$단위, 소화기 갯수 $=\frac{15}{3}=5$개(3개층)

정답 (1) 5개 (2) 7개 (3) 15개

참고 부속용도별로 추가하여야 할 소화기구

용도별	소화기구의 능력단위
1. 다음 각 목의 시설. 다만, 스프링클러설비·간이스프링클러설비·물분무등소화설비 또는 상업용 주방자동소화장치가 설치가 설치된 경우에는 자동확산 소화기를 설치하지 않을 수 있다. 가. 보일러실·건조실·세탁소·대량화기취급소 나. 음식점(지하가의 음식점을 포함한다)·다중이용업소·노유자·호텔·기숙사·노유자시설·의료시설·업무시설·공장·장례식장·교육연구시설·교정 및 군사시설의 주방. 다만, 의료시설·업무시설 및 공장의 주방은 공동 취사를 위한 것에 한한다. 다. 관리자의 출입이 곤란한 변전실·송전실·변압기실 및 배전반실(불연재료로 된 상자안에 장치된 것을 제외한다)	1. 해당 용도의 바닥면적 25[㎡]마다 능력단위 1단위 이상의 소화기로 할 것. 이 경우 나목의 주방에 설치하는 소화기 중 1개 이상은 주방화재용 소화기(K급)로 설치해야 한다. 2. 자동확산 소화기는 해당 용도의 바닥면적을 기준으로 10[㎡] 이하는 1개, 10[㎡] 초과는 2개 이상을 설치하되, 보일러, 조리기구, 변전설비 등 방호대상에 유효하게 분사될 수 있는 위치에 배치될 수 있는 수량으로 설치할 것
2. 발전실·변전실·송전실·변압기실·배전반실·통신기기실·전산기기실·기타 이와 유사한 시설이 있는 장소. 다만, 제1호 다목의 장소를 제외한다.	해당 용도의 바닥면적 50㎡마다 적응성이 있는 소화기 1개 이상 또는 유효설치방호체적 이내의 가스·분말·고체에어로졸 자동소화장치, 캐비닛형자동소화장치(다만, 통신기기실·전자기기실을 제외한 장소에 있어서는 교류 600V 또는 직류750V 이상의 것에 한한다)

07 교육연구시설 중 학교 강의실에 소형소화기를 설치하고자 한다. 다음 조건을 참고하여 물음에 답하시오.

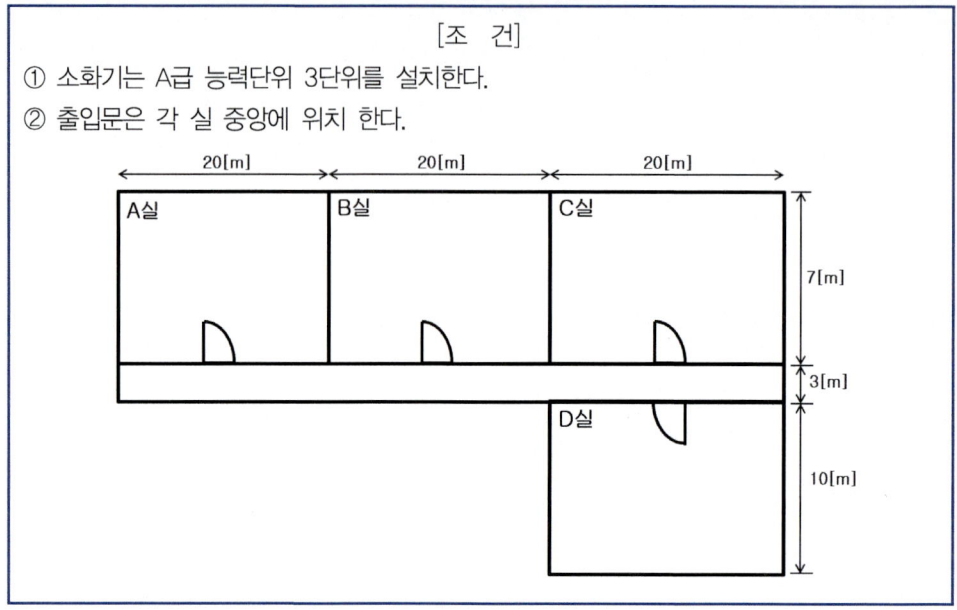

[조 건]
① 소화기는 A급 능력단위 3단위를 설치한다.
② 출입문은 각 실 중앙에 위치 한다.

(1) 면적을 기준으로 최소능력단위를 산정하고 분말소화기 개수를 산정하시오.(단, 복도에는 설치하지 않으며 보행거리 기준은 고려하지 않는다.)
- 계산과정 :
- 정답 :

(2) 보행거리에 따른 복도에 설치하여야 할 소화기 개수를 쓰시오.(단, 복도 끝에는 소화기가 1개씩 배치되어 있다.)
- 계산과정 :
- 정답 :

(3) (1), (2)를 고려했을 때 소화기 총 개수를 산정하시오.
- 계산과정 :
- 정답 :

> **계산과정**
> (1) • 교육연구시설은 그 밖의 것에 해당하며 기준면적은 200[m²]으로 산정한다.
> ① $\dfrac{(20 \times 7 \times 3) + (10 \times 20)}{200} = 3.1$ 능력단위
> ② 소화기개수 : $\dfrac{3.1}{3} = 2$개
> ③ 4개(바닥면적 33m²이상으로 구획된 거실이 4개) + 2개 = 6개

(2) 복도 끝에 2개와 보행거리마다 설치하는 소화기 2개를 설치한다.

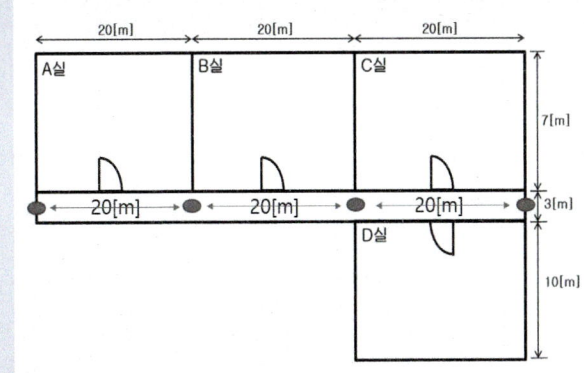

(3) 6개 + 4개 = 10개

정답 (1) 6개　(2) 4개　(3) 10개

CHAPTER 04 옥내소화전설비

01 옥내소화전설비 계통도 및 용어의 정의

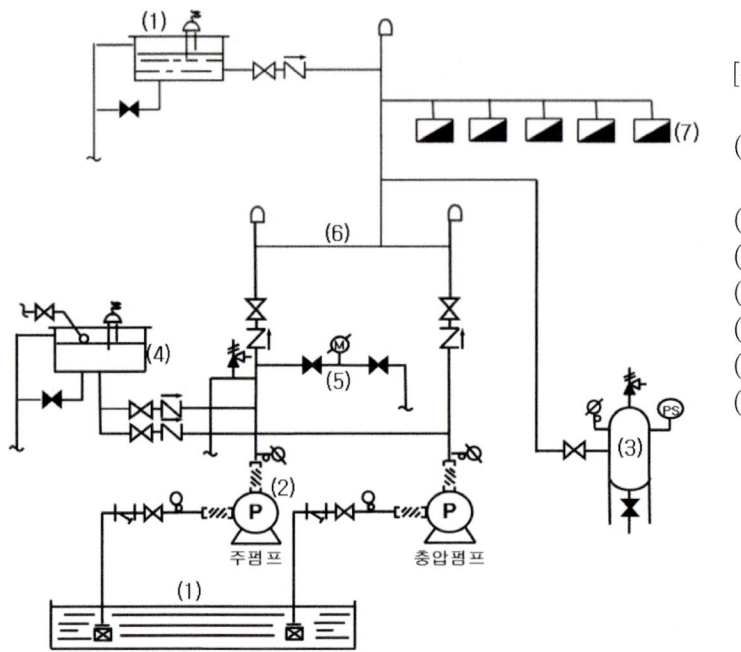

[구성요소]

(1) 지하수원(전용)
    + 옥상(비상)수원
(2) 가압송수장치
(3) 기동용 수압개폐장치
(4) 물올림장치
(5) 펌프성능시험배관
(6) 배관
(7) 소화전

* 펌프의 자동기동 방식 동작순서 (기동용수압개폐장치 중 압력챔버 설치) 1. 옥내소화전 앵글밸브 개방 2. 배관내의 압력 저하 3. 압력챔버의 압력스위치 펌프 기동 압력까지 압력강하 4. 제어반으로 신호 5. 펌프 기동	* 펌프의 수동기동 동작순서 (ON/OFF 스위치 설치) 1. 옥내소화전 함에서 펌프 ON/OFF 스위치를 ON 2. 제어반으로 신호 3. 펌프 기동

(1) "고가수조"란 구조물 또는 지형지물 등에 설치하여 자연낙차의 압력으로 급수하는 수조를 말한다.

(2) "압력수조"란 소화용수와 공기를 채우고 일정압력 이상으로 가압하여 그 압력으로 급수하는 수조를 말한다.

(3) "충압펌프"란 배관 내 압력손실에 따른 주펌프의 빈번한 기동을 방지하기 위하여 충압 역할을 하는 펌프를 말한다.

(4) "정격토출량"이란 펌프의 정격부하운전 시 토출량으로서 정격토출압력에서의 펌프의 토출량을 말한다.

(5) "정격토출압력"이란 펌프의 정격부하운전 시 토출압력으로서 정격토출량에서의 펌프의 토출측 압력을 말한다.

(6) "진공계"란 대기압 이하의 압력을 측정하는 계측기를 말한다.

(7) "연성계"란 대기압 이상의 압력과 대기압 이하의 압력을 측정할 수 있는 계측기를 말한다.

(8) "체절운전"이란 펌프의 성능시험을 목적으로 펌프 토출측의 개폐밸브를 닫은 상태에서 펌프를 운전하는 것을 말한다.

(9) "기동용수압개폐장치"란 소화설비의 배관 내 압력변동을 검지하여 자동적으로 펌프를 기동 및 정지시키는 것으로서 압력챔버 또는 기동용압력스위치 등을 말한다.

(10) "급수배관"이란 수원 또는 송수구 등으로부터 소화설비에 급수하는 배관을 말한다.

(11) "개폐표시형밸브"란 밸브의 개폐 여부를 외부에서 식별할 수 있는 밸브를 말한다.

(12) "가압수조"란 가압원인 압축공기 또는 불연성 고압기체에 따라 소방용수를 가압시키는 수조를 말한다.

(13) "주펌프"란 구동장치의 회전 또는 왕복운동으로 소화용수를 가압하여 그 압력으로 급수하는 주된 펌프를 말한다.

(14) "예비펌프"란 주펌프와 동등 이상의 성능이 있는 별도의 펌프를 말한다.

02 옥내소화전 설비의 성능

(1) **방수량** : 130[L/min] 이상

(2) **방수압** : 0.17[MPa] 이상 0.7[MPa] 이하(0.7[MPa] 초과시 소화자 위험)

03 옥내소화전 설비의 구성

(1) 수원

① 수원량[㎥](지하 또는 전용)
   소화전 설치수가 가장 많은 층의 설치수를 기준으로 계산함.
   ㉠ 층수가 29층 이하의 특정소방대상물 (호스릴도 포함)
      Q = N×130[ℓ/min]×20[min] = N×2600[ℓ] = N×2.6[㎥] 이상 (N : 최대2개)
   ㉡ 층수가 30층이상 49층이하의 특정소방대상물(고층건축물) :
      Q = N×130[ℓ/min]×40[min] = N×5200[ℓ] = N×5.2[㎥] 이상 (N : 최대5개)
   ㉢ 층수가 50층이상의 특정소방대상물(초고층건축물) :
      Q = N×130[ℓ/min]×60[min] = N×7800[ℓ] = N×7.8[㎥] 이상 (N : 최대5개)

② 옥상수조 수원량 : 옥내소화전설비의 수원은 ①에 따라 계산하여 나온 유효수량 외에 유효수량의 3분의 1 이상을 옥상(옥내소화전설비가 설치된 건축물의 주된 옥상을 말한다. 이하 같다)에 설치해야 한다.

㉠ 옥상수조 수원의 양 : Q = N×2.6[㎥]×$\frac{1}{3}$ 이상(건물의 층수가 29층 이하일 때)

㉡ 옥상수조 설치제외 장소
　ⓐ 지하층만 있는 건축물
　ⓑ 고가수조를 가압송수장치로 설치한 옥내소화전설비
　ⓒ 수원이 건축물의 최상층에 설치된 방수구보다 높은 위치에 설치된 경우
　ⓓ 건축물의 높이가 지표면으로부터 10[m] 이하인 경우
　ⓔ 주펌프와 동등 이상의 성능이 있는 별도의 펌프로서 내연기관의 기동과 연동하여 작동되거나 비상전원을 연결하여 설치한 경우
　ⓕ 학교·공장·창고시설 로서 동결의 우려가 있는 장소에 있어서는 기동스위치에 보호판을 부착하여 옥내소화전함 내에 설치하는 경우
　ⓖ 가압수조를 가압송수장치로 설치한 옥내소화전설비

③ 소화설비 이외의 설비와 겸용시(유효수량)
　㉠ 지하수조 또는 후드밸브보다 낮은 수조 : 소화전 펌프의 후드밸브보다 높은 위치에 다른 설비의 후드밸브를 설치한 경우에는 그 사이의 수량
　㉡ 고가수조 : 소화전 급수배관보다 높은 위치에 다른 설비의 급수배관을 설치한 경우에는 그 사이의 수량

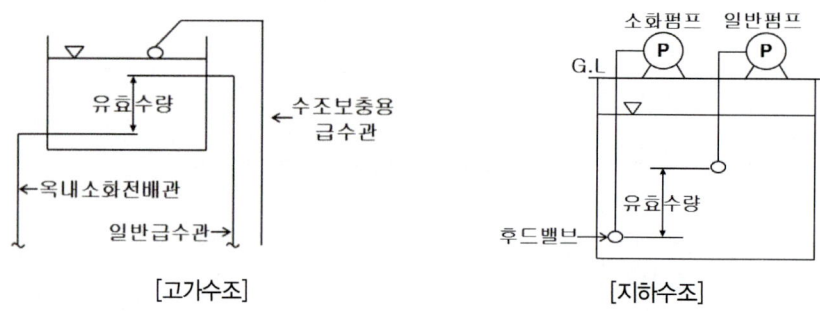

[고가수조]　　　　　　　[지하수조]

(2) 물올림장치 : 수원의 수위가 펌프보다 낮은 위치에 있는 가압송수장치에는 다음의 기준에 따른 물올림장치를 설치할 것

① 물올림장치에는 전용의 수조를 설치할 것
② 수조의 유효수량은 100 L 이상으로 하되, 구경 15 ㎜ 이상의 급수배관에 따라 해당 수조에 물이 계속 보급되도록 할 것
　[기능 : 펌프 흡입측 배관내에 항상 물을 채워줌으로써 공동현상 방지를 위해 설치]
③ 주요 구성요소 및 설치기준
　㉠ 자동급수배관 : 구경 15[mm] 이상, 볼탭에 의하여 누수발생시 자동급수
　㉡ 오버플로우관 : 구경 50[mm] 이상, 유효수량 이상의 물을 배수
　㉢ 물올림탱크 : 유효수량 100 ℓ 이상의 탱크 용량일 것

② 물올림관 : 구경 25mm 이상, 높이 1m 이상에 설치하여 펌프의 흡입측배관에 물을 공급하는 배관
⑪ 감수경보장치 : 탱크안의 물이 1/2 이하로 감소 시 제어반에 신호를 보내 자동경보

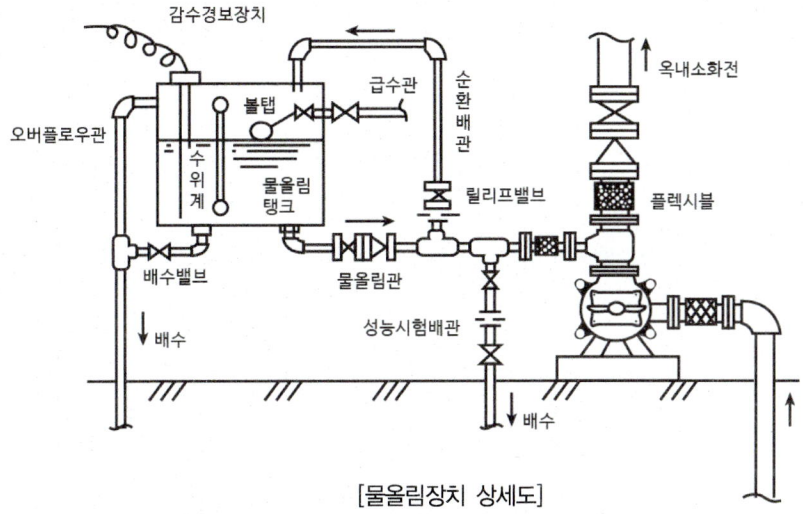

[물올림장치 상세도]

(3) 가압송수장치 : 가압송수장치가 기동이 된 경우에는 자동으로 정지되지 않도록 할 것. 다만, 충압펌프의 경우에는 그렇지 않다.

① 펌프 : 전동기 또는 내연기관에 따른 펌프를 이용하는 가압송수장치는 다음의 기준에 따라 설치해야 한다. 다만, 가압송수장치의 주펌프는 전동기에 따른 펌프로 설치해야 한다.

　㉠ 쉽게 접근할 수 있고 점검하기에 충분한 공간이 있는 장소로서 화재 및 침수 등의 재해로 인한 피해를 받을 우려가 없는 곳에 설치할 것
　㉡ 동결방지조치를 하거나 동결의 우려가 없는 장소에 설치할 것
　㉢ 특정소방대상물의 어느 층에 있어서도 해당 층의 옥내소화전(2개 이상 설치된 경우에는 2개의 옥내소화전)을 동시에 사용할 경우 각 소화전의 노즐선단에서의 방수압력이 0.17 MPa(호스릴옥내소화전설비를 포함한다) 이상이고, 방수량이 130 L/min(호스릴옥내소화전설비를 포함한다) 이상이 되는 성능의 것으로 할 것. 다만, 하나의 옥내소화전을 사용하는 노즐선단에서의 방수압력이 0.7 MPa을 초과할 경우에는 호스접결구의 인입 측에 감압장치를 설치
　㉣ 펌프의 토출량은 옥내소화전이 가장 많이 설치된 층의 설치개수(옥내소화전이 2개 이상 설치된 경우에는 2개)에 130 L/min를 곱한 양 이상이 되도록 할 것
　㉤ 펌프는 전용으로 할 것. 다만, 다른 소화설비와 겸용하는 경우 각각의 소화설비의 성능에 지장이 없을 때에는 그렇지 않다.
　㉥ 펌프의 토출 측에는 압력계를 체크밸브 이전에 펌프 토출 측 플랜지에서 가까운 곳에 설치하고, 흡입 측에는 연성계 또는 진공계를 설치할 것. 다만, 수원의 수위가 펌프의 위치보다 높거나 수직회전축펌프의 경우에는 연성계 또는 진공계를 설치하지 않을 수 있다.

$$* \ P = \frac{\gamma QH}{\eta} \times K$$

- P : 펌프의 동력 [kW]
- γ : 유체의 비중량 [물의 비중량 $9.8kN/m^3$]
- Q : 유량 [m^3/s]
- η : 효율 [%]
- K : 전달계수
- H : 전양정 [m] ($H = h_1 + h_2 + h_3 + 17\,[m]$)
  - H : 전양정 [m]   - h_1 : 소방용호스 마찰손실 수두 [m]
  - h_2 : 배관의 마찰손실 수두 [m]   - h_3 : 실양정 [m]

② 고가수조방식 : 건축물의 옥상이나 높은 곳에 고가수조를 설치하여 옥내소화전에 설치된 노즐에서 규정방수압력(0.17[MPa] 이상 0.7[MPa] 이하, 규정 방수량(130[ℓ/min] 이상)을 토출할 수 있도록 자연낙차를 이용하여 가압 송수 하는 방법

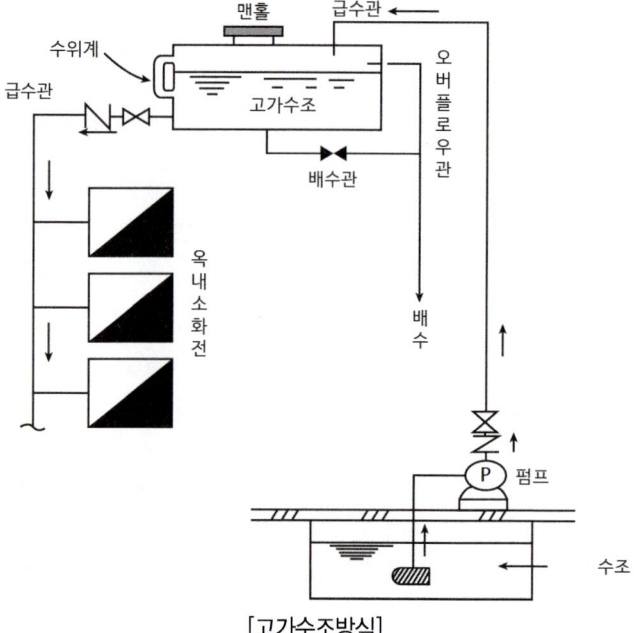

[고가수조방식]

* 고가수조의 자연낙차수두
  - H[m] = h₁ + h₂ + 17(호스릴옥내소화전 설비를 포함한다)
    여기에서,
    - H : 필요한 낙차(m), • h₁ : 호스의 마찰손실수두(m), • h₂ : 배관의 마찰손실수두(m)
    ※ 부속 : 급수관, 배수관, 맨홀, 수위계, 오버플로우

* 펌프의 전양정
  - H[m] = h₁ + h₂ + h₃ + 17
    여기에서,
    - h₁ : 호스의 마찰손실수두(m), • h₂ : 배관의 마찰손실수두(m), • h₃ : 실양정(m)

③ 압력수조방식 : 수조 대신 압력탱크를 설치하여 탱크용량의 $\frac{2}{3}$는 항시 급수펌프로 물을 공급하고 $\frac{1}{3}$은 자동식 에어콤프레셔를 이용하여 탱크내를 압축하여 그 압력을 이용하여 옥내소화전에 설치된 노즐에서 규정방수압력(0.17[MPa]이상, 0.7[MPa] 이하, 규정방수량(130[ℓ/min] 이상)을 유지할 수 있도록 가압송수하는 방법

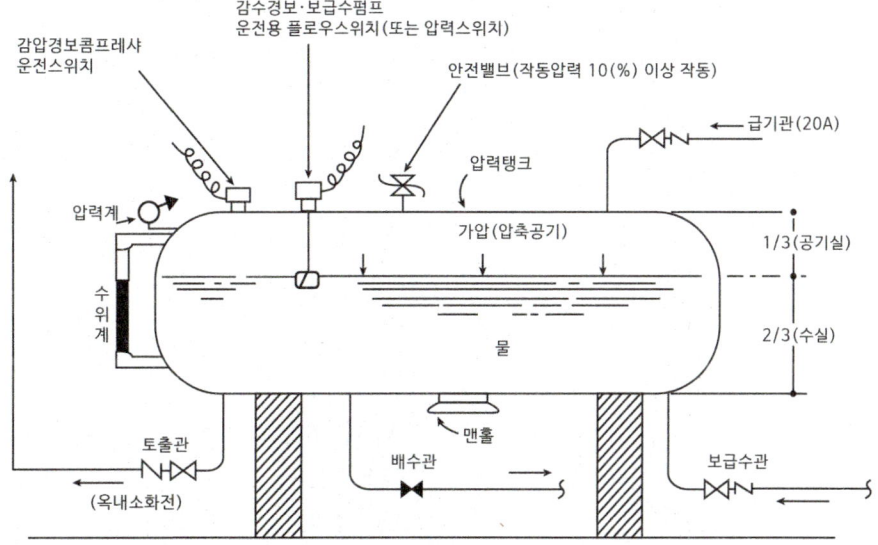

[압력수조방식]

※ 부속 : 수위계·급수관·배수관·급기관·맨홀·압력계·안전장치 및 압력저하 방지를 위한 자동식 공기압축기를 설치

④ 가압수조방식 :가압수조의 압력은 방수압 및 방수량을 20분 이상 유지

(4) 순환배관(충압펌프는 설치 제외)

① 기능 : 체절운전 시 수온의 상승을 방지(과압방지)
② 설치 기준 : 체크밸브와 펌프사이에서 분기한 구경 20 mm 이상의 배관에 체절압력 미만에서 개방되는 릴리프밸브(20mm)를 설치할 것

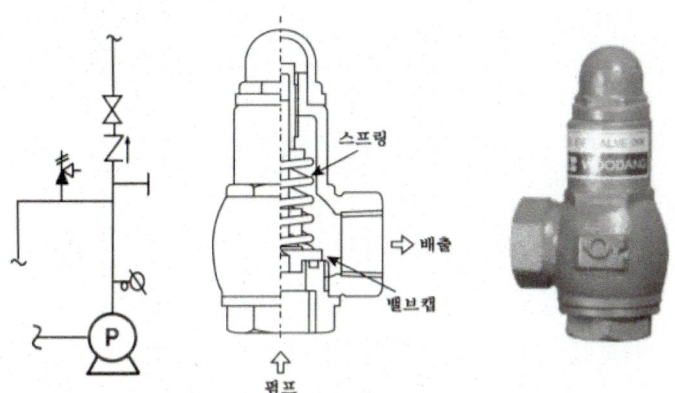

(5) 기동용 수압개폐장치

① 기능 : 소화설비의 배관 내 압력변동을 검지하여 자동적으로 펌프를 기동 및 정지시키는 것 (수격작용방지)
② 종류 : 압력 챔버, 기동용 압력 스위치 방식
③ 용적 : 100[ℓ] 이상
④ 기동용수압개폐장치를 기동장치로 사용할 경우에는 다음의 기준에 따른 충압펌프를 설치
  ㉠ 펌프의 토출압력은 그 설비의 최고위 호스접결구의 자연압보다 적어도 0.2 MPa이 더 크도록 하거나 가압송수장치의 정격토출압력과 같게 할 것
  ㉡ 펌프의 정격토출량은 정상적인 누설량보다 적어서는 안 되며, 옥내소화전설비가 자동적으로 작동할 수 있도록 충분한 토출량을 유지할 것

(6) 성능시험배관

① 성능시험 : 체절운전 시 정격토출압력의 140 %를 초과하지 않고, 정격토출량의 150 %로 운전 시 정격토출압력의 65 % 이상이 되어야 하며, 펌프의 성능을 시험할 수 있는 성능시험배관을 설치할 것. 다만, 충압펌프의 경우에는 그렇지 않다.
② 설치기준 : 펌프의 토출 측에 설치된 개폐밸브 이전에서 분기하여 직선으로 설치하고, 유량측정장치를 기준으로 전단 직관부에는 개폐밸브를 후단 직관부에는 유량조절밸브를 설치할 것. 이 경우 개폐밸브와 유량측정장치 사이의 직관부 거리 및 유량측정장치와 유량조절밸브 사이의 직관부 거리는 해당 유량측정장치 제조사의 설치사양에 따르고, 성능시험배관의 호칭지름은 유량측정장치의 호칭지름에 따른다.
③ 유량측정장치는 성능시험배관의 직관부에 설치하되, 펌프의 정격토출량의 175% 이상 측정할 수 있는 성능이 있을 것

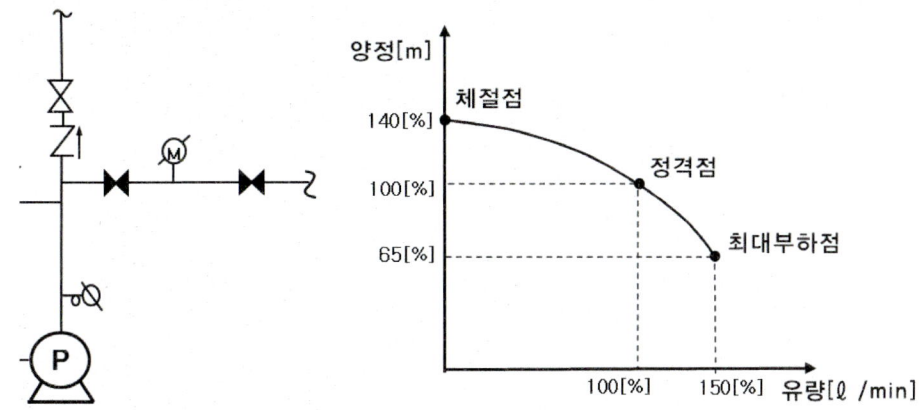

```
* 펌프의 성능시험 방법
  ㉠ 체절운전(=체절운전점)
     유량계 지침이 정격유량의 0%일 때 압력계 지침이 정격압력의 140%이하인지 확인
  ㉡ 정격운전(=정격운전점)
     유량계 지침이 정격유량의 100%일 때 압력계 지침이 정격압력의 100%인지 확인
  ㉢ 최대운전(=최대부하점)
     유량계 지침이 정격유량의 150%일 때 압력계 지침이 정격압력의 65%이상인지 확인
```

(7) 옥내소화전설비 배관 : 동결방지조치를 하거나 동결의 우려가 없는 장소에 설치(보온재를 사용할 경우는 난연재료 성능 이상의 것으로 함)

① 배관내 사용압력이 1.2[MPa]미만

㉠ 배관용 탄소강관

㉡ 이음매 없는 구리 및 구리합금관. 다만, 습식의 배관에 한한다.

㉢ 배관용 스테인리스강관 또는 일반배관용 스테인리스강관

㉣ 덕타일 주철관

② 배관 내 사용압력이 1.2[MPa]이상

㉠ 압력배관용탄소강관

㉡ 배관용 아크용접 탄소강강관

③ 합성수지배관(C.P.V.C배관) 설치기준

㉠ 배관을 지하에 매설하는 경우

㉡ 다른 부분과 내화구조로 구획된 덕트 또는 피트의 내부에 설치하는 경우

㉢ 천장(상층이 있는 경우에는 상층바닥의 하단을 포함한다. 이하 같다)과 반자를 불연재료 또는 준불연 재료로 설치하고 소화배관 내부에 항상 소화수가 채워진 상태로 설치하는 경우

④ 급수배관은 전용으로 해야 한다. 다만, 옥내소화전의 기동장치의 조작과 동시에 다른 설비의 용도에 사용하는 배관의 송수를 차단할 수 있거나, 옥내소화전설비의 성능에 지장이 없는 경우에는 다른 설비와 겸용

⑤ 펌프의 흡입 측 배관 설치기준
  ㉠ 공기고임이 생기지 아니하는 구조로 설치할 것
  ㉡ 여과장치(스트레이너, 후드밸브)를 설치할 것
  ㉢ 수조가 펌프보다 낮게 설치된 경우에는 각 펌프(충압펌프를 포함한다)마다 수조로부터 별도로 설치할 것
⑥ 유속 및 배관 구경 기준
  ㉠ 펌프의 토출 측 주배관 유속 4㎧ 이하
  ㉡ 가지배관의 구경은 40㎜(호스릴 25㎜) 이상
  ㉢ 주배관중 수직배관의 구경은 50㎜(호스릴 32㎜) 이상
  ㉣ 연결송수관설비의 배관과 겸용할 경우의 주배관은 구경 100㎜ 이상
  ㉤ 연결송수관설비의 배관과 겸용할 경우 방수구로 연결되는 배관의 구경은 65㎜ 이상
⑦ 급수배관에 설치되어 급수를 차단할 수 있는 개폐밸브(옥내소화전방수구를 제외한다)는 개폐표시형으로 해야 한다. 이 경우 펌프의 흡입측배관에는 버터플라이밸브 외의 개폐표시형 밸브를 설치해야 한다.

(8) 옥내소화전설비 송수구
① 설치장소 : 소방차가 쉽게 접근할 수 있고 잘 보이는 장소에 설치하고, 화재층으로부터 지면으로 떨어지는 유리창 등이 송수 및 그 밖의 소화작업에 지장을 주지 않는 장소에 설치할 것
② 높이 : 0.5m 이상 1m 이하
③ 송수구 구경 : 65㎜의 쌍구형 또는 단구형
④ 송수구에는 이물질을 막기 위한 마개를 씌울 것
⑤ 송수구로부터 옥내소화전설비의 주배관에 이르는 연결배관에는 개폐밸브를 설치하지 않을 것. 다만, 스프링클러설비·물분무소화설비·포소화설비·또는 연결송수관설비의 배관과 겸용하는 경우에는 그렇지 않다.
⑥ 송수구의 가까운 부분에 자동배수밸브(또는 직경 5㎜의 배수공) 및 체크밸브를 설치할 것.

[옥내소화전 쌍구형 송수구]   [옥내소화전 단구형 송수구]

(9) 옥내소화전 방수구
① 특정소방대상물의 층마다 설치
② 특정소방대상물의 각 부분으로부터 하나의 옥내소화전 방수구까지의 수평거리가 25 m(호스

릴옥내소화전설비를 포함한다) 이하가 되도록 할 것. 다만, 복층형 구조의 공동주택의 경우에는 세대의 출입구가 설치된 층에만 설치

③ 바닥으로부터의 높이 : 1.5[m] 이하
④ 호스구경 : 40[mm](호스릴 25[mm]) 이상의 것으로서 특정소방대상물의 각 부분에 물이 유효하게 뿌려질 수 있는 길이로 설치할 것
⑤ 옥내소화전 함 문짝 면적 및 재료
  ㉠ 합성수지 재료 : 4[mm] 이상
  ㉡ 강판 : 1.5[mm] 이상
  ㉢ 문짝면적 : 0.5[㎡] 이상
⑥ 옥내소화전 방수구 설치제외 장소
  불연재료로 된 특정소방대상물 또는 그 부분으로서 다음의 어느 하나에 해당하는 곳에는 옥내소화전 방수구를 설치하지 않을 수 있다.
  ㉠ 냉장창고 중 온도가 영하인 냉장실 또는 냉동창고의 냉동실
  ㉡ 고온의 노가 설치된 장소 또는 물과 격렬하게 반응하는 물품의 저장 취급장소
  ㉢ 발전소 변전소 등으로서 전기시설이 설치된 장소
  ㉣ 식물원, 수족관, 목욕실, 수영장(관람석 부분 제외) 또는 그 밖의 이와 비슷한 장소
  ㉤ 야외음악당, 야외극장 또는 그 밖의 이와 비슷한 장소

> **참고 소화전의 방수압력 측정**
> ① 규정 방수압력 : 0.17[MPa] 이상 0.7[MPa] 이하
> ② 규정 방수량 : 130[ℓ/min] 이상
> ※ 조건 : 최상층에 설치된 모든 소화전을 동시에 개방하여 측정시 각각 소화전에서의 방수압력, 방수량
>
>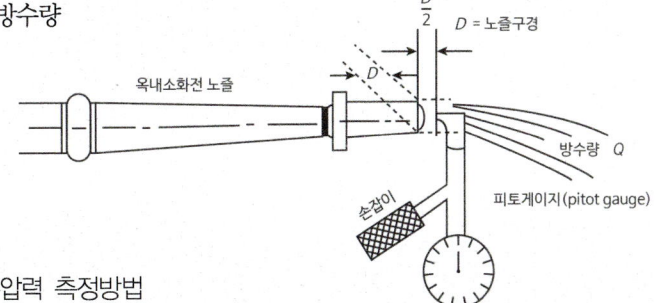
>
> ③ 방수압력 측정방법
> 방수압력 측정은 호스 노즐선단에서 노즐구경의 0.5배 $\left(\dfrac{D}{2}\right)$ 떨어진 위치에 피토게이지(pitot gauge)의 피토관 입구를 수류의 중심선과 일치하도록 하여 물을 방사하면 피토게이지의 지침이 방사압력을 지시하게 된다. 방수압력을 측정하고 나서 다음 공식에 의하여 방수량을 구할 수 있다.
> - $Q = 2.086 \times D^2 \times \sqrt{P}$
>   여기서, • Q : 방수량[ℓ/min]
>   • D : 관경(노즐구경)[mm]
>   • P : 방수압력[MPa]

04 수원 및 가압송수장치의 펌프등의 겸용

(1) 옥내소화전설비의 수원을 스프링클러설비·간이스프링클러설비·화재조기진압용 스프링클러설비·물분무소화설비·포소화설비 및 옥외소화전설비의 수원과 겸용하여 설치하는 경우의 저수량은 각 소화설비에 필요한 저수량을 합한 양 이상이 되도록 해야 한다. 다만, 이들 소화설비 중 고정식 소화설비(펌프·배관과 소화수 또는 소화약제를 최종 방출하는 방출구가 고정된 설비를 말한다. 이하 같다)가 2 이상 설치되어 있고, 그 소화설비가 설치된 부분이 방화벽과 방화문으로 구획되어 있는 경우에는 각 고정식 소화설비에 필요한 저수량 중 최대의 것 이상으로 할 수 있다.

(2) 옥내소화전설비의 가압송수장치로 사용하는 펌프를 스프링클러설비·간이스프링클러설비·화재조기진압용 스프링클러설비·물분무소화설비·포소화설비 및 옥외소화전설비의 가압송수장치와 겸용하여 설치하는 경우의 펌프의 토출량은 각 소화설비에 해당하는 토출량을 합한 양 이상이 되도록 해야 한다. 다만, 이들 소화설비 중 고정식 소화설비가 2 이상 설치되어 있고, 그 소화설비가 설치된 부분이 방화벽과 방화문으로 구획되어 있으며 각 소화설비에 지장이 없는 경우에는 펌프의 토출량 중 최대의 것 이상으로 할 수 있다.

(3) 옥내소화전설비·스프링클러설비·간이스프링클러설비·화재조기진압용 스프링클러설비·물분무소화설비·포소화설비 및 옥외소화전설비의 가압송수장치에 있어서 각 토출측 배관과 일반급수용의 가압송수장치의 토출측 배관을 상호 연결하여 화재 시 사용할 수 있다. 이 경우 연결 배관에는 개폐표시형밸브를 설치해야 하며, 각 소화설비의 성능에 지장이 없도록 해야 한다.

(4) 옥내소화전설비의 송수구를 스프링클러설비·간이스프링클러설비·화재조기진압용 스프링클러설비·물분무소화설비·포소화설비 또는 연결송수관설비의 송수구와 겸용으로 설치하는 경우에는 스프링클러설비의 송수구의 설치기준에 따르고, 연결살수설비의 송수구와 겸용으로 설치하는 경우에는 옥내소화전설비의 송수구의 설치기준에 따르되 각각의 소화설비의 기능에 지장이 없도록 해야 한다.

CHAPTER 04 옥내소화전설비

01 수계소화설비의 가압펌프에서 정격 토출압력 및 정격 토출유량이 각각 80[m] 및 800 [L/min]인 원심펌프의 성능 특성 곡선을 그리고 체절점, 설계점, 운전점 등을 명시하시오.

• 정답 :

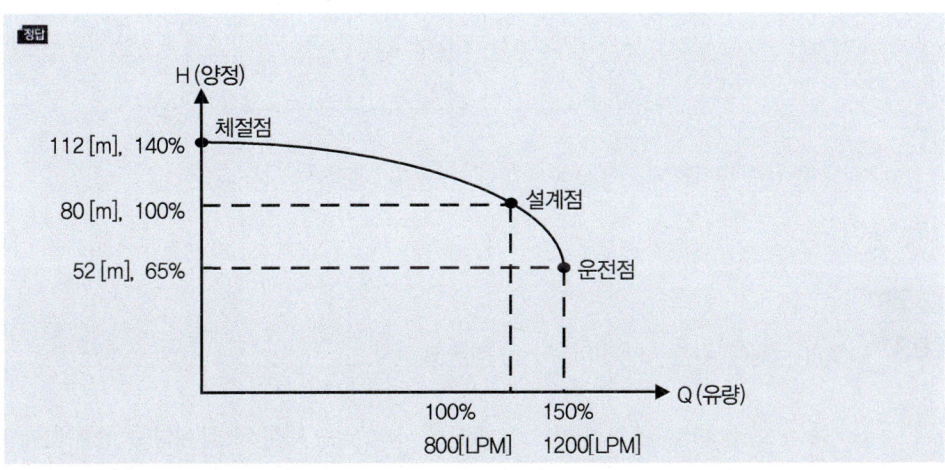

02 다음은 펌프의 성능에 관한 내용이다. 다음 물음에 답하시오.

(1) 체절운전점에 대해 설명하시오.
(2) 100%운전점(설계점)에 대해 설명하시오.
(3) 150% 운전점에 대해 설명하시오.
(4) 펌프의 성능곡선을 그리고 체절운전점, 설계점, 운전점을 표시하시오.
(5) 옥내소화전설비가 4개 설치된 특정소방대상물에 설치된 펌프의 성능시험표이다. 해당 성능 시험표의 빈 칸을 채우시오.

구분	체절운전	정격운전	과부하운전
유량 Q[ℓ/min]	0	520	(나)
압력 P[MPa]	(가)	0.7	(다)

정답 (1) 토출량이 0인 상태로 운전 시 압력은 정격압력의 140%를 넘지 않을 것
(2) 정격토출량(100%)으로 운전시 정격토출압력(100%)로 운전할 것
(3) 정격토출량의 150%로 운전 시 정격토출압력의 65% 이상으로 운전할 것
(4)

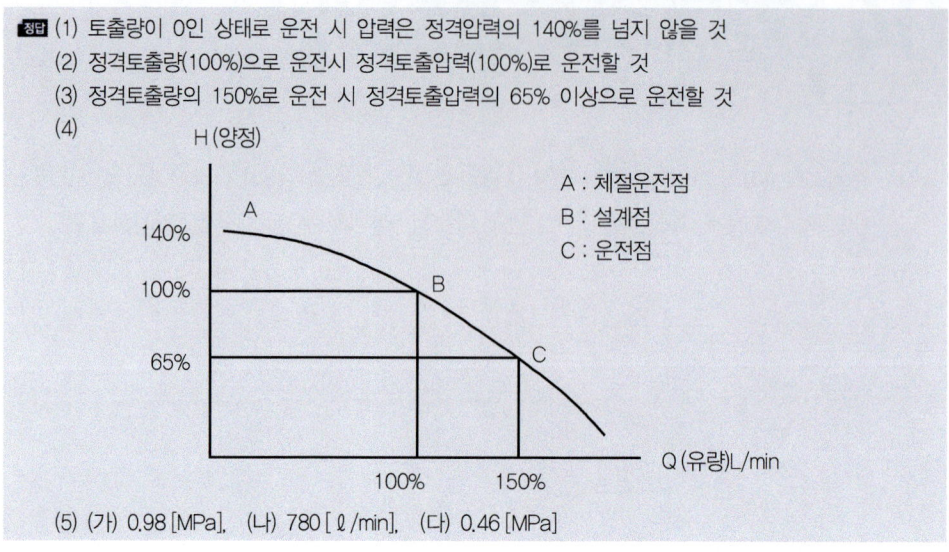

(5) (가) 0.98 [MPa], (나) 780 [ℓ/min], (다) 0.46 [MPa]

03 펌프의 성능에 관한 내용이다. 각 물음에 답하시오.

(1) 옥내소화전설비가 3개 설치된 11층으로 되어 있는 특정소방대상물에 설치된 펌프의 성능시험표이다. 성능시험표의 빈칸을 채우시오. (계산과정도 상세히 쓰시오.)
  • 펌프의 정격토출양정은 40[m]로 한다.

	체절운전	150% 운전
토출량	−	(②)[L/min]
양정	(①)[m]	(③)[m]

  • 계산과정 :
  • 정답 :

(2) 다음 성능시험 곡선을 보고 기술기준에서 요구하는 성능을 만족하는지 여부를 판정하시오.

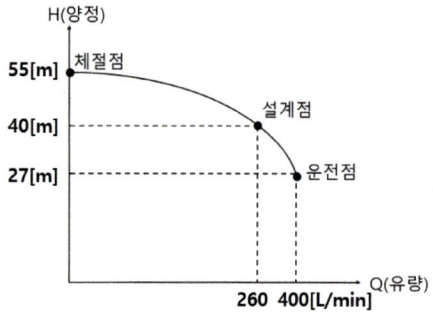

  • 정답 :

계산과정
(1) ① 40[m] × 1.4 = 56[m]
② (130×2)[L/min] × 1.5 = 390[L/min]
③ 40[m] × 0.65 = 26[m]

정답 (1) ① 56[m] ② 390[L/min] ③ 26[m]

(2) 성능기준에 의해 펌프의 성능은 체절운전 시 정격토출압력의 140 %를 초과하지 않고, 정격토출량의 150 %로 운전 시 정격토출압력의 65 % 이상이 되어야 하며, 펌프의 성능을 시험할 수 있는 성능시험배관을 설치할 것을 확인한다.
① 체절점은 56[m]를 초과하지 않았으므로 만족
② 150%운전점도 유량이 150%로 운전했을 때 정격토출압력의 65%(26[m])보다 높으므로 만족

04 아래 그림은 피토게이지를 이용하여 방수압을 측정하는 형태를 나타낸 것이다. 다음 물음에 답하시오. (단, 노즐 내경은 13mm이고, 피토게이지 압력은 0.25[MPa]로 측정되었다.)

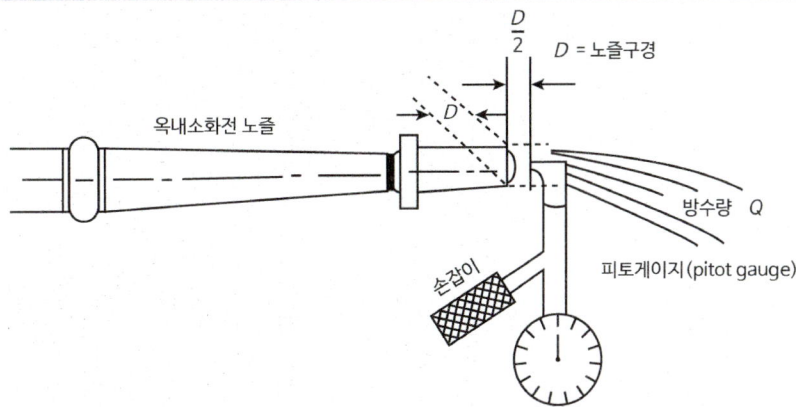

(1) 노즐과 피토게이지의 측정간격은 몇 [mm]가 적당한가?
  • 계산과정 :
  • 정답 :
(2) 측정에 의한 방수량[L/min] 은 얼마인가?
  • 계산과정 :
  • 정답 :

계산과정
(1) 6.5mm (1/2D = 1/2×13mm)
(2) $Q = 2.086 \times (13)^2 \times \sqrt{0.25} = 176.27 L/min$

정답 (1) 6.5[mm], (2) 176.27[ℓ/min]

05 그림은 옥내소화전 설비의 가압송수장치 이다. 그림 및 조건을 참고해 다음 각 물음에 답하시오.

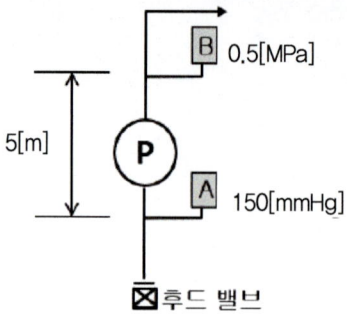

[조 건]
① 옥내소화전은 층마다 2개씩 설치한다.
② 펌프 흡입관 관경은 65[mm] 토출관 관경은 100[mm] 이다.
③ 물의 비중량은 9.8[kN/m³] 이다.

(1) 그림상 A와 B의 도시기호를 그리고 압력측정범위를 쓰시오.
  A : ① 도시기호   ② 압력측정범위
  B : ① 도시기호   ② 압력측정범위
  • 정답 :
(2) 펌프흡입관과 토출관 유속[m/s]을 구하시오.
  ① 흡입관 유속 [m/s]
    • 계산과정 :
    • 정답 :
  ② 토출관 유속 [m/s]
    • 계산과정 :
    • 정답 :
(3) 펌프에 필요한 전양정[m]을 구하시오.
  • 계산과정 :
  • 정답 :
(4) 펌프 동력[kW]을 계산하시오.
  • 계산과정 :
  • 정답 :

계산과정

(2) ① $V = \dfrac{4 \times 0.26}{\pi \times 0.065^2 \times 60} = 1.305 = 1.31 [m/s]$ (옥내소화전 2개 유량 260[L/min])

② $V = \dfrac{4 \times 0.26}{\pi \times 0.1^2 \times 60} = 0.551 = 0.55 [m/s]$

(3) * 수정 베르누이 방정식을 이용하여 전양정 산정

$$\frac{P_1}{\gamma}+\frac{V_1^2}{2g}+Z_1+H_P=\frac{P_2}{\gamma}+\frac{V_2^2}{2g}+Z_2+H_L$$

(여기서, 좌측항은 펌프 흡입측 우측항은 펌프 토출측을 의미하며 H_P가 펌프의 양정을 의미 합니다.)

- 흡입측 압력수두[m] : $-\frac{150[mmHg]}{760[mmHg]}\times 10.332[mAq]=-2.039[m]$
- 흡입측 위치수두[m] : 0[m]
- 토출측 압력수두[m] : $\frac{500[kPa]}{101.325[kPa]}\times 10.332[mAq]=50.9844[m]$
- 토출측 위치수두[m] : 5[m]

$-2.039+\frac{1.31^2}{2\times 9.8}+0+H_P=50.9844+\frac{0.55^2}{2\times 9.8}+5$ 이므로

∴ 전양정 : $H_P=57.9719[m]=57.97[m]$

(4) $P[kW]=\frac{\gamma QH}{\eta}\times K=\frac{9.8\times 0.26\times 57.9719}{60}=2.4618=2.46[kW]$

정답 (1) A : ① 도시기호 :　　　② 압력측정범위 : 대기압 이상 및 이하

　　　　B : ① 도시기호 :　　　② 압력측정범위 : 대기압 이상

(2) ① 1.31[m/s]　② 0.55[m/s]
(3) 57.97[m]
(4) 2.46[kW]

---

06 어느 소방대상물의 4층에 5개, 5층에 6개의 옥내소화전이 설치되어 있으며, 전양정이 130[m]이고, 펌프의 효율이 60[%]인 전동기의 동력[kW]을 계산하시오. (단, 여유율은 10[%]이다)

- 계산과정 :
- 정답 :

계산과정

$P[kW]=\dfrac{9.8[kN/m^3]\times 0.26[m^3/s]\times 130[m]}{60\times 0.6}\times 1.1=10.12[kW]$

* $\gamma_w=9.8[kN/m^3]$, $Q=130\times 2(최대 2개)=260[L/min]$

정답 10.12[kW]

07 유량 260[ℓ/min]을 통과시키는 옥내소화전 배관의 한계 유속을 4[m/s]라고 하면, 급수관의 구경을 호칭경[A]으로 산정하시오. (호칭경[A] 25, 32, 40, 50, 65, 80, 80, 100)

- 계산과정 :
- 정답 :

계산과정

$$D = \sqrt{\frac{4Q}{\pi V}} = \sqrt{\frac{4 \times 0.26}{\pi \times 4 \times 60}} = 0.037139[m]$$
$$= 37.13[mm] = 50[A] \text{ (주배관 구경 최소기준)}$$

정답 50[A]

08 소방대상물에 옥내소화전을 3층에 5개, 4층에 3개 설치하였다. 펌프의 실양정이 30[m]일 때 펌프의 성능시험 배관의 관경[mm]을 구하시오. (단, 펌프의 정격토출 압력은 0.4[MPa]이다.)

[조 건]
(1) 배관관경 산정기준은 정격토출량의 150%로 운전시 정격토출압력의 65% 기준으로 산정한다.
(2) 배관은 25mm, 32mm, 40mm, 50mm, 65mm, 80mm, 100mm 중에 산정한다.

- 계산과정 :
- 정답 :

계산과정

① 정격유량 $Q = 2 \times 130 [\ell/min] = 260 [\ell/min]$
② 정격압력 0.4[MPa]
$1.5Q = 2.086 \times D^2 \times \sqrt{0.65 \times P}$
$1.5 \times 260 = 2.086 \times D^2 \times \sqrt{0.65 \times 0.4}$
$D = 19.1483[mm]$, 호칭경 25[mm]

정답 25[mm]

09 옥내소화전 설비의 가압송수장치 중 압력수조 방식에 대한 설계 도면이다. 다음 물음에 답하시오. (단, 배관, 관부속품 및 호스 마찰손실수두는 6.5[m] 이다.)

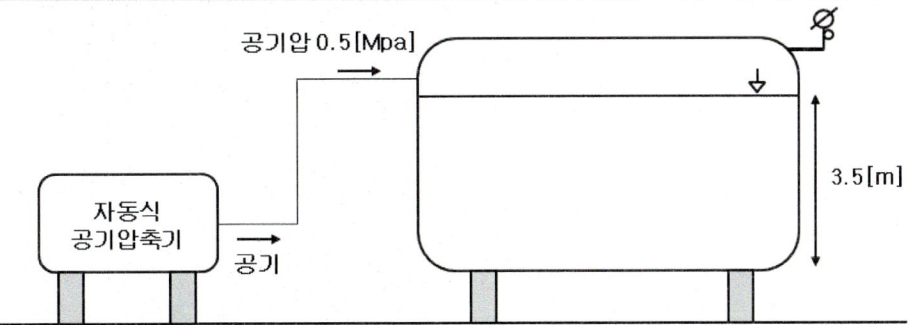

(1) 탱크 바닥압력[MPa]은 얼마인가?
 • 계산과정 :
 • 정답 :

(2) 화재안전기술기준에 의한 규정방수압력에 적합하도록 설계할 수 있는 건축물의 높이[m]는?
 • 계산과정 :
 • 정답 :

(3) 자동식 공기압축기를 설치하는 목적에 대해 설명하시오.
 • 정답 :

계산과정

(1) 압력수조의 탱크압력 = 공기압 + 물 3.5[m] 낙차 압력
 ① 공기압 : 0.5[MPa]
 ② 낙차 : $\dfrac{3.5[m]}{10.332[m]} \times 0.101325[MPa] = 0.0343[MPa]$
 ∴ 0.5 + 0.0343 = 0.5343 ≒ 0.53[MPa]

(2) $P = P_1 + P_2 + P_3 + 0.17[MPa]$ (호스릴 포함)
 (• P : 필요한 압력[MPa], • P_1 : 소방용호스의 마찰손실 수두압[MPa],
 • P_2 : 배관 마찰손실 수두압[MPa], • P_3 : 낙차의 환산수두압[MPa])
 ① $P_3 = P$(필요압력) $- P_1$(호스손실압) $- P_2$(배관마찰손실압) $- 0.17$
  $= (\dfrac{0.53}{0.101325} \times 10.332) - 6.5 - (\dfrac{0.17}{0.101325} \times 10.332) = 30.2088 ≒ 30.21[m]$

∴ 30.21[m]

정답 (1) 0.53[MPa], (2) 30.21[m]
 (3) 압력수조내의 압력저하를 방지하기위해 설치한다.

10 소방법상 옥내소화전 설치대상 건축물로서 소화전 설치수가 지하 1층 2개소, 1~3층까지 각 5개소씩, 5, 6층에 각 3개소, 옥상층에는 시험용 소화전을 설치하였다. 다음 각 물음에 답하시오.

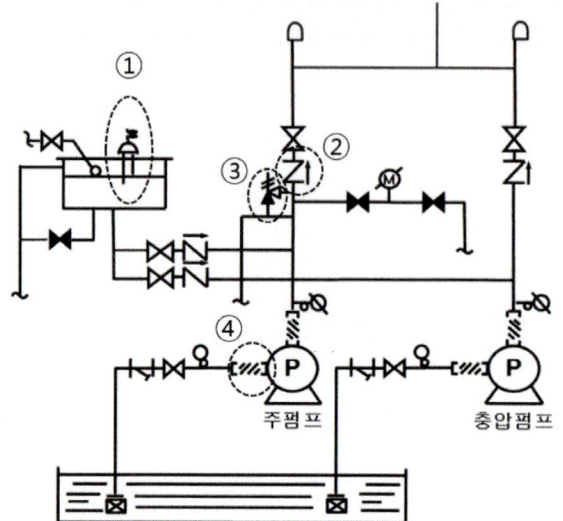

(1) 수원의 최소유효 저수량은 몇 [m³]인가?(단, 옥상수조를 포함한다.)
  • 계산과정 :
  • 정답 :

(2) 펌프의 토출량(L/min)은?
  • 계산과정 :
  • 정답 :

(3) 도면에서 번호에 따른 명칭을 적으시오.
  • 정답 :

(4) 후렉시블조인트의 설치목적은?
  • 정답 :

(5) 릴리프밸브의 설치목적은?
  • 정답 :

(6) 옥내소화전 노즐의 내경이 13mm이고 토출압력이 0.25MPa일 때 10분간 노즐에서 방수되는 물의 양(L)은?
  • 계산과정 :
  • 정답 :

계산과정

(1) ① 전용수원량 = 2×130×20 = 5200[L] = 5.2[m³]
  ② 옥상수원량 = $5.2 \times \dfrac{1}{3} = 1.73$[m³]
  ∴ 유효 저수량 = 5.2+1.73 = 6.93[m³]

(2) 2×130=260[L/min]

(6) $Q = 2.086 \times D^2 \times \sqrt{P} = 2.086 \times 13^2 \times \sqrt{0.25} = 176.267 [L/min] \times 10[min] = 1762.67[L]$

정답 (1) 6.93[m³]
(2) 260[L/min]
(3) ① 감수경보장치 ② 스모렌스키체크밸브 ③ 릴리프밸브 ④ 후렉시블조인트
(4) 후렉시블조인트는 펌프의 진동이나 소음을 흡수하는 역할을 한다.
(5) 펌프의 체절운전시 체절압력에서 펌프설비와 배관을 보호하는 역할을 한다.
(6) 1762.67[L]

11 다음 그림은 옥내소화전설비의 계통도를 나타낸 것이다. 보기를 참고하여 계통도상에 잘못된 곳을 4가지 찾아 바르게 고치시오.

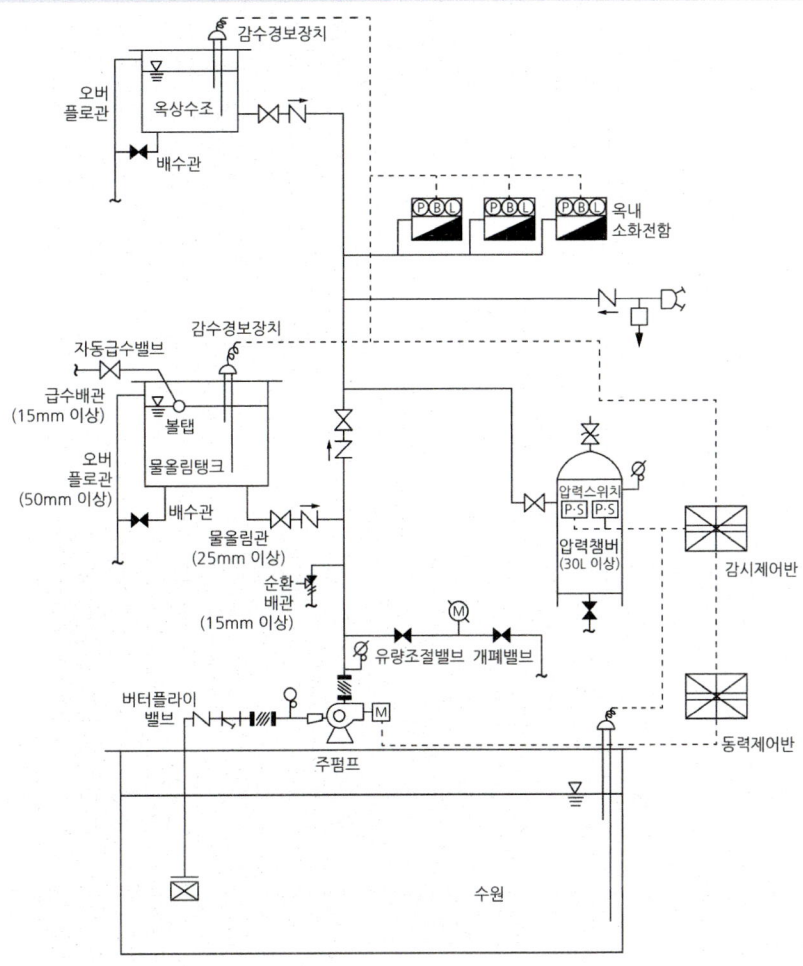

[보 기]
① 도면상에 ( )안의 수치는 배관 구경을 나타낸다.
② 가까운 곳에 있는 부분을 수정할 때는 다음 예시와 같이 작성하도록 한다.
 • 옳은 예시

틀린부분	수정방법
XX의 A와B	위치를 변경하여 설치

 • 잘못된 예시(1가지만 정답으로 인정)

틀린부분	수정방법
XX의 A	B
XX의 B	A

정답

틀린부분	수정방법
성능시험 배관의 유량조절밸브와 개폐밸브 위치	두 개의 위치를 변경하여 설치
순환배관의 구경 15[mm] 이상	순환배관 구경을 20[mm] 이상으로 수정
압력챔버의 용량 30[L] 이상	압력챔버의 용량을 100[L] 이상으로 수정
펌프 흡입측 배관의 버터플라이밸브 설치	다른 종류의 개폐표시형 개폐밸브를 설치

12 다음 계통도를 보고 다음 물음에 답하시오.

[조 건]
① P_1 : 옥내소화전 펌프
② P_2 : 잡용수 양수설비
③ 펌프의 후드밸브로부터 5층 옥내소화전함의 호스 접속구까지의 마찰손실 및 저항손실수두는 실양정의 30[%]로 한다.
④ 펌프의 효율은 65[%]이다.
⑤ 옥내소화전의 개수는 각 층당 3개씩이다.
⑥ 소화전 호스의 마찰손실수두는 7.8[m]이다.
⑦ 전달계수는 1.20이다.

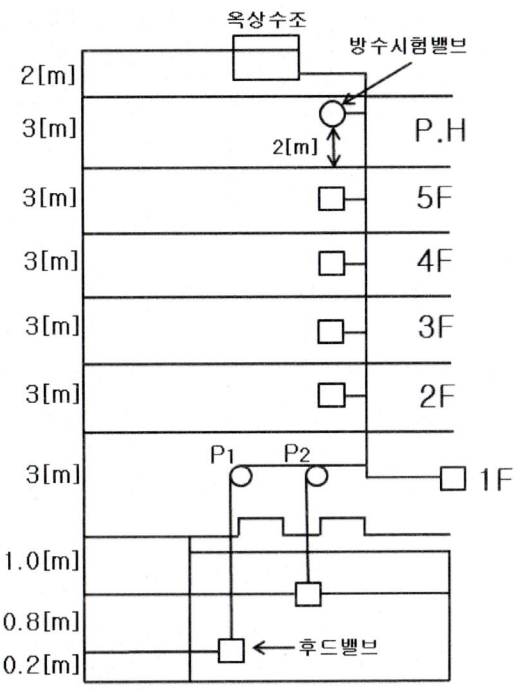

(1) 펌프의 최소유량은 몇[ℓ/min]인가?

- 계산과정 :
- 정답 :

(2) 수원의 최소 유효 저수량은 몇[m³]인가?

- 계산과정 :
- 정답 :

(3) 펌프의 양정은 몇 [m]인가?

- 계산과정 :
- 정답 :

(4) 펌프의 수동력, 축동력, 전동기동력은 몇[kW]인가?

① 수동력
- 계산과정 :
- 정답 :

② 축동력
- 계산과정 :
- 정답 :

③ 전동기동력
- 계산과정 :
- 정답 :

계산과정

(1) 2개 × 130[ℓ/min] = 260[ℓ/min]
(2) 2개 × 2.6[m³/개] = 5.2[m³]
(3) ① h_1(실양정) = 0.8 + 1 + (3×4) + 1.5 = 15.3[m] (참고 : 0.2는 후드밸브 아래이므로 산정하지 않습니다.)
　② h_2(마찰손실) = 15.3 × 0.3 = 4.59[m]
　③ h_3(호스손실) = 7.8[m]
　∴ $H = h_1 + h_2 + h_3 + 17m = 15.3 + 4.59 + 7.8 + 17 = 44.69[m]$
(4) ① $P[kW] = \dfrac{9.8 \times 0.26 \times 44.69}{60} = 1.8978 ≒ 1.90[kW]$ (Q = 260[L/min] 이다.)
　② 축동력 = $\dfrac{수동력}{효율} = \dfrac{1.90}{0.65} = 2.9230 ≒ 2.92[kW]$
　③ 전동기 동력 = 축동력 × 전달계수 = 2.92 × 1.2 = 3.50[kW]

정답 (1) 260[ℓ/min], (2) 5.2[m³], (3) 44.69[m]
　　　(4) ① 1.90[kW], ② 2.92[kW], ③ 3.50[kW]

---

13 지상 5층인 건물에 연결송수관설비가 겸용된 옥내소화전설비가 설치되어 있다. 조건을 참고하여 다음 각 물음에 답하시오.

[조 건]
① 옥내소화전이 5층에 7개, 그 외 층에는 4개씩 설치되어 있다.
② 펌프의 후드밸브로부터 최고위 옥내소화전 앵글밸브까지의 수직거리는 20m이다.
③ 배관 마찰손실수두는 실양정의 20%이며, 관부속품의 마찰손실수두는 배관 마찰손실수두의 50%로 한다.
④ 소방호스의 길이는 15m이며, 마찰손실수두값은 호스 100m당 26m이다.
⑤ 호칭경에 따른 배관의 구경

호칭구경	15A	20A	25A	32A	40A	50A	65A	80A	100A
내경[mm]	16.4	21.9	27.5	36.2	42.1	53.2	69	81	105.3

⑥ 펌프의 전달계수는 1.2이고, 효율은 0.6이다.

(1) 펌프의 전양정[m]을 구하시오.
　• 계산과정 :
　• 정답 :

(2) 펌프의 성능곡선을 참고하여 펌프의 적합성 여부를 판정하시오.

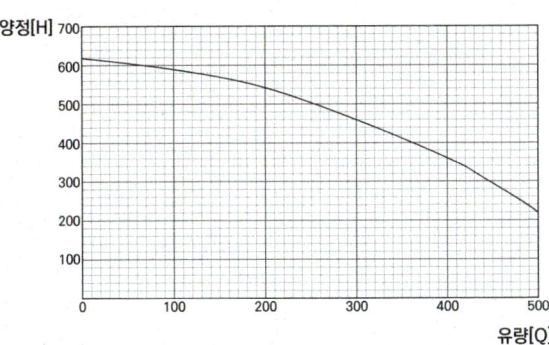

- 계산과정 :
- 정답 :

(3) 펌프의 성능시험을 위한 유량측정장치의 최대측정유량[L/min]을 구하시오.
- 계산과정 :
- 정답 :

(4) 토출측 주배관에서 배관의 호칭구경[A]을 구하시오.
- 계산과정 :
- 정답 :

(5) 펌프의 동력[kW]은 얼마인가?
- 계산과정 :
- 정답 :

계산과정

(1) ① 실양정 : $h_1 = 20[m]$
② 배관 및 관부속품의 마찰손실수두 : $h_2 = (20 \times 0.2) + (20 \times 0.2 \times 0.5) = 6[m]$
③ 소방호스의 마찰손실수두 : $h_3 = (\frac{26}{100} \times 15) = 3.9[m]$
∴ 전양정 : $H = h_1 + h_2 + h_3 + 17 = 20 + 6 + 3.9 + 17 = 46.9[m]$

(2) → 체절운전(유량 0%)시 압력(양정)이 140% 미만인지를 확인한다.
① $1.4H = 1.4 \times (\frac{46.9}{10.332} \times 101.325)[kPa] = 643.92[kPa]$
→ 최대운전 시험시 유량이 150% 일 때 압력(양정)이 65% 이상이 만족하는지 확인한다.
① $1.5Q = 1.5 \times (2 \times 130) = 390[L/min]$
② $0.65H = 0.65 \times (\frac{46.9}{10.332} \times 101.325)[kPa] = 298.96[kPa]$

(3) $260 \times 1.75 = 455[L/min]$ (정격토출량의 175%이상을 측정할수 있어야 한다.)

(4) $D = \sqrt{\frac{4Q}{\pi V}} = \sqrt{\frac{4 \times 0.26}{\pi \times 4 \times 60}} = 0.030371[m] = 30.37[mm] = 100[mm]$

(5) $P[kW] = \frac{\gamma QH}{\eta} \times K = \frac{9.8 \times 0.26 \times 46.9}{0.6 \times 60} \times 1.2 = 3.9833 = 3.98[kW]$

정답 (1) 46.9[m]   (2) 체절시험과 최대운전시험을 만족하므로 적합한 펌프이다.

(3) 455[L/min]   (4) 100[A] (연결송수관 겸용이므로)
(5) 3.98[kW]

14 지상10층의 건물의 옥내소화전이 다음의 그림과 같이 있다. 다음의 물음에 답하시오.

[조 건]
① 소화펌프부터 옥내소화전까지 실양정과, 배관 및 소방호스의 마찰손실 포함 40[m]이다.
② 펌프의 효율은 65%, 여유율은 10%이다

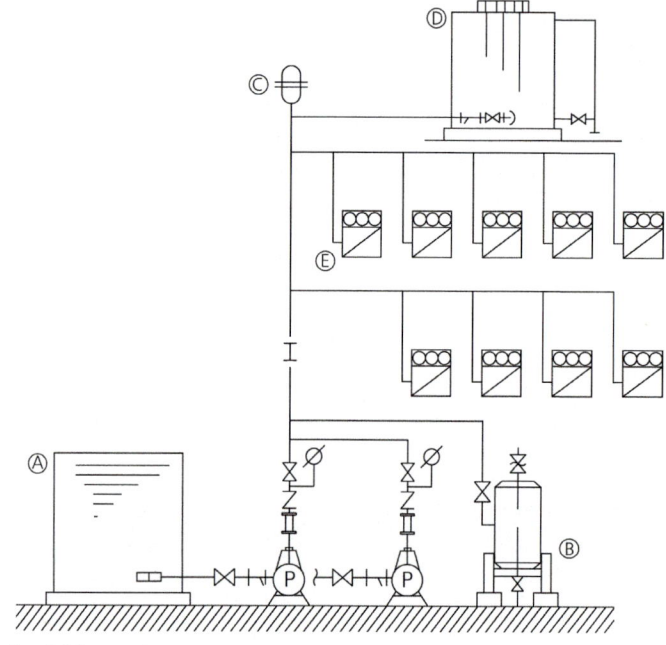

(1) 각 부의 명칭을 쓰시오
  • a :   • b :   • c :
  • d :   • e :
(2) "d"에 저장하여야 할 수원의 량은 얼마[m³]이상인가?
  • 계산과정 :
  • 정답 :
(3) "b"의 설치목적을 쓰시오.
  • 정답 :
(4) "c"의 설치목적을 쓰시오.
  • 정답 :

(5) "e"의 문짝의 면적[m²]은 얼마 이상인가?
   • 정답 :
(6) 전동기 동력[kW]을 구하시오.
   • 계산과정 :
   • 정답 :

계산과정

(2) $2개 \times 2.6 m^3/개 \times \dfrac{1}{3} = 1.73[m^3]$

(6) $P = \dfrac{9.8 \times (0.26) \times (40+17)}{0.65 \times 60} \times 1.1 = 4.10[kW]$

정답

(1) (a) 소화저수조 (b) 기동용수압개폐장치 중 압력챔버 (c) 수격방지기 (d) 옥상수조 (e) 옥내소화전
(2) 1.73[m³]
(3) 배관내의 압력변동에 따라 펌프의 자동기동 및 정지를 위해 설치하며 설비 내 충격완화
(4) 워터해머(수격작용)현상의 방지
(5) 0.5m²
(6) 4.10[kW]

---

15 어느 지상 7층 특정소방대상물에 옥내소화전을 각 층당 5개씩 설치하고자 한다. 다음 조건에 따라 물음에 답하시오.

[조 건]
① 후드 밸브에서 최상층의 소화전 방수구까지의 수직 높이는 30[m]이다.
② 소방용 호스의 마찰손실은 100[m]당 26[m]로 한다. (15[m]×2본)
③ 배관 및 관부속류의 마찰손실은 실양정의 30[%]로 한다.
④ 연결 송수관 설비가 겸용으로 사용되었다.
⑤ 전동기는 효율 60[%]의 것을 사용한다.

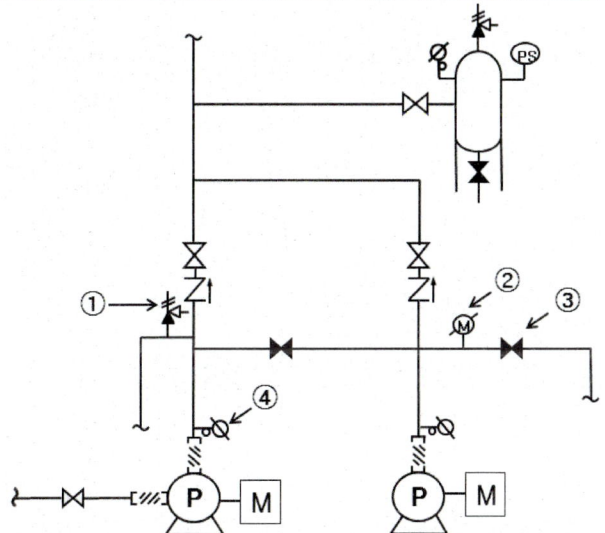

(1) 수원의 량[m³]을 구하시오.
   • 계산과정 :
   • 정답 :
(2) 펌프의 토출량[m³/min]을 구하시오.
   • 계산과정 :
   • 정답 :
(3) 주배관의 구경을 다음 표에서 산정하시오. (단, 유속 4[m/s] 이하로 한다.)

| 50[A] 65[A] 80[A] 100[A] 125[A] 150[A] |

   • 계산과정 :
   • 정답 :
(4) 펌프의 전양정[m]을 구하시오.
   • 계산과정 :
   • 정답 :
(5) 전동기 동력[kW]을 구하시오.
   • 계산과정 :
   • 정답 :
(6) 각 부(① ~ ④)의 명칭을 쓰시오.
   • 정답 :
(7) 위 그림에서 ②, ④의 설치 이유를 쓰시오.
   • 정답 :

계산과정

(1) 2개 × 2.6[m³/개] = 5.2[m³]
(2) 2 × 130[ℓ/min] × 10⁻³ = 0.26[m³/min]
(3) $D = \sqrt{\dfrac{4Q}{\pi V}} = \sqrt{\dfrac{4 \times 0.26}{\pi \times 4 \times 60}} = 0.03713[m] = 37.13[mm] = 100[A]$

   (다만, 연결송수관 겸용 설비이므로 100[A]로 산정한다.)

(4) ① 실양정 : 30[m]
   ② 배관 및 부속류 손실 : 30[m]×0.3 = 9[m]
   ③ 호스 손실 : (15[m]×2) × $\dfrac{26}{100}$ = 7.8[m]
   • 전양정 (H) = 30[m] + 9[m] + 7.8 + 17[m] = 63.8[m]
(5) $P[kW] = \dfrac{9.8 \times 0.26 \times 63.8}{60 \times 0.6} = 4.5156 = 4.52[kW]$ (Q = 260[L/min] 이다.)

정답 (1) 5.2[m³], (2) 0.26[m³/min], (3) 100[A], (4) 63.8[m], (5) 4.52[kW]
(6) ① 릴리프밸브 ② 유량계 ③ 유량조절밸브 ④ 압력계
(7) ②의 설치이유 : 펌프의 성능시험시 토출량을 알기 위하여
   ④의 설치이유 : 펌프 기동시 펌프의 토출압력을 알기 위하여

16 근린생활시설에 옥내소화전설비를 설치할 경우 아래의 조건을 참조하여 다음 각 물음에 답하시오.

[조 건]
① 옥내소화전이 가장 많이 설치된 층의 설치개수는 4개이다.
② 실양정은 25m, 배관(관부속 포함) 및 소방호스의 마찰손실수두는 10m이다.
③ 펌프의 효율은 65%, 전달계수는 1.1을 적용한다.
④ 배관의 호칭구경은 다음 표를 참조한다.

호칭구경(mm)	40	50	65	80	100	125	150
배관 안지름(mm)	42.1	53.2	69.0	81.0	105.3	130.1	155.5

⑤ 유량측정장치(유량계)는 오리피스 형식(Orifice type)을 사용하며 규격은 다음과 같다.

호칭구경(mm)	32	40	50	65	80	100	125
유량 범위(L/min)	70~360	110~550	280~1100	450~2200	700~3300	900~4500	1200~6000

(1) 토출측 주배관은 호칭구경이 몇 [mm]인 배관을 사용하여야 하는가?
- 계산과정 :
- 정답 :

(2) 펌프의 최대 체절압력은 몇 [kPa] 인가?
- 계산과정 :
- 정답 :

(3) 성능시험배관에 설치하는 유량측정장치(유량계)의 호칭구경은 몇 [mm] 인가?
- 계산과정 :
- 정답 :

(4) 펌프를 정격토출량의 150%로 운전할 때의 최소 양정은 몇 [m] 인가?
- 계산과정 :
- 정답 :

(5) 성능시험배관에는 유량측정장치를 기준으로 전단 직관부에 (Ⓐ)를 후단 직관부에 (Ⓑ)를 설치하여야 한다. Ⓐ, Ⓑ밸브의 명칭은 각각 무엇인가? (단, 화재안전기준에서 사용하는 명칭을 따른다.)
- 정답 :

계산과정

(1) $D = \sqrt{\dfrac{4Q}{\pi V}} = \sqrt{\dfrac{4 \times 0.26}{\pi \times 4 \times 60}} = 0.03713[m] = 37.13[mm] = 50[mm]$

[주배관 구경 최소 50[mm] 이므로 답을 50[mm]로 한다.]

(2) H = 25[m] + 10[m] + 17[m] = 52[m]

펌프의 체절압력은 정격토출압(정격양정)의 140%를 초과하지 아니하여야 하므로

$(\frac{52[m]}{10.332[m]} \times 101.325[kPa]) \times 1.4 ≒ 713.94[kPa]$

(3) 정격토출량 : 130[ℓ/min] × 2 = 260[ℓ/min]
유량계 유량 : 260[ℓ/min] × 1.75 = 455[ℓ/min]
∴ 최대 455[ℓ/min]를 측정할 수 있는 유량계의 호칭 구경은 40[mm]이다.
(4) 펌프의 성능은 정격토출량의 150%로 운전할 때 정격토출압력의 65% 이상이어야 한다.
∴ 52[m]×0.65=33.8[m]

정답 (1) 50[mm], (2) 713.94[kPa], (3) 40[mm], (4) 33.8[m],
(5) Ⓐ : 개폐밸브, Ⓑ : 유량조절밸브

17 다음은 옥내소화전설비에 관한 설명이다. 다음 물음에 답하시오.

[조 건]
① 특정소방대상물의 층수는 5층이며 각 층의 층당 바닥면적은 2,000[m²]이다.
② 각 층에 설치된 옥내소화전의 개수는 6개이다.
③ 옥내소화전설비의 실양정은 20[m]이고, 배관 및 관부속품의 마찰손실수두는 40[m]이다.
④ 소방용 호스는 15[m] 길이로 된 2매를 사용하며, 호스의 마찰손실수두는 100[m] 당 26[m]로 사용한다.
④ 기타의 제시되지 않은 조건은 화재안전기준에 따른다.

(1) 펌프의 토출량[ℓ/min]은?
 • 계산과정 :
 • 정답 :
(2) 필요한 옥상수조의 수원량[m³]은?
 • 계산과정 :
 • 정답 :
(3) 옥내소화전설비에 필요한 양정[m]은?
 • 계산과정 :
 • 정답 :
(4) 정격토출량의 150%로 운전할 경우 정격토출압력은 최소 몇 [MPa] 이상이어야 하는가?
 • 계산과정 :
 • 정답 :

(5) 펌프의 주배관의 구경을 다음 〈보기〉에서 선정하시오.

> [보 기]
> 25mm, 32mm, 40mm, 50mm, 65mm, 80mm, 100mm

- 계산과정 :
- 정답 :

(6) 만일 펌프에서 제일 먼 거리에 있는 옥내소화전 노즐과 가장 가까운 곳의 옥내소화전 노즐의 방사압력 차이가 0.4[MPa]이며, 펌프에서 제일 먼 거리에 있는 옥내소화전 노즐에서의 방사압력이 0.17[MPa], 유량이 130[LPM]일 경우 펌프에서 가장 가까운 소화전에서의 방사유량은 얼마인가?(유량은 소수점에서 절상하여 정수표시)
- 계산과정 :
- 정답 :

(7) "(6)"에서 산정된 방수량과 방수압력을 기준으로 노즐의 구경[mm]을 산정하시오.
- 계산과정 :
- 정답 :

계산과정

(1) $2 \times 130 = 260[L/\text{min}]$

(2) $N \times 2.6[m^3] \times \dfrac{1}{3} = 2 \times 2.6 \times \dfrac{1}{3} = 1.73[m^3]$

(3) ① 호스 손실 : $(15 \times 2) \times \dfrac{26}{100} = 7.8[m]$
   ② 실양정 : 20[m]
   ③ 배관 및 관부속품 마찰손실수두 : 40[m]
   ∴ 전양정 = 7.8 + 20 + 40 + 17 = 84.8[m]

(4) $84.8 \times 0.65 = 55.12[m] = 0.55[MPa]$ (1[MPa] = 100[mAq])

(5) $D = \sqrt{\dfrac{4 \times Q}{\pi \times V}} \times 1000 = \sqrt{\dfrac{4 \times 0.26}{\pi \times 4 \times 60}} \times 1000 = 37.14[mm] = 50[mm]$

(6) ① 가까운 곳의 압력 : 0.4+0.17=0.57[MPa]
   ② 먼 곳의 압력 : 0.17[MPa], 먼 곳의 유량 : 130[LPM]
   $Q \propto \sqrt{P}$ 이므로 $\sqrt{0.17} : 130 = \sqrt{0.57} : x$
   ∴ $x = \dfrac{\sqrt{0.57}}{\sqrt{0.17}} \times 130 = 238.043[\ell/\text{min}]$

(7) $Q = 2.086 \times D^2 \times \sqrt{P}$ ($Q = 238[L/\text{min}]$, P = 0.57[MPa])
   $D = \sqrt{\dfrac{238}{2.086 \times \sqrt{0.57}}} = 12.29[mm]$

정답 (1) 260[L/min], (2) 1.73[m³], (3) 84.8[m], (4) 0.55[MPa],
(5) 50[mm], (6) 238[L/min], (7) 12.29[mm]

18 다음 그림과 같이 6층 건물에 1층부터 6층까지 각 층에 1개씩 옥내소화전을 설치하고자 한다. 그림과 주어진 조건을 이용하여 다음 각 물음에 답하시오.

[조 건]

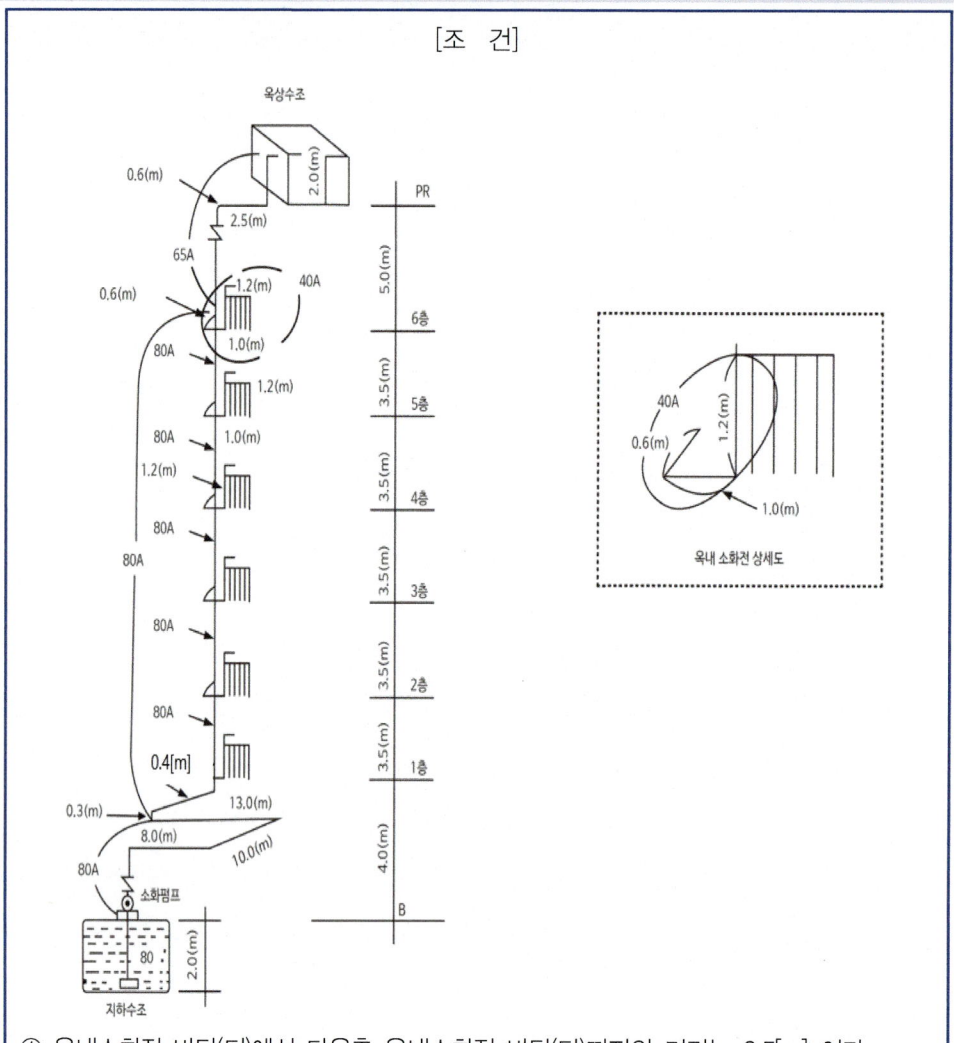

① 옥내소화전 바닥(티)에서 다음층 옥내소화전 바닥(티)까지의 거리는 3.5[m] 이다.
② 지하에 설치된 소화펌프에서 1층 옥내소화전 바닥(티)까지의 거리는 다음과 같다.
　　– 수직 배관 : 4[m] , – 수평 배관 : 8+10+13+0.4 = 31.4[m]
③ 호스는 길이 15[m], 구경 40[mm]의 마호스 2개를 사용한다.
④ 펌프의 효율은 55[%]이며, 전동기의 축동력 전달효율은 100[%]로 계산한다.
⑤ 티(80×80×80)에서 분류되어 40A 배관에 연결할 시 레듀셔(80×40)를 사용한다.
⑥ 직관의 마찰손실은 다음 표를 참조할 것

[직관의 마찰손실(100[m] 당)]

유량[ℓ/min]	130	260	390	520
40[mm]	14.7[m]			
50[mm]	5.10[m]	18.4[m]		
65[mm]	1.72[m]	6.20[m]	13.2[m]	
80[mm]	0.71[m]	2.57[m]	5.47[m]	9.20[m]

⑦ 관이음 및 밸브 등의 등가길이는 다음 표를 이용할 것

관이음 및 밸브의 호칭경 [mm](in)	90°(엘보)	45°(엘보)	90°T(분류)	커플링90°T(직류)	게이트 밸브	글로브 밸브	앵글 밸브
			등가 길이 [m]				
$40\left(1\frac{1}{2}\right)$	1.5	0.9	2.1	0.45	0.30	13.5	6.5
50(2)	2.1	1.2	3.0	0.60	0.39	16.5	8.4
$65\left(2\frac{1}{2}\right)$	2.4	1.5	3.6	0.75	0.48	19.5	10.2
80(3)	3.0	1.8	4.5	0.90	0.60	24.0	12.0
100(4)	4.2	2.4	6.3	1.20	0.81	37.5	16.5
125(5)	5.1	3.0	7.5	1.50	0.969	42.0	21.0
150(6)	6.0	3.6	9.0	1.80	1.20	49.5	24.0

※ 체크밸브와 후드밸브의 등가길이는 이 표의 앵글밸브에 준한다.
※ 엘보는 90도 엘보만 사용한다.

⑧ 호스의 마찰손실수두는 다음 표를 이용할 것

[호스의 마찰손실 수두 (100[m] 당)]

유량 [ℓ/min]	구분	호스의 호칭경					
		40[mm]		50[mm]		65[mm]	
		마호스	고무내장호스	마호스	고무내장호스	마호스	고무내장호스
130		26[m]	12[m]	7[m]	3[m]	-	-
350		-	-	-	-	100[m]	4[m]

(1) 펌프의 송수량[ℓ/min]을 구하시오.
- 계산과정 :
- 정답 :

(2) 수원의 저수량[m³]을 구하시오.(옥상수원을 포함하시오.)
- 계산과정 :
- 정답 :

(3) 소방호스의 마찰[m]을 구하시오.
- 계산과정 :
- 정답 :

(4) 옥내소화전 설비에 필요한 실양정[m]을 구하시오.
- 계산과정 :
- 정답 :

(5) 배관에서 생기는 마찰손실수두[m] 를 구하시오.
- 계산과정 :
    - 80A :
    - 40A :
- 정답 :

(6) 관부속품에서 생기는 마찰손실수두[m] 를 구하시오.
- 계산과정 :
    - 80A :
    - 40A :
- 정답 :

(7) 펌프에 필요한 전양정[m] 을 구하시오.
- 계산과정 :
- 정답 :

(8) 펌프의 동력[kW]을 구하시오.
- 계산과정 :
- 정답 :

계산과정

(1) $Q = 1 \times 130[\ell/min] = 130[\ell/min]$

(2) - 전용수원 : $1 \times 130[\ell/min] \times 20[min] = 2600[\ell] = 2.6[m^3]$
- 옥상수원 : $2.6[m^3] \times \dfrac{1}{3} = 0.8666[m^3]$
- 전체수원 : $2.6 + 0.8666 = 3.4666 = 3.47[m^3]$

(3) 호스의 마찰손실수두 $= 15 \times 2 \times \dfrac{26}{100} = 7.8[m]$

(4) - 흡입양정 : 2[m]
- 토출양정 : $4[m] + (3.5 \times 5)[m] + 1.2[m]$

(5) - 80A :
  ① 흡입배관길이 : 2[m]
  ② 수직배관 길이 : 4[m]
  ③ 수평배관 길이 : 31.4[m]
  ④ 1층 소화전부터 6층 소화전 입구까지 배관길이 : $3.5 \times 5 = 17.5[m]$
  ⑤ 총합 : $2 + 4 + 31.4 + 17.5 = 54.9[m]$

∴ 손실 : $54.9[m] \times \dfrac{0.71}{100} = 0.38979[m]$

- 40A :
  ① 직관 : $0.6+1+1.2 = 2.8[m]$

  ∴ 손실 : $2.8[m] \times \dfrac{14.7}{100} = 0.4116[m]$

→ 총합 : $0.38979+0.4116 = 0.80139 ≒ 0.8[m]$

(6) - 80A :
  ① 후드밸브 1개 × 12.0 = 12.0[m]
  ② 체크밸브 1개 × 12.0 = 12.0[m]
  ③ 90°엘보6개 × 3.0 = 18[m]
  ④ T(직류)5개 × 0.9 = 4.5[m], T(분류)1개 × 4.5 = 4.5[m]
  ⑤ 총합 : 12+12+18+4.5+4.5 = 51[m]

  ∴ 손실 : $51[m] \times \dfrac{0.71}{100} = 0.3621[m]$

- 40A :
  ① 90°엘보 2개 × 1.5 = 3.0[m]
  ② 앵글밸브 1개 × 6.5 = 6.5[m]

  ∴ 손실 : $9.5\ [m] \times \dfrac{14.7}{100} = 1.3965[m]$

→ 총합 : $0.3621+1.3965 = 1.7586 ≒ 1.76[m]$

(7) H(전양정) = 7.8+24.7+0.8+1.76+17 = 52.06[m]

(8) $P[kW] = \dfrac{9.8 \times 0.13 \times 52.06}{60 \times 0.55} = 2.01[kW]$

정답 (1) 130[ℓ/min] (2) 3.47[㎥] (3) 7.8[m] (4) 24.7[m] (5) 0.8[m]
       (6) 1.76[m]   (7) 52.06[m] (8) 2.01[kW]

CHAPTER 05 옥외소화전설비

01 개요(용어의 정의는 옥내소화전과 동일)

옥외소화전설비는 건축물의 1층 또는 2층의 화재발생시 건축물의 화재를 유효하게 진압할 수 있도록 건축물의 외부에 설치하는 이동식 소화설비로서 옥내화재의 소화는 물론 인접건물로부터의 연소확대방지를 위하여 설치함.

02 옥외소화전 설비의 성능

(1) **방수량** : 350[L/min] 이상

(2) **방수압력** : 0.25[MPa] 이상 0.7[MPa] 이하(0.7[MPa] 초과시 소화자 위험)

03 옥외소화전 설비의 구성

(1) **수원(지하수원)**

   옥외소화전설비의 수원은 그 저수량이 옥외소화전의 설치개수(옥외소화전이 2개 이상 설치된 경우에는 2개)에 7m³를 곱한 양 이상이 되도록 하여야 한다.
   - 수원량 = 소화전 설치개수(N : 최대 2개) × 350[ℓ/min] × 20[min] = N × 7[m³]

(2) **가압송수장치**

   해당 특정소방대상물에 설치된 옥외소화전(두 개 이상 설치된 경우에는 두 개의 옥외소화전)을 동시에 사용할 경우 각 옥외소화전의 노즐선단에서의 방수압력이 0.25 [MPa] 이상이고, 방수량이 350 ℓ/min 이상이 되는 성능인 것으로 할 것. 이 경우 하나의 옥외소화전을 사용하는 노즐선단에서의 방수압력이 0.7[MPa]을 초과할 경우에는 호스접결구의 인입측에 감압장치를 설치하여야 한다.

   ① 펌프 방식 전양정
   - $H = h_1 + h_2 + h_3 + 25[m]$
     - h_1 : 소방용호스 마찰손실 수두$[m]$
     - h_2 : 배관의 마찰손실 수두$[m]$
     - h_3 : 실양정$[m]$

   ② 고가수조 낙차
   - $H = h_1 + h_2 + 25[m]$
     - h_1 : 소방용호스 마찰손실 수두$[m]$
     - h_2 : 배관의 마찰손실 수두$[m]$

③ 압력수조 필요압력
- $P = P_1 + P_2 + P_3 + 0.25 [MPa]$
  - P_1 : 소방용호스의 마찰손실 수두압 $[MPa]$
  - P_2 : 배관의 마찰손실 수두압 $[MPa]$
  - P_3 : 낙차의 환산 수두압 $[MPa]$

(3) 소화전함 및 호스 등
① 옥외소화전으로부터 보행거리 5[m] 이내에 소화전함을 설치
② 호스접결구는 지면으로부터 높이가 0.5m 이상 1m 이하의 위치에 설치하고 특정소방대상물의 각 부분으로부터 하나의 호스접결구까지의 수평거리가 40m 이하가 되도록 설치하여야 한다.
  ㉠ 포용거리 : 수평거리 40[m] 이하
  ㉡ 호스 : 65[mm]
  ㉢ 소화전함
    ⓐ 소화전 10개 이하 : 매 소화전마다 5[m] 이내에 설치
    ⓑ 소화전 11개 이상 30개 이하 : 11개 이상을 분산 배치하여 설치
    ⓒ 소화전 31개 이상 : 소화전 3개마다 1개 이상 설치

CHAPTER 05 옥외소화전설비

01 옥외소화전 설비에 대한 다음 물음에 답하시오.

(1) 주요구성요소를 5가지 쓰시오.
  • 정답 :
(2) 방수압력[MPa]과 방수량[ℓ/min]은?
  • 정답 :
(3) 펌프방식의 전양정 산출식을 쓰고 설명하시오.
  • 정답 :
(4) 특정소방대상물 각 부분에서 호스접결구 까지의 수평거리[m]는?
  • 정답 :
(5) 배관 및 호스의 구경[mm]은?
  • 정답 :
(6) 옥외소화전의 노즐구경[mm]은?
  • 정답 :

정답 (1) ① 수원 ② 가압송수장치 ③ 소화전 함 ④ 배관 ⑤ 호스 및 노즐
(2) ① 방수압력 : 0.25[MPa] 이상 ② 방수량 : 350[ℓ/min] 이상
(3) $H \geq h_1 + h_2 + h_3 + 25[m]$
  • H : 전양정[m]
  • h_1 : 소방용 호스의 마찰손실수두[m]
  • h_2 : 배관 및 관부속품의 마찰손실수두[m]
  • h_3 : 실양정[m]
  • 25[m] : 노즐선단의 방수압력 환산수두[m]
(4) 40[m] 이하, (5) 65[mm], (6) 19[mm]

02 어떤 소방대상물의 소화설비로 옥외소화전을 5개 설치하였다. 다음 각 물음에 답하시오.

(1) 수원의 저수량(m³)은 얼마 이상인가?
 • 계산과정 :
 • 정답 :

(2) 가압송수장치의 토출량(L/min)은 얼마 이상인가?
 • 계산과정 :
 • 정답 :

(3) 다음은 배관 등 설치기준이다. (   )안에 알맞은 답을 쓰시오.

> 호스접결구는 지면으로부터 높이가 (①)의 위치에 설치하고 특정소방대상물의 각 부분으로부터 하나의 호스접결구까지의 수평거리가 (②)가 되도록 설치하여야 한다.

 • 정답 :

계산과정
(1) $Q = N \times 350[L/min] \times 20[min] = 2 \times 350 \times 20 = 14000[L] = 14[m^3]$
(2) $Q = N \times 350[L/min] = 2 \times 350 = 700[L/min]$

정답 (1) 14[m³], (2) 700[L/min]
  (3) ① 0.5[m] 이상 1[m] 이하 ② 40[m] 이하

---

03 어떤 소방대상물에 옥외소화전 5개를 다음 조건에 따라 설치하려고 한다. 각 물음에 답하시오.

[조 건]
① 옥외소화전은 지상식 표준형을 사용한다.
② 펌프에서 최말단 옥외소화전까지의 직관 길이는 200[m], 관의 내경은 100[mm]이다.
③ 펌프의 전양정 50[m], 효율 65%, 동력전달계수는 무시한다.
④ 모든 규격치는 최소량을 적용한다.

(1) 수원의 유효저수량[m³]은 얼마인가?
 • 계산과정 :
 • 정답 :

(2) 펌프의 최소유량[m^3/min]은 얼마인가?
 • 계산과정 :
 • 정답 :

(3) 직관부분에서의 마찰 손실 수두[m]는 얼마인가? (DARCY WEISBACH의 식을 사용하고 마찰손실 계수는 0.02이다.)
- 계산과정 :
- 정답 :

(4) 펌프의 소요동력[kW]은 얼마인가?
- 계산과정 :
- 정답 :

(5) 소방용 호스노즐에서 최소 방수압력[MPa]은 얼마인가?
- 정답 :

(6) 옥외소화전과 소화전함의 거리[m]는 얼마인가?
- 정답 :

(7) 소화전함에 설치되는 호스의 구경[mm]을 쓰시오.
- 정답 :

(8) 소화전의 매몰깊이(지면으로부터)[mm]는 얼마인가?
- 정답 :

계산과정

(1) $Q = N \times 7[m^3]$ N = 최대 2개 $Q = 2개 \times 7[m^3/개] = 14[m^3]$

(2) $Q = N \times 350[\ell/min]$ N = 최대 2개
$\therefore Q = 2개 \times 350[\ell/min \cdot 개] \times 10^{-3} = 0.7[m^3/min]$

(3) $\Delta h_L = f \times \dfrac{L}{D} \times \dfrac{V^2}{2g}$ ...... Darcy 공식

$\Delta h_L[m] = \dfrac{0.02 \times 200 \times 1.4854^2}{2 \times 9.8 \times 0.1} = 4.50[m]$

(*$V = \dfrac{4Q}{\pi \times d^2} = \dfrac{4 \times 0.7}{\pi \times 0.1^2 \times 60} = 1.4854[m/sec]$)

(4) $P(kW) = \dfrac{9.8 \times 0.7 \times 50}{60 \times 0.65} = 8.7948[kW]$

정답 (1) 14[m³],   (2) 0.7[m³/min],
(3) 4.50[m],   (4) 8.79[kW],
(5) 0.25[MPa]이상,   (6) 5[m] 이하,
(7) 65[mm],   (8) 600[mm] 이상

04 상수도소화용수설비가 설치되지 않은 2층 짜리 특정소방대상물에 옥외소화전설비를 설치하고자 한다. 아래 도면을 참조하여 다음 각 물음에 답하시오.

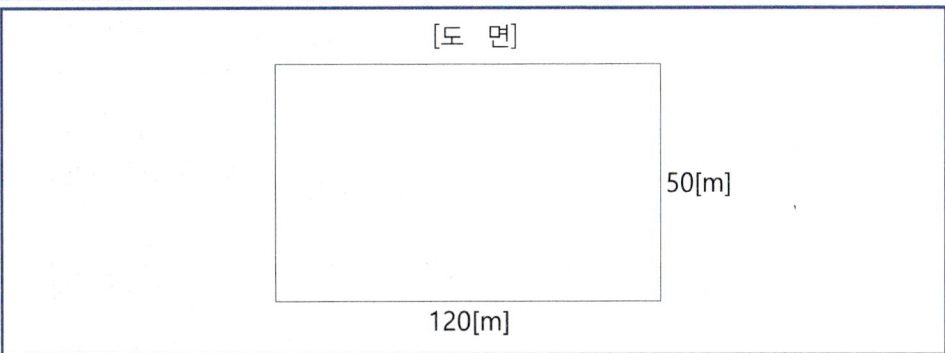

(1) 설치하여야 할 옥외소화전의 최소개수를 계산하시오.
  • 계산과정 :
  • 정답 :
(2) 펌프의 최소 토출량[ℓ/min]을 계산하시오.
  • 계산과정 :
  • 정답 :
(3) 수원의 최소 유효 저수량[m³]을 계산하시오.
  • 계산과정 :
  • 정답 :

계산과정
(1) ① 둘레길이 : 120 + 50 + 120 + 50 = 340[m]
   ② $\frac{340}{(40 \times 2)} = 4.25 = 5$개 (수평거리 40[m] 이므로)
(2) $Q = 2 \times 350[L/min] = 700[L/min]$
(3) 수원량 = $700 \times 20[min] \times 10^{-3} = 14[m^3]$

정답 (1) 5개, (2) 700[L/min], (3) 14[m³]

05 옥외소화전설비에서 펌프의 소요양정이 50[m]이고 말단방수노즐의 방수압력이 0.15[MPa] 이었다. 관련법에 맞게 방수압력을 0.25[MPa]로 증가시키고자 할 때 조건을 참고하여 토출측 유량[ℓ/min]과 펌프의 양정[m]를 구하시오.

[조 건]

① 유량 $Q = K\sqrt{10P}$ 를 적용하며 이때 $K = 100$ 이다.
(여기서, Q : 유량[$\ell/\min$], K : 방출계수, P : 방수압력[MPa])

② 배관 마찰손실은 하젠-윌리암식을 적용한다.
$$\triangle P = 6.05 \times 10^4 \times \frac{Q^{1.85}}{C^{1.85} \times D^{4.87}}$$
(여기서, $\triangle P$: 단위길이당 마찰손실압력[MPa/m], Q : 유량[$\ell/\min$], C : 관의조도계수, D : 관의내경[mm])

• 계산과정 :

• 정답 :

계산과정

① $P_1 = 0.15[MPa]$ 일 때 유량 : $Q = K\sqrt{10P} = 100 \times \sqrt{10 \times 0.15} = 122.47[\ell/\min]$

② $P_2 = 0.25[MPa]$ 일 때 유량 : $Q = K\sqrt{10P} = 100 \times \sqrt{10 \times 0.25} = 158.11[\ell/\min]$

③ 교체후 양정

$P_1 = 0.15[MPa]$ 일 때 손실압력 $\triangle P_1$은 $0.5 - 0.15 = 0.35[MPa]$

$P_2 = 0.15[MPa]$ 일 때 손실압력 $\triangle P_2$는 $\triangle P \propto Q^{1.85}$을 이용하여 구한다.

$0.35 : 122.47^{1.85} = \triangle P_2 : 158.11^{1.85}$

$\triangle P_2 = 0.35 \times (\frac{158.11}{122.47})^{1.85} = 0.56[MPa]$

0.25[MPa]일 때 펌프 양정 = $0.56 + 0.25 = 0.81[MPa] = 81[m]$

정답 토출측 유량 158.11[ℓ/min], 토출측 양정 81[m]

06 어느 특정소방대상물에 옥외소화전을 2개 설치하려고 한다. 다음 물음에 답하시오.

[조 건]

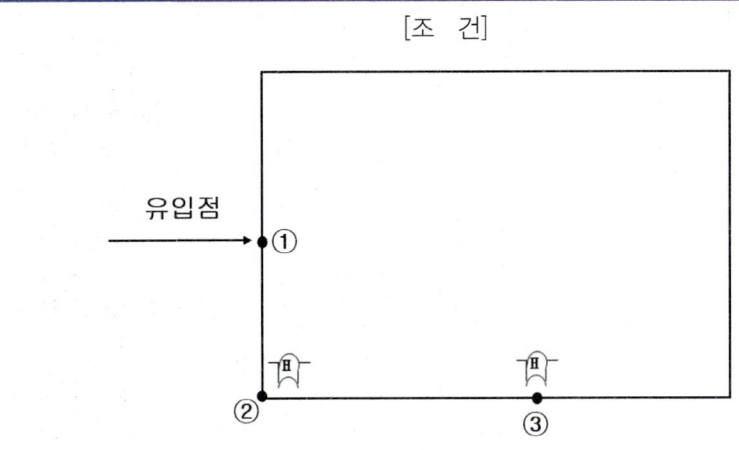

(🏠 : 옥외소화전의 도시기호)

① 1~2번 구간의 배관길이는 100[m]이며, 배관의 관경은 120[mm], 유량은 700[L/min]이다.
② 2~3번 구간의 배관길이는 200[m]이며, 배관의 관경은 85[mm], 유량은 350[L/min]이다.
③ 호스 및 관부속품에 의한 마찰손실은 무시하며, 수원은 유입점 ①보다 1m 아래에 있다.
④ 하이젠 윌리암스 공식을 사용하되

$$\Delta P = 6.053 \times 10^4 \times \frac{Q^{1.85}}{C^{1.85} \times D^{4.87}} \times L 을 \ 사용한다.$$

단, ΔP : 마찰손실압력[MPa], Q : 유량[L/min], D : 배관의 내경[mm]
C : 조도(120), L : 관의길이[m]

(1) ①~②번 구간 배관의 마찰손실수두[m]을 구하시오.
 • 계산과정 :
 • 정답 :

(2) ②~③번 구간 배관의 마찰손실수두[m]을 구하시오.
 • 계산과정 :
 • 정답 :

(3) 펌프의 토출압력(kPa)은? (방사압은 최소압으로 설정)
 • 계산과정 :
 • 정답 :

(4) 방수량이 350[ℓ/min]이고 방수압력이 0.25[MPa]인 옥외소화전설비가 있다. 이 때, 방수량이 500[ℓ/min]로 변경되었을 때 방수압력[kPa]을 구하시오.
 • 계산과정 :
 • 정답 :

계산과정

(1) $\Delta P = 6.053 \times 10^4 \times \dfrac{(700)^{1.85}}{120^{1.85} \times 120^{4.87}} \times 100 = 0.01183[MPa]$ (옥외소화전 2개를 담당)

- 압력을 양정으로 변환 $\dfrac{0.01183}{0.101325} \times 10.332 = 1.21[m]$

(2) $\Delta P = 6.053 \times 10^4 \times \dfrac{(350)^{1.85}}{120^{1.85} \times 85^{4.87}} \times 200 = 0.03522[MPa]$ (옥외소화전 1개를 담당)

- 압력을 양정으로 변환 $\dfrac{0.03522}{0.101325} \times 10.332 = 3.59[m]$

(3) $H = $ 낙차 + 손실 + 방사압력환산수두 $= 1 + 1.21 + 3.59 + 25 = 30.8[m]$

- 압력을 양정으로 변환 $\dfrac{30.8}{10.332} \times 101.325 = 302.05[kPa]$

(4) - $Q \propto \sqrt{P}$ 이므로
  $350[L/min] : \sqrt{0.25[MPa]} = 500[L/min] : \sqrt{P[MPa]}$
  $P = \left(\dfrac{500}{350}\right)^2 \times 0.25 = 0.51020[MPa] = 510.2[kPa]$

정답 (1) 1.21[m], (2) 3.59[m], (3) 302.05[kPa], (4) 510.2[kPa]

---

07 35층의 복합건축물에 옥내소화전설비와 옥외소화전설비를 설치하려고 한다. 조건을 참고하여 다음 각 물음에 답하시오.

[조 건]

① 옥내소화전은 지상 1층과 2층에 10개, 3층~35층까지 각 층당 2개씩 설치하였다.
② 옥외소화전은 건물 외곽으로 5개를 설치하였다.
③ 옥내소화전 펌프와 옥외소화전 펌프는 겸용으로 사용한다.
④ 옥내소화전설비의 호스 마찰손실압은 0.1[MPa], 배관 및 관부속의 마찰손실압은 0.05[MPa], 실양정 환산수두압력은 0.4[MPa]이다.
⑤ 옥외소화전설비의 호스 마찰손실압은 0.15[MPa], 배관 및 관부속의 마찰손실압은 0.04[MPa], 실양정 환산수두압력은 0.5[MPa]이다.

(1) 옥내소화전 펌프의 최소토출량[L/min]을 구하시오.
- 계산과정 :
- 정답 :

(2) 옥외소화전 펌프의 최소토출량[L/min]을 구하시오.
- 계산과정 :
- 정답 :

(3) 저수조의 수원[㎥]을 구하시오.(단, 옥상수조는 제외한다.)
- 계산과정 :
- 정답 :

(4) 펌프의 토출압력[MPa]을 구하시오.
- 계산과정 :
- 정답 :

계산과정
(1) $Q = 5 \times 130 = 650[L/min]$ (30층 이상이므로 최대갯수 5개)
(2) $Q = 2 \times 350 = 700[L/min]$
(3) ① 옥내소화전 수원량 + 옥외소화전 수원량(합산)
    $(650[L/min] \times 40[min]) + (700[L/min] \times 20[min]) = 40000[L] = 40[㎥]$
(4) ① 옥내소화전 토출압[MPa] : 0.1+0.05+0.4+0.17 = 0.72[MPa]
    ② 옥외소화전 토출압[MPa] : 0.15+0.04+0.5+0.25 = 0.94[MPa]
    (압력은 최대값 산정)

정답 (1) 650[L/min] (2) 700[L/min] (3) $40[m^3]$ (4) 0.94[MPa]

CHAPTER 06 스프링클러설비

01 용어의 정의(고가수조, 압력수조, 충압펌프, 정격토출량, 정격토출압력, 진공계, 연성계, 체절운전, 기동용수압개폐장치 용어의 정의 옥내소화전과 동일)

1. "개방형스프링클러헤드"란 감열체 없이 방수구가 항상 열려져 있는 스프링클러헤드를 말한다.
2. "폐쇄형스프링클러헤드"란 정상상태에서 방수구를 막고 있는 감열체가 일정온도에서 자동적으로 파괴·용융 또는 이탈됨으로써 방수구가 개방되는 헤드를 말한다.
3. "조기반응형 스프링클러헤드"란 표준형 스프링클러헤드 보다 기류온도 및 기류속도에 빠르게 반응하는 헤드를 말한다.
4. "측벽형스프링클러헤드"란 가압된 물이 분사될 때 헤드의 축심을 중심으로 한 반원상에 균일하게 분산시키는 헤드를 말한다.
5. "건식스프링클러헤드"란 물과 오리피스가 분리되어 동파를 방지할 수 있는 스프링클러헤드를 말한다.
6. "유수검지장치"란 유수현상을 자동적으로 검지하여 신호 또는 경보를 발하는 장치를 말한다.
7. "일제개방밸브"란 일제살수식스프링클러설비에 설치되는 유수검지장치를 말한다.
8. "가지배관"이란 헤드가 설치되어 있는 배관을 말한다.
9. "교차배관"이란 가지배관에 급수하는 배관을 말한다.
10. "주배관"이란 가압송수장치 또는 송수구 등과 직접 연결되어 소화수를 이송하는 주된 배관을 말한다.
11. "습식스프링클러설비"란 가압송수장치에서 폐쇄형스프링클러헤드까지 배관 내에 항상 물이 가압되어 있다가 화재로 인한 열로 폐쇄형스프링클러헤드가 개방되면 배관 내에 유수가 발생하여 습식유수검지장치가 작동하게 되는 스프링클러설비를 말한다.
12. "부압식스프링클러설비"란 가압송수장치에서 준비작동식유수검지장치의 1차 측까지는 항상 정압의 물이 가압되고, 2차 측 폐쇄형 스프링클러헤드까지는 소화수가 부압으로 되어 있다가 화재 시 감지기의 작동에 의해 정압으로 변하여 유수가 발생하면 작동하는 스프링클러설비를 말한다.
13. "준비작동식스프링클러설비"란 가압송수장치에서 준비작동식유수검지장치 1차 측까지 배관 내에 항상 물이 가압되어 있고, 2차 측에서 폐쇄형스프링클러헤드까지 대기압 또는 저압으로 있다가 화재발생시 감지기의 작동으로 준비작동식밸브가 개방되면 폐쇄형스프링클러헤드까지 소화수가 송수되고, 폐쇄형스프링클러헤드가 열에 의해 개방되면 방수가 되는 방식의 스프링클러설비를 말한다.
14. "건식스프링클러설비"란 건식유수검지장치 2차 측에 압축공기 또는 질소 등의 기체로 충전된 배관에 폐쇄형스프링클러헤드가 부착된 스프링클러설비로서, 폐쇄형스프링클러헤드가 개방되

어 배관 내의 압축공기 등이 방출되면 건식유수검지장치 1차 측의 수압에 의하여 건식유수검지장치가 작동하게 되는 스프링클러설비를 말한다.

15. "일제살수식스프링클러설비"란 가압송수장치에서 일제개방밸브 1차 측까지 배관 내에 항상 물이 가압되어 있고 2차 측에서 개방형스프링클러헤드까지 대기압으로 있다가 화재 시 자동감지장치 또는 수동식 기동장치의 작동으로 일제개방밸브가 개방되면 스프링클러헤드까지 소화수가 송수되는 방식의 스프링클러설비를 말한다.
16. "반사판(디플렉터)"이란 스프링클러헤드의 방수구에서 유출되는 물을 세분시키는 작용을 하는 것을 말한다.
17. "건식유수검지장치"란 건식스프링클러설비에 설치되는 유수검지장치를 말한다.
18. "습식유수검지장치"란 습식스프링클러설비 또는 부압식스프링클러설비에 설치되는 유수검지장치를 말한다.
19. "준비작동식유수검지장치"란 준비작동식스프링클러설비에 설치되는 유수검지장치를 말한다.

02 스프링클러 설비의 성능

(1) **방수량** : 80[L/min] 이상

(2) **방수압력** : 0.1[MPa] 이상 1.2[MPa] 이하

03 스프링클러 설비의 분류

(1) **폐쇄형헤드**를 사용하는 설비

① 습식설비

② 건식설비

③ 준비작동식설비

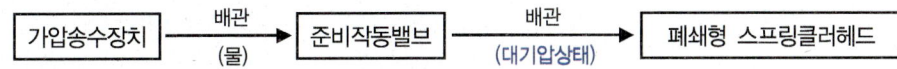

④ 부압식설비

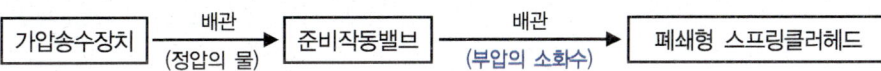

(2) 개방형헤드를 사용하는 설비(일제살수식 설비)

가압송수장치 →배관(물)→ 델류지 밸브(일제개방밸브) →배관(대기압상태)→ 개방형 스프링클러헤드

■ 스프링클러별 비교표

구분	설비방식	유수검지장치				일제개방 밸브
		습 식	건 식	준비작동식	부압식	
밸브의 종류		습식밸브 (알람체크밸브)	건식밸브 (드라이밸브)	준비작동밸브 (프리액션밸브)	준비작동밸브 (프리액션밸브)	일제살수식 (델류지밸브)
사용 헤드		폐쇄형 헤드	폐쇄형 헤드	폐쇄형 헤드	폐쇄형헤드	개방형 헤드
배관 상태	1차측	가압수	가압수	가압수	가압수(정압)	가압수
	2차측	가압수	압축공기	대기압	부압수(부압)	대기압
시스템 감지기 유무		없음	없음	있음	있음	있음

04 스프링클러 설비의 구성

(1) 폐쇄형 헤드 사용시 수원(지하수원과 옥상수원으로 구성)

① 폐쇄형 스프링클러헤드 사용 경우

㉠ 층수가 29층 이하의 특정소방대상물 :

$Q = N \times 80[\ell/min] \times 20[min] = N \times 1600[\ell] = N \times 1.6[m^3]$ 이상 (N : 기준개수)

㉡ 층수가 30층이상 49층 이하의 특정소방대상물(고층건축물) :

$Q = N \times 80[\ell/min] \times 40[min] = N \times 3200[\ell] = N \times 3.2[m^3]$ 이상 (N : 기준개수)

㉢ 층수가 50층이상의 특정소방대상물(초고층건축물) :

$Q = N \times 80[\ell/min] \times 60[min] = N \times 4800[\ell] = N \times 4.8[m^3]$ 이상 (N : 기준개수)

■ 스프링클러설비의 설치장소별 스프링클러헤드의 기준개수

스프링클러설비 설치장소			스프링클러헤드의 기준개수
지하층을 제외한 층수가 10층 이하인 소방대상물	공장	특수가연물을 저장·취급하는 것	30
		그 밖의 것	20
	근린생활시설·판매시설·운수시설 또는 복합건축물	판매시설 또는 복합건축물(판매시설이 설치되는 복합건축물을 말한다)	30
		그 밖의 것	20
	그 밖의 것	헤드의 부착높이가 8미터 이상의 것	20
		헤드의 부착높이가 8미터 미만의 것	10
지하층을 제외한 층수가 11층 이상인 소방대상물(아파트를 제외한다) 또는 지하가, 지하역사			30

※ 비고 : 하나의 소방대상물이 2 이상의 "스프링클러헤드의 기준개수"란에 해당하는 때에는 기준개수가 많은 난을 기준으로 한다. 다만, 각 기준개수에 해당하는 수원을 별도로 설치하는 경우에는 그러하지 아니하다.

② 개방형 스프링클러헤드 사용 경우

최대 방사구역에 설치된 스프링클러 헤드수에 따라 다음과 같이 계산한다.

㉠ 30개 이하 설치한 경우
- $Q = N \times 1.6 [m^3]$ 이상

  여기서, • $Q[m^3]$: 수원의 저수량
  • $N(개)$: 개방형 헤드 기준개수

㉡ 30개 초과 설치한 경우 수리계산(표준형헤드 K = 80와 방사압력[MPa] 경우)

가압송수장치 송수량[ℓ/min] = 각 헤드의 방수량을 합산[ℓ/min]
- $Q = 80\sqrt{10P}$

  여기서, • K = 80 : 표준형 헤드 방출계수
  • Q : 헤드의 방수량[LPM]
  • P : 헤드의 방수압력[MPa]

(2) 가압송수장치

① 펌프 방식 전양정(H)
- $H = h_1 + h_2 + 10 [m]$
  • h_1 : 배관의 마찰손실수두[m]
  • h_2 : 실양정[m]

② 고가수조 낙차(H)
- $H = h_1 + 10 [m]$
  • h_1 : 배관의 마찰손실 수두[m]

③ 압력수조 필요압력(P)
- $P = P_1 + P_2 + 0.1 [MPa]$
  • P_1 : 배관의 마찰손실 수두압[MPa]
  • P_2 : 낙차의 환산 수두압[MPa]

(3) 시험장치 : 습식유수검지장치 또는 건식유수검지장치를 사용하는 스프링클러설비와 부압식스프링클러설비에는 동 장치를 시험할 수 있는 시험장치를 다음의 기준에 따라 설치

① 습식스프링클러설비 및 부압식스프링클러설비에 있어서는 유수검지장치 2차 측 배관에 연결하여 설치하고 건식스프링클러설비인 경우 유수검지장치에서 가장 먼 거리에 위치한 가지배관의 끝으로부터 연결하여 설치할 것. 이 경우 유수검지장치 2차 측 설비의 내용적이 2,840 L를 초과하는 건식스프링클러설비는 시험장치 개폐밸브를 완전 개방 후 1분 이내에 물이 방사되어야 한다.

② 시험장치 배관의 구경은 25 ㎜ 이상으로 하고, 그 끝에 개폐밸브 및 개방형헤드 또는 스프링클러헤드와 동등한 방수성능을 가진 오리피스를 설치할 것. 이 경우 개방형헤드는 반사판 및 프레임을 제거한 오리피스만으로 설치할 수 있다.

③ 시험배관의 끝에는 물받이 통 및 배수관을 설치하여 시험 중 방사된 물이 바닥에 흘러내리지 않도록 할 것. 다만, 목욕실·화장실 또는 그 밖의 곳으로서 배수처리가 쉬운 장소에 시험배관을 설치한 경우에는 그렇지 않다.

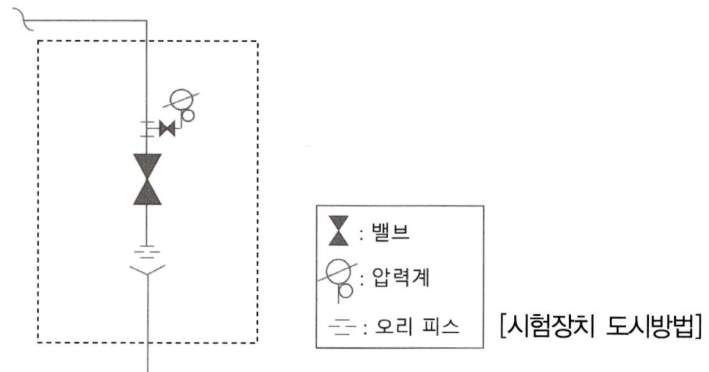

[시험장치 도시방법]

(4) 폐쇄형스프링클러설비의 방호구역 및 유수검지장치

① 하나의 방호구역 면적은 3,000[m^2]를 초과하지 아니할 것.
  다만, 폐쇄형스프링클러설비에 격자형배관방식(2 이상의 수평주행배관 사이를 가지배관으로 연결하는 방식을 말한다)을 채택하는 때에는 3,700 m^2 범위 내에서 펌프용량, 배관의 구경 등을 수리학적으로 계산한 결과 헤드의 방수압 및 방수량이 방호구역 범위 내에서 소화목적을 달성하는데 충분하도록 해야 한다.
② 하나의 방호구역은 1개 이상의 유수검지장치 설치. 접근이 쉽고 점검하기 편리한 장소에 설치할 것
③ 하나의 방호구역은 2개 층에 미치지 아니하도록 할 것(다만, 1개층에 설치되는 스프링클러헤드의 수가 10개 이하인 경우와 복층형구조의 공동주택에는 3개층 이내로 할 수 있다.)
④ 유수검지장치를 실내에 설치하거나 보호용 철망 등으로 구획하여 바닥으로부터 0.8 m 이상 1.5 m 이하의 위치에 설치하되, 그 실 등에는 가로 0.5 m 이상 세로 1 m 이상의 개구부로서 그 개구부에는 출입문을 설치하고 그 출입문 상단에 "유수검지장치실"이라고 표시한 표지를 설치할 것.
⑤ 스프링클러헤드에 공급되는 물은 유수검지장치를 지나도록 할 것. 다만, 송수구를 통하여 공급되는 물은 그렇지 않다.
⑥ 자연낙차에 따른 압력수가 흐르는 배관 상에 설치된 유수검지장치는 화재 시 물의 흐름을 검지할 수 있는 최소한의 압력이 얻어질 수 있도록 수조의 하단으로부터 낙차를 두어 설치할 것
⑦ 조기반응형 스프링클러헤드를 설치하는 경우에는 습식유수검지장치 또는 부압식스프링클러설비를 설치할 것

(5) 개방형스프링클러설비의 방수구역 및 일제개방밸브

① 하나의 방수구역은 2개 층에 미치지 않아야 한다.
② 하나의 방수구역을 담당하는 헤드의 개수는 50개 이하로 할 것. 다만, 2개 이상의 방수구역으로 나눌 경우에는 하나의 방수구역을 담당하는 헤드의 개수는 25개 이상으로 해야 한다.

참고 격자 배관 및 루프 배관
(격자배관 방식이란? 둘이상의 수평주행배관을 가지배관으로연결하는 방식)

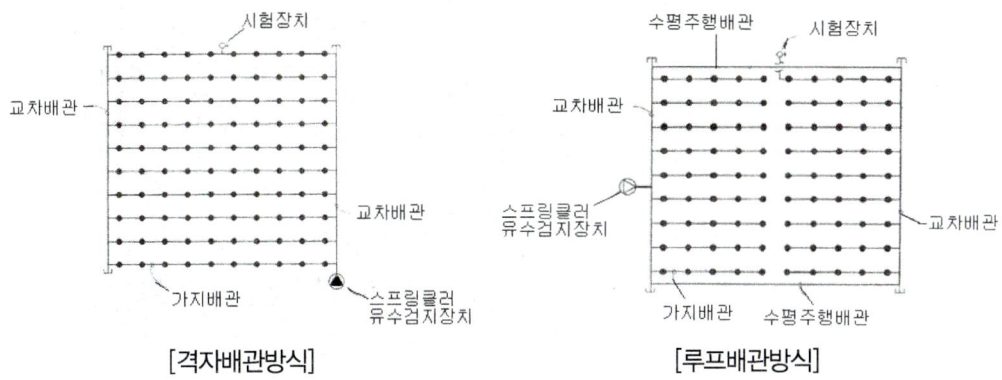

[격자배관방식]   [루프배관방식]

(6) 스프링클러헤드

① 정의 : 화재시 가압된 물이 내뿜어져 분산됨으로써 소화기능을 하는 헤드

② 구조 :

  ㉠ 디프렉타 : 헤드에서 유출되는 물을 세분시키는 작용

  ㉡ 프레임 : 헤드의 나사부분과 디프렉타를 연결하는 이음쇠부분

  ㉢ 감열체 : 열에 의하여 일정한 온도에 도달하면 스스로 파괴·용해되어 헤드로부터 이탈됨
  으로써 방수구가 열려져 스프링클러가 작동되도록 하는 부분

③ 종류

  ㉠ 개방유무에 따른 분류 : 개방형, 폐쇄형

  ㉡ 설치방향에 따른 분류 : 상향형, 하향형, 측벽형

  ㉢ 감열부의 재질 및 형태에 대한 분류 : 퓨즈블링크형, 유리벌브형

④ 헤드 선정 기준

  ㉠ 폐쇄형 스프링클러헤드 : 최고 주위온도에 따라 아래표에 의하여 선정하여 설치

  ■ 폐쇄형 헤드의 표시온도

설치장소의 최고 주위온도	표시온도
39[℃]미만	79[℃]미만
39[℃]이상 64[℃]미만	79[℃]이상 121[℃]미만
64[℃]이상 106[℃]미만	121[℃]이상 162[℃]미만
106[℃]이상	162[℃]이상

ⓛ "반응시간지수(RTI : Response Time Index)"라 함은 기류의 온도·속도 및 작동시간에 대하여 스프링클러헤드의 반응을 예상한 지수로서 아래 식에 의하여 계산하고 $(m \cdot s)^{0.5}$을 단위로 한다.
- 공식 : RTI = $r\sqrt{u}$ (·r : 감열체의 시간상수[초]   ·u : 기류속도[m/s])

⑤ 헤드의 배치기준(수평거리 기준)

설치장소			설치기준
폭 1.2[m] 초과하는 천정 반자닥트 선반 기타 이와 유사한 부분	무대부, 특수 가연물		수평거리 1.7[m]이하
	위 그 외의 소방대상물	기타구조	수평거리 2.1[m]이하
		내화구조	수평거리 2.3[m]이하

⑥ 헤드의 배치형태
- 정사각형(정방형) 일 때 헤드간 설치거리 : $S = 2R\cos45°$(정방형)

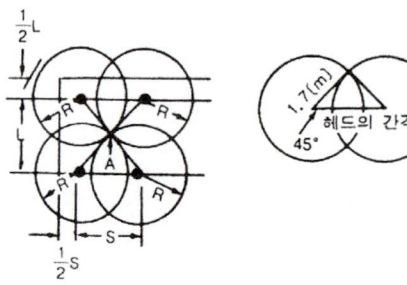

⑦ 헤드와 보와의 수평거리

스프링클러헤드의 반사판 중심과 보의 수평거리	스프링클러헤드의 반사판 높이와 보의 하단높이의 수직거리
0.75[m] 미만	보의 하단보다 낮을 것
0.75[m] 이상 1[m] 미만	0.1[m] 미만일 것
1[m] 이상 1.5[m] 미만	0.15[m] 미만일 것
1.5[m] 이상	0.3[m] 미만일 것

(7) 스프링클러설비의 배관

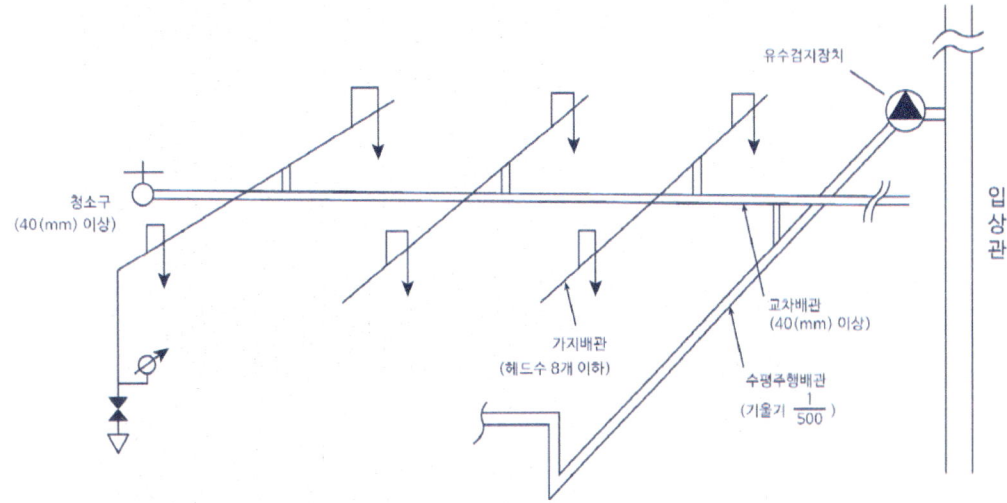

① 급수배관의 구경 설치기준

■ 스프링클러헤드 수별 급수관의 구경 (단위[mm])

구분 \ 급수관구경	25	32	40	50	65	80	90	100	125	150
가	2	3	5	10	30	60	80	100	160	161이상
나	2	4	7	15	30	60	65	100	160	161이상
다	1	2	5	8	15	27	40	55	90	91이상

㉠ 폐쇄형 스프링클러헤드를 사용하는 경우로서 1개층에서 하나의 급수배관(또는 밸브 등)이 담당하는 구역의 최대면적은 3,000[m²]를 초과하지 아니할 것
㉡ 폐쇄형 스프링클러헤드를 사용하는 경우에는 "가"란의 헤드수에 따를 것
다만, 100개 이상의 헤드를 담당하는 급수 배관(또는 밸브)의 구경을 100[mm]로 할 경우에는 수리계산을 통하여 기준에서 규정한 배관의 유속에 적합하도록 할 것
[가지배관의 유속 : 6[m/s] 이하, 그 외 배관 10[m/s] 이하]
㉢ 폐쇄형 스프링클러헤드를 사용하고 반자아래의 헤드와 반자속의 헤드를 동일한 급수관의 가지관상에 병설하는 경우에는 "나"란의 헤드수에 따를 것
㉣ 무대부나 특수가연물을 저장하는 장소에 폐쇄형 헤드를 사용하는 배관의 구경은 "다"란의 헤드수에 따른다.
㉤ 개방형 스프링클러헤드를 설치하는 경우 하나의 방수구역이 담당하는 헤드의 개수가 30개 이하인 경우 "다"란의 헤드수에 의하고, 30개를 초과할 때에는 수리계산에 의한다.

② 가지배관 설치기준
토너멘트 방식이 아니어야 하고 한쪽 가지배관에 설치하는 헤드의 개수는 8개 이하

③ 교차배관 설치기준
㉠ 교차배관 위치 : 가지배관과 수평으로 설치 또는 가지배관 밑에 설치
[구경은 최소경은 40[mm] 이상]

　　　　ⓒ 청소구 : 교차배관 끝에 40[mm] 이상 크기의 개폐밸브를 설치
　　　　ⓒ 하향식헤드를 설치하는 경우에 가지배관으로부터 헤드에 이르는 헤드접속배관은 가지관 상부에서 분기하여야 한다. 다만, 소화설비용 수원의 수질이 먹는물관리법 규정에 의한 먹는물의 수질기준에 적합하고 덮개가 있는 저수조로부터 물을 공급 받는 경우에는 가지배관의 측면 또는 하부에서 분기할 수 있다.
　　④ 스프링클러설비 배관의 배수를 위한 기울기
　　　　㉠ 습식스프링클러설비 또는 부압식스프링클러설비의 배관을 수평으로 할 것. 다만, 배관의 구조상 소화수가 남아 있는 곳에는 배수밸브를 설치하여야 한다.
　　　　㉡ 습식스프링클러설비 또는 부압식스프링클러설비 외의 설비에는 헤드를 향하여 상향으로 수평주행배관의 기울기를 1/500이상, 가지배관의 기울기를 1/250 이상으로 할 것. 다만 배관의 구조상 기울기를 줄 수 없는 경우에는 배수를 원활하게 할 수 있도록 배수밸브를 설치하여야 한다.
　　⑤ 행거
　　　　㉠ 가지배관에는 헤드의 설치지점 사이마다 1개 이상의 행거를 설치하되, 상향식 헤드의 경우에는 그 헤드와 행거 사이에 8[cm] 이상의 간격을 둘 것. 다만, 헤드간의 거리가 3.5[m]를 초과하는 경우에는 3.5[m] 이내마다 1개 이상 설치할 것
　　　　㉡ 교차배관에는 가지배관 사이마다 1개 이상의 행거를 설치하되 가지배관 사이의 거리가 4.5[m]를 초과하는 경우에는 4.5[m] 이내 마다 1개 이상 설치할 것. 수평주행배관에는 4.5[m] 이내마다 1개 이상 설치할 것
　　⑥ 입상 배수배관의 구경 : 50[mm] 이상으로 하여야 한다.
　　⑦ 주차장의 스프링클러설비 : 습식 외의 방식으로 하여야 한다.
　　　　■ 습식으로도 할 수 있는 조건
　　　　　　㉠ 동절기에 상시 난방이 되는 곳이거나 그 밖의 동결의 우려가 없는 곳
　　　　　　㉡ 스프링클러설비의 동결을 방지할 수 있는 구조 또는 장치가 된 것

05 수원 및 가압송수장치의 펌프 등의 겸용

(1) 스프링클러설비의 수원을 옥내소화전설비·간이스프링클러설비·화재조기진압용 스프링클러설비·물분무소화설비·포소화설비 및 옥외소화전설비의 수원을 겸용하여 설치하는 경우의 저수량은 각 소화설비에 필요한 저수량을 합한 양 이상이 되도록 해야 한다. 다만, 이들 소화설비 중 고정식 소화설비(펌프·배관과 소화수 또는 소화약제를 최종 방출하는 방출구가 고정된 설비를 말한다. 이하 같다)가 2 이상 설치되어 있고, 그 소화설비가 설치된 부분이 방화벽과 방화문으로 구획되어 있는 경우에는 각 고정식 소화설비에 필요한 저수량 중 최대의 것 이상으로 할 수 있다.

(2) 스프링클러설비의 가압송수장치로 사용하는 펌프를 옥내소화전설비·간이스프링클러설비·화재조기진압용 스프링클러설비·물분무소화설비·포소화설비 및 옥외소화전설비의 가압송수장치와 겸용하여 설치하는 경우의 펌프의 토출량은 각 소화설비에 해당하는 토출량을 합한 양 이

상이 되도록 해야 한다. 다만, 이들 소화설비 중 고정식 소화설비가 2 이상 설치되어 있고, 그 소화설비가 설치된 부분이 방화벽과 방화문으로 구획되어 있으며 각 소화설비에 지장이 없는 경우에는 펌프의 토출량 중 최대의 것 이상으로 할 수 있다.

06 드렌처설비

(1) 드렌처 소화설비의 개요

드렌처 소화설비는 건축물의 창, 외벽 등의 개구부처마, 지붕 등에 있어서 건축물 옥외로부터 화재로 연소하기 쉬운 곳 또는 유리창문과 같이 열에 의하여 파손되기 쉬운 부분에 드렌처 헤드를 설치, 연속적으로 물을 살수하여 수막을 형성, 외부화재로부터 보호하는 소화설비이다.

(2) 드렌처설비 설치기준(②③④항은 스프링클러와 동일)

① 드렌처 헤드는 개구부 위측에 2.5[m] 이내마다 1개를 설치할 것

② 제어밸브(일제개방밸브·개폐표시형 밸브 및 수동조작부를 합한 것을 말한다. 이하 같다)는 소방대상물 층마다에 바닥면으로부터 0.8[m] 이상 1.5[m] 이하의 위치에 설치할 것

③ 수원의 수량은 드렌처 헤드가 가장 많이 설치된 제어밸브의 드렌처 헤드의 설치 개수에 1.6[m³]를 곱하여 얻은 수치 이상이 되도록 할 것

④ 드렌처 설비는 드렌처 헤드가 가장 많이 설치된 제어밸브에 설치된 드렌처 헤드를 동시에 사용하는 경우에 각각의 헤드 선단에 방수압력이 0.1[MPa] 이상, 방수량이 1분당 80[ℓ] 이상이 되도록 하는 것

⑤ 수원에 연결하는 가압송수장치는 점검이 쉽고 화재 등의 재해로 인한 피해 우려가 없는 장소에 설치할 것

CHAPTER 06 스프링클러설비

01 습식 스프링클러설비의 유수검지장치 시험장치로 시험시 확인할 수 있는 사항 5가지를 쓰시오.

• 정답 :

> 정답 ① 규정 방수량 확인 ② 규정 방수압 확인
> ③ 펌프 작동 유무 ④ 압력챔버 감지 유무
> ⑤ 유수검지장치 작동 유무

02 다음은 스프링클러설비의 방호구역 및 일제개방밸브의 설치기준이다. (   )안에 알맞은 답을 쓰시오.

(1) 하나의 유수검지장치가 담당하는 방호구역은 바닥면적(   )m²를 초과하지 말아야 한다. 다만, 폐쇄형스프링클러설비에 격자형배관방식(2 이상의 수평주행배관 사이를 가지배관으로 연결하는 방식을 말한다)을 채택하는 때에는 (   )m² 범위 내에서 펌프용량, 배관의 구경 등을 수리학적으로 계산한 결과 헤드의 방수압 및 방수량이 방호구역 범위 내에서 소화목적을 달성하는 데 충분할 것
(2) 하나의 방호구역은(   )개층에 미치지 아니하도록 하되, 1개층에 설치되는 스프링클러헤드 수가 10개 이하인 경우와 복층형구조의 공동주택에는 (   )개층 이내로 할 수 있다.
(3) 유수검지장치는 바닥에서 (   ) 이상 (   ) 이하의 위치에 설치해야 한다.
(4) 개방형 헤드 사용시 하나의 방수구역을 담당하는 헤드수는 (   )개 이하로 할 것. 다만, (   )개 이상의 방수구역으로 나눌 경우에는 하나의 방수구역을 담당하는 헤드의 개수는 (   )개 이상으로 할 것

• 정답 :

> 정답 (1) 3000, 3700 (2) 2, 3 (3) 0.8[m], 1.5[m] (4) 50, 2, 25

기계분야 [소방기계시설 설계 및 시공실무]

03 다음은 스프링클러설비의 종류에 따른 특성을 표로 작성한 것이다. 표의 빈칸에 해당되면 ○으로 표기하시오.

내용 \ 종류		습식	건식	준비작동식	일제살수식
폐쇄형헤드					
개방형헤드					
감지기					
2차측 배관	가압수				
	압축공기				
	대기압				

• 정답 :

정답

내용 \ 종류		습식	건식	준비작동식	일제살수식
폐쇄형헤드		○	○	○	
개방형헤드					○
감지기				○	○
2차측 배관	가압수	○			
	압축공기		○		
	대기압			○	○

04 다음 ( ) 안에 알맞은 말을 써 넣으시오.

○ 가지배관에는 헤드의 설치지점 사이마다 (①)개 이상의 행거를 설치하되, 상향식 헤드의 경우에는 그 헤드와 행거 사이에 (②)이상의 간격을 둘 것.
    다만, 헤드간의 거리가 (③)를 초과하는 경우에는 (④)이내마다 1개 이상 설치할 것
○ 교차배관에는 가지배관 사이마다 (⑤)개 이상의 행거를 설치하되 가지배관 사이의 거리가 (⑥)를 초과하는 경우에는 (⑦)이내마다 1개 이상 설치할 것
○ 수평주행배관에는 (⑧)이내마다 1개 이상 설치할 것
○ 주차장의 스프링클러설비는 (⑨) 외의 방식으로 하여야 한다.

• 정답 :

정답 ① 1 ② 8[cm] ③ 3.5[m] ④ 3.5[m] ⑤ 1
⑥ 4.5[m] ⑦ 4.5[m] ⑧ 4.5[m] ⑨ 습식

05 스프링클러헤드와 보의 수평거리가 1.2[m]일 때 스프링클러헤드와 보의 하단 높이의 수직거리는 얼마이어야 하는가?

• 정답 :

정답 0.15[m] 미만
참고 헤드와 보와의 수평거리

스프링클러헤드의 반사판 중심과 보의 수평거리	스프링클러헤드의 반사판 높이와 보의 하단높이의 수직거리
0.75[m] 미만	보의 하단보다 낮을 것
0.75[m] 이상 1[m] 미만	0.1[m] 미만일 것
1[m] 이상 1.5[m] 미만	0.15[m] 미만일 것
1.5[m] 이상	0.3[m] 미만일 것

06 다음 그림은 정사각형 스프링클러헤드 배치도이다. 헤드간의 간격과 헤드 1개당 방호면적을 구하시오. (단, (1) 무대부 (2) 비내화구조 (3) 내화구조)

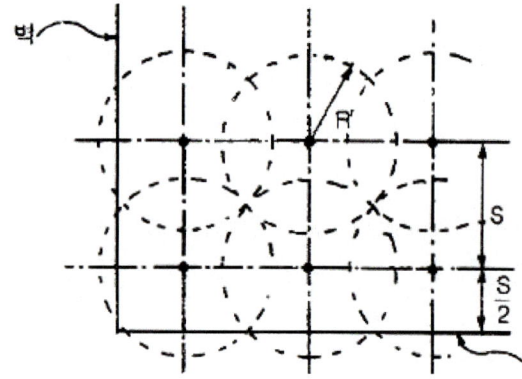

(1) 무대부
  • 정답 :
(2) 비내화구조
  • 정답 :
(3) 내화구조
  • 정답 :

정답 (1) 무대부
  • 헤드간격 $S_1 = 2 \cdot r_1 \cdot \cos 45° = 2 \times 1.7 \times \cos 45° = 2.404[m]$
  • 방호면적 $A_1 = S_1^2 = 5.78[m^2]$

(2) 비내화구조
- 헤드간격 $S_2 = 2 \cdot r_2 \cdot \cos 45° = 2 \times 2.1 \times \cos 45° = 2.97[m]$
- 방호면적 $A_2 = S_2^2 = 8.82[m^2]$

(3) 내화구조
- 헤드간격 $S_3 = 2 \cdot r_3 \cdot \cos 45° = 2 \times 2.3 \times \cos 45° = 3.253[m]$
- 방호면적 $A_3 = S_3^2 = 10.58[m^2]$

07 다음 그림은 가로 18[m], 세로 18[m]인 정사각형 형태의 지하가에 설치되어 있는 실의 평면도이다. 이 실의 내부에는 기둥이 없고 실내 상부는 반자로 고르게 마감되어 있다. 이 실내는 내화구조가 아니며 스프링클러헤드를 정사각형 형태로 설치하고자 할 때 다음 각 물음에 답하시오.(단, 반자속에는 헤드를 설치하지 아니하며, 전등 또는 공조용 디퓨져 등의 모듈은 무시하는 것으로 한다.)

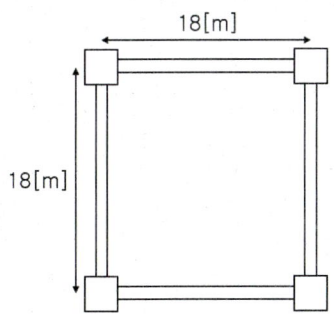

(1) 설치가능한 헤드간의 최소거리는 몇 [m]인가?(단, 소수점 이하는 절상한다.)
- 계산과정 :
- 정답 :

(2) 실에 설치가능한 헤드의 이론상 최소개수는 몇 개인가?
- 계산과정 :
- 정답 :

(3) 스프링클러 헤드를 도면에 알맞게 배치하시오.
- 정답 :

계산과정

(1) $S = 2R\cos 45°$ (정방형 배치 헤드간거리 구하는 공식)
$S = 2 \times 2.1 \times \cos 45° = 2.969 ≒ 3[m]$ (일반구조 R = 2.1[m])

(2) ① 가로 : $\dfrac{18}{3} = 6$개

② 세로 : $\dfrac{18}{3} = 6$개

∴ $6 \times 6 = 36$개

정답 (1) 3[m]　(2) 36개
(3)

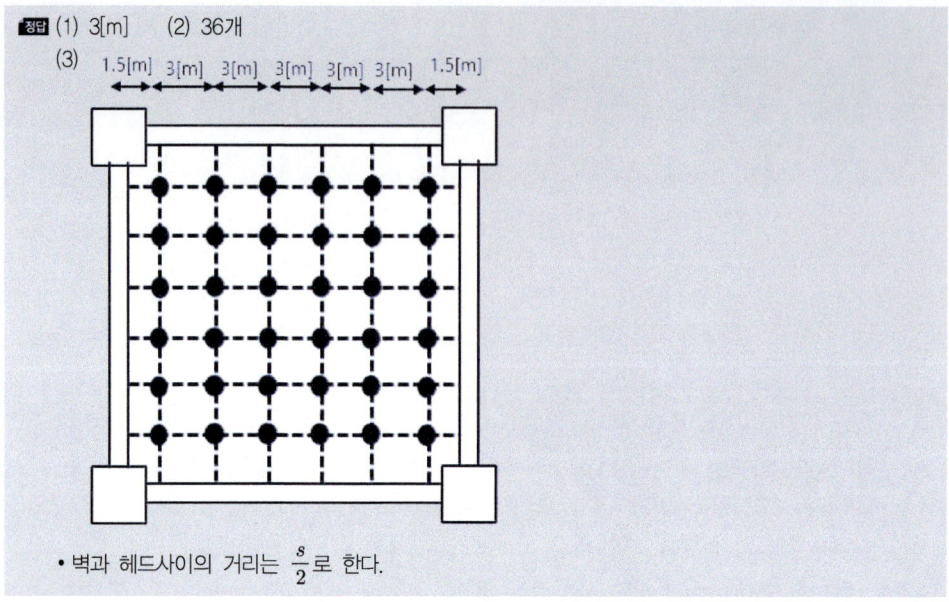

• 벽과 헤드사이의 거리는 $\frac{s}{2}$로 한다.

08 드렌처설비의 헤드를 4개 설치하였다. 이때 수원의 수량[m³]은 얼마 이상이 되도록 하여야 하는가?

• 계산과정 :
• 정답 :

계산과정
드렌처 헤드가 가장 많이 설치된 제어밸브의 드렌처 헤드의 설치개수에 1.6[m³]를 곱하여 얻은 수치 이상이 되어야 한다.
• 수원의 수량 $Q = N \times 1.6[m³/개] = 4 \times 1.6 = 6.4[m³]$
정답 6.4[m³]

09 다음 그림과 같이 스프링클러 설비의 가압송수장치를 고가수조 방식으로 할 경우 다음을 구하시오.

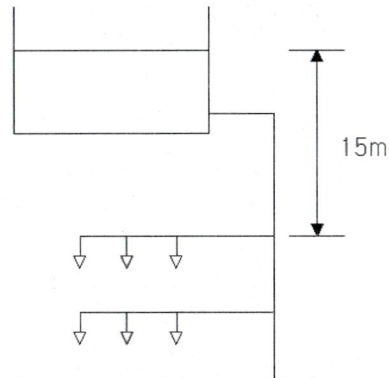

(1) 고가수조에서 최상부층 말단 스프링클러 헤드까지의 낙차가 15[m]이고, 배관 마찰손실압력이 0.04[MPa]일 때 최상부층 말단 스프링클러헤드 선단에서의 방수압력 [kPa]을 구하시오.
  • 계산과정 :
  • 정답 :

(2) (1)에서 말단 헤드 선단에서의 방수압력을 0.12[MPa] 이상으로 나오게 하려면 현재 위치에서 고가수조를 몇 [m] 더 높여야 하는지 구하시오. (단, 배관 마찰손실압력은 0.04[MPa] 기준이다.)
  • 계산과정 :
  • 정답 :

계산과정
(1) 방수압력[MPa] = 낙차 압력[MPa] − 배관 마찰손실압력[MPa] 이므로
  (*참고 : 1[MPa] = 100[mAq])
  • 방수압력[MPa] = 0.15 − 0.04 = 0.11[MPa] = 110[kPa]
(2) 방수압력을 0.12[MPa]이 기존에 나오던 압력보다 0.01[MPa]이 더 커야 한다.
  따라서 0.01[MPa]을 높이려면 낙차를 1[m]를 둬야 한다.
정답 (1) 110[kPa] (2) 1[m]

10 스프링클러 설비 배관의 안지름을 수리계산에 의하여 선정하고자 한다. 그림에서 B~C 구간의 유량을 165[ℓ/min], E~F 구간의 유량을 330[ℓ/min]일고 가정할 때 다음을 구하시오. (단, 화재안전 기준에서 정하는 유속기준을 만족하도록 하여야 한다.)

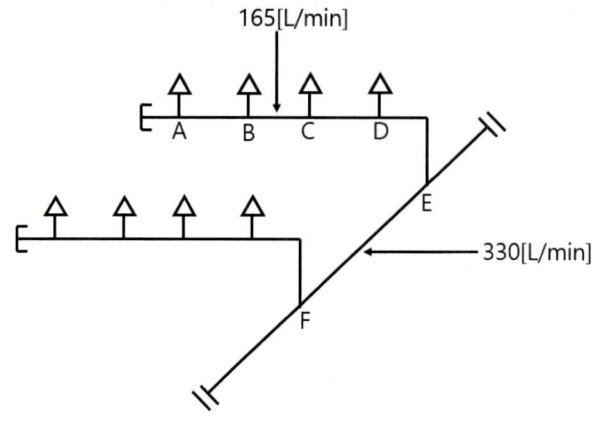

(1) B~C구간의 배관 안지름[mm]의 최소값을 구하시오.
- 계산과정 :
- 정답 :

(2) E~F구간의 배관 안지름[mm]의 최소값을 구하시오.
- 계산과정 :
- 정답 :

계산과정

(1) $D = \sqrt{\dfrac{4Q}{\pi V}} = \sqrt{\dfrac{4 \times 0.165}{\pi \times 60 \times 6}} = 0.024157[m] \times 1000 = 24.16[mm]$

(가지배관 유속기준 6[m/s] 기준이다.)

(2) $D = \sqrt{\dfrac{4Q}{\pi V}} = \sqrt{\dfrac{4 \times 0.33}{\pi \times 60 \times 10}} = 0.026462[m] \times 1000 = 26.46[mm]$

(가지배관 외의 유속기준 10[m/s] 기준이다.)

정답 (1) 24.16[mm]　　(2) 26.46[mm]

11 건물에 스프링클러설비를 설계하려고 한다. 스프링클러 설비의 화재안전기준을 이용하여 다음 물음에 답하시오.

[조 건]
① 지하 2층, 지상 11층 사무소 건축물은 내화구조이며 평면도는 다음과 같다.

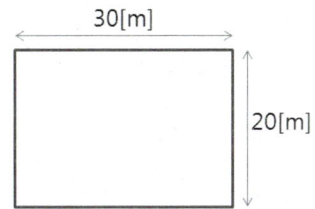

② 펌프의 후드밸브로부터 최상층 스프링클러 헤드까지의 실양정은 48[m]이다.
③ 펌프가 소요 최소정격용량으로 작동할 때 최상층의 시스템까지 유수에 의하여 일어나는 배관 내 마찰손실수두는 12[m]이다.
④ 펌프의 효율은 65[%], 동력전달계수는 1.10이다.
⑤ 연결송수관 설비와 겸용한다.
⑥ 모든 규격치는 최소량을 적용한다.

(1) 스프링클러헤드를 정방형으로 배치하려고 한다. 지상층의 헤드 개수를 산정하시오.
  • 계산과정 :
  • 정답 :

(2) 소화수 공급배관인 입상배관의 구경은 몇 [mm] 이상으로 하여야 하는가?(단, 유속 4m/s를 적용하며, 규약배관 관경으로 산정하시오.)
  • 계산과정 :
  • 정답 :

(3) 펌프의 전양정[m]은 얼마인가?
  • 계산과정 :
  • 정답 :

(4) 펌프의 운전에 필요한 전동기의 최소동력은 몇 [kW] 이상인가?
  • 계산과정 :
  • 정답 :

계산과정
(1) • 내화구조의 R(수평거리)=2.3[m]
  • 정방형 배치 : S(헤드간거리)=2r cos θ=2×2.3×cos45°=3.25[m]
    ① 가로 = $\frac{30}{3.25}$ = 9.23 ≒ 10개
    ② 세로 = $\frac{20}{3.25}$ = 6.15 ≒ 7개
    1개층에 설치하는 헤드는 70개이며 지상층에 설치하는 헤드수는 70개×11층=770개

(2) $D = \sqrt{\dfrac{4Q}{\pi V}} = \sqrt{\dfrac{4 \times 2.4}{\pi \times 4 \times 60}} \times 1000 = 112.8[mm] = 125[mm]$

(3) $H = h_1(실양정) + h_2(배관부속마찰수두) + 10m = 48 + 12 + 10 = 70[m]$

(4) $P[kW] = \dfrac{9.8 \times 2.4 \times 70}{60 \times 0.65} \times 1.1 = 46.4369 = 46.44[kW]$

(토출량 Q = 30 × 80[L/min] = 2400[L/min] = $\dfrac{2.4}{60}[m^3/s]$ 이다.)

정답 (1) 770개 (2) 125[mm] (3) 70[m] (4) 46.44[kW]

---

12 지하 1층, 지상 9층 백화점에 습식스프링클러설비를 아래의 조건을 이용하여 시공할 경우 다음 각 물음에 답하시오.

[조 건]
① 펌프는 지하1층에 설치하였으며 최상층 스프링클러헤드까지 수직거리는 45[m]이다.
② 배관 및 부속류의 총 마찰손실은 펌프 자연 낙차의 20%이다.
③ 펌프의 진공계 눈금은 350[mmHg]이다.
④ 층 당 설치된 스프링클러헤드 수는 80개이다.
⑤ 펌프의 효율은 68%이다.

(1) 펌프의 전양정[m]을 계산하시오.
  • 계산과정 :
  • 정답 :
(2) 펌프의 체절압력[kPa]을 산정하시오.
  • 계산과정 :
  • 정답 :
(3) 펌프의 축동력[kW]을 산출하시오.
  • 계산과정 :
  • 정답 :

계산과정

(1) $H(전양정) = 4.76 + 45 + (45 \times 0.2) + 10 = 68.76[m]$

  ※ 흡입측양정 = $\dfrac{350}{760} \times 10.332[m] = 4.7581 = 4.76[m]$

(2) ① 전양정[m]을 정격토출압력[kPa]으로 산정 : $\dfrac{68.76}{10.332} \times 101.325[kPa] = 674.3231[kPa]$

  ② 체절압력[kPa] 계산 : 674.3231[kPa] × 1.4 = 944.0523 = 944.05[kPa]

(3) $P[kW] = \dfrac{9.8 \times 2.4 \times 68.76}{60 \times 0.68} = 39.64[kW]$

정답 (1) 68.76[m] (2) 944.05[kPa] (3) 39.64[kW]

13 다음 도면은 스프링클러 설비가 설치된 9층 백화점이다. 다음 물음에 답하시오.

[조 건]
① 배관의 마찰손실은 자연낙차의 40[%] 이다.
② 연성계 지시압은 300[mmHg]이다.
③ 대기압은 10.33[mAq]이다.
④ 체적효율은 0.9, 수력효율은 0.8, 기계효율은 0.95이다.
⑤ 전달계수는 1.1 이다.

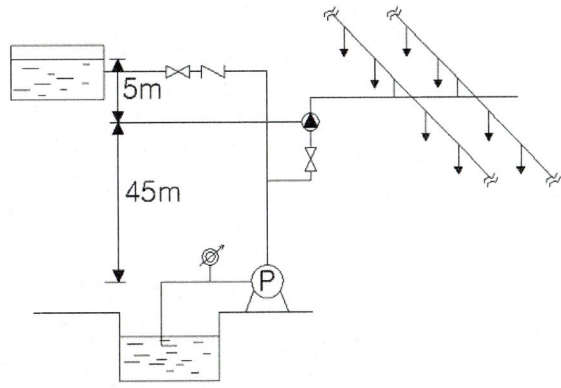

(1) 펌프토출 유량[ℓ/min]을 구하시오.
  • 계산과정 :
  • 정답 :
(2) 양정[m]을 구하시오.
  • 계산과정 :
  • 정답 :
(3) 전효율[%]을 구하시오.
  • 계산과정 :
  • 정답 :
(4) 전동기의 동력[kW]을 구하시오.
  • 계산과정 :
  • 정답 :

계산과정
(1) $Q = 30 \times 80 [\ell/min] = 2400[\ell/min]$
(2) • 전양정
  ① 토출 실양정 : 45[m], 흡입 실양정 $(\frac{300}{760} \times 10.33) = 4.0776[m]$
  ② 배관 마찰손실수두 : $50 \times 0.4 = 20[m]$
  • 전양정 $H = 20 + 45 + 4.0776 + 10 = 79.0776[m]$

(3) $0.9 \times 0.8 \times 0.95 \times 100 = 68.4[\%]$
(4) ① 펌프토출량 $Q = 30 \times 80 = 2400[L/min]$
   ② 동력 $P[kW] = \dfrac{\gamma QH}{\eta} \times K = \dfrac{9.8 \times 2.4 \times 79.08}{60 \times 0.684} \times 1.1 = 49.85[kW]$

정답 (1) 2400[ℓ/min]   (2) 79.08[m]   (3) 68.4[%]   (4) 49.85[kW]

---

14 지하 2층, 지상 12층의 사무소 건물에 있어서 스프링클러설비를 설계하려고 한다. 해당 스프링클러설비를 화재안전기준과 다음 조건을 이용하여 각 물음에 답하시오.

[조 건]
① 11층 및 12층에 설치하는 폐쇄형 스프링클러헤드의 수량은 각각 80개이다.
② 입상배관의 내경은 150[mm]이고 배관길이는 40[m]이다.
③ 펌프의 후드밸브로부터 최상층 스프링클러헤드까지의 실양정은 50[m]이다.
④ 입상배관의 마찰손실수두를 제외한 펌프의 후드밸브로부터 최상층의 가장 먼 스프링클러헤드까지 마찰손실수두는 15[m]이다.
⑤ 모든 규격치는 최소량을 적용한다.
⑥ 펌프의 효율은 65[%]이다.

(1) 펌프가 가져야 할 정격송수량[ℓ/min]을 구하시오.
   • 계산과정 :
   • 정답 :

(2) 수원의 최소 유효저수량[m³]을 구하시오.
   • 계산과정 :
   • 정답 :

(3) 입상관에서의 마찰손실수두[m]을 구하시오. (단, 입상배관은 직관으로 간주하며, 달시-웨버식을 사용하고, 마찰손실수두는 0.02이다.)
   • 계산과정 :
   • 정답 :

(4) 펌프가 가져야 할 정격 송출압력[kPa]을 구하시오.
   • 계산과정 :
   • 정답 :

(5) 펌프의 운전에 필요한 전동기의 최소동력[kW]을 구하시오.
   • 계산과정 :
   • 정답 :

(6) 불연재료로 된 천장에 헤드를 아래 그림과 같이 정방형으로 배치하려고 한다. A 및 B의 최대길이[m]를 계산하시오. (단, 건물은 내화구조이다.)

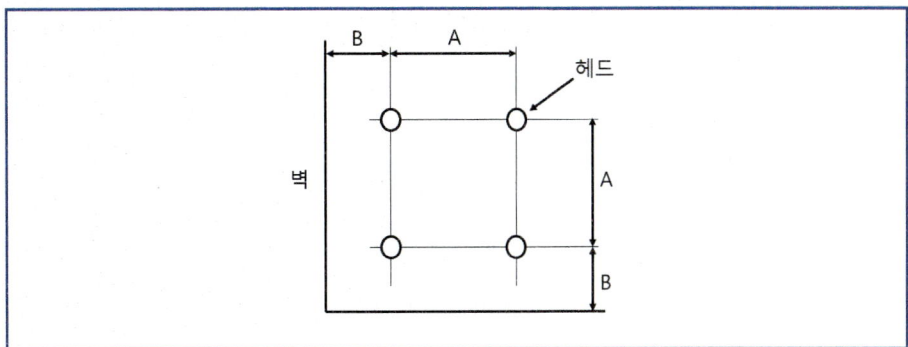

- 계산과정 :
- 정답 :

계산과정

(1) Q = 30×80[ℓ/min] = 2400[ℓ/min] (11층 이상이므로 기준갯수는 30개)

(2) 2400[ℓ/min]×20[min] = 48000[ℓ] = 48[m³]

(3) • 수두손실[m] : $h = f\dfrac{L}{D}\dfrac{V^2}{2g} = 0.02 \times \dfrac{40}{0.15} \times \dfrac{2.2635^2}{2 \times 9.8} = 1.39[m]$

$\left(V = \dfrac{4Q}{\pi D^2} = \dfrac{4 \times 2400}{\pi \times (0.15)^2 \times 1000 \times 60} = 2.2635[m/s]\right)$

(4) ① 전양정 :
  H = 실양정 + 스프링클러헤드까지 마찰 + 입상관 마찰 + 방사압력환산수두
   = 50 + (15 + 1.39) + 10 = 76.39[m]

  ② 양정을 압력으로 전환 : $\dfrac{76.39}{10.332} \times 101.325 = 749.15[kPa]$

(5) $P = \dfrac{\gamma Q H}{\eta} \times K = \dfrac{9.8 \times 2.4 \times 76.39}{0.65 \times 60} = 46.07[\text{kW}]$

(6) S = 2 × 2.3 × cos45 = 3.25[m] (벽과의 거리는 $\dfrac{1}{2}$ 이므로 $3.25 \times \dfrac{1}{2} = 1.63[m]$)

  ∴ A = 3.25[m], B = 1.63[m]

정답 (1) 2400[ℓ/min] (2) 48[m³]
   (3) 1.39[m]   (4) 749.15 [kPa]
   (5) 46.07 [kW]   (6) A = 3.25[m], B = 1.63[m]

15 스프링클러 설비가 설치된 특정소방대상물이다. 다음 조건을 참조하여 각 물음에 답하시오.

> ① 헤드의 기준개수는 20개로 한다.
> ② 소화펌프 양정은 80[m], 회전수는 1500[rpm]으로 한다.
> ③ 펌프의 효율은 60%, 전달계수는 1.1로 한다.
> ④ 물의 비중량은 9.8[kN/m³]으로 한다.

(1) 토출량을 20% 가산한 후의 회전수 [rpm]을 계산하시오.
   - 계산과정 :
   - 정답 :

(2) 토출량을 20% 가산한 후의 양정[m]을 계산하시오.
   - 계산과정 :
   - 정답 :

(3) 토출량 20% 가산한 후 50[kW] 소화펌프를 설치했을 때 적합여부를 판정하시오.
   - 계산과정 :
   - 정답 :

계산과정

(1) ① 토출량 : 20×80 = 1600[L/min]×1.2 = 1920[L/min]

② 회전수 : $Q_2 = Q_1 \times (\frac{N_2}{N_1})$ 이므로 $1920 = 1600 \times \frac{N_2}{1500}$, $N_2 = 1800[rpm]$

(2) $H_2 = H_1 \times (\frac{N_2}{N_1})^2 = 80 \times (\frac{1800}{1500})^2 = 115.2[m]$

(3) $P[kW] = \frac{\gamma QH}{\eta} \times K = \frac{9.8 \times 1.92 \times 115.2}{0.6 \times 60} \times 1.1 = 66.2323 = 66.23[kW]$

50[kW]〈66.23[kW] 이므로 부적합하다.

정답 (1) 1800[rpm]   (2) 115.2[m]   (3) 부적합하다.

16 지하 2층, 지상 10층인 특정소방대상물이 아래와 같은 조건에서 스프링클러설비를 설계하고자 할 때 다음 각 물음에 답하시오.

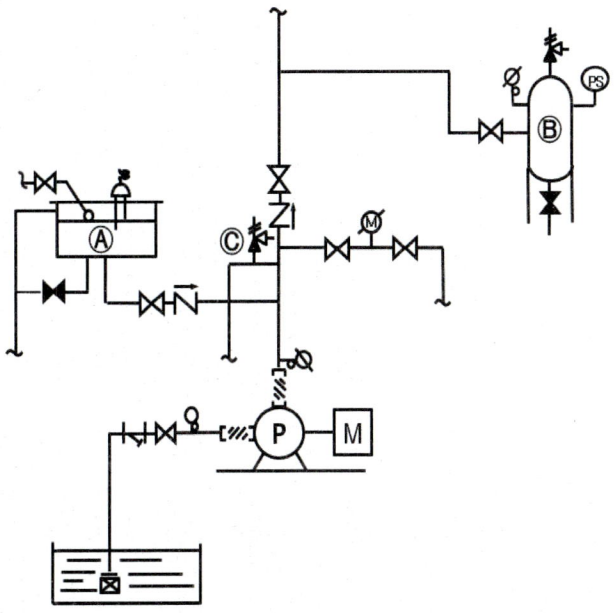

[조 건]
① 해당 특정소방대상물은 지하층은 주차장 및 차고로, 지상층은 사무실로 사용한다.
② 해당 건축물은 내화구조이며 연면적 20,000[m²]이고, 층당 헤드의 부착 높이는 4m이다.
③ 해당 특정소방대상물은 동결의 우려가 없으며, 스프링클러헤드는 총 200개가 설치되어 있다.
④ 펌프의 효율은 65%이며, 전달계수는 1.1이다.
⑤ 실양정은 52[m]이고, 배관의 마찰손실은 실양정의 30[%]를 적용한다.
⑥ 해당 스프링클러헤드의 방수압력은 0.1[MPa]이다.

(1) 스프링클러헤드의 설치간격[m]을 구하시오. (단, 헤드는 정방형으로 배치한다.)
  • 계산과정 :
  • 정답 :
(2) 펌프의 전동기 용량[kW]을 구하시오.
  • 계산과정 :
  • 정답 :
(3) 수원의 양[m³]을 구하시오.(옥상수원 설치제외 장소에 해당하지 않으면 옥상수원을 설치한다.)
  • 계산과정 :
  • 정답 :

(4) 기호 Ⓐ의 명칭과 유효수량[ℓ] 및 최소 구경[mm] 쓰시오.
- 정답 :

(5) 기호 Ⓑ의 명칭과 그 역할을 쓰시오.
- 정답 :

(6) 기호 Ⓒ의 명칭과 작동압력범위를 쓰시오.
- 정답 :

계산과정

(1) R(수평거리) = 2.3[m], S(헤드간거리) = $2r\cos\theta = 2 \times 2.3 \times \cos45° = 3.25$[m]

(2) ① 토출량

$Q = N \times 80\ell/\min = 10 \times 80\ell/\min = 800\ell/\min$

(부착높이가 4[m] 미만에 해당하므로 기준개수는 10개로 산정한다.)

② 전양정
- ㉠ 실양정 : 52m
- ㉡ 배관마찰손실 : 52×0.3 = 15.6m
- ㉢ 전양정 H = 52+15.6+10 = 77.6[m]

③ 전동기의 용량 [kW]

$P = \dfrac{\gamma QH}{\eta} \times K = \dfrac{9.8 \times 0.8 \times 77.6}{0.65 \times 60} \times 1.1 = 17.1595 = 17.16[kW]$

(3) (옥상수원을 설치하여야 하는 소방대상물이다.)

① 전용수원양 : $1.6 \times N = 1.6 \times 10 = 16m^3$

② 옥상수원양 : $16 \times \dfrac{1}{3} = 5.33[m^3]$

∴ 수원의 양 $16m^3 + 5.33m^3 = 21.33m^3$

정답 (1) 3.25[m] (2) 17.16[kW] (3) 21.33[m³]

(4) • 명칭 : 물올림장치
- 유효수량 : 100L 이상
- 최소구경 : 15[mm]

(5) • 명칭 : 기동용수압개폐장치(압력챔버)
- 역할 : 배관내의 압력변동에 따라 펌프의 자동기동 및 정지를 위해 설치

(6) • 명칭 : 릴리프밸브
- 작동압력범위 : 체절압력 미만

17 지하 1층, 지상 10층의 판매시설인 복합건축물에 화재안전기준에 따라 아래 조건과 같이 스프링클러설비와 옥내소화전설비를 설계하려고 한다. 다음 각 물음에 답하시오.

[조 건]
① 펌프로부터 최상층 스프링클러헤드까지 수직거리는 45[m]이다.
② 배관의 마찰손실수두는 펌프 토출 실양정의 32[%]로 한다.
③ 펌프의 흡입측 배관에 설치된 연성계는 325[mmHg]를 지시하고 있다.
④ 건물층의 높이는 8[m]이다.
⑤ 모든 규격치는 최소량을 적용한다.
⑥ 옥내소화전은 층당 1개가 설치되어 있다.
⑦ 펌프는 체적효율 80[%], 기계효율 95[%], 수력효율 90[%]이다.
⑧ 최고위의 스프링클러설비헤드의 방사압은 0.2[MPa]이다.
⑨ 펌프의 전달계수 K=1.1이다.

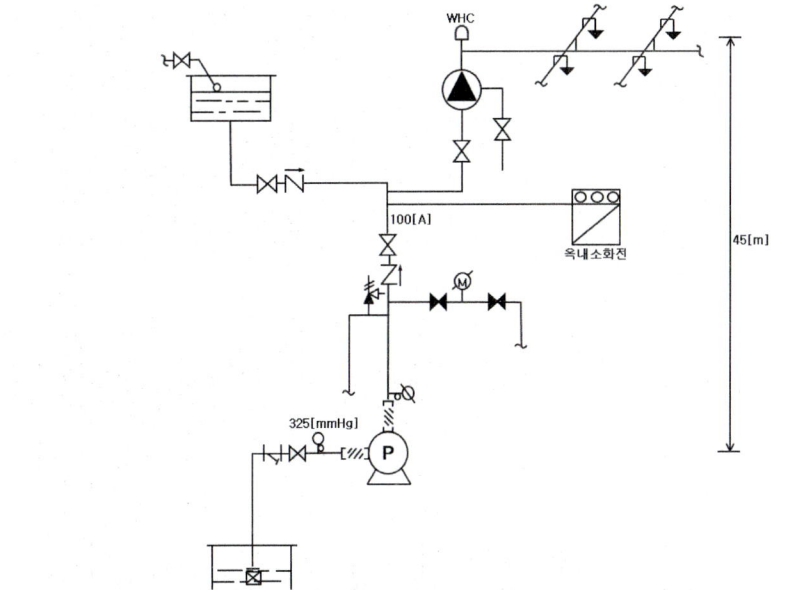

(1) 펌프의 전양정[m]을 산출하시오.
- 계산과정 :
- 정답 :

(2) 이 설비의 지하수원의 양[m³]을 구하시오.
- 계산과정 :
- 정답 :

(3) 펌프의 전효율[%]을 산출하시오.
- 계산과정 :
- 정답 :

(4) 펌프동력[kW]을 산출하시오.
- 계산과정 :
- 정답 :

계산과정

(1) ※ 옥내소화전과 스프링클러설비 겸용시 전양정은 큰 값을 사용한다.
  ① 스프링클러설비 전양정
    ㉠ 배관의 마찰손실수두 $45 \times 0.32 = 14.4[m]$
    ㉡ 흡입배관 전양정 $\dfrac{325[mmHg]}{760[mmHg]} \times 10.332[mAq] = 4.42[mAq]$
  - 전양정 : $H = 45 + 14.4 + 4.42 + 20 = 83.82[m]$
  ② 옥내소화전설비 전양정
    ㉠ 배관의 마찰손실수두 $45 \times 0.32 = 14.4[m]$
    ㉡ 흡입배관 전양정 $\dfrac{325[mmHg]}{760[mmHg]} \times 10.332[mAq] = 4.42[mAq]$
  - 전양정 : $H = 45 + 14.4 + 4.42 + 17 = 80.82[m]$
(2) ※ 옥내소화전과 스프링클러설비 겸용시 유량 및 수원량은 합산값을 사용한다.
  $Q = (1 \times 130[ℓ/min] \times 20[min]) + (30 \times 80[ℓ/min] \times 20[min]) = 50,600[ℓ] = 50.6[m^3]$
(3) $0.8 \times 0.95 \times 0.9 = 0.684 \times 100 = 68.4[\%]$
(4) $Q = (1 \times 130) + (30 \times 80) = 2530[ℓ/min]$

$$P[kW] = \dfrac{9.8 \times 2.53 \times 83.82}{60 \times 0.684} \times 1.1 = 55.70[kW]$$

정답 (1) 83.82[m] (2) 50.6[m³] (3) 68.4[%] (4) 55.70[kW]

18 그림의 스프링클러설비 가지배관에서의 구성부품과 규격 및 수량을 산출하여 다음 답란을 완성하시오.

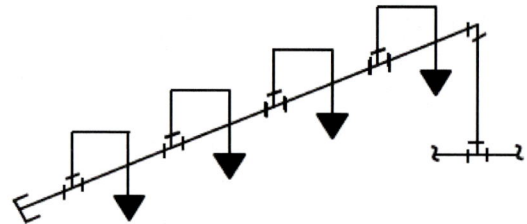

[조 건]

① 티는 모두 동일 구경을 사용하고 배관의 축소되는 부분은 반드시 레듀셔를 사용한다.
② 교차 배관은 제외한다.
③ 구경에 따른 헤드수는 다음과 같다.

25[mm]	32[mm]	40[mm]	50[mm]
2개	3개	5개	10개

구성부품	규격 및 수량
헤드	15[mm] 4개
캡	
티	
90도 엘보	
레듀셔	

• 정답 :

구성부품	규격 및 수량
헤드	15[mm] 4개
캡	25[mm] 1개
티	40×40×40[mm] 1개 32×32×32[mm] 1개 25×25×25[mm] 2개
90도 엘보	40[mm] 1개 25[mm] 8개
레듀셔	40×32[mm] 1개 40×25[mm] 1개 32×25[mm] 2개 25×15[mm] 4개

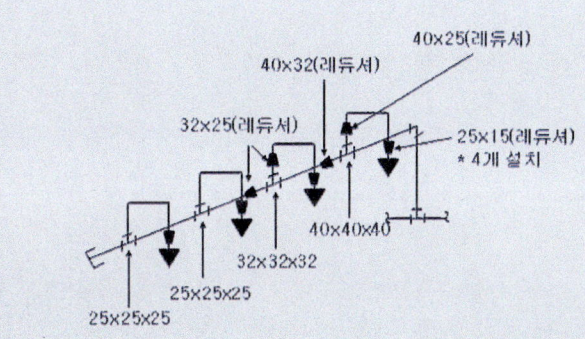

19 헤드 H-1의 방수압력이 0.1[MPa] 이고 방수량이 80[ℓ/min]인 폐쇄형 스프링클러설비의 수리계산에 대하여 조건을 참고하여 다음 각 물음에 답하시오.(단, 계산과정을 쓰고 최종 답은 반올림하여 소수점 둘째자리까지 구할 것)

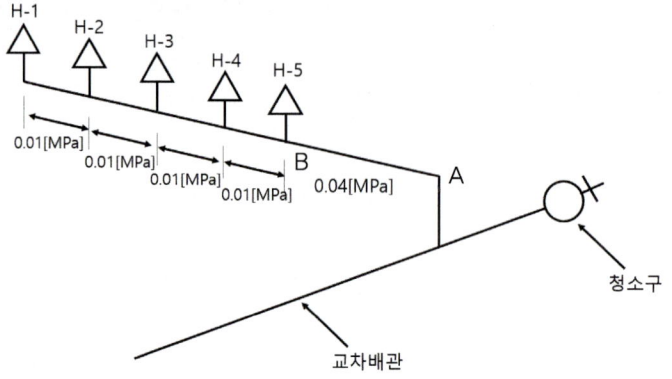

[조 건]
① 헤드 H-1에서 H-5까지의 각 헤드마다의 방수압력 차이는 0.01[MPa] 이다.(단, 계산시 헤드와 가지배관 사이의 배관에서의 마찰손실은 무시한다.
② A-B구간의 마찰손실압은 0.04[MPa]이다.
③ H-1 헤드에서의 방수량은 80[ℓ/min]이다.

(1) A지점에서의 필요 최소압력은 몇 [MPa] 인가?
  • 계산과정 :
  • 정답 :
(2) 각 헤드에서의 방수량은 몇 [ℓ/min] 인가?
  • 계산과정 :
  • 정답 :
(3) A-B구간에서의 유량은 몇 [ℓ/min] 인가?
  • 계산과정 :
  • 정답 :
(4) A-B구간에서의 최소내경은 몇 [m] 인가?
  • 계산과정 :
  • 정답 :

> **계산과정**
> (1) P=헤드 방수압+전체 마찰 손실압 = 0.1 + (0.01×4) + 0.04 = 0.18[MPa]
> (2) ① $H-1 : Q_1 = 80\sqrt{10 \times 0.1} = 80[\ell/min]$
>   ② $H-2 : Q_2 = 80\sqrt{10 \times (0.1+0.01)} = 83.9047[\ell/min] = 83.9[\ell/min]$
>   ③ $H-3 : Q_3 = 80\sqrt{10 \times (0.1+0.01+0.01)} = 87.6356[\ell/min] = 87.64[\ell/min]$

④ $H-4$: $Q_4 = 80\sqrt{10 \times (0.1+0.01+0.01+0.01)} = 91.2140[\ell/min] = 91.21[\ell/min]$

⑤ $H-5$: $Q_5 = 80\sqrt{10 \times (0.1+0.01+0.01+0.01+0.01)} = 94.6572[\ell/min] = 94.66[\ell/min]$

(3) $Q = 80+83.90+87.64+91.21+94.66 = 437.41[\ell/min]$

(4) $D = \sqrt{\dfrac{4Q}{\pi V}} = \sqrt{\dfrac{4 \times 0.4374}{\pi \times 6 \times 60}} = 0.0393[m] = 0.04[m]$

정답 (1) 0.18[MPa]

(2) • $H-1$: 80[ℓ/min], $H-2$: 83.9[ℓ/min], $H-3$: 87.64[ℓ/min]
• $H-4$: 91.21[ℓ/min], $H-5$: 94.66[ℓ/min]

(3) 437.41[ℓ/min]   (4) 0.04[m]

---

20 일제 개방형 S/P 설비의 배관 계통을 나타내는 Isometric Diagram 이다. 주어진 조건을 참조하여 이 설비가 작동되었을 경우 방수압, 방수량 등을 답란의 요구순서대로 수리계산하여 산출하시오.

[조 건]

가. 설치된 개방형 헤드 방출계수(K)는 모두 각각 80이다.
나. 살수시 최저 방수압이 걸리는 헤드에서의 방수압은 0.1[MPa]이다.
 (각 헤드에서의 방수압이 같지 않음을 유의할 것)
다. 가지관 분기점(티, 엘보)으로부터, 헤드까지의 손실은 무시
라. 배관내의 유수에 따른 마찰손실압력은 헤이젠–윌리암스 공식을 적용하되, 계산의 편의상 공식은 다음과 같다고 가정한다.

$\triangle P = \dfrac{6 \times 10^4 \times Q^2}{120^2 \times d^5}$ (단, $\triangle P$: 배관의 길이 1[m]당 마찰손실압력[MPa]

Q : 배관의 유수량[ℓ/min], d : 배관의 내경[mm]

마. 배관의 내경은 호칭별로 다음과 같다고 가정한다.

호칭구경	25	32	40	50	60	80	100
내경	27	36	42	53	68	81	107

바. 부속, 밸브류 마찰손실은 무시하며 수리계산시 속도수두 무시한다.
사. 살수시 중력수조 내의 수위의 변동은 없다고 가정한다.

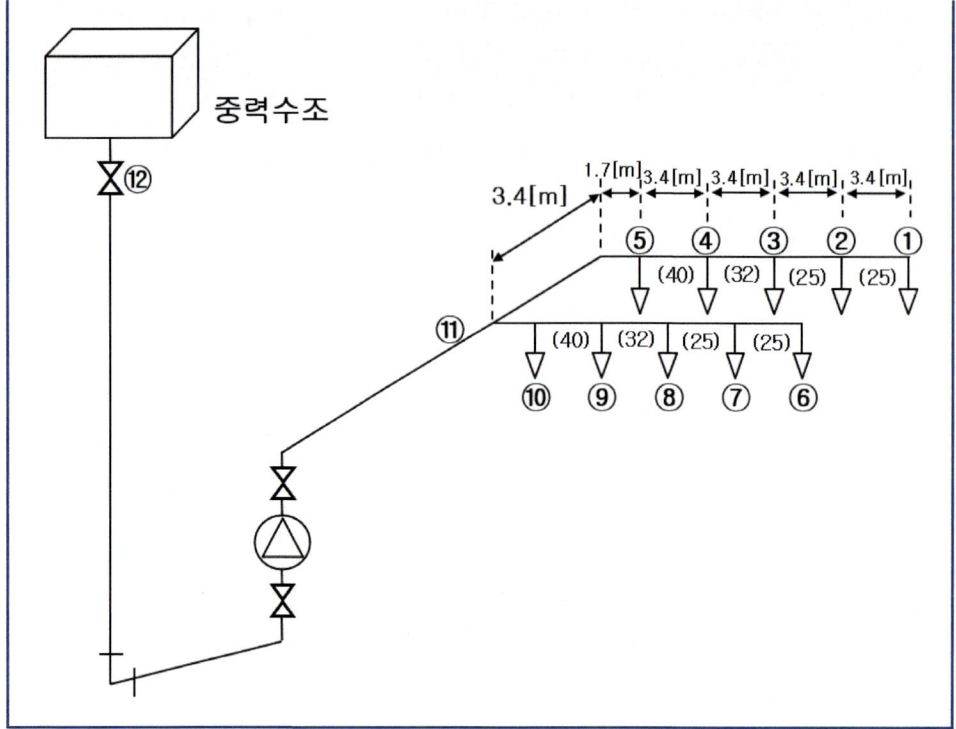

(1) S/P헤드별 방수압[MPa]과 방수량[ℓ/min]을 계산하시오.

구분	방수압	방수량
①	P_1=0.1[MPa]	$Q_1 = 80 \times \sqrt{10 \times 0.1}$ =80[ℓ/min]
②		
③		
④		
⑤		

- 계산과정 :

- 정답 :

(2) 배관구간 ①~⑪의 분당 흘러가는 유량[ℓ/min]은?(①~⑪ 구간의 배관 호칭구경은 40[mm] 로 한다.)

- 계산과정 :

- 정답 :

계산과정

(1) ② $\Delta P_{1 \sim 2} = \dfrac{6 \times 10^4 \times 80^2}{120^2 \times 27^5} \times 3.4 = 0.0063\,[MPa]$

$P_2 = 0.1 + 0.0063 = 0.1063\,[MPa]$

$Q_2 = 80\sqrt{10 \times 0.1063} = 82.48\,[ℓ/min]$

③ $Q_{2\sim3} = 80 + 82.48 = 162.48[\ell/min]$

$$\triangle P_{2\sim3} = \frac{6\times10^4 \times 162.48^2}{120^2 \times 27^5}\times 3.4 = 0.0261[MPa]$$

$P_3 = 0.1063 + 0.0261 = 0.1324[MPa]$

$Q_3 = 80\sqrt{10\times0.1324} = 92.05[\ell/min]$

④ $Q_{3\sim4} = 162.48 + 92.05 = 254.53[\ell/min]$

$$\triangle P_{3\sim4} = \frac{6\times10^4 \times 254.53^2}{120^2 \times 36^5}\times 3.4 = 0.0152[MPa]$$

$P_4 = 0.1324 + 0.0152 = 0.1476[MPa]$

$Q_4 = 80\sqrt{10\times0.1476} = 97.19[\ell/min]$

⑤ $Q_{4\sim5} = 254.53 + 97.19 = 351.72[\ell/min]$

$$\triangle P_{4\sim5} = \frac{6\times10^4 \times 351.72^2}{120^2 \times 42^5}\times 3.4 = 0.0134[MPa]$$

$P_5 = 0.1476 + 0.0134 = 0.161[MPa]$

$Q_5 = 80\sqrt{10\times0.161} = 101.51[\ell/min]$

(2) $Q_{1\sim11} = 351.72 + 101.51 = 453.23[\ell/min]$

정답 (1)

구분	방수압	방수량
①	$P_1 = 0.1[MPa]$	$Q_1 = 80\times\sqrt{10\times0.1} = 80[\ell/min]$
②	$P_2 = 0.1063[MPa]$	$Q_2 = 80\times\sqrt{10\times0.1063} = 82.48[\ell/min]$
③	$P_3 = 0.1324[MPa]$	$Q_3 = 80\times\sqrt{10\times0.1324} = 92.05[\ell/min]$
④	$P_4 = 0.1476[MPa]$	$Q_4 = 80\times\sqrt{10\times0.1476} = 97.19[\ell/min]$
⑤	$P_5 = 0.161[MPa]$	$Q_5 = 80\times\sqrt{10\times0.161} = 101.51[\ell/min]$

(2) 453.23[ℓ/min]

21 그림은 어느 일제개방형 스프링클러설비의 계통을 나타내는 Isometric Diagram이다. 주어진 조건을 참조하여 이설비가 작동되었을 경우 표의 유량, 구간손실, 손실계 등을 답란의 요구 순서대로 수리계산하여 산출하시오.

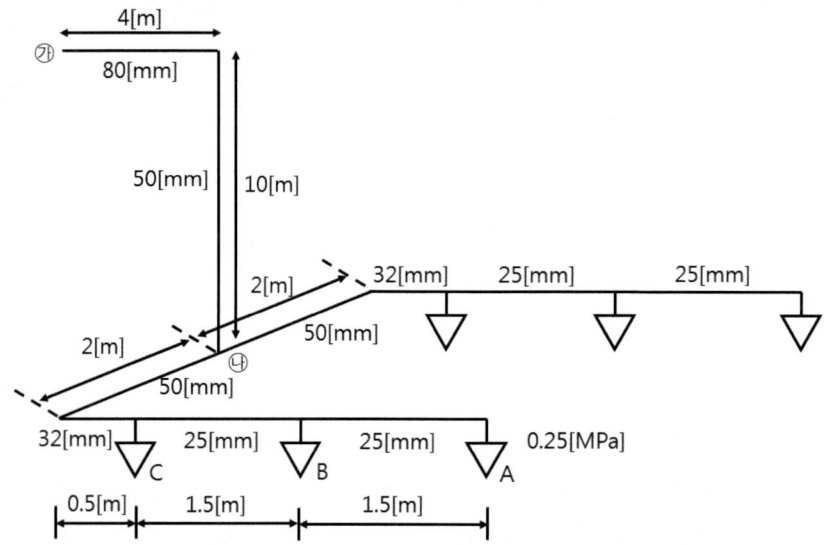

구간	유량[LPM]	길이[m]	1m당 마찰손실[MPa]	구간손실[MPa]	낙차[m]	손실계[MPa]
헤드A	100	-	-	-	-	0.25
A~B	100	1.5	0.02	0.03	0	①
헤드B	②	-	-	-	-	-
B~C	③	1.5	0.04	④	0	⑤
헤드C	⑥	-	-	-	-	-
C~㉯	⑦	2.5	0.06	⑧	-	⑨
㉯~㉮	⑩	14	0.01	⑪	-10	⑫

[조 건]

① 설치된 개방형 헤드 A의 유량은 100LPM, 방수압은 0.25[MPa] 이다.
② 배관부속 및 밸브류의 마찰손실은 무시한다.
③ 수리계산시 속도수두는 무시한다.
④ 필요압은 노즐에서의 방사압과 배관끝에서의 압력을 별도로 구한다.

• 정답 :

[정답]

구간	유량[LPM]	길이[m]	1m당 마찰 손실[MPa/m]	구간손실 [MPa]	낙차[m]	손실계 [MPa]
헤드A	100	–	–	–	–	0.25
A~B	100	1.5	0.02	0.03[MPa]	0	0.25+0.03 =0.28[MPa]
헤드B	$K = \dfrac{100}{\sqrt{10 \times 0.25}} = 63.25$ $Q_B = 63.25\sqrt{10 \times 0.28}$ $= 105.84[L/min]$	–	–	–	–	–
B~C	$Q_{B-C} = 105.84 + 100$ $= 205.84[L/min]$	1.5	0.04	1.5×0.04=0. 06[MPa]	0	0.28+0.06 =0.34[MPa]
헤드C	$Q_C = 63.25\sqrt{10 \times 0.34}$ $= 116.63[L/min]$	–	–	–	–	–
C~㉯	$Q_{C-㉯} = 205.84 + 116.63$ $= 322.47[L/min]$	2.5	0.06	2.5×0.06 =0.15[MPa]	–	0.34+0.15 =0.49[MPa]
㉯~ ㉮	322.47×2=644.94[L/min]	14	0.01	14×0.01 =0.14[MPa]	−10	0.49+0.14−0.1 =0.53[MPa]

22 교육연구시설(연구소)에 스프링클러설비를 설치하고자 한다. 조건을 참고하여 다음 각 물음에 답하시오.

[조 건]

① 건물의 층별 높이는 다음과 같으며 지상층은 모두 창문이 있는 건물이다.

	지하2층	지하1층	지상1층	지상2층	지상3층	지상4층	지상5층
층높이[m]	5.5	4.5	4.5	4.5	4	4	4
반자높이[m] (헤드설치시)	5.0	4.0	4.0	4.0	3.5	3.5	3.5
바닥면적[m²]	2500	2500	2000	2000	2000	1800	900

② 지상1층에 있는 국제회의실은 바닥으로 부터 반자까지의 높이가 8.5m이다.
③ 지하 2층 물탱크실의 저수조에는 바닥으로부터 3m 높이에 일반용 후드 밸브가 위치해 있으며, 이 높이까지 항상 물이 차있으며 저수조는 일반급수용과 소방용을 겸용하며 내부 크기는 가로 8m, 세로5m 높이 4m이다.
④ 스프링클러 헤드 설치 시 반자(헤드 부착면) 높이는 위 표에 따른다.
⑤ 배관 및 관 부속의 마찰손실수두는 실양정의 30%이다.
⑥ 펌프의 효율은 60%, 전달계수는 1.1
⑦ 산출량은 최소치를 적용할 것
⑧ 소방관련법령 및 화재안전기준을 따른다.

(1) 이 건물에서 스프링클러설비를 설치하여야 하는 층을 모두 쓰시오.
   • 정답 :
(2) 일반급수펌프의 흡수구와 소화펌프의 흡수구 사이의 수직거리[m]는?
   • 계산과정 :
   • 정답 :
(3) 옥상수조를 설치할 경우 옥상수조에 보유하여야 할 저수량[m³]은?
   • 계산과정 :
   • 정답 :
(4) 소방펌프의 정격 토출량[ℓ/min]은?
   • 계산과정 :
   • 정답 :
(5) 소화펌프의 전양정[m]은?
   • 계산과정 :
   • 정답 :
(6) 소화펌프의 전동기 동력[kW]은?
   • 계산과정 :
   • 정답 :

계산과정

(2) $10 \times 80 \times 20 = 16m^3$, $16 = 8 \times 5 \times H$, $H = 0.4m$

(3) $16 \times \dfrac{1}{3} = 5.33[m^3]$

(4) $10 \times 80 = 800[\ell/\min]$

(5) ① h_1 (실양정) $= (5.5 - 2.6) + 4.5 + 4.5 + 4.5 + 4 + 3.5 = 23.9[m]$

② $h_2 = 23.9 \times 0.3 = 7.17[m]$

③ 전양정 : $H = 7.17 + 23.9 + 10 = 41.07[m]$

(6) $P[\mathrm{kW}] = \dfrac{\gamma QH}{\eta} \times K (\gamma_w = 9.8[kN/m^3])$, $P[\mathrm{kW}] = \dfrac{9.8 \times 0.8 \times 41.07}{60 \times 0.6} \times 1.1 = 9.84[\mathrm{kW}]$

정답 (1) 지하 2층, 지하 1층, 지상 4층

참고 소방시설법 시행령 별표

스프링클러설비를 설치하여야 하는 특정소방대상물(위험물 저장 및 처리 시설 중 가스시설 또는 지하구는 제외한다)은 다음의 어느 하나와 같다.

1) 층수가 6층 이상인 특정소방대상물의 경우에는 모든 층. 다만, 다음의 어느 하나에 해당하는 경우에는 제외한다.
   가) 주택 관련 법령에 따라 기존의 아파트등을 리모델링하는 경우로서 건축물의 연면적 및 층의 높이가 변경되지 않는 경우. 이 경우 해당 아파트등의 사용검사 당시의 소방시설의 설치에 관한 대통령령 또는 화재안전기준을 적용한다.
   나) 스프링클러설비가 없는 기존의 특정소방대상물을 용도변경하는 경우. 다만, 2)·3)·4)·5) 및 8)부터 12)까지의 규정에 해당하는 특정소방대상물로 용도변경하는 경우에는 해당 규정에 따라 스프링클러설비를 설치한다.

2) 기숙사(교육연구시설·수련시설 내에 있는 학생 수용을 위한 것을 말한다) 또는 복합건축물로서 연면적 5천㎡ 이상인 경우에는 모든 층
3) 문화 및 집회시설(동·식물원은 제외한다), 종교시설(주요구조부가 목조인 것은 제외한다), 운동시설(물놀이형 시설 및 관람석이 없는 운동시설은 제외한다)로서 다음의 어느 하나에 해당하는 경우에는 모든 층
   가) 수용인원이 100명 이상인 것
   나) 영화상영관의 용도로 쓰이는 층의 바닥면적이 지하층 또는 무창층인 경우에는 500㎡ 이상, 그 밖의 층의 경우에는 1천㎡ 이상인 것
   다) 무대부가 지하층·무창층 또는 4층 이상의 층에 있는 경우에는 무대부의 면적이 300㎡ 이상인 것
   라) 무대부가 다) 외의 층에 있는 경우에는 무대부의 면적이 500㎡ 이상인 것
4) 판매시설, 운수시설 및 창고시설(물류터미널에 한정한다)로서 바닥면적의 합계가 5천㎡ 이상이거나 수용인원이 500명 이상인 경우에는 모든 층
5) 다음의 어느 하나에 해당하는 용도로 사용되는 시설의 바닥면적의 합계가 600㎡ 이상인 것은 모든 층
   가) 의료시설 중 정신의료기관
   나) 의료시설 중 종합병원, 병원, 치과병원, 한방병원 및 요양병원(정신병원은 제외한다)
   다) 노유자시설
   라) 숙박시설
   마) 숙박이 가능한 수련시설
6) 창고시설(물류터미널은 제외한다)로서 바닥면적 합계가 5천㎡ 이상인 경우에는 모든 층
7) 1)부터 5)까지의 특정소방대상물에 해당하지 않는 특정소방대상물의 지하층·무창층(축사는 제외한다) 또는 층수가 4층 이상인 층으로서 바닥면적이 1천㎡ 이상인 층

(2) 0.4[m]   (3) 5.33[㎥]   (4) 800[ℓ/min]   (5) 41.07[m]   (6) 9.84[kW]

23 다음 그림은 어느 스프링클러 설비의 배관계통도를 나타낸 것이다. 이 도면과 주어진 조건에 따라 각 물음에 답하시오.

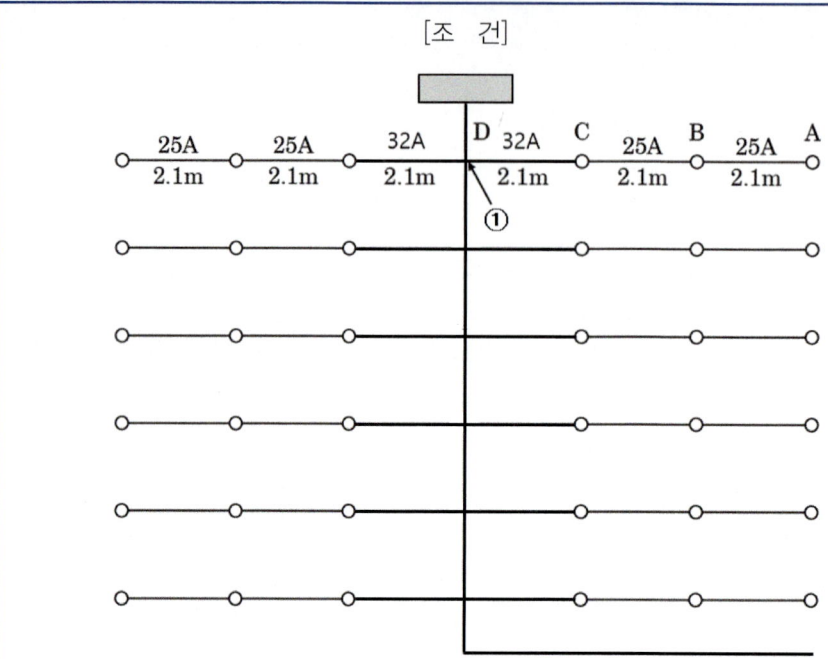

① 배관의 마찰손실압력은 하젠-윌리암 공식을 사용하되 아래의 식을 사용한다.

$$\triangle P = \frac{6 \times Q^2 \times 10^4}{C^2 \times d^5} \times L$$

여기서, • $\triangle P$: 마찰손실압력[MPa]
• Q : 배관유량[L/min]
• C : 관의 조도
• d : 배관의 내경[mm]
• L : 배관길이[m]

② 배관 호칭구경과 내경은 같다고 한다.
③ 관부속 마찰손실은 고려하지 않는다.
④ 헤드는 개방형이고 조도(C)는 120이다.
⑤ 배관의 호칭 구경[mm]은 15, 20, 25, 32, 40, 50, 65, 80, 100으로 한다.
⑥ 마찰손실압력과 압력은 소수점 넷째자리에서 반올림하여 소수점 셋째자리까지 구하시오.
⑦ A헤드의 유량은 80[L/min], 압력은 0.1[MPa] 이다.

(1) ㉮ B ~ A 사이의 마찰손실압력[MPa]을 구하시오.
• 계산과정 :
• 정답 :

㉯ B 헤드 방사량[L/min]을 구하시오.
- 계산과정 :
- 정답 :

(2) ㉮ C ~ B 사이의 마찰손실압력[MPa]을 구하시오.
- 계산과정 :
- 정답 :

㉯ C 헤드 방사량[L/min]을 구하시오.
- 계산과정 :
- 정답 :

(3) D점에서의 압력[MPa]을 구하시오.
- 계산과정 :
- 정답 :

(4) ① 지점의 배관 내 유량[L/min]을 구하시오.
- 계산과정 :
- 정답 :

(5) ① 지점의 배관 최소 관경을 화재안전기준에 따른 배관 내 유속에 따라 교차배관의 관경[mm]을 선정하시오.
- 계산과정 :
- 정답 :

계산과정

(1) ㉮ $\Delta P = \dfrac{6 \times Q^2 \times 10^4}{C^2 \times d^5} \times L = \dfrac{6 \times 80^2 \times 10^4}{120^2 \times 25^5} \times 2.1 = 0.005734 [MPa] \fallingdotseq 0.006 [MPa]$

㉯ $K = \dfrac{80}{\sqrt{10 \times 0.1}} = 80$, $Q = 80 \times \sqrt{10 \times (0.1 + 0.006)} = 82.37 [L/min]$

(2) ㉮ $\Delta P = \dfrac{6 \times (80 + 82.37)^2 \times 10^4}{120^2 \times 25^5} \times 2.1 = 0.0236 = 0.024 [MPa]$

㉯ $Q = 80 \times \sqrt{10 \times (0.1 + 0.006 + 0.024)} = 91.21 [L/min]$

(3) $\Delta P = \dfrac{6 \times (80 + 82.37 + 91.21)^2 \times 10^4}{120^2 \times 32^5} \times 2.1 = 0.0167 = 0.017 [MPa]$

∴ 전체 손실압 P=0.1 + 0.006 + 0.024 + 0.017 = 0.147[MPa]

(4) $Q = (80 + 82.37 + 91.21) \times 2 = 507.16 [\ell/min]$

(5) $D = \sqrt{\dfrac{4Q}{\pi V}} = \sqrt{\dfrac{4 \times 0.5071}{\pi \times 10 \times 60}} = 0.0328 = 32.8 [mm]$

교차 배관이므로 답은 40[mm]로 산정

정답 (1) ㉮ 0.006[MPa] ㉯ 82.37[L/min]
(2) ㉮ 0.024[MPa] ㉯ 91.21[L/min]
(3) 0.147[MPa] (4) 507.16[ℓ/min] (5) 40[mm]

24 폐쇄형 헤드를 사용한 스프링클러 설비의 말단 배관 중 K점에 필요한 압력수의 수압[MPa]을 주어진 조건을 이용하여 산정하시오.

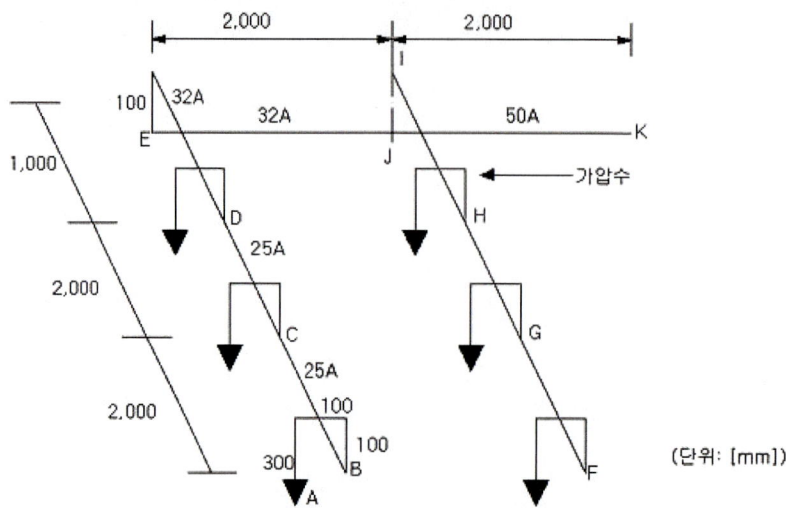

[조 건]

① 직관 마찰손실수두(100[m]당)   단위 : [m]

개수	유량	25A	32A	40A	50A
1	80[ℓ/min]	39.82	11.38	5.40	1.68
2	160[ℓ/min]	150.42	42.84	20.29	6.32
3	240[ℓ/min]	307.77	87.66	41.51	12.93
4	320[ℓ/min]	521.92	148.66	70.40	21.93
5	400[ℓ/min]	789.04	224.75	106.31	32.99
6	480[ℓ/min]		321.55	152.26	47.43

② 관이음쇠 마찰손실에 해당하는 직관길이   단위 : [m]

관이음	25A	32A	40A	50A
엘보(90°)	0.9	1.2	1.5	2.1
레듀셔	0.54	0.72	0.9	1.2
티(직류)	0.27	0.36	0.45	0.6
티(분류)	1.5	1.8	2.1	3.0

③ 헤드 나사는 PT$\frac{1}{2}$(15A) 기준
④ 헤드방사압은 0.1[MPa] 기준
⑤ 동일구경의 티를 사용할 것
⑥ 수압산정에 필요한 계산과정을 상세히 명시할 것

(1) 각 구간별 마찰손실수두[m]를 구하시오.

구간	관경	유량	등가 관장길이[m]	마찰손실수두[m]
J – K	50[A]	480[L/min]		
D – J	32[A]	240[L/min]		
C – D	25[A]	160[L/min]		
A – C	25[A]	80[L/min]		

• 정답 :

(2) 낙차 수두[m]를 구하시오.

• 계산과정 :

• 정답 :

(3) 설비의 방사 압력 수두[m]를 구하시오.

• 정답 :

(4) 전양정[m]을 산정하시오.

• 계산과정 :

• 정답 :

(5) K점에 필요한 방수압[MPa]을 구하시오.

• 계산과정 :

• 정답 :

계산과정

(2) $0.1 + 0.1 - 0.3 = -0.1$ [m]

(4) • 전양정 = 배관 및 부속류 손실 + 실양정 + 방사압력 환산 수두
  $= (2.94 + 7.03 + 5.26 + 2.29) - 0.1 + 10 = 27.42$[m]

(5) • K점 방사압력 = 전양정 이므로
  $\dfrac{27.42}{10.332} \times 0.101325$[MPa] $= 0.2689$[MPa] $= 0.27$[MPa]

정답 (1)

구간	관경	유량	등가 관장길이[m]	마찰손실 수두[m]
J–K	50[A]	480 [L/min]	① 직관 2[m] ② 분류 T 1개(J점)×3 = 3[m] ③ 레듀셔(50×32) 1개 = 1.2[m] ∴ 총합 = 6.2[m]	6.2×47.43/100 = 2.94[m]
D–J	32[A]	240 [L/min]	① 직관 2[m] + 0.1[m] + 1[m] = 3.1[m] ② 90°엘보 2개×1.2 = 2.4[m] ③ 분류 T(D점) 1개×1.8 = 1.8[m] ④ 레듀셔(32×25) 1개 = 0.72[m] ∴ 총합 = 8.02[m]	8.02×87.66/100 = 7.03[m]
C–D	25[A]	160 [L/min]	① 직관 2[m] ② 분류 T (C점) 1개×1.5 = 1.5[m] ∴ 총합 = 3.5[m]	3.5×150.42/100 = 5.26[m]

A-C	25[A]	80 [L/min]	① 직관 2+0.1+0.1+0.3 = 2.5[m] ② 90°엘보 3개×0.9 = 2.7[m] ③ 레듀셔(25×15) = 0.54 ∴ 총합 = 5.74[m]	5.74×39.82/100 = 2.29[m]

(* 조건에서 직류티만 설치하라고 주는 경우도 있습니다. 그러면 모든티는 직류티로 산정합니다.)
(2) −0.1[m]   (3) 10[m]   (4) 27.42[m]   (5) 0.27[MPa]

25 폐쇄형 헤드를 사용한 스프링클러설비에서 나타난 스프링클러 헤드 중 A지점에 설치된 헤드 1개만이 개방되었을 때 A지점에서의 헤드 방사압력은 몇 [MPa]인가?

(1) 방사압력 산정에 필요한 계산과정을 상세히 명시하고, 방사 압력을 소수점 4째자리 까지 구하시오.(소수점 4자리 미만은 삭제)

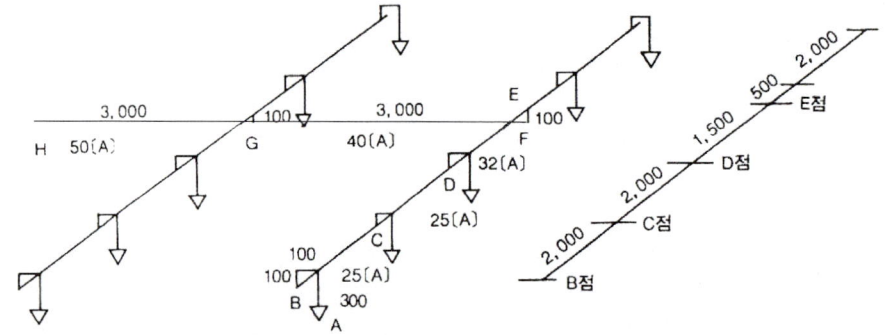

[조 건]

① 급수관 중 H점 에서의 가압수 압력은 0.15[MPa]로 계산한다.
② 티 및 엘보는 직경이 다른 티 엘보는 사용치 않는다.
③ 스프링클러헤드는 15[A]용 헤드가 설치된 것으로 한다.
④ 직관 마찰 손실(100[m]당)   (단위 : m)

유 량	25[A]	32[A]	40[A]	50[A]
80[ℓ/min]	39.82	11.38	5.40	1.68

(A점에서의 헤드 방수량을 80[ℓ/min]로 계산한다.)
⑤ 관이음쇠 마찰손실에 해당하는 직관길이   (단위 : m)

구 분	25[A]	32[A]	40[A]	50[A]
엘보(90°)	0.90	1.20	1.50	2.10
레듀서	(25×15A)0.54	(32×25A)0.72	(40×32A)0.90	(50×40A)1.20
티(직류)	0.27	0.36	0.45	0.60
티(분류)	1.50	1.80	2.10	3.00

(1) 배관의 마찰손실 압력[MPa]을 구하시오.
   ① 50A
   - 계산과정 :
   - 정답 :
   ② 40A
   - 계산과정 :
   - 정답 :
   ③ 32A
   - 계산과정 :
   - 정답 :
   ④ 25A
   - 계산과정 :
   - 정답 :
   ⑤ 배관의 마찰손실수두 합계
   - 계산과정 :
   - 정답 :
(2) A점에서의 방사압력을 구하시오.
   - 계산과정 :
   - 정답 :

계산과정

(1) ① 50A
   ㉮ 배관길이 : 3[m]
   ㉯ 레듀샤 : 1개×1.20 = 1.20[m]
   ㉰ 직류티 : 1개×0.60 = 0.60[m]
   ㉱ 계 : 4.8[m]
   ㉲ 마찰손실수두 = $4.8 \times \dfrac{1.68}{100} = 0.0806$[m]

② 40A
   ㉮ 배관길이 : 0.1 + 3 = 3.1[m]
   ㉯ 레듀샤 : 1개×0.90 = 0.90[m]
   ㉰ 90[°]엘보 : 1개×1.50 = 1.50[m]
   ㉱ 분류티 : 1개×2.10 = 2.10[m]
   ㉲ 계 : 7.6[m]
   ㉳ 마찰손실수두 = $7.6 \times \dfrac{5.40}{100} = 0.4104$[m]

③ 32A
   ㉮ 배관길이 : 1.5[m]
   ㉯ 레듀샤 : 1개×0.72 = 0.72[m]
   ㉰ 직류티 : 1개×0.36 = 0.36[m]

㉣ 계 : 2.58[m]

㉤ 마찰손실수두 = $2.58 \times \dfrac{11.38}{100}$ = 0.2936[m]

④ 25A

㉮ 배관길이 : 0.1 + 0.1 + 0.3 + 2 + 2 = 4.5[m]

㉯ 레듀샤 : 1개×0.54 = 0.54[m]

㉰ 90[°]엘보 : 3개×0.9 = 2.7[m]

㉱ 직류티 : 1개×0.27 = 0.27[m]

㉲ 계 : 8.01[m]

㉳ 마찰손실수두 = $8.01 \times \dfrac{39.82}{100}$ = 3.189582[m]

⑤ 배관의 마찰손실수두 합계 = 3.1895 + 0.2936 + 0.4104 + 0.0806 = 3.9741[m]

∴ 배관 마찰손실압력 = 0.039[MPa]

(2) A점에서의 방사압력 = 토출압력 (H점 압력) – 손실압력 – 낙차압력
  = 0.15 – 0.039 – 0.001 – 0.001 + 0.003 = 0.112[MPa]

정답 (1) ① 0.0806[m] ② 0.4104[m] ③ 0.2936[m] ④ 3.1895[m] ⑤ 0.039[MPa]
  (2) 0.112[MPa]

---

26 다음 그림은 어느 스프링클러설비의 계통도이다. 이 도면과 조건을 참고하여 스프링클러헤드 A만을 개방하였을 때 다음 각 물음에 답하시오.

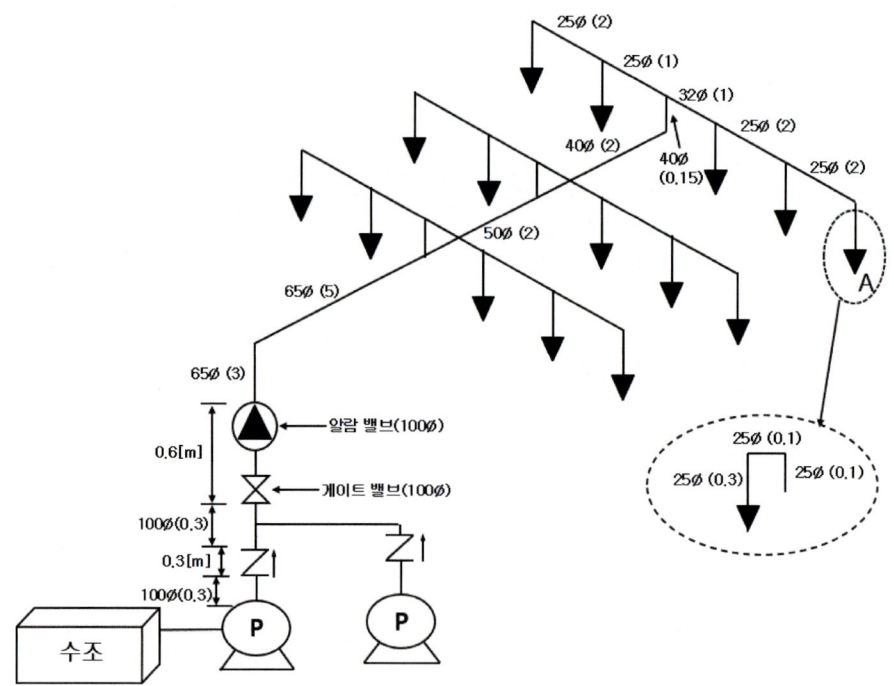

• 25Φ = 25A로 표현하며 ( )안의 수치는 배관의 길이 [m]를 의미한다.

[조 건]

① 펌프의 양정은 토출량에 관계없이 일정하다고 가정한다.
② 헤드의 방출계수(K)는 80이다.
③ 티와 엘보는 동일 구경을 사용하고 티 혹은 엘보의 구경이 다를 경우에는 큰 구경쪽을 따른다. 또한, 구경이 변경되는 곳에는 레듀셔를 사용한다.
④ 배관 마찰손실압력은 하젠-윌리엄스의 공식을 따르되 계산의 편의상 다음 식과 같다고 가정한다.

$$\Delta = \frac{6 \times 10^4 \times Q^2}{120^2 \times d^5}$$

단, • ΔP : 배관 1[m]당 마찰손실압력[MPa/m]
 • Q : 배관내의 유수량[ℓ/min]
 • d : 배관의 안지름[mm]

⑤ 배관의 호칭구경별 안지름은 다음과 같다.

호칭구경	25A	32A	40A	50A	65A	80A	100A
내 경	28	37	43	54	69	81	107

⑥ 배관부속 및 밸브류의 등가길이[m]는 아래 표와 같으며, 이 표에 없는 부속 또는 밸브류의 등가길이는 무시해도 좋다.

호칭구경	25[mm]	32[mm]	40[mm]	50[mm]	65[mm]	80[mm]	100[mm]
90°엘보	0.8	1.1	1.3	1.6	2.0	2.4	3.2
티(측류)	1.7	2.2	2.5	3.2	4.1	4.9	6.3
게이트밸브	0.2	0.2	0.3	0.3	0.4	0.5	0.7
체크밸브	2.3	3.0	3.5	4.4	5.6	6.7	8.7
알람밸브	–	–	–	–	–	–	8.7

⑦ 펌프의 토출측부터 경보밸브 상단까지는 호칭구경이 100A이다.
⑧ 펌프의 토출압력은 0.5MPa이다.

(1) 배관의 마찰손실, 등가길이, 마찰손실 압력은 호칭구경 25A와 같이 표현하시오.(마찰손실 압력은 Q에 대한 함수로 나타내고, 답은 25A처럼 표현하시오. $\circ.\circ\circ\circ \times 10^{\circ} \times Q^2$)

호칭구경	배관 마찰손실[MPa] 산출	등가길이[m] 산출	마찰손실압력[MPa]
25A	$\Delta P = 2.421 \times 10^{-7} \times Q^2$	① 직관 : 2 + 2 +0.1+0.1+0.3= 4.5[m] ② 엘보 : 3개×0.8 = 2.4[m] 총합 : 6.9[m]	$1.671 \times 10^{-6} \times Q^2$
32A			
40A			
50A			
65A			
100A			

• 정답 :

(2) 배관의 마찰손실 압력[MPa]
- 계산과정 :
- 정답 :

(3) 실층고 환산 낙차수두[m]
- 계산과정 :
- 정답 :

(4) 방수량[ℓ/min]
- 계산과정 :
- 정답 :

(5) 방수압[MPa]
- 계산과정 :
- 정답 :

계산과정

(2) $(1.671 \times 10^{-6} \times Q^2) + (6.009 \times 10^{-8} \times Q^2) + (1.686 \times 10^{-7} \times Q^2) + (1.814 \times 10^{-8} \times Q^2) + (2.664 \times 10^{-8} \times Q^2) + (5.555 \times 10^{-9} \times Q^2) = 1.95 \times 10^{-6} \times Q^2 [MPa]$

(3) $0.3 + 0.3 + 0.3 + 0.6 + 3 + 0.15 + 0.1 - 0.3 = 4.45[m]$

(4) • 방사압 P = 토출압 − 낙차압 − 손실압

$Q = 80\sqrt{10 \times (0.5 - 0.0445 - 1.95 \times 10^{-6} \times Q^2)}$

$Q = 80\sqrt{10 \times (0.4555 - 1.95 \times 10^{-6} \times Q^2)}$

$Q^2 = 80^2[4.555 - 1.95 \times 10^{-5} \times Q^2]$

$Q^2 = 29152 - 0.1248Q^2$

$1.1248Q^2 = 29152$

$Q = 160.9891 = 160.99[L/min]$

(5) $Q = K\sqrt{10P}$ 이므로 $160.99 = 80\sqrt{10P}$

$P = 0.4049 = 0.4[MPa]$

정답

호칭구경	배관 마찰손실[MPa]산출	등가길이 산출	마찰손실압력[MPa]
25A	$\Delta P = 2.421 \times 10^{-7} \times Q^2$	① 직관 : 2 + 2 + 0.1 + 0.1 + 0.3 = 4.5[m] ② 엘보 : 3개×0.8 = 2.4[m] • 총합 : 6.9[m]	$1.671 \times 10^{-6} \times Q^2$
32A	$\Delta P = \dfrac{6 \times 10^4 \times Q^2}{120^2 \times 37^5}$ $= 6.009 \times 10^{-8} \times Q^2$	① 직관 : 1[m] • 총합 : 1[m]	$1 \times 6.009 \times 10^{-8} \times Q^2$ $= 6.009 \times 10^{-8} \times Q^2$
40A	$\Delta P = \dfrac{6 \times 10^4 \times Q^2}{120^2 \times 43^5}$ $= 2.834 \times 10^{-8} \times Q^2$	① 직관 : 2 + 0.15 = 2.15[m] ② 90°엘보 : 1개×1.3 = 1.3[m] ③ 티(측류) : 1개×2.5 = 2.5[m] • 총합 : 5.95[m]	$5.95 \times 2.834 \times 10^{-8} \times Q^2$ $= 1.686 \times 10^{-7} \times Q^2$

50A	$\Delta P = \dfrac{6 \times 10^4 \times Q^2}{120^2 \times 54^5}$ $= 9.074 \times 10^{-9} \times Q^2$	① 직관 : 2[m] • 총합 : 2[m]	$2 \times 9.074 \times 10^{-9} \times Q^2$ $= 1.814 \times 10^{-8} \times Q^2$
65A	$\Delta P = \dfrac{6 \times 10^4 \times Q^2}{120^2 \times 69^5}$ $= 2.664 \times 10^{-9} \times Q^2$	① 직관 : 5 + 3 = 8[m] ② 90°엘보 : 1개×2.0 = 2[m] • 계 : 10[m]	$10 \times 2.664 \times 10^{-9} \times Q^2$ $= 2.664 \times 10^{-8} \times Q^2$
100A	$\Delta P = \dfrac{6 \times 10^4 \times Q^2}{120^2 \times 107^5}$ $= 2.971 \times 10^{-10} \times Q^2$	① 직관 : 0.3 + 0.3 = 0.4[m] ② 체크밸브 : 1개×8.7 = 8.7[m] ③ 게이트밸브 : 1개×0.7 = 0.7[m] ④ 경보(알람)밸브 : 1개×8.7 = 8.7[m] • 계 : 18.7[m]	$18.7 \times 2.971 \times 10^{-10} \times Q^2$ $= 5.555 \times 10^{-9} \times Q^2$

(2) $1.95 \times 10^{-6} \times Q^2$ [MPa]
(3) 4.45[m]
(4) 160.99[L/min]
(5) 0.4[MPa]

27 다음 도면은 어느 폐쇄형 습식 스프링클러설비에 대한 계통도이다. 이 설비에서 A헤드만 개방되었을 경우 다음 조건을 참조하여 각물음에 답하시오.

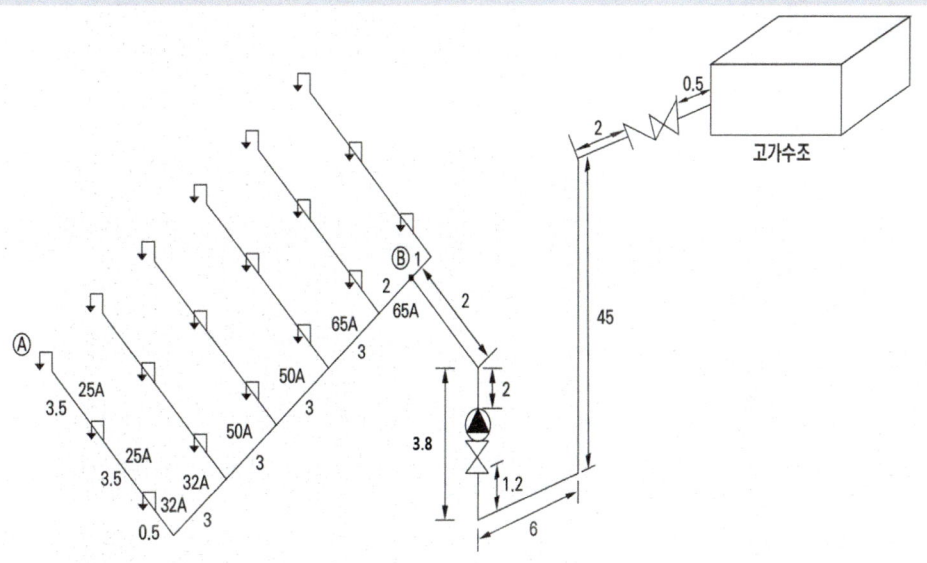

[조 건]
① 설치된 헤드의 방출계수(K)는 모두 80이다.
② 가지배관으로부터 헤드까지의 마찰손실은 무시한다.(단, 구경 25A에서의 손실만 고려한다.)
③ 배관 내의 유수에 따른 마찰손실압력은 Hazen-Williams 공식을 적용하되 계산 편의상 공식은 다음과 같다고 가정한다.

$$\triangle P = 6 \times 10^4 \times \frac{Q^2}{C^2 \times 10^5} \times L$$

여기서, $\triangle P$: 배관의 마찰손실압력[MPa], Q : 배관 내의 유수량[L/min], C : 조도(120)
D : 배관의 내경[mm], L : 배관의 길이[m]

④ 티와 엘보는 동일 구경만 사용한다.
⑤ 티와 엘보를 사용하는 구간의 구경이 다르면 큰 구경으로 분류하고 관경이 다른 곳은 레듀셔로 연결한다.
⑤ 고가수조에서 B지점까지의 배관 및 관부속류의 규격은 100A를 적용한다.
⑥ 배관의 내경은 호칭별로 다음과 같다고 가정한다.

호칭경	25A	32A	40A	50A	65A	80A	100A
내경[mm]	27	33	42	53	66	79	102

⑦ 배관 부속 및 밸브류의 등가길이[m]는 다음 표와 같으며, 이 표에 없는 부속 또는 밸브류의 등가길이는 무시해도 좋다.

호칭경	25A	32A	40A	50A	65A	80A	100A
90엘보	0.6	0.9	1.8	2.1	2.4	2.7	3.0
분류티	1.7	2.2	2.5	3.2	4.1	4.9	6.0
경보밸브	–	–	–	–	–	–	8.7
체크밸브	–	–	–	–	–	–	8.7
게이트밸브	–	–	–	–	–	–	0.7

⑧ 물의 비중량은 9.8[kN/m³]이다.
⑨ 경보밸브, 체크밸브, 게이트밸브의 길이는 0.3[m]이다.

(1) 호칭구경별 등가길이[m]를 구하시오.

호칭경	계산과정	등가길이
25A		
32A		
50A		
65A		
100A		

(2) A점 헤드에서 고가수조까지의 낙차[m]를 구하시오.
- 계산과정 :
- 정답 :

(3) A헤드의 낙차압[MPa]을 구하시오.
- 계산과정 :
- 정답 :

(4) 배관 1m당 마찰손실압력[MPa]을 구하시오.
   (단, 마찰손실압력 계산 시 ○.○○○ × 10^n × Q^2 형태로 작성한다.)

호칭경	계산과정	마찰손실압력[MPA/m]
25A		
32A		
50A		
65A		
100A		

(5) 고가수조에서 A헤드의 분당 방수량[L/min]을 구하시오.
- 계산과정 :
- 정답 :

계산과정

(2) 45−3.8 = 41.2[m]
(3) 1[MPa]=100[mAq] 이므로 41.2[m] = 0.41[MPa] 이다.
(5)
- 고가수조 방식에서 "방수압=낙차−손실압"으로 산출한다.
  ① 낙차압 0.41[MPa]
  ② 구간별 총 손실압 [MPa]
  $(2.904 \times 10^{-7} \times Q^2 \times 8.8) + (1.065 \times 10^{-7} \times Q^2 \times 4.4) + (9.963 \times 10^{-9} \times Q^2 \times 6)$
  $+ (3.327 \times 10^{-9} \times Q^2 \times 5) + (3.774 \times 10^{-10} \times Q^2 \times 95.5) = 3.137 \times 10^{-6} \times Q^2$
- 헤드 유량 [L/min]은 $Q = K\sqrt{10P}$ 이고 조건에 의해 K = 80 이다.
  $Q = 80\sqrt{10 \times (0.41 - (3.137 \times 10^{-6} \times Q^2))}$
  $Q = 80\sqrt{4.1 - (3.137 \times 10^{-5} \times Q^2)}$
  $Q^2 = 80^2 \times (4.1 - (3.137 \times 10^{-5} \times Q^2))$
  $Q^2 = 26240 - 0.200768Q^2$, $1.200768Q^2 = 26240$, $Q = 147.8265 = 147.83[L/min]$

정답

(1)
호칭경	계산과정	등가길이
25A	• 직관 : 3.5+3.5 = 7[m] • 부속류 ① 90도 엘보 3개 : 0.6×3 = 1.8[m] [총합] 8.8[m]	8.8[m]
32A	• 직관 : 3+0.5 = 3.5[m] • 부속류 ① 90도 엘보 1개 : 0.9×1 = 0.9[m] [총합] 4.4[m]	4.4[m]

50A	• 직관 : 3+3 = 6[m] [총합] 6[m]	6[m]
65A	• 직관 : 2+3 = 5[m] [총합] 5[m]	5[m]
100A	• 직관 : 2+2+1.2+6+45+2+0.5 = 58.7[m] • 부속류 ① 90도 엘보 4개 : 3×4=12[m] ② 분류티 1개 : 6[m] ③ 경보밸브 1개 : 8.7[m] ④ 체크밸브 1개 : 8.7[m] ⑤ 게이트밸브 2개 : 0.7×2=1.4[m] [총합] 95.5[m]	95.5[m]

(2) 41.2m
(3) 0.41[MPa]
(4)

호칭경	계산과정	마찰손실압력[MPA/m]
25A	$\Delta P = 6 \times 10^4 \times \dfrac{Q^2}{120^2 \times 27^5} = 2.904 \times 10^{-7} \times Q^2$	$2.904 \times 10^{-7} \times Q^2$
32A	$\Delta P = 6 \times 10^4 \times \dfrac{Q^2}{120^2 \times 33^5} = 1.065 \times 10^{-7} \times Q^2$	$1.065 \times 10^{-7} \times Q^2$
50A	$\Delta P = 6 \times 10^4 \times \dfrac{Q^2}{120^2 \times 53^5} = 9.963 \times 10^{-9} \times Q^2$	$9.963 \times 10^{-9} \times Q^2$
65A	$\Delta P = 6 \times 10^4 \times \dfrac{Q^2}{120^2 \times 66^5} = 3.327 \times 10^{-9} \times Q^2$	$3.327 \times 10^{-9} \times Q^2$
100A	$\Delta P = 6 \times 10^4 \times \dfrac{Q^2}{120^2 \times 102^5} = 3.774 \times 10^{-10} \times Q^2$	$3.774 \times 10^{-10} \times Q^2$

(5) 147.83[L/min]

28 무대부에 개방형스프링클러헤드를 그림과 같이 설치하였다. 조건을 참고하여 펌프의 토출량 [ℓ/min]을 구하시오.

[조 건]
① ⓐ 헤드 방사압은 0.1[MPa] 이고, 유량은 100[L/min] 이다.
② 방출계수 K = 100으로 한다.
③ 하이젠 윌리암식은 $\Delta P = 6 \times 10^4 \dfrac{Q^2}{C^2 \times d^5}$ 을 이용한다.
(C = 100으로 하며 헤드 마찰손실은 무시한다.)
ΔP : 1[m] 당 마찰손실압[MPa], Q : 배관 내 유량[L/min], d : 배관 구경[mm]

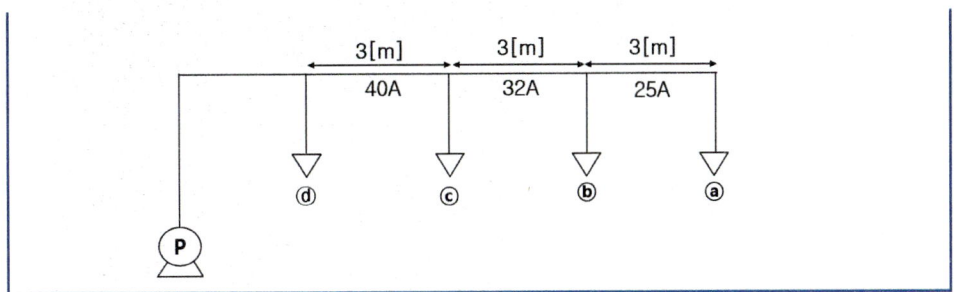

(1) ⓑ 헤드의 방수량[L/min]을 구하시오.

- 계산과정 :
- 정답 :

(2) ⓒ 헤드의 방수량[L/min]을 구하시오.

- 계산과정 :
- 정답 :

(3) ⓓ 헤드의 토출량[L/min]을 구하시오.

- 계산과정 :
- 정답 :

(4) 펌프의 토출량[L/min]을 구하시오.

- 계산과정 :
- 정답 :

계산과정

(1) ⓐ 헤드의 방수압 $P_ⓐ = 0.1[MPa]$, ⓐ 헤드의 토출량 $Q_ⓐ = 100[L/min]$

ⓑ 헤드의 방수압 $P_ⓑ = P_ⓐ + \Delta P_{ⓐ \sim ⓑ} = 0.1 + (\frac{6 \times 10^4 \times 100^2}{100^2 \times 25^5} \times 3) = 0.1184[MPa]$

ⓑ 헤드의 방수량 $Q_ⓑ = K\sqrt{10P_ⓑ} = 100\sqrt{10 \times 0.1184} = 108.81[\ell/min]$

(2) ⓒ 헤드의 방수압

$P_ⓒ = P_ⓑ + \Delta P_{ⓑ \sim ⓒ} = 0.1184 + (\frac{6 \times 10^4 \times (100+108.81)^2}{100^2 \times 32^5} \times 3) = 0.1417[MPa]$

ⓒ 헤드의 방수량 $Q_ⓒ = K\sqrt{10P_ⓒ} = 100\sqrt{10 \times 0.1417} = 119.04[\ell/min]$

(3) ⓓ 헤드의 방수압

$P_ⓓ = P_ⓒ + \Delta P_{ⓒ \sim ⓓ} = 0.1417 + (\frac{6 \times 10^4 \times (100+108.81+119.04)^2}{100^2 \times 40^5} \times 3) = 0.1605[MPa]$

ⓓ 헤드의 방수량 $Q_ⓓ = K\sqrt{10P_ⓓ} = 100\sqrt{10 \times 0.1605} = 126.69[\ell/min]$

(4) 펌프의 토출량 = 100+108.81+119.04+126.69 = 454.54[ℓ/min]

정답 (1) 108.81[L/min] (2) 119.04[L/min] (3) 126.69[L/min] (4) 454.54[ℓ/min]

29 습식 유수검지장치 또는 부압식 스프링클러에 설치하는 시험장치 기준에서, 다음 각 물음에 답하시오.

(1) 시험장치는 어떤 배관에 연결하여야 하는가?
- 정답 :
(2) 시험장치의 배관의 최소 구경[mm]을 얼마 이상인가?
- 정답 :
(3) 아래의 기호를 이용하여 미완성된 시험장치의 계통도 입면도를 완성하시오. (배관을 포함하며 아래 기호들이 반드시 포함되어야 한다.)

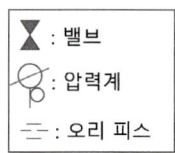

정답 (1) 습식스프링클러설비 및 부압식스프링클러설비에 있어서는 유수검지장치 2차 측 배관에 연결하여 설치
(2) 25[mm] 이상
(3)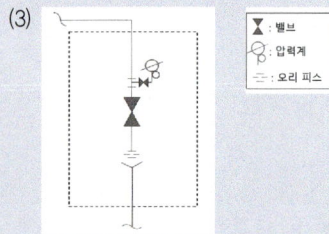

30 옥내소화전 설비와 스프링클러가 설치된 아파트이다. 다음 조건을 보고 각 물음에 답하시오.

[조 건]
① 계단식 아파트로 지하 2층(주차장), 지상 12층(아파트에 층별 세대수는 2세대)인 아파트이다.
② 옥내소화전 및 스프링클러설비는 각 층마다 설치되어 있다.
③ 지하층에는 옥내소화전 방수구가 층마다 3개, 지상층에는 옥내소화전 방수구가 층마다 1개가 설치되어 있다.
④ 아파트의 각세대별로 설치된 헤드의 개수는 12개 이다.
⑤ 옥내소화전 설비의 실양정은 50[m], 배관 손실은 실양정의 15%, 호스손실은 실양정의 30%를 적용한다.
⑥ 스프링클러설비의 경우 실양정은 52[m] 배관손실은 실양정의 35%를 적용한다.

⑦ 펌프의 효율은 $\eta_1 : 0.75, \eta_2 : 0.9, \eta_3 : 0.8$으로 하며 동력전달계수는 1.1을 적용한다.
⑧ 유체의 비중량은 9.8[kN/m³]으로 한다.
⑨ 각 설비가 설치되어 있는 장소는 방화벽과 방화문으로 구획되어 있지 않고, 저수조, 펌프 및 입상배관은 겸용으로 설치되어 있다.

(1) 소화펌프의 전양정(m)을 산출하시오.
 • 계산과정 :
 • 정답 :
(2) 소화설비에 필요한 수원의 최소 유효저수량(m³)을 산출하시오.
 (옥상수조의 수원량도 포함하시오.)
 • 계산과정 :
 • 정답 :
(3) 펌프의 토출량[L/min]을 계산하시오.
 • 계산과정 :
 • 정답 :
(4) 전동기의 소요동력(kW)을 산출하시오. (단, 전달계수는 1.1로 한다.)
 • 계산과정 :
 • 정답 :
(5) 감시제어반과 동력제어반으로 구분하여 설치하지 아니할 수 있는 경우를 3가지만 쓰시오.
 • 정답 :

계산과정
(1) ① 옥내소화전 전양정
 $h_1 + h_2 + h_3 + 17 = 50 + (50 \times 0.15) + (50 \times 0.3) + 17 = 89.5[m]$
 ② 스프링클러설비 전양정
 $h_1 + h_2 + 10 = 52 + (52 \times 0.35) + 10 = 80.2[m]$
 ∴ 펌프의 전양정은 최대값으로 산정한다.
(2) ① 옥내소화전 수원량 : 전용 : $(2 \times 2.6[m^3]) = 5.2[m^3]$, 옥상 : $5.2 \times \frac{1}{3} = 1.73[m^3]$
  → 전체 수원량 : $5.2 + 1.73 = 6.93[m^3]$
 ② 스프링클러설비 수원량 : 전용 : $(10 \times 1.6[m^3]) = 16[m^3]$, 옥상 : $16 \times \frac{1}{3} = 5.33[m^3]$
  → 전체 수원량 : $16 + 5.33 = 21.33[m^3]$
 ③ 수원량은 합산량으로 산정한다. $6.93 + 21.33 = 28.26[m^3]$
(3) 토출량 합산 $(2 \times 130) + (10 \times 80)[L/min] = 1060[L/min]$
(4) $P[kW] = \dfrac{9.8 \times 1.06 \times 89.5}{60 \times 0.9 \times 0.8 \times 0.75} \times 1.1 = 31.5647 = 31.56[kW]$

정답 (1) 89.5[m] (2) 28.26[m³] (3) 1060[L/min] (4) 31.56[kW]
 (5) ① (내연기관)에 따른 가압송수장치를 사용하는 경우
  ② (고가수조)에 따른 가압송수장치를 사용하는 경우
  ③ (가압수조)에 따른 가압송수장치를 설치하는 경우

31 다음은 수원 및 펌프가 중압집결방식으로 설치된 A,B,C 구역에 대한 설명이다. 조건을 보고 다음 물음에 답하시오.

- (A구역)
  옥내소화전 설비가 2개 설치되어 있고, 스프링클러설비는 헤드가 10개 설치되어 있다.
- (B구역)
  옥외소화전설비가 3개 설치되어 있고, 차고에 물분무 소화설비가 설치되어 있으며 토출량은 20[L/min·m²]이고, 바닥면적은 50[m²] 이다.
- (C구역)
  옥외에 완전 개방된 주차장에 설치하는 포소화전설비는 포소화전 방수구가 8개 설치되어 있다. 포원액의 농도는 무시하며 포소화전을 설치한 장소의 바닥면적은 200[m²]을 초과한다.

[조 건]
① 펌프 배관과 소화수 또는 소화약제를 최종 방출하는 방출구가 고정된 고정식 소화설비가 2개 설치되어 있다.
② 각 구역의 소화설비가 설치된 부분이 방화벽과 방화문으로 구획되어 있으며, 각 소화설비에 지장을 주지 않는다.
③ 옥상수조는 제외 한다.

(1) 펌프의 정격토출량[m³/min]은 얼마인가?
- 계산과정 :
- 정답 :

(2) 최소 수원의 양[m³]은 얼마인가?
- 계산과정 :
- 정답 :

계산과정
(1) • A구역
  ① 옥내소화전설비 : 2×130[L/min] = 260[L/min]
  ② 스프링클러설비 : 10×80[L/min] = 800[L/min]
  ∴ 260+800 = 1060[L/min] = 1.06[m³/min]
• B구역
  ① 옥외소화전설비 : 2×350[L/min] = 700[L/min]
  ② 물분무소화설비 : 50[m²]×20[L/min·m²] = 1000[L/min]
  ∴ 700+1000 = 1700[L/min] = 1.7[m³/min]
• C구역
  ① 포소화전설비 : 5×300[L/min] = 1500[L/min] = 1.5[m³/min]
  → 조건에 의해 고정식 소화설비가 2개 이상 설치되어 있고 방화구획이 되어 있고 소화설비에 지장을 주지 않을 때 토출량 중 최대의 것으로 할 수 있다. 그러므로 <u>1.7[m³/min]</u>으로 산정한다.
(2) 1.7[m³/min]×20[min] = 34[m³]
정답 (1) 1.7[m³/min] (2) 34[m³]

32 업무시설과 판매시설(슈퍼마켓)에 설치하는 스프링클러설비의 단면도와 평면도를 아래와 같이 나타낸 것이다. 문제의 조건을 보고 각 물음에 답하시오.

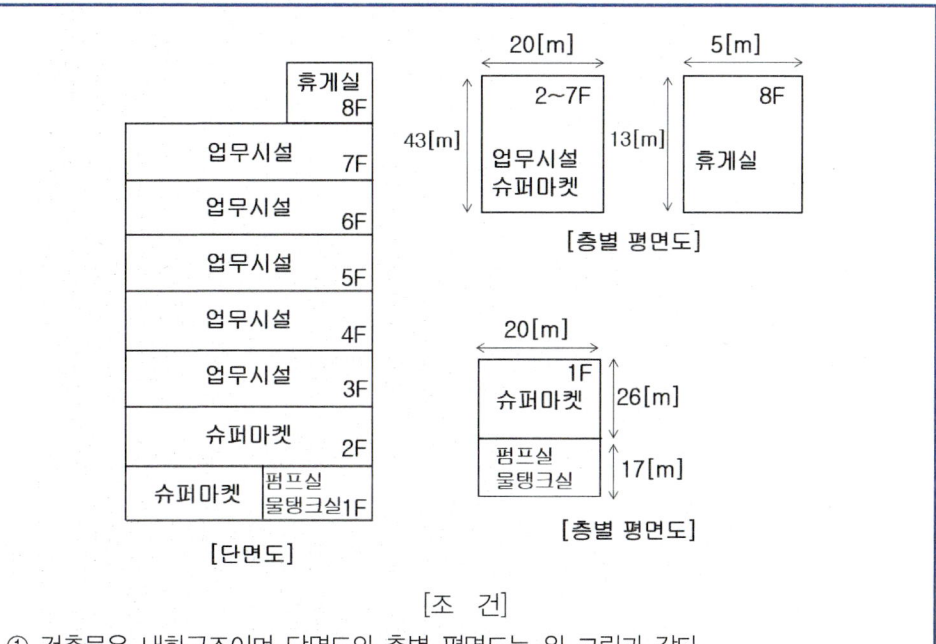

[조 건]
① 건축물은 내화구조이며 단면도와 층별 평면도는 위 그림과 같다.
② 설치하는 헤드는 폐쇄형 헤드이고 정방형으로 배치한다.
③ 주배관에 관련된 계산은 헤드가 가장 많이 설치된 유수검지장치를 기준으로 한다.

(1) 전체 스프링클러헤드의 개수를 구하시오.
　① 1층 슈퍼마켓
　② 2층 슈퍼마켓 및 3~7층 업무시설
　③ 8층 휴게실
　④ 총 헤드수
　　• 계산과정 :
　　• 정답 :

(2) 다음의 표를 참고하여 헤드 개수에 따른 유수검지장치의 규격과 필요수량을 구하시오.

급수관구경	25	32	40	50	65	80	90	100	125	150
헤드수	2	4	7	15	30	60	65	100	160	161이상

구분	유수검지장치 규격[mm]	필요수량
1F		(　　)개
2F~7F		각층(　　)개, 총 개수(　　)개
8F		(　　)개

유수검지장치는 각층마다 설치하며 바닥면적 3,000[㎡]당 1개를 설치한다.
- 정답 :

(3) 주배관의 유속[m/s]을 구하시오.
- 계산과정 :
- 정답 :

계산과정

(1) ① 1층 슈퍼마켓
   - 헤드간 거리 : $s = 2R\cos 45 = 2 \times 2.3 \times \cos 45 = 3.25[m]$
   - 가로 헤드수 : $\dfrac{20}{3.25} = 6.15 = 7개$
   - 세로 헤드수 : $\dfrac{26}{3.25} = 8개$
   - ∴ $7 \times 8 = 56개$

   ② 2층 슈퍼마켓 및 3~7층 업무시설
   - 가로 헤드수 : $\dfrac{20}{3.25} = 6.15 = 7개$
   - 세로 헤드수 : $\dfrac{43}{3.25} = 13.23 = 14개$
   - ∴ $7 \times 14 \times 6층 = 588개$

   ③ 8층 휴게실
   - 가로 헤드수 : $\dfrac{5}{3.25} = 1.54 = 2개$
   - 세로 헤드수 : $\dfrac{13}{3.25} = 4개$
   - ∴ $2 \times 4 = 8개$

   ④ 총 헤드수 = 56+588+8 = 652개

(3) ① $Q = 30 \times 80[L/\min] = 2400[L/\min]$
   (기준개수를 30개로 하는 이유는 판매시설이 들어있는 복합건축물이기 때문이다.)
   ② 유속 $v = \dfrac{4Q}{\pi D^2} = \dfrac{4 \times 2.4}{\pi \times 0.1^2 \times 60} = 5.09[m/s]$

정답 (1) 652개

(2)

구분	유수검지장치 규격[mm]	필요수량
1F	80 (56개를 설치한다.)	(1)개
2F~7F	100 (98개를 설치한다.)	각층 (1)개, 총 개수(6)개
8F	50 (8개를 설치한다.)	(1)개

(3) 5.09[m/s]

33 다음은 수계소화설비의 성능시험배관에 대한 내용이다. 조건을 이용하여 각 물음에 답하시오.

[조 건]
① 토출측 배관에는 플랙시블 조인트가 설치되어 있다.
② 성능시험배관의 밸브는 평상시 상시 폐쇄상태이다.
③ 소방시설 자체점검사항 등에 관한 고시에 명시된 소방시설도시기호를 사용한다.

(1) 펌프의 토출측 배관(개폐밸브까지)과 성능시험배관을 관부속류 및 계측기를 사용하여 완성하시오.

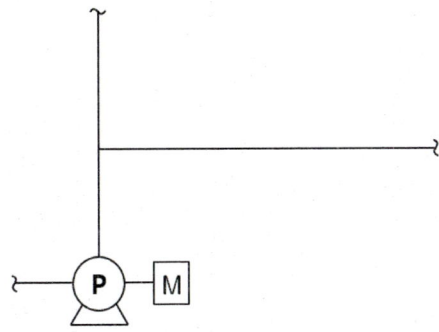

• 정답 :

(2) 시험의 명칭과 판정기준을 각각 3가지씩 작성하시오. (단, 판정기준은 토출압력과 토출량을 기준으로 작성한다.)

• 정답 :

정답

(1)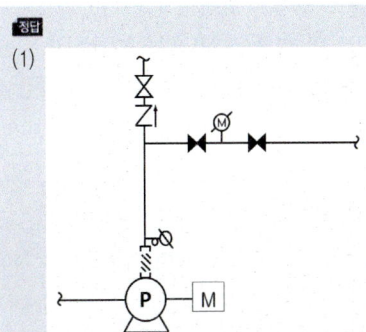

(2) ① 체절압력시험 : 유량계 지침이 정격유량의 0%일 때 압력계 지침이 정격압력의 140%이하인지 확인
② 정격부하시험 : 유량계 지침이 정격유량의 100%일 때 압력계 지침이 정격압력의 100%인지 확인
③ 과부하시험 : 유량계 지침이 정격유량의 150%일 때 압력계 지침이 정격압력의 65%이상인지 확인
∴ 7×14×6층 = 588개

Chapter 06 스프링클러설비 **171**

CHAPTER 07 간이스프링클러설비

01 간이 스프링클러 설비의 성능

(1) **방수량** : 50[L/min] 이상

(2) **방수압력** : 0.1[MPa] 이상

02 간이 스프링클러 설비의 분류

(1) **상수도직결형** : 수조를 사용하지 않고 상수도에 직접 연결하여 항상 기준 방수압 및 방수량 이상을 확보할 수 있는 설비

(2) **캐비닛형** : 가압송수장치, 수조(「캐비닛형 간이스프링클러설비 성능인증 및 제품검사의 기술기준」에서 정하는 바에 따라 분리형으로 할 수 있다) 및 유수검지장치 등을 집적화하여 캐비닛 형태로 구성시킨 간이 형태의 스프링클러설비

(3) **가압송수장치를 이용하는 방식**

03 간이 스프링클러 설비의 구성

(1) **수원**

① 상수도직결형의 경우에는 수돗물

② 수조("캐비닛형"을 포함한다)를 사용하고자 하는 경우에는 적어도 1개 이상의 자동급수장치를 갖추어야 하며, 2개의 간이헤드에서 최소 10분[영 별표 4 제1호마목2)가) 또는 6)과 8)에 해당하는 경우에는 5개의 간이헤드에서 최소 20분]이상 방수할 수 있는 양 이상을 수조에 확보할 것

1) 근린생활시설로 사용하는 부분의 바닥면적 합계가 1천㎡ 이상인 것은 모든층

6) 숙박시설로 사용되는 바닥면적의 합계가 300㎡ 이상 600㎡ 미만인 시설

7) 복합건축물(별표 2 제30호나목의 복합건축물만 해당한다)로서 연면적 1천㎡ 이상인 것은 모든 층

> **참고 수원량 산정방법**
> - 일반건축물
>   → $Q[\ell] = 2개 \times 50[\ell/min] \times 10[min]$ (간이헤드)
> - 근린생활·숙박시설·복합건축물에 간이스프링클러설치시
>   → $Q[\ell] = 5개 \times 50[\ell/min] \times 20[min]$ (간이헤드)

(2) 가압송수장치

방수압력은 가장 먼 가지배관에서 2개[영 별표 4 에 해당하는 경우에는 5개]의 간이헤드를 동시에 개방할 경우 각각의 간이헤드 선단 방수압력은 0.1 MPa 이상, 방수량은 50 L/min 이상이어야 한다. 다만, 제6조제7호에 따른 주차장에 표준반응형스프링클러헤드를 사용할 경우 헤드 1개의 방수량은 80 L/min 이상이어야 한다.

(3) 간이스프링클러설비의 배관 및 밸브등의 순서

① 상수도직결형
  ㉠ 수도용계량기, 급수차단장치, 개폐표시형밸브, 체크밸브, 압력계, 유수검지장치(압력스위치 등 유수검지장치와 동등 이상의 기능과 성능이 있는 것을 포함한다), 2개의 시험밸브
  ㉡ 간이스프링클러설비 이외의 배관에는 화재시 배관을 차단할 수 있는 급수차단장치를 설치할 것

② 펌프 등의 가압송수장치를 이용하여 배관 및 밸브 등을 설치하는 경우에는 수원, 연성계 또는 진공계, 펌프 또는 압력수조, 압력계, 체크밸브, 성능시험배관, 개폐표시형개폐밸브, 유수검지장치, 시험밸브의 순으로 설치할 것

③ 가압수조를 가압송수장치를 이용하여 배관 및 밸브 등을 설치하는 경우에는 수원, 가압수조, 압력계, 체크밸브, 성능시험배관, 개폐표시형개폐밸브, 유수검지장치, 2개의 시험밸브 순으로 설할 것

④ 캐비닛형의 가압송수장치에 배관 및 밸브 등을 설치하는 경우에는 수원, 연성계 또는 진공계(수원이 펌프보다 높은 경우를 제외한다. 이하 같다), 펌프 또는 압력수조, 압력계, 체크밸브, 개폐표시형밸브, 2개의 시험밸브의 순으로 설치할 것. 다만, 소화용수의 공급은 상수도와 직결된 바이패스관 또는 펌프에서 공급받아야 한다.

(4) 간이헤드
폐쇄형스프링클러헤드의 일종으로 간이스프링클러설비를 설치해야 하는 특정소방대상물의 화재에 적합한 감도·방수량 및 살수분포를 갖는 헤드를 말한다.

04 간이헤드

간이헤드는 다음 각호의 기준에 적합한 것을 사용하여야 한다.

(1) 폐쇄형 간이헤드 사용.

(2) 간이헤드의 작동온도는 실내의 최대주위천장온도가 0[℃] 이상 38[℃] 이하인 경우 공칭작동온도가 57[℃]에서 77[℃]의 것을, 39[℃] 이상 66[℃] 이하인 경우에는 공칭작동온도가 79[℃]에서 109[℃]의 것을 사용할 것

(3) 간이헤드 수평거리는 2.3[m](스프링클러헤드의 형식승인 및 제품검사기술기준 유효반경의 것으로 한다.)이하가 되도록 하여야 한다.

(4) 간이헤드 1개의 방수량은 분당 50[ℓ] 이상이어야 한다.

(5) 간이헤드는 천장 또는 반자의 경사, 대들보, 조명장치 등에 의하여 살수장애의 영향을 받지 아니하도록 할 것

05 주택전용 간이 스프링클러설비 (신설 기준)

(1) 주택전용 간이스프링클러설비는 다음 기준에 따라 설치한다. 다만, 본 공고에 따른 주택전용 간이스프링클러설비가 아닌 간이스프링클러설비를 설치하는 경우에는 그렇지 않다.

① 상수도에 직접 연결하는 방식으로 수도용 계량기 이후에서 분기하여 수도용 역류방지밸브, 개폐표시형밸브, 세대별 개폐밸브 및 간이헤드의 순으로 설치할 것. 이 경우 개폐표시형밸브와 세대별 개폐밸브는 그 설치위치를 쉽게 식별할 수 있는 표시를 해야 한다.

② 방수압력과 방수량은 간이스프링클러 기준에 따를 것

③ 배관은 간이스프링클러 기준에 따라 설치할 것. 다만, 세대 내 배관은 소방용 합성수지배관으로 설치할 수 있다.

④ 간이헤드와 송수구는 간이스프링클러 기준에 따라 설치할 것

⑤ 주택전용 간이스프링클러설비에는 가압송수장치, 유수검지장치, 제어반, 음향장치, 기동장치 및 비상전원은 적용하지 않을 수 있다.

CHAPTER 07 간이스프링클러설비

01 간이 스프링클러설비를 설치하는 설치기준에서 보와 가장 가까운 간이헤드를 아래 그림과 같이 설치하려고 한다. 그림에서 (   )에 알맞은 거리를 구하시오.(8점)

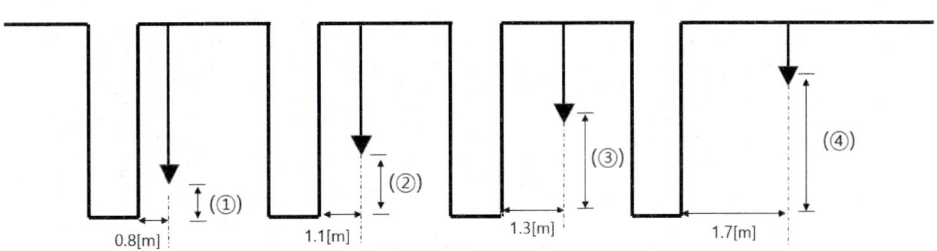

- 정답 :

> **정답** ① 0.1[m] 미만 ② 0.15[m] 미만 ③ 0.15[m] 미만 ④ 0.3[m] 미만
> **참고** 보와 가까운 헤드의 설치기준

스프링클러헤드의 반사판중심과 보의 수평거리 (L)	스프링클러헤드의 반사판 높이와 보의 하단높이의 수직거리 (L)
0.75[m] 미만	보의 하단보다 낮은 것
0.75[m] 이상 1[m] 미만	0.1[m] 미만일 것
1[m] 이상 1.5[m] 미만	0.15[m] 미만일 것
1.5[m] 이상	0.3[m] 미만일 것

02 근린생활시설·복합건출물·생활형 숙박시설 이외의 장소에 간이형 스프링클러 헤드를 이용하여 간이스프링클러설비를 설치하고자 할 때 전용수조 설치시 수원양[m³]은?

- 계산과정 :
- 정답 :

> **계산과정**
> $Q = 2 \times 50[\ell/min] \times 10[min] = 1[m^3]$
> **정답** 1[m³]

CHAPTER 08 화재조기진압용 스프링클러설비

01 설치장소의 구조

(1) 당해층의 높이가 13.7[m] 이하 일 것
(2) 천장의 기울기가 1000분의 168을 초과하지 아니하고, 이를 초과하는 경우에는 반자를 지면과 수평으로 설치할 것
(3) 천장은 평평해야하며 철재나 목재트러스 구조의 경우에는 철재나 목재의 돌출부분이 102[mm]를 초과하지 아니할 것
(4) 보로 이용되는 목재, 콘크리트 및 철재사이의 간격은 0.9[m] 이상 2.3[m] 이하일 것. 다만, 보의 간격이 2.3[m] 이상인 경우에는 화재조기진압용 스프링클러헤드의 동작을 원활히 하기 위하여 보로 구획된 부분의 천장 및 반자의 넓이가 28[m²]를 초과하지 아니할 것
(5) 창고내의 선반의 형태는 하부로 물이 침투되는 구조로 할 것

02 수원

수원은 가장 먼 가지배관 3개에 각각 4개의 스프링클러헤드가 동시에 개방되었을 때 헤드 선단의 압력이 표1 에 의한 값 이상으로 60분간 방사할 수 있는 양으로 한다.

- $Q = K\sqrt{10P} \times 12 \times 60$

  여기서, Q : 수원의 양[ℓ]
  K : 상수[ℓ/min/(MPa$^{1/2}$)]
  P : 헤드선단의 압력[MPa]

(표1)화재조기진압용 스프링클러헤드의 최소방사압력(MPa)

최대층고	최대저장 높이	화재조기진압용스프링클러헤드					
		K=360 하향식	K=320 하향식	K=240 하향식	K=240 상향식	K=200 하향식
13.7[m]	12.2[m]	0.28	0.28	–	–	–
13.7[m]	10.7[m]	0.28	0.28	–	–	–
12.2[m]	10.7[m]	0.17	0.28	0.36	0.36	0.52
10.7[m]	9.1[m]	0.14	0.24	0.36	0.36	0.52
9.1[m]	7.6[m]	0.10	0.17	0.24	0.24	0.34

03 화재조기진압용 스프링클러설비의 헤드

(1) 방호면적은 6.0[m²] 이상 9.3[m²] 이하

(2) 가지배관의 헤드 사이의 거리는 천장 높이가 9.1[m] 미만인 경우에는 2.4[m] 이상 3.7[m] 이하, 9.1[m] 이상 13.7[m] 이하인 경우에는 3.1[m] 이하로 할 것

(3) 헤드의 반사판은 천장 또는 반자와 평행하게 설치하고 저장물의 최상부와 914[mm] 이상 확보되도록 할 것

(4) 하향식 헤드의 반사판의 위치는 천장이나 반자아래 125[mm] 이상 355[mm] 이하일 것

(5) 상향식 헤드의 감지부 중앙은 천장 또는 반자와 101[mm] 이상 152[mm] 이하이어야 하며, 반사판의 위치는 스프링클러배관의 윗부분에서 최소 178[mm] 상부에 설치되도록 할 것

(6) 헤드와 벽과의 거리는 헤드 상호간 거리의 1/2을 초과하지 않아야 하며 최소 102[mm] 이상일 것

(7) 헤드의 작동온도는 74[℃] 이하일 것. 다만, 헤드 주위의 온도가 38[℃] 이상일 경우에는 그 온도에서의 화재시험 등에서 헤드작동에 관하여 공인기관의 시험을 거친 것을 사용할 것.

(8) 상부에 설치된 헤드의 방출수에 따라 감열부에 영향을 받을 우려가 있는 헤드에는 방출수를 차단할 수 있는 유효한 차폐판을 설치할 것

04 저장물의 간격

저장 물품의 사이의 간격은 모든 방향에서 152[mm] 이상의 간격을 유지하여야 한다.

05 환기구

(1) 공기의 유동으로 인하여 헤드의 작동온도에 영향을 주지 않는 구조일 것

(2) 화재감지기와 연동하여 동작하는 자동식 환기장치를 설치하지 아니할 것. 다만, 자동식 환기장치를 설치할 경우에는 최소작동온도가 180[℃] 이상일 것

06 설치제외 장소

(1) 제4류 위험물

(2) 타이어, 두루마리 종이 및 섬유류 등 연소시 화염의 속도가 빠르고 방사된 물이 하부까지 도달하지 못하는 것

CHAPTER 09 물분무 소화설비

01 물분무소화설비의 소화효과

(1) 냉각작용
물분무상태로 소화하여 대량의 기화열을 내어서 연소물을 발화점 이하로 낮추어 소화한다.

(2) 질식작용
분무 주수이므로 대량의 수증기가 발생하여 체적이 1,650배로 팽창하여 농도를 21[%]에서 15[%] 이하로 낮추어 소화한다.

(3) 희석작용
알코올과 같이 수용성인 액체는 물에 잘 녹아 희석하여 소화한다.

(4) 유화작용
석유, 제4류 위험물과 같이 유류화재시 불용성의 가연성 액체 표면에 불연성의 유막을 형성하여 소화한다.

02 물분무 소화 설비의 구성

(1) 수원

① 특수가연물을 저장 또는 취급하는 특정소방대상물 또는 그 부분에 있어서 그 바닥면적(최대 방수구역의 바닥면적을 기준으로 하며, 50[m²] 이하인 경우에는 50[m²]) 1[m²]에 대하여 10[ℓ/min]로 20분간 방수할 수 있는 양 이상으로 할 것

② 차고 또는 주차장은 그 바닥면적(최대 방수구역의 바닥면적을 기준으로 하며, 50[m²]이하인 경우에는 50[m²]) 1[m²]에 대하여 20[ℓ/min]로 20분간 방수할 수 있는 양 이상으로 할 것

③ 절연유 봉입 변압기는 바닥부분을 제외한 표면적을 합한 면적 1[m²]에 대하여 10[ℓ/min]로 20분간 방수할 수 있는 양 이상으로 할 것

④ 케이블트레이, 케이블덕트 등은 투영된 바닥면적 1[m²]에 대하여 12[ℓ/min]로 20분간 방수할 수 있는 양 이상으로 할 것

⑤ 컨베이어 벨트 등은 벨트부분의 바닥면적 1[m²]에 대하여 10[ℓ/min]로 20분간 방수할 수 있는 양 이상으로 할 것

소방 대상물	필요 저수량	비 고
차고, 주차장	바닥면적[m²] × 20[ℓ/min·m²] × 20[min]	최소면적 50[m²] 적용
특수가연물	바닥면적[m²] × 10[ℓ/min·m²] × 20[min]	
절연유봉입 변압기	바닥부분 제외 표면적[m²] × 10[ℓ/min·m²] × 20[min]	
컨베이어벨트	벨트부분의 바닥면적 [m²] × 10[ℓ/min·m²] × 20[min]	
케이블 트레이 케이블 덕트	투영된 바닥면적[m²] × 12[ℓ/min·m²] × 20[min]	

(2) 가압송수장치

① 펌프 방식 전양정(H)
- $H = h_1 + h_2$
    - h_1 : 물분무 헤드의 설계압력 환산수두[m]
    - h_2 : 배관의 마찰손실 수두[m]

② 고가수조 낙차(H)
- $H = h_1 + h_2$
    - h_1 : 물분무 헤드의 설계압력 환산수두[m]
    - h_2 : 배관의 마찰손실 수두[m]

③ 압력수조 필요압력(P)
- $P = P_1 + P_2 + P_3$
    - P_1 : 물분무 헤드의 설계압력[MPa]
    - P_2 : 배관의 마찰손실 수두압[MPa]
    - P_3 : 낙차의 환산수두압[MPa]

④ 가압수조 방식

(3) 물분무 헤드(종류 : 충돌형, 분사형, 선회류형, 디플렉타형, 슬리트형)

① 물분무헤드는 표준방사량으로 해당 방호대상물의 화재를 유효하게 소화하는데 필요한 수를 적정한 위치에 설치하여야 한다.

② 고압의 전기기기가 있는 장소는 전기의 절연을 위하여 전기기기와 물분무헤드 사이에 다음 표에 따른 거리를 두어야 한다.

전압[kV]	거리[cm]	전압[kV]	거리[cm]
66 이하	70 이상	154 초과 181 이하	180 이상
66 초과 77 이하	80 이상	181 초과 220 이하	210 이상
77 초과 110 이하	110 이상	220 초과 275 이하	260 이상
110 초과 154 이하	150 이상		

(4) 배수장치(차고 및 주차장)
: 물분무소화설비를 설치하는 차고 또는 주차장에는 다음 각 호의 기준에 따라 배수설비를 하여야 한다.

① 차량이 주차하는 장소의 적당한 곳에 높이 10㎝ 이상의 경계턱으로 배수구를 설치할 것

② 배수구에는 새어나온 기름을 모아 소화할 수 있도록 길이 40m 이하마다 집수관·소화핏트 등 기름분리장치를 설치할 것

③ 차량이 주차하는 바닥은 배수구를 향하여 100분의 2 이상의 기울기를 유지할 것
④ 배수설비는 가압송수장치의 최대송수능력의 수량을 유효하게 배수할 수 있는 크기 및 기울기로 할 것

03 물분무헤드의 설치제외

(1) 물과 심하게 반응하는 물질 또는 물과 반응하여 위험한 물질을 생성하는 물질을 저장 또는 취급하는 장소

(2) 고온물질 및 증류범위가 넓어 끓어넘치는 위험이 있는 물질을 저장 또는 취급 하는 장소

(3) 운전시에 표면의 온도가 260[℃] 이상으로 되는 등 직접 분무를 하는 경우 그 부분에 손상을 입힐 우려가 있는 기계장치 등이 있는 장소

CHAPTER 09 물분무 소화설비

01 특수가연물 저장창고의 바닥면적이 200[m²]인 곳에 물분무 소화설비를 하였다. ① 수원의 저수량[m³] 및 ② 송수펌프의 토출량[ℓ/min]은 얼마인가?

(1) 수원의 저수량[m³] 계산 하시오.
- 계산과정 :
- 정답 :

(2) 송수펌프의 토출량[ℓ/min] 계산 하시오.
- 계산과정 :
- 정답 :

> **계산과정**
> (1) $Q = 200[m^2] \times 10[\ell/min \cdot m^2] \times 20[min] = 40000[\ell] = 40[m^3]$
> (2) $Q = 200[m^2] \times 10[\ell/min \cdot m^2] = 2000[\ell/min]$
> **정답** (1) 40[m³]　　(2) 2000[ℓ/min]

02 주차장에 물분무소화설비를 설치하려고 한다. 주차장의 최대방수구역 바닥면적은 650[m^2] 이고 헤드 1개의 표준방사량은 80[L/min]일 때 헤드의 소요개수를 산출하시오.

- 계산과정 :
- 정답 :

> **계산과정**
> ① 분당 방수량 계산[L/min]
> 　$Q = 650[m^2] \times 20[\ell/m^2 min] = 13000[L/min]$
> ② 헤드소요개수 계산
> 　$N = \dfrac{13000[\ell/min]}{80[\ell/min]} = 162.5개 = 163개$
> **정답** 163개

03 건물의 지하 주차장에 물분무 소화설비를 설치하려 한다. 조건을 참조하여 각 물음에 답하시오.

[조 건]
① 바닥면적은 160[m²]이다.
② 헤드의 설계압력은 0.25[MPa]이다.
③ 실양정은 30[m], 배관 및 관부속품의 마찰손실수두는 10[m]이다.
④ 펌프의 효율은 65[%]이며 전달계수는 1.1이다.

(1) 전양정은 몇 [m]인가?
  • 계산과정 :
  • 정답 :

(2) 전동기 용량은 몇 [kW]인가?
  • 계산과정 :
  • 정답 :

계산과정

(1) ① h_1(실양정) : 30[m]
  ② h_2(헤드의 설계압력 환산수두) : 25[m]
  ③ h_3(배관 및 관부속품 마찰손실수두) : 10[m]
  ∴ $H = 30 + 25 + 10 = 65[m]$

(2) ① 유량 : $Q = 160[m^2] \times 20[l/m^2 \cdot min] = 3200[l/min] = 3.2[m^3/min]$
  ② 동력 : $P[kW] = \dfrac{9.8 \times 3.2 \times 65}{60 \times 0.65} \times 1.1 = 57.4933 = 57.49[kW]$

정답 (1) [정답] 65[m]   (2) [정답] 57.49[kW]

---

04 절연유 봉입 변압기에 물분무 소화설비를 그림과 같이 적용하고자 한다. 바닥 부분을 제외한 변압기의 표면적을 100[m²]라고 할 때, 다음 물음에 답하시오. (단, 물분무 헤드의 방사압력은 0.4[MPa]로 한다.)

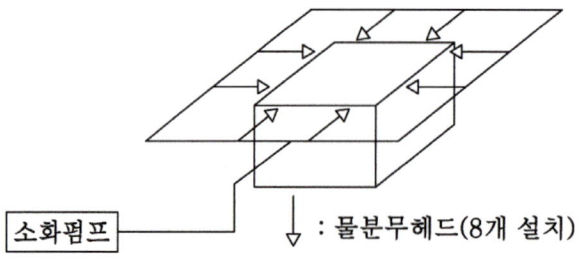
↓ : 물분무헤드(8개 설치)
소화펌프

(1) 펌프의 분당 토출량은 몇 [ℓ/min] 인가?
- 계산과정 :
- 정답 :

(2) 헤드 1개당 방사량은 몇 [ℓ/min] 인가?
- 계산과정 :
- 정답 :

(3) 방출계수 K값은 얼마인가?
- 계산과정 :
- 정답 :

계산과정
(1) $100[m^2] \times 10[\ell/min \cdot m^2] = 1000[\ell/min]$
(2) $\dfrac{1000[\ell/min]}{8[개]} = 125[\ell/min \cdot 개]$
(3) $Q = K\sqrt{10P}$ 공식을 이용하면, $\dfrac{125}{\sqrt{10 \times 0.4}} = 62.50$

정답 (1) 1000[L/min] (2) 125[ℓ/min·개] (3) 62.5

---

05 주차장 바닥면적이 200[m²]인 방호공간에 최대 방수구역의 바닥면적을 100[m²]로 하여 물분무 소화설비를 설치할 경우 다음 물음에 답하시오.(단, 효율은 65%, 전양정 50[m], 전달계수는 무시 한다.)

(1) 수원의 최소 확보량[m³]을 구하시오.
- 계산과정 :
- 정답 :

(2) 펌프를 구동하기 위한 전동기의 최소 용량[kW]을 구하시오.
- 계산과정 :
- 정답 :

계산과정
(1) $Q = A[m^2] \times 20[\ell/min \cdot m^2] \times 20[min] = 100 \times 20 \times 20 = 40000[\ell] = 40[m^3]$
(2) ① $Q = A[m^2] \times 20[\ell/min \cdot m^2] = 100 \times 20 = 2000[\ell/min]$
   ② $P[kW] = \dfrac{9.8 \times 2 \times 50}{60 \times 0.65} = 25.1282 = 25.13[kW]$

정답 (1) 40[m³] (2) 25.13[kW]

06 가로가 5[m], 세로가 3[m] 높이가 1.8[m]인 절연유 봉입 변압기에 물분무소화설비를 설치하고자 한다. 다음 물음에 답하시오.

(1) 소화펌프의 최소 토출량[L/min]을 구하시오.
- 계산과정 :
- 정답 :

(2) 설비에 필요한 최소 수원의 양[m³]을 구하시오.
- 계산과정 :
- 정답 :

(3) 고압의 전기기기가 있을 경우 물분무헤드와 전기기기의 이격기준이다. ( )에 알맞은 수를 쓰시오.

전압[KV]	거리[cm]	전압[KV]	거리[cm]
66 이하	(①) 이상	154 초과 181 이하	180 이상
66 초과 77 이하	80 이상	181 초과 220 이하	(③) 이상
77 초과 110 이하	(②) 이상	220 초과 275 이하	260 이상
110 초과 154 이하	150 이상		

- 정답 :

계산과정
(1) ① 바닥부분 제외한 표면적 : $A = (5 \times 1.8 \times 2) + (3 \times 1.8 \times 2) + (5 \times 3) = 43.8[m^2]$
② Q(최소토출량) $= 43.8 \times 10 = 438[L/min]$
(2) $438[L/min] \times 20[min] = 8760[L] = 8.76[m^3]$

정답 (1) 438[L/min]   (2) 8.76[m³]
(3) ① 70   ② 110   ③ 210

07 바닥면이 자갈로 되어 있는 절연유 봉입 변압기에 물분무소화설비를 설치하고자 한다. 다음 물음에 답하시오.(바닥에 자갈이 쌓인 높이는 0.3[m] 이다.)

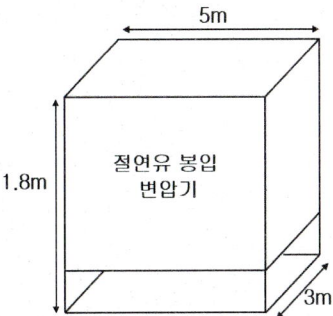

(1) 소화펌프의 최소 토출량[L/min]을 구하시오.
- 계산과정 :
- 정답 :

(2) 설비에 필요한 최소 수원의 양[m³]을 구하시오.
- 계산과정 :
- 정답 :

(3) 고압의 전기기기가 있을 경우 물분무헤드와 전기기기의 이격기준이다. ( )에 알맞은 수를 쓰시오.

전압[KV]	거리[cm]	전압[KV]	거리[cm]
66 이하	(①) 이상	154 초과 181 이하	180 이상
66 초과 77 이하	80 이상	181 초과 220 이하	(③) 이상
77 초과 110 이하	(②) 이상	220 초과 275 이하	260 이상
110 초과 154 이하	150 이상		

- 정답 :

계산과정
(1) ① 바닥부분 제외한 표면적 : $A = (5 \times 1.5 \times 2) + (3 \times 1.5 \times 2) + (5 \times 3) = 39[m^2]$
  ② Q(최소토출량) $= 39 \times 10 = 390[L/min]$
(2) $390[L/min] \times 20[min] = 7800[L] = 7.8[m^3]$

정답 (1) 390[L/min] (2) 7.8[m³]
  (3) ① 70 ② 110 ③ 210

08 주차장의 가로 5[m], 세로 8[m] 물분무소화설비를 설치하였다. 다음 각 물음에 답하시오.

(1) 토출량[L/min]을 계산하시오.
- 계산과정 :
- 정답 :

(2) 수원의 저수량[m³]을 구하시오.
- 계산과정 :
- 정답 :

계산과정
(1) $50 \times 20 = 1000[L/min]$ (40[m²] 이므로 최소 면적 50[m²]을 적용한다.)
(2) $1000 \times 20 = 20000[L] = 20[m^3]$

정답 (1) 1000[L/min]　(2) 20[m³]

CHAPTER 10 미분무 소화설비

01 미분무소화설비 정의

(1) "미분무소화설비"란 가압된 물이 헤드 통과 후 미세한 입자로 분무됨으로써 소화성능을 가지는 설비로서, 소화력을 증가시키기 위해 강화액 등을 첨가할 수 있다.

(2) "미분무"란 물만을 사용하여 소화하는 방식으로 최소설계압력에서 헤드로부터 방출되는 물입자 중 99 %의 누적체적분포가 400 ㎛ 이하로 분무되고 A, B, C급 화재에 적응성을 갖는 것을 말한다.

(3) "미분무헤드"란 하나 이상의 오리피스를 가지고 미분무소화설비에 사용되는 헤드를 말한다.

(4) "개방형 미분무헤드"란 감열체 없이 방수구가 항상 열려져 있는 헤드를 말한다.

(5) "폐쇄형 미분무헤드"란 정상상태에서 방수구를 막고 있는 감열체가 일정온도에서 자동적으로 파괴·용융 또는 이탈됨으로써 방수구가 개방되는 헤드를 말한다.

02 미분무소화설비의 분류

(1) **저압** 미분무소화설비 : 최고 사용압력이 1.2MPa 이하

(2) **중압** 미분무소화설비 : 사용압력이 1.2MPa 초과 3.5MPa 이하

(3) **고압** 미분무소화설비 : 최저 사용압력이 3.5MPa 초과

03 미분무소화설비의 구성

(1) **수원**

① 미분무수 소화설비에 사용되는 용수는 「먹는물관리법」 제5조에 적합하고, 저수조 등에 충수할 경우 필터 또는 스트레이너를 통하여야 하며, 사용되는 물에는 입자·용해고체 또는 염분이 없어야 한다.

② 배관의 연결부(용접부 제외) 또는 주배관의 유입측에는 필터 또는 스트레이너를 설치하여야 하고, 사용되는 스트레이너에는 청소구가 있어야 하며, 검사·유지관리 및 보수 시에 배치위치를 변경하지 아니하여야 한다. 다만, 노즐이 막힐 우려가 없는 경우에는 설치하지 아니할 수 있다.

③ 사용되는 필터 또는 스트레이너의 메쉬는 헤드 오리피스 지름의 80% 이하가 되어야 한다.

④ 수원의 양은 다음의 식을 이용하여 계산한 양 이상으로 하여야 한다.

- $Q[m^3] = (N \times D \times T \times S) + V$
  - N : 방호(방수)구역 내 헤드 수
  - D : 설계유량[m^3/min]

- T : 설계방수시간[min]
- S : 안전율(1.2 이상)
- V : 배관의 총체적[m³]

(2) 헤드

① 헤드 설치장소 : 소방대상물의 천장, 반자, 천장과 반자사이, 덕트, 선반 기타 이와 유사한 부분에 설계자의 의도에 적합하게 설치할 것
② 하나의 헤드까지의 수평거리 산정 : 설계자가 제시할 것
③ 미분무 헤드의 종류 : 조기반응형헤드를 설치할 것
④ 미분무 헤드의 설치 : 배관, 행거 등에 의해 살수가 방해되지 않도록 설치할 것
⑤ 미분무 헤드의 "최고주위온도에 따른 표시온도 계산식"
- $Ta = 0.9Tm - 27.3℃$

여기서, • Ta : 최고주위온도
       • Tm : 헤드의 표시온도

04 설계도서의 작성

(1) 미분무소화설비의 성능을 확인하기 위하여 하나의 발화원을 가정한 설계도서는 다음 각 호 및 별표 1을 고려하여 작성되어야 하며, 설계도서는 일반설계도서와 특별설계도서로 구분한다.
① 점화원의 형태
② 초기 점화되는 연료 유형
③ 화재 위치
④ 문과 창문의 초기상태(열림, 닫힘) 및 시간에 따른 변화상태
⑤ 공기조화설비, 자연형(문, 창문) 및, 기계형 여부
⑥ 시공 유형과 내장재 유형

(2) 일반설계도서는 유사한 특정소방대상물의 화재사례 등을 이용하여 작성하고, 특별설계도서는 일반설계도서에서 발화 장소 등을 변경하여 위험도를 높게 만들어 작성하여야 한다.

CHAPTER 10 미분무 소화설비

01 미분무소화설비의 폐쇄형 미분무헤드의 표시온도가 79[℃]일 때 그 설치장소의 평상시 최고 주위온도[℃]를 구하시오.

- 계산과정 :
- 정답 :

> **계산과정**
> $T_a = 0.9\, T_m - 27.3℃ = 0.9 \times 79 - 27.3 = 43.8[℃]$
> **정답** 43.8[℃]

02 다음 조건을 참고하여 미분무소화설비의 수원 저장량 [m³]을 구하시오.

| ㉠ 헤드개수 30개 | ㉡ 헤드당 설계유량 50[ℓ/min] |
| ㉢ 설계방수시간 1시간 | ㉣ 배관의 총체적 0.07[m³] |

- 계산과정 :
- 정답 :

> **계산과정**
> $Q = 30 \times 0.05[\text{m}^3/\text{min}] \times 60[\text{min}] \times 1.2 + 0.07[\text{m}^3] = 108.07[\text{m}^3]$
> **정답** 108.07[m³]

CHAPTER 11 포소화설비

01 포소화설비의 개요 및 정의

(1) 포소화설비는 물과 포를 사용하고 포방출구를 통해 포수용액을 분출하는 것 이외에는 스프링클러설비와 거의 비슷하며 2[%], 3[%], 6[%]의 원액이 물과 합성하여 분출되면서 포(거품)를 만들어 연소부분을 덮어 불을 끄는 설비이다.

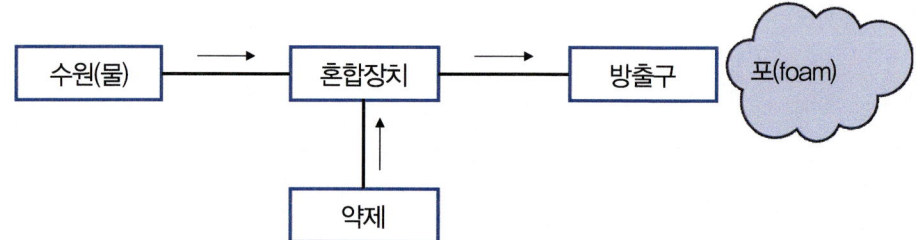

(2) "전역방출방식"이란 소화약제 공급장치에 배관 및 분사헤드 등을 고정 설치하여 밀폐 방호구역 내에 소화약제를 방출하는 방식을 말한다.

(3) "국소방출방식"이란 소화약제 공급장치에 배관 및 분사헤드를 등을 설치하여 직접 화점에 소화약제를 방출하는 방식을 말한다.

(4) "포워터스프링클러설비"란 포워터스프링클러헤드를 사용하는 포소화설비를 말한다.

(5) "포헤드설비"란 포헤드를 사용하는 포소화설비를 말한다.

(6) "고정포방출설비"란 고정포방출구를 사용하는 설비를 말한다.

(7) "호스릴포소화설비"란 호스릴포방수구·호스릴 및 이동식 포노즐을 사용하는 설비를 말한다.

(8) "포소화전설비"란 포소화전방수구·호스 및 이동식포노즐을 사용하는 설비를 말한다.

(9) "송액관"이란 수원으로부터 포헤드·고정포방출구 또는 이동식포노즐 등에 급수하는 배관을 말한다.

(10) "팽창비"란 최종 발생한 포 체적을 원래 포 수용액 체적으로 나눈 값을 말한다.
　① 팽창비 = 발포후 포체적 ÷ 발포전 수용액체적
　② 팽창비에 의한 분류
　　㉠ 저팽창포 : 팽창비가 20 이하의 포
　　㉡ 고팽창포 : 팽창비가 80 이상 1,000 미만의 포
　　　ⓐ 제1종 : 팽창비가 80 이상 250 미만의 포
　　　ⓑ 제2종 : 팽창비가 250 이상 500 미만의 포
　　　ⓒ 제3종 : 팽창비가 500 이상 1,000 미만의 포

02 종류 및 적응성

특정소방대상물에 따라 적용하는 포소화설비는 다음 각 호와 같다.

(1) 특수가연물을 저장·취급하는 공장 또는 창고
포워터스프링클러설비·포헤드설비 또는 고정포방출설비, 압축공기포소화설비

(2) 차고 또는 주차장
포워터스프링클러설비·포헤드설비 또는 고정포방출설비, 압축공기포소화설비. 다만, 다음 각 목의 어느 하나에 해당하는 차고·주차장의 부분에는 호스릴포소화설비 또는 포소화전설비를 설치할 수 있다.

① 완전 개방된 옥상주차장 또는 고가 밑의 주차장으로서 주된 벽이 없고 기둥뿐이거나 주위가 위해방지용 철주 등으로 둘러쌓인 부분

② 지상 1층으로서 지붕이 없는 부분

(3) 항공기격납고
포워터스프링클러설비·포헤드설비 또는 고정포방출설비, 압축공기포소화설비. 다만, 바닥면적의 합계가 1,000m² 이상이고 항공기의 격납위치가 한정되어 있는 경우에는 그 한정된 장소 외의 부분에 대하여는 호스릴포소화설비를 설치할 수 있다.

(4) 발전기실, 엔진펌프실, 변압기, 전기케이블실, 유압설비
바닥면적의 합계가 300m²미만의 장소에는 고정식 압축공기포소화설비를 설치 할 수 있다.

03 위험물탱크에 설치하는 고정포의 포 소화약제 저장량

포 소화약제의 저장량은 다음 각 호의 기준에 따른다

(1) 고정포방출구 방식은 다음 각 목의 양을 합한 양 이상으로 할 것

① 고정포방출구에서 방출하기 위하여 필요한 양

- $Q_1 = A \times Q \times T \times S\,[\ell]$ (약제량)
  - 수용액량 $Q_1 = A \times Q \times T\,[\ell]$
  - 수원량 $Q_1 = A \times Q \times T \times (1-S)\,[\ell]$

여기서, • A : 탱크의 액표면적[m²]

(① C.R.T 탱크 : $\frac{\pi}{4} \times D^2$ ② F.R.T 탱크 : $\frac{\pi}{4} \times (D^2 - d^2)$ → 굽도리판 면적 제외)

- Q : 단위 포수용액의 양[ℓ/min·m²]
- T : 방출시간[min]
- S : 약제농도(%)

※ 고정포방출구의 방출량(Q) 및 방사시간(T)

포 방출구의 종류·방출량 및 방사시간 \ 위험물의 종류	Ⅰ형		Ⅱ형/ Ⅲ형/ Ⅳ형		특형	
	방출량 ($ℓ/m^2·min$)	방사시간 (min)	방출량 ($ℓ/m^2·min$)	방사시간 (min)	방출량 ($ℓ/m^2·min$)	방사시간 (min)
제4류위험물(수용성의 것을 제외) 중 인화점이 21[℃] 미만인 것 [제1석유류 : 아세톤, 휘발유 등]	4	30	4	55	8	30
제4류위험물(수용성의 것을 제외) 중 인화점이 21[℃] 이상 70[℃]미만인 것[제2석유류 : 경유, 등유 등]	4	20	4	30	8	20
제4류위험물(수용성의 것을 제외) 중 인화점이 70[℃] 이상인 것	4	15	4	25	8	15

② 보조 소화전(옥외포소화전)에서 방출하기 위하여 필요한 양

- $Q_2 = N \times S \times 8000[L]$ (약제량)
    - 수용액량 $Q_2 = N \times 8000[L]$
    - 수원량 $Q_2 = N \times (1-S) \times 8000[L]$

    여기서, • N : 호스 접결구수(3개 이상인 경우는 3개)
    • S : 포 소화약제의 사용농도(%)

③ 가장 먼 탱크까지의 송액관(내경 75mm 이하의 송액관을 제외한다)에 충전하기 위하여 필요한 양

- $Q_3 = ALS \times 1000[L/m^3]$ (약제량)
    - 수용액량 $Q_3 = AL \times 1000[L/m^3]$
    - 수원량 $Q_3 = AL(1-S) \times 1000[L/m^3]$

    여기서, • A : 송액관 면적[m²]   • L : 송액관 길이[m]
    • S : 포 소화약제의 사용농도(%)

∴ 포소화설비 $Q_T = Q_1 + Q_2 + Q_3$ (고정포 + 보조포 + 배관보정량)

(2) 옥내포소화전방식 또는 호스릴방식에 있어서는 다음의 식에 따라 산출한 양 이상으로 할 것. 다만, 바닥면적이 200m² 미만인 건축물에 있어서는 그 75%로 할 수 있다.

- $Q = N \times S \times 6000[L]$ (약제량)
    - 수용액량 $Q = N \times 6000[L]$
    - 수원량 $Q = N \times (1-S) \times 6000[L]$

    여기서, • N : 호스 접결구수(5개 이상인 경우는 5)
    • S : 포 소화약제의 사용농도(%)

(3) 포헤드방식 및 압축공기포소화설비에 있어서는 하나의 방사구역안에 설치된 포헤드를 동시에 개방하여 표준방사량으로 10분간 방사할 수 있는 양 이상으로 할 것

04 혼합장치 (프로포셔너 Proportioner)

(1) 라인 프로포셔너방식(Line Proportioner Type)

펌프와 발포기의 중간에 설치된 벤추리관의 벤추리작용에 따라 포 소화약제를 흡입·혼합하는 방식을 말한다.

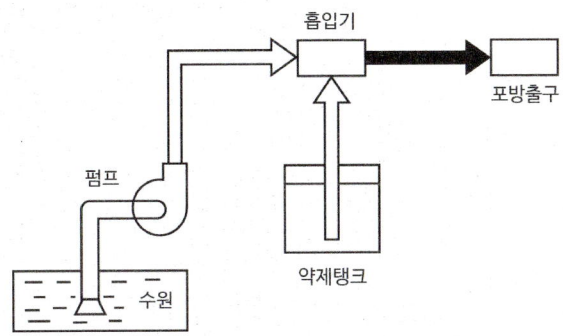

[라인프로포셔너 방식]

(2) 프레져 프로포셔너방식(Pressure Proportioner Type)

펌프와 발포기의 중간에 설치된 벤추리관의 벤추리작용과 펌프 가압수의 포 소화약제 저장탱크에 대한 압력에 따라 포 소화약제를 흡입·혼합하는 방식을 말한다.

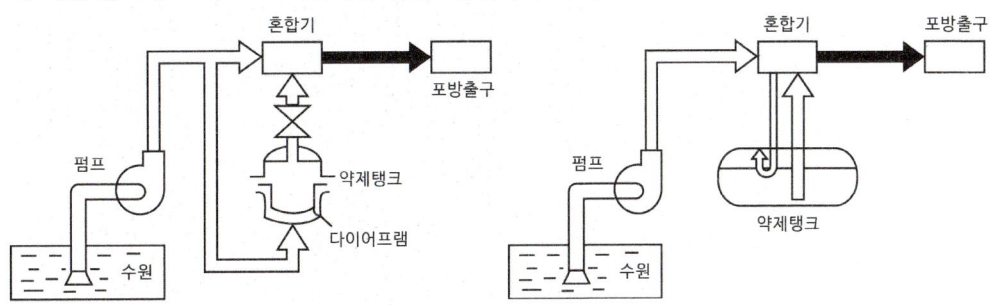

[프레져프로포셔너 방식]

(3) 펌프 프로포셔너방식(Pump Propotioner Type)

펌프의 토출관과 흡입관 사이의 배관도중에 설치한 흡입기에 펌프에서 토출된 물의 일부를 보내고, 농도 조정밸브에서 조정된 포 소화약제의 필요량을 포 소화약제 저장탱크에서 펌프 흡입측으로 보내어 이를 혼합하는 방식을 말한다.

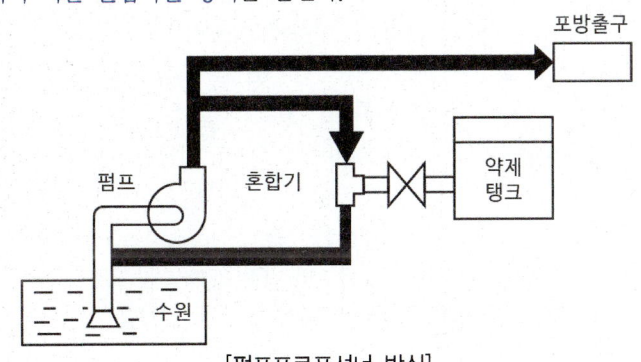

[펌프프로포셔너 방식]

(4) 프레져 사이드 프로포셔너방식(Pressure Side Proportioner Type)

펌프의 토출관에 압입기를 설치하여 포 소화약제 압입용펌프로 포 소화약제를 압입시켜 혼합하는 방식을 말한다.

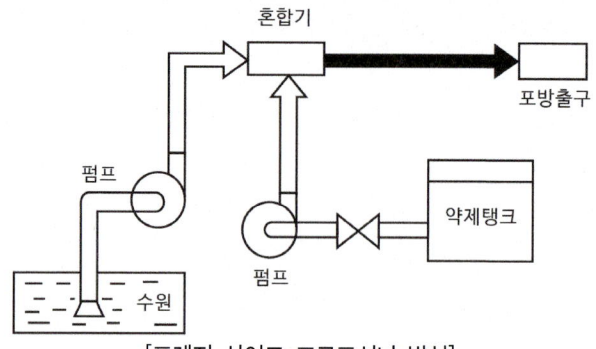

[프레져 사이드 프로포셔너 방식]

(5) 압축공기포 믹싱챔버방식

물, 포 소화약제 및 공기를 믹싱챔버로 강제주입시켜 챔버 내에서 포수용액을 생성한 후 포를 방사하는 방식을 말한다.

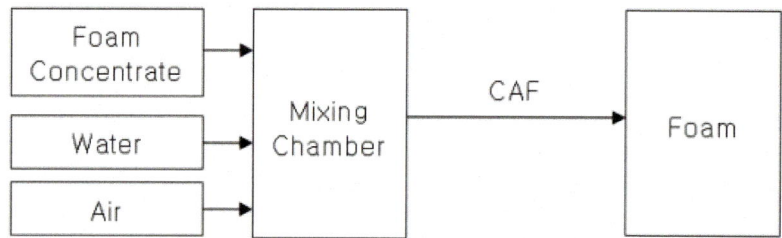

05 기동장치

(1) 수동식 기동장치

① 직접 조작 또는 원격조작에 의하여 가압송수장치·수동식개방밸브 및 소화약제 혼합장치를 기동할 수 있는 것으로 할 것

② 2이상의 방사구역을 가진 포소화설비에는 방사구역을 선택할 수 있는 구조로 할 것

③ 기동장치의 조작부는 화재시 쉽게 접근할 수 있는 곳에 설치하되, 바닥으로부터 0.8[m] 이상 1.5[m] 이하의 위치에 설치하고, 유효한 보호장치를 설치할 것

④ 기동장치의 조작부 및 호스 접결구에는 가까운 곳이 보기 쉬운 곳에 각각 "기동장치의 조작부" 및 "접결구"라고 표시한 표지를 설치할 것

⑤ 차고 또는 주차장에 설치하는 포소화설비의 수동식 기동장치는 방사구역마다 1개 이상 설치할 것

⑥ 항공기 격납고에 설치하는 포소화설비의 수동식 기동장치는 각 방사구역마다 2개 이상을 설치하되, 그 중 1개는 각 방사구역으로부터 가장 가까운 곳 또는 조작에 편리한 장소에 설치하고, 1개는 화재감지수신기를 설치한 감시실 등에 설치할 것

(2) 자동식 기동장치

포소화설비의 자동식 기동장치는 자동화재탐지기의 작동 또는 폐쇄형 스프링클러헤드의 개방과 연동하여 가압송수장치·일제개방밸브 및 포소화약제 혼합장치를 가동시킬 수 있도록 다음의 기준에 의하여 설치하여야 한다. 다만, 자동화재탐지설비의 수신기가 설치된 장소에 상시 사람이 근무하고 있고 화재시 즉시 당해 조작부를 작동시킬 수 있는 경우에는 그러하지 아니하다.

① 폐쇄형 스프링클러헤드를 사용하는 경우에는 다음에 의할 것
  ㉠ 표시온도가 79[℃] 미만인 것을 사용하고, 1개의 스프링클러헤드의 경계면적은 20[m²] 이하로 할 것
  ㉡ 부착면의 높이는 바닥으로부터 5[m] 이하로 하고, 화재를 유효하게 감지할 수 있도록 할 것
  ㉢ 하나의 감지장치 경계구역은 하나의 층이 되도록 할 것
② 감지기를 사용하는 경우에는 다음에 의할 것
  ㉠ 감지기는 자동화재탐지설비의 감지기에 관한 기준에 준하여 설치할 것
  ㉡ 화재표시 및 경보장치는 자동화재탐지설비의 발신기에 관한 기준에 준하여 설치할 것
③ 동결 우려가 있는 장소의 포소화설비의 자동식 기동장치는 자동화재탐지설비와 연동으로 할 것

06 포헤드 및 고정포방출구

(1) 포헤드 및 고정포방출구는 포의 팽창비율에 따라 다음 표에 따른 것으로 하여야 한다.

팽창비율에 따른 포의 종류	포방출구의 종류
팽창비가 20 이하인 것(저발포)	포헤드, 압축공기포헤드
팽창비가 80 이상 1,000 미만인 것(고발포)	고발포용 고정포방출구

(2) 포헤드는 다음 각 호의 기준에 따라 설치하여야 한다.
① 포워터스프링클러헤드는 특정소방대상물의 천장 또는 반자에 설치하되, 바닥면적 8m²마다 1개 이상으로 하여 해당 방호대상물의 화재를 유효하게 소화할 수 있도록 할 것
② 포헤드는 특정소방대상물의 천장 또는 반자에 설치하되, 바닥면적 9m²마다 1개 이상으로 하여 해당 방호대상물의 화재를 유효하게 소화할 수 있도록 할 것
③ 포헤드는 특정소방대상물별로 그에 사용되는 포 소화약제에 따라 1분당 방사량이 다음 표에 따른 양 이상이 되는 것으로 할 것

소방 대상물	포 소화약제의 종류	바닥면적 1m²당 방사량
차고·주차장 및 항공기격납고	단백포 소화약제	6.5ℓ 이상
	합성계면활성제포 소화약제	8.0ℓ 이상
	수성막포 소화약제	3.7ℓ 이상
특수가연물을 저장·취급하는 소방대상물	단백포 소화약제	6.5ℓ 이상
	합성계면활성제포 소화약제	6.5ℓ 이상
	수성막포 소화약제	6.5ℓ 이상

④ 포헤드 상호간에는 다음 각 목의 기준에 따른 거리를 두도록 할 것
  ㉠ 정방형으로 배치한 경우에는 다음의 식에 따라 산정한 수치 이하가 되도록 할 것
   - $S = 2r \times \cos 45°$
     - S : 포헤드 상호간의 거리(m),
     - r : 유효반경(2.1m)
⑤ 압축공기포소화설비의 분사헤드는 천장 또는 반자에 설치하되 방호대상물에 따라 측벽에 설치할 수 있으며 유류탱크주위에는 바닥면적 $13.9m^2$마다 1개 이상, 특수가연물저장소에는 바닥면적 $9.3m^2$마다 1개이상으로 당해 방호대상물의 화재를 유효하게 소화할 수 있도록 할 것

방호대상물	방호면적 1m²에 대한 1분당 방출량
특수가연물	2.3L
기타의 것	1.63L

(3) 차고·주차장에 설치하는 호스릴포소화설비 또는 포소화전설비는 다음 각 호의 기준에 따라야 한다.

① 특정소방대상물의 어느 층에 있어서도 그 층에 설치된 호스릴포방수구 또는 포소화전방수구(호스릴포방수구 또는 포소화전방수구가 5개 이상 설치된 경우에는 5개)를 동시에 사용할 경우 각 이동식 포노즐 선단의 포수용액 방사압력이 0.35 MPa 이상이고 300 ℓ/min 이상(1개층의 바닥면적이 200m² 이하인 경우에는 230 ℓ/min 이상)의 포수용액을 수평거리 15m 이상으로 방사할 수 있도록 할 것
② 저발포의 포소화약제를 사용할 수 있는 것으로 할 것
③ 호스릴 또는 호스를 호스릴포방수구 또는 포소화전방수구로 분리하여 비치하는 때에는 그로부터 3m 이내의 거리에 호스릴함 또는 호스함을 설치할 것
④ 호스릴함 또는 호스함은 바닥으로부터 높이 1.5m 이하의 위치에 설치하고 그 표면에는 "포호스릴함(또는 포소화전함)"이라고 표시한 표지와 적색의 위치표시등을 설치할 것
⑤ 방호대상물의 각 부분으로부터 하나의 호스릴포방수구까지의 수평거리는 15m 이하(포소화전방수구의 경우에는 25m 이하)가 되도록 하고 호스릴 또는 호스의 길이는 방호대상물의 각 부분에 포가 유효하게 뿌려질 수 있도록 할 것

07 배관

(1) 송액관은 포의 방출 종료 후 배관내 액을 배출하기 위하여 적당한 기울기를 유지하고 그 낮은 부분에 배액밸브를 설치하여야 한다.
(2) 홈워터 스프링클러설비와 홈헤드 설비의 가지배관의 배열은 토너먼트 방식이 아니어야 하며, 교차배관에서 분기하는 지점을 기준으로 한쪽 가지배관에 설치하는 헤드의 수는 8개 이하로 한다.
(3) 그 밖의 배관설치에 관하여는 옥내소화전설비 및 스프링클러소화설비를 적용 한다.

고발포용 고정포방출구 설치기준

(1) **전역방출방식**

① 개구부 자동폐쇄장치 설치
② 고정포방출구 설치 개수 : 1개/500[m²]
③ 관포체적 1[m³]당 방출량

소방대상물	포의 팽창비	관포체적 1[m³]에 대한 분당 포수용액방출량
항공기 격납고	팽창비 80 이상 250 미만의 것	2.00[ℓ]
	팽창비 250 이상 500 미만의 것	0.5[ℓ]
	팽창비 500 이상 1,000 미만의 것	0.29[ℓ]
차고 또는 주차장	팽창비 80 이상 250 미만의 것	1.11[ℓ]
	팽창비 250 이상 500 미만의 것	0.28[ℓ]
	팽창비 500 이상 1,000 미만의 것	0.16[ℓ]
특수가연물 저장 또는 취급하는 소방대상물	팽창비 80 이상 250 미만의 것	1.25[ℓ]
	팽창비 250 이상 500 미만의 것	0.31[ℓ]
	팽창비 500 이상 1,000 미만의 것	0.18[ℓ]

* 관포체적 : 당해 바닥면적으로부터 방호대상물의 높이보다 0.5[m] 높은 위치까지의 체적

(2) **국소방출방식**

방호대상물	방호면적 1[m²]에 대한 1분당 방출량
특수가연물	3[ℓ]
기타의 것	2[ℓ]

* 방호대상면적 : 당해 방호대상물의 각 부분에서 각각 당해 방호대상물의 높이의 3배(1[m] 미만인 경우 1[m]의 거리를 수평으로 연장한 선으로 둘러싸인 부분의 면적)

CHAPTER 11 포소화설비

01 다음의 포방출구 도면을 보고 물음에 답하시오.

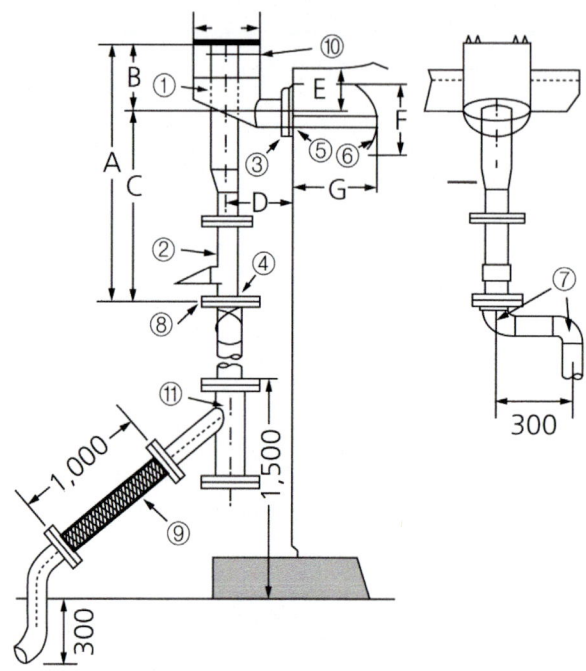

(1) 형식
  • 정답 :
(2) ①, ②, ⑥, ⑨, ⑩번의 명칭을 쓰시오.
  • 정답 :
(3) ⑩번에 사용하는 재료명과 구비조건을 쓰시오.
  • 정답 :
(4) ⑨번을 사용하는 이유를 쓰시오.
  • 정답 :
(5) ①번에 비하여 ⑩번이 높은 이유를 쓰시오.
  • 정답 :

정답 (1) 고정지붕탱크의 Ⅱ형 포방출구
  (2) ① 홈체임버 ② 홈메이커 ⑥ 디플렉터(반사판) ⑨ 플렉시블튜브 ⑩ 봉판
  (3) ① 재료명 : 납, 주석, 유리
    ② 구비조건 : 쉽게 파괴될 수 있으며, 위험물에 의하여 영향을 받지 아니하는 것으로 포방사에 방해되지 않을 것

(4) 화재시 열, 포방사 및 진동에 의하여 홈챔버 본체가 탱크로부터 분리되어 소화에 지장을 주는것을 방지하기 위하여
(5) 화재로 유류가 팽창하여 역류할 때 챔버 속으로 유류가 유입되어 포방사를 방해하는 것을 예방하기 위하여(⑥번에 비하여 ⑩번이 높은 위치에 있는 이유도 같다)

02 다음 그림은 포소화설비의 약제 혼합장치 중 펌프 프로포셔너에 대한 설명도이다. 그림을 보고 다음 물음에 답하시오.

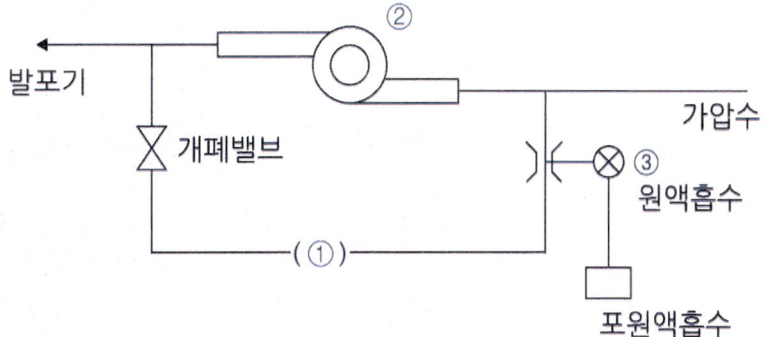

(1) 바이패스 배관에 표시된 ①번의 ( )안에 유체의 흐르는 방향을 화살표를 표시하시오.
   • 정답 :
(2) ②번 기구의 명칭을 쓰시오.
   • 정답 :
(3) ③번 기구의 명칭을 쓰시오.
   • 정답 :

정답 (1) →
   (2) 펌프(가압송수장치)
   (3) 농도조절 밸브

03 팽창비가 18인 포소화설비에서 6[%] 원액 저장량이 200[ℓ]라면 포를 방출한 후의 포의 체적은 몇 [m³]가 되겠는가?

- 계산과정 :
- 정답 :

> **계산과정**
>
> - 팽창비 = $\dfrac{\text{포 방출후 포체적}[m^3]}{\text{포 방출전 수용액체적}[m^3]}$
>
> ① 수용액량 = 원액량 ÷ 원액의 농도 = $\dfrac{200}{0.06}$ = 3333.3333[L]
>
> ② 방출후 포체적 = 팽창비×수용액 체적 = 18×3333.3333 = 59999[L] = 60[m³]
>
> **정답** 60[m³]

04 옥외탱크저장소에 보조포소화전을 6개 설치하였다. 약제는 단백포 3[%]형 사용한 경우에 다음 물음에 답하시오.

(1) 약제량[L]은 얼마인가?
- 계산과정 :
- 정답 :

(2) 수원의 량[ℓ]은 얼마인가?
- 계산과정 :
- 정답 :

> **계산과정**
>
> (1) 3개×8000[ℓ/개]×0.03 = 720[ℓ]
> (2) 3개×8000[ℓ/개]×(1−0.03) = 23280[ℓ]
>
> **정답** (1) 720[L] (2) 23280[ℓ]

05 아래 그림과 같이 주차장에 포소화설비를 하였을 때 다음 물음에 답하시오. (단, 헤드의 방사압력은 0.25[MPa], 배관의 마찰손실은 0.12[MPa], 3[%]형 단백포를 사용함.)

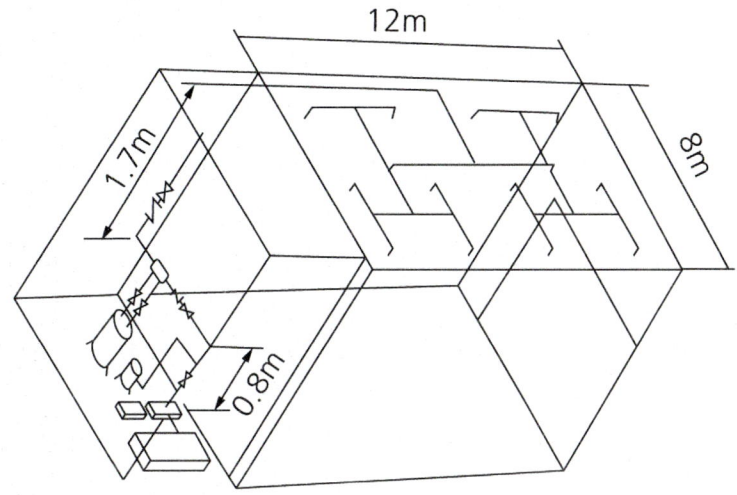

(1) 포원액의 최소 소요량[ℓ]은 얼마인가?
 • 계산과정 :
 • 정답 :

(2) 펌프의 최소 소요동력[kW]을 계산하시오. (단, 포용액의 비중은 물의 비중과 같다고 가정하며, 펌프의 효율은 0.6, 전달계수는 1.1이다.)
 • 계산과정 :
 • 정답 :

(3) 펌프 흡입측 배관에 표시된 레듀셔는 편심레듀셔를 사용하는 것이 가장 합리적이다. 이유는 무엇인가?
 • 정답 :

계산과정

(1) Q = 8[m] × 12[m] × 6.5[ℓ/m²·min] × 10[min] × $\frac{3}{100}$ = 187.2[ℓ]

(2) ① 전양정 : H = (0.8+1.7)[실양정] + 12[마찰] + 25(0.25[MPa]수두환산) = 39.5[m]

② 토출량 : Q = 8 × 12[m²] × 6.5[ℓ/min·m²] × 10^{-3} = 0.624[m³/min]

③ 동력 : P[kW] = $\frac{9.8 \times 0.624 \times 39.5}{60 \times 0.6}$ × 1.1 = 7.38[kW]

정답 (1) 187.2[ℓ]　(2) 7.38[kW]
　(3) 이음부에 공기고임이 생기지 아니하고 마찰손실을 줄이기 위하여

06 경유를 저장하는 콘루프 탱크에 Ⅱ형 포방출구 및 옥외보조포 소화전이 1개가 설치되었다. 조건을 참고하여 물음에 답하시오.

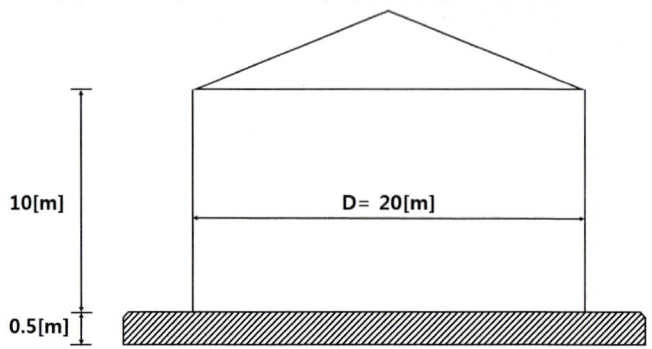

[조 건]
① 마찰손실(배관의 마찰손실 및 각종손실 포함)과 낙차수두의 합은 55[m]이다.
② 포방출구의 방사압은 0.3[MPa]이다.
③ 펌프의 효율은 60[%], 전달계수 K값은 1.1로 한다.
④ 포소화약제는 수성막포 3[%]를 사용한다.
⑤ 고정포방출구의 방출량과 방사시간

포방출구의 종류 방출량 및 방사시간 위험물의 종류	Ⅰ형		Ⅱ형		특 형	
	방출량 [ℓ/m²·min]	방사시간 [min]	방출량 [ℓ/m²·min]	방사시간 [min]	방출량 [ℓ/m²·min]	방사시간 [min]
제4류 위험물(수용성인 것은 제외) 중 인화점이 21[℃] 미만인 것	4	30	4	55	8	30
제4류 위험물(수용성인 것은 제외) 중 인화점이 21[℃] 이상 70[℃] 미만인 것	4	20	4	30	8	20
제4류 위험물(수용성인 것은 제외) 중 인화점이 70[℃] 이상인 것	4	15	4	25	8	15

(1) 경유탱크의 필요 약제량[ℓ]은 얼마인가?
- 계산과정 :
- 정답 :

(2) 보조포 소화전의 약제량[ℓ]은 얼마인가?
- 계산과정 :
- 정답 :

(3) 펌프분당 토출량[ℓ/min]은 얼마인가?
- 계산과정 :
- 정답 :

(4) 펌프 소요 동력[kW]은 얼마인가?
- 계산과정 :
- 정답 :

계산과정

(1) $\dfrac{\pi \times 20^2}{4} \times 4 \times 30 \times 0.03 = 1130.9733\,[\ell]$

(2) $1 \times 400 \times 20 \times 0.03 = 240\,[\ell]$

(3) $(\dfrac{\pi \times 20^2}{4} \times 4) + (1 \times 400) = 1656.6370\,[\ell/\min]$

(4) ① 전양정 : 55[m](마찰손실+낙차수두) + 30[m](방사압력 환산수두) = 85[m]

② 동력 : $\dfrac{9.8 \times 1.65664 \times 85 \times 1.1}{60 \times 0.6} = 42.1660 = 42.17\,[kW]$

정답 (1) 1130.97[ℓ]　　(2) 240[ℓ]　　(3) 1656.64[ℓ/min]　　(4) 42.17[kW]

---

07 제1석유류 비수용성 유류를 40,000[L]를 저장하는 위험물 옥외탱크 저장소가 있다. 해당 콘루프 탱크는 직경이 10[m], 높이가 30[m]이며, Ⅱ형 고정포방출구가 설치되어 있다. [조건]을 참고하여 물음에 답하시오.

[조 건]
① 배관 및 관 부속품 마찰손실수두는 30[m] 이다.
② 포방출구 압력은 350[kPa] 이다.
③ 고정포 방출구 분당 방출량은 4[L/min·m²]이고, 방사시간은 30[min] 이다.
④ 보조포 소화전은 1개(단구형) 설치되어 있다.
⑤ 소화약제 농도는 6% 이다.
⑥ 송액관의 직경은 100[mm]이고, 배관 길이는 50[m] 이다.
⑦ 펌프 효율은 60[%] 이며, 전달계수는 1.1 이다.
⑧ 포수용액 비중은 물의 비중으로 한다.

(1) 포소화약제의 약제량[L]을 구하시오.
- 계산과정 :
- 정답 :

(2) 수원의 양[m³]을 구하시오.
- 계산과정 :
- 정답 :

(3) 펌프의 전양정[m]을 구하시오.(탱크높이를 낙차로 한다.)
- 계산과정 :
- 정답 :

(4) 펌프의 정격토출량[m³/min]을 구하시오.
- 계산과정 :
- 정답 :

(5) 펌프의 동력[kW]을 구하시오.
- 계산과정 :
- 정답 :

계산과정

(1) ① 고정포 방출구 : $AQTS = (\frac{\pi}{4} \times 10^2) \times 4 \times 30 \times 0.06 = 565.4866 = 565.49[L]$

② 보조포 소화전 : $N \times S \times 8000 = 1 \times 0.06 \times 8000 = 480[L]$

③ 송액관 보정량 : $ALS \times 1000 = \frac{\pi}{4} \times 0.1^2 \times 50 \times 0.06 \times 1000 = 23.5619 = 23.56[L]$

∴ ①+②+③ = 1069.05[L]

(2) ① 수용액의 양 = $\frac{약제량}{약제농도} = \frac{1069.05}{0.06} = 17817.5[L]$

② 수원의 양 = 수용액양 × 0.94 = 17817.5 × 0.94 = 16748.45[L] = 16.75[m³]

(3) ① $H = h_1$(배관및관부속손실) + h_2(낙차) + h_3(호스손실) + h_4(방사압수두)

② $H = 30 + 30 + (\frac{350[kPa]}{101.325[kPa]} \times 10.332[m]) = 95.6891 = 95.69[m]$ (호스손실은 주어지지 않음)

(4) ① 고정포 방출구 : $AQ = (\frac{\pi}{4} \times 10^2) \times 4 = 314.1592[L/min] = 0.31[m^3/min]$

② 보조포 소화전 : $N \times 400 = 1 \times 400 = 400[L/min] = 0.4[m^3/min]$

∴ ①+② = 0.31+0.4=0.71[m³/min]

(5) ① H(전양정) = 95.69[m]

② Q(유량) = 0.71[m³/min]

∴ $P[kW] = \frac{9.8 \times 0.71 \times 95.69}{0.6 \times 60} \times 1.1 = 20.3442 = 20.34[kW]$

정답 (1) 1069.05[L] (2) 16.75[m³] (3) 95.69[m] (4) 0.71[m³/min] (5) 20.34[kW]

08 경유를 저장하는 탱크의 내부직경 40[m]인 플로팅루프탱크에 포소화설비의 특형 방출구를 설치하여 방호하려고 할 때 다음 물음에 답하시오.

[조 건]
① 소화약제는 3%의 단백포를 사용하며, 수용액의 분당 방출량은 12[ℓ/m^2·min], 방사시간은 20분으로 한다.
② 탱크 내면과 굽도리판의 간격은 2.5[m]로 한다.
③ 펌프의 효율은 60%, 전동기 전달계수는 1.2로 한다.
④ 보조포 소화전설비는 없는 것으로 한다

(1) 포수용액량[L]은 얼마인가?
  • 계산과정 :
  • 정답 :
(2) 수원의 량[L]은 얼마인가?
  • 계산과정 :
  • 정답 :
(3) 포원액량[L]은 얼마인가?
  • 계산과정 :
  • 정답 :
(4) 펌프의 분당 토출량[ℓ/min]을 계산하시오.
  • 계산과정 :
  • 정답 :
(5) 펌프의 전양정이 100[m]라고 할 때 전동기의 출력은 몇 [kW] 이상이어야 하는가?(포수용액의 비중은 물과같다고 한다.)
  • 계산과정 :
  • 정답 :
(6) 팽창비에 대한 다음 각 물음에 답하시오.
  ① 팽창비 공식 :
  ② 고발포일 때 팽창비 기준 :
  ③ 저발포일 때 팽창비 기준 :
  • 정답 :
(7) 포소화약제 5가지를 쓰시오.
  • 정답 :

계산과정
(1) $A \times Q \times T = \dfrac{\pi}{4} \times (40^2 - 35^2) \times 12 \times 20 = 70685.83[\ell]$

(2) 수용액량×0.97 = 70685.83[ℓ]×0.97=68565.26[ℓ]
(3) 수용액량×0.03 = 70685.83[ℓ]×0.03=2120.57[ℓ]
(4) $A \times Q = \frac{\pi}{4} \times (40^2 - 35^2) \times 12 = 3534.29 [\ell/min]$
(5) $P[kW] = \frac{9.8 \times 3.5342 \times 100}{60 \times 0.6} \times 1.2 = 115.4505[kW] = 115.45[kW]$

정답 (1) 70685.83[ℓ] (2) 68565.26[ℓ] (3) 2120.57[ℓ]
  (4) 3534.29[ℓ/min] (5) 115.45[kW]
  (6) ① $\frac{발포후포체적}{발포전수용액체적}$ ② 800이상 1000 미만 ③ 20 이하
  (7) 단백포, 수성막포, 내알코올포, 불화단백포, 합성계면활성제포

09 다음과 같이 포소화설비를 화재안전기준에 맞도록 설치하고자 한다. 도면과 조건을 참고하여 각 물음에 답하시오.

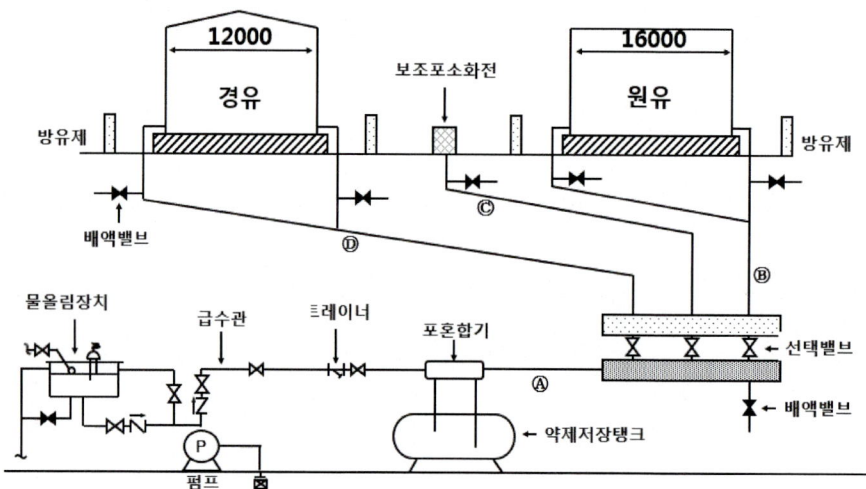

[조 건]
① 원유저장탱크 내측 판에서 칸막이 판까지의 거리는 0.8[m]이다. 포방출구 형식은 특형이다.
② 경유저장탱크의 포방출구 형식은 Ⅱ형이다.
③ 포소화약제는 단백포 3[%]형이다.
④ 보조소화전은 모두 4개가 설치되었다.
⑤ 포송액배관은 100A, 330[m], 125A, 120[m] 이다.
⑥ 계산시 소수가 발생할 경우 3째자리에서 반올림 할 것

포방출구의 종류·방출량 및 방사시간 위험물의 종류	I 형		II 형		특형	
	방출량 [ℓ/m²·min]	방사시간 [분]	방출량 [ℓ/m²·min]	방사시간 [분]	방출량 [ℓ/m²·min]	방사시간 [분]
제4류 위험물(수용성의 것을 제외) 중 인화점이 21[℃] 미만인 것	4	30	4	55	8	30
제4류 위험물(수용성의 것을 제외) 중 인화점이 21[℃] 이상 70[℃] 미만인 것	4	20	4	30	8	20
제4류 위험물(수용성의 것을 제외) 중 인화점이 70[℃] 이상인 것	4	15	4	25	8	15
제4류 위험물중 수용성의 것	8	20	8	30	–	–

(1) 수용액량[L]을 구하시오.

　① 원유저장탱크의 수용액량[ℓ]을 구하시오.

　　• 계산과정 :

　　• 정답 :

　② 경유저장탱크의 수용액량[ℓ]을 구하시오.

　　• 계산과정 :

　　• 정답 :

　③ 보조소화전의 수용액량[ℓ]을 구하시오.

　　• 계산과정 :

　　• 정답 :

(2) 수원의 양[m³]을 구하시오.

　• 계산과정 :

　• 정답 :

(3) 약제량[ℓ]을 구하시오.

　• 계산과정 :

　• 정답 :

(4) 프로포셔너의 최소 및 최대 통과유량[L/min]을 계산하시오.

　① 최소 통과유량[L/min]

　　• 계산과정 :

　　• 정답 :

　② 최대 통과유량[L/min]

　　• 계산과정 :

　　• 정답 :

(5) A, B, C, D의 배관 구경을 계산하시오.(단, 답은 호칭구경[A]으로 기재하고, 계산은 다음 식을 이용하시오. 식 : $d = 2.6604\sqrt{Q}$ d : [mm], Q : [ℓ/min])

| 호칭구경[A] | 25 | 32 | 40 | 50 | 65 | 80 | 90 | 100 | 125 | 150 |

- 계산과정 :
- 정답 :

계산과정

(1) ① $Q = AQT = \dfrac{\pi(16^2 - 14.4^2)[m^2]}{4} \times 8[ℓ/m^2 \cdot min] \times 30[min] = 9168.424[ℓ]$

② $Q = AQT = \dfrac{\pi 12^2[m^2]}{4} \times 4[ℓ/m^2 \cdot min] \times 30[min] = 13571.68[ℓ]$

③ 3[개] × 400[ℓ/min] × 20[min] = 24000[ℓ]

(2) ① 고정포 : 원유 저장탱크의 수용액량 9168.42[ℓ], 경유 저장탱크 수용액량 13571.68[ℓ]이므로 최대량 13571.68[ℓ]으로 산정 한다.

② 보조소화전의 포수용액량 : 24,000[ℓ]

③ 배관보정량

- 100A 배관 : $\dfrac{\pi 0.1^2[m^2]}{4} \times 330[m] \times 1000[ℓ/m^3] = 2591.81[ℓ]$

- 125A 배관 : $\dfrac{\pi 0.125^2[m^2]}{4} \times 120[m] \times 1000[ℓ/m^3] = 1472.62[ℓ]$

따라서 ① + ② + ③ = 수용액량 × 0.97 = 수원량

(13571.68 + 24000 + 2591.81 + 1472.62)[ℓ] × 0.97 × 10⁻³ = 40.39[m³]

(3) • 수용액량 × 0.03 = 약제량

• (13571.68 + 24000 + 2591.82 + 1472.62)[ℓ] × 0.03 = 1249.08[ℓ]

(4) 프로 포셔너 유량(토출량 = ($\dfrac{\pi 12^2[m^2]}{4} \times 4[ℓ/min \cdot m^2]$) + (3[개] × 400[ℓ/min]) = 1652.39[ℓ/min]

① 1652.39[ℓ/min] × 0.5 = 826.2[ℓ/min]

② 1652.39[ℓ/min] × 2 = 3304.78[ℓ/min]

(5) (A) A배관 유량 (경유+보조포 방출구 3개)

- $Q_A = 1652.39[L/min]$ ($\dfrac{\pi 12^2[m^2]}{4} \times 4[ℓ/min \cdot m^2]$) + (3[개] × 400[ℓ/min]) = 1652.39[ℓ/min]

- $d_A = 2.6604\sqrt{1652.39} = 108.144[mm] = 125[A]$

(B) B배관 유량(원유)

- $Q_B = 305.61[L/min]$ ($\dfrac{\pi(16^2 - 14.4^2)[m^2]}{4} \times 8[ℓ/m^2 \cdot min] = 305.61[L/min]$)

- $d_B = 2.6604\sqrt{305.61} = 46.508[mm] = 50[A]$

(C) C배관 유량(보조포 방출구 3개)

- $Q_C = 1200[L/min]$ (400 × 3)

- $d_C = 2.6604\sqrt{1200} = 92.158[mm] = 100[A]$

(D) D배관 유량 (경유)

- $Q_D = 452.39[L/min]$ ($\dfrac{\pi 12^2[m^2]}{4} \times 4[ℓ/min \cdot m^2] = 452.39[L/min]$)

- $d_D = 2.6604\sqrt{452.39} = 56.585[mm] = 65[A]$

[정답] (1) ① 9168.42[ℓ]　② 13571.68[ℓ]　③ 24000[ℓ]
(2) 40.39[m³]
(3) 1294.08[ℓ]
(4) ① 826.2[ℓ]　② 3304.78[ℓ/min]
(5) (A) 125[A]　(B) 50[A]　(C) 100[A]　(D) 65A

10 옥외저장탱크에 포소화설비를 설치하려고 한다. 그림 및 〈조건〉을 참고하여 다음 각 물음에 답하시오.

[조 건]

① 탱크의 형태
  - 원유저장탱크 : 플로팅루프탱크(탱크 측면과 굽도리판 사이의 거리 : 1.2m)
  - 등유저장탱크 : 콘루프탱크
② 고정포방출구 형태 및 방출구수
  - 원유저장탱크 : 특형, 방출구수 2개,　• 등유저장탱크 : Ⅰ형, 방출구수 2개
③ 소화약제의 종류 : 단백포 3%
④ 보조포소화전(쌍구형) : 4개 설치
⑤ 고정포방출구의 방출량 및 방사시간

방출량 및 방사시간 \ 포방출구의 종류	Ⅰ형	Ⅱ형	특형
방출량[ℓ/min·m²]	4	4	8
방사시간[min]	30	55	30

⑥ 구간별 배관길이

배관번호	①	②	③	④	⑤	⑥	⑦	⑧
배관 길이[m]	20	10	10	50	50	100	47.9	50

⑦ 송액관 내의 유속은 3m/s이다.
⑧ 탱크 2대에서의 동시화재는 없는 것으로 간주한다.
⑨ 그림이나 조건에 없는 것은 제외한다.

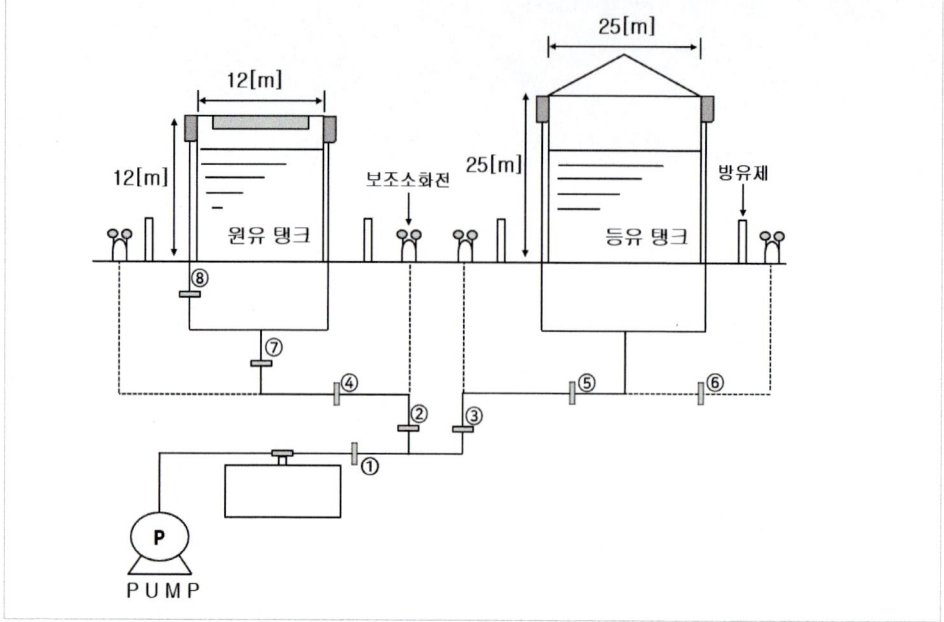

(1) 각 탱크에 필요한 포수용액의 양[L/min]은 얼마인지 구하시오.

　① 원유저장탱크

　　• 계산과정 :

　　• 정답 :

　② 등유저장탱크

　　• 계산과정 :

　　• 정답 :

(2) 보조포소화전에 필요한 포수용액의 양[L/min]은 얼마인지 구하시오.

　• 계산과정 :

　• 정답 :

(3) 각 탱크에 필요한 소화약제의 양[L]은 얼마인지 구하시오.

　① 원유저장탱크

　　• 계산과정 :

　　• 정답 :

　② 등유저장탱크

　　• 계산과정 :

　　• 정답 :

(4) 보조포소화전에 필요한 소화약제의 양[L]은 얼마인지 구하시오.

　• 계산과정 :

　• 정답 :

(5) 각 송액관의 구경[mm]은 얼마인지 구하시오. (호칭경으로 답하시오.)

| 호칭구경 | 25 | 32 | 40 | 50 | 65 | 80 | 90 | 100 | 125 | 150 |

① 번 송액관
- 계산과정 :
- 정답 :

② 번 송액관
- 계산과정 :
- 정답 :

③ 번 송액관
- 계산과정 :
- 정답 :

④ 번 송액관
- 계산과정 :
- 정답 :

⑤ 번 송액관
- 계산과정 :
- 정답 :

⑥ 번 송액관
- 계산과정 :
- 정답 :

⑦ 번 송액관
- 계산과정 :
- 정답 :

⑧ 번 송액관
- 계산과정 :
- 정답 :

(6) 송액관에 필요한 포소화약제의 양[L]은 얼마인지 구하시오.
- 계산과정 :
- 정답 :

(7) 포소화설비에 필요한 소화약제의 총량[L]은 얼마인지 구하시오.
- 계산과정 :
- 정답 :

[계산과정]

(1) ① $\dfrac{\pi}{4} \times (12^2 - 9.6^2) \times 8 \times 1 = 325.72\,[L/min]$

② $\dfrac{\pi}{4} \times 25^2 \times 4 \times 1 = 1963.5\,[L/min]$

(2) $3 \times 1 \times 400 = 1200\,[L/min]$

(3) ① $\dfrac{\pi}{4} \times (12^2 - 9.6^2) \times 8 \times 30 \times 0.03 = 293.148\,[L]$

② $\dfrac{\pi}{4} \times 25^2 \times 4 \times 30 \times 0.03 = 1767.145\,[L]$

(4) $3 \times 400 \times 20 \times 0.03 = 720\,[L]$

(5) ① $D = \sqrt{\dfrac{4 \times 3.1635/60}{\pi \times 3}} = 0.1495\,[m] = 149.5\,[mm]$

② $D = \sqrt{\dfrac{4 \times 1.52572/60}{\pi \times 3}} = 0.1038\,[m] = 103.8\,[mm]$

③ $D = \sqrt{\dfrac{4 \times 3.1635/60}{\pi \times 3}} = 0.1495\,[m] = 149.5\,[mm]$

④ $D = \sqrt{\dfrac{4 \times 1.12572/60}{\pi \times 3}} = 0.0892\,[m] = 89.2\,[mm]$

⑤ $D = \sqrt{\dfrac{4 \times 2.7635/60}{\pi \times 3}} = 0.1398\,[m] = 139.8\,[mm]$

⑥ $D = \sqrt{\dfrac{4 \times 0.8/60}{\pi \times 3}} = 0.0752\,[m] = 75.2\,[mm]$

⑦ $D = \sqrt{\dfrac{4 \times 0.32572/60}{\pi \times 3}} = 0.0479\,[m] = 47.9\,[mm]$

⑧ $D = \sqrt{\dfrac{4 \times 0.16286/60}{\pi \times 3}} = 0.0339\,[m] = 33.9\,[mm]$

(6) $[(\dfrac{\pi}{4} \times 0.15^2 \times 20) + (\dfrac{\pi}{4} \times 0.125^2 \times 10) + (\dfrac{\pi}{4} \times 0.15^2 \times 10) + (\dfrac{\pi}{4} \times 0.09^2 \times 50) + (\dfrac{\pi}{4} \times 0.15^2 \times 50)$
$+ (\dfrac{\pi}{4} \times 0.08^2 \times 100)] \times 0.03 \times 1000 = 70.715 ≒ 70.72\,[L]$ (75mm 이하 배관 제외)

(7) $1767.15 + 720 + 70.72 = 2557.87\,[L]$

[정답] (1) ① 325.72[L/min] ② 1963.5[L/min]

(2) 1200[L/min]

(3) ① 293.15[L] ② 1767.15[L]

(4) 720[L]

(5) ① 150[mm] ② 125[mm] ③ 150[mm] ④ 90[mm]
⑤ 150[mm] ⑥ 80[mm] ⑦ 50[mm] ⑧ 40[mm]

(6) 70.72[L]

(7) 2557.87[L]

11 가로 30m, 세로 10m, 높이 4m인 방호구역에 포헤드를 설치하려고 한다. 조건을 참고하여 포헤드의 설치개수와 배관의 구경을 구하시오.

[조 건]
① 감지방식 : 스프링클러헤드
② 헤드의 개수에 따른 배관의 구경

내경[mm]	25	32	40	50	65	80	90	100	125	150
헤드수	1	2	5	8	15	27	40	55	90	150

(1) 포헤드 설치 개수를 구하시오.
  • 계산과정 :
  • 정답 :
(2) 배관 구경 표를 보고 배관의 구경을 산정하시오.
  • 정답 :

계산과정
(1) $\dfrac{30 \times 10}{9} = 33.3 = 34$개

정답 (1) 34개 (2) 90[mm]로 산정한다.

---

12 특수가연물을 저장·취급하는 창고(가로20m, 세로10m)에 압축공기포소화설비를 설치할 때 압축공기포헤드는 저발포용이고 최대 발포율을 적용할 때 발포 후 체적[㎥]을 구하시오.(단, 수원의 양은 포수용액의 양과 같다고 본다.)

• 계산과정 :
• 정답 :

계산과정
① $Q = (20 \times 10)[m^2] \times 2.3[L/m^2 \cdot min] \times 10[min] = 4600[L] = 4.6[m^3]$
② 저발포 이므로 팽창비 20 적용 4.6[㎥]×20=92[㎥]

정답 92[㎥]

13 인화점이 10℃인 제4류위험물(비수용성)을 저장하는 옥외저장탱크가 있다. 주어진 조건을 참고하여 다음 각 물음에 답하시오.

[조 건]
① 탱크형태 : 플로팅루프탱크(탱크 내면과 굽도리판의 간격 : 0.3m)
② 탱크의 크기 및 수량 : (직경 15m, 높이 15m) 1기, (직경 10m, 높이 10m) 1기
③ 옥외 보조포소화전 : 지상식 단구형 2개
④ 포소화약제의 종류 : 수성막포 3%
⑤ 송액관 : 80A-50m(80mm로 계산), 100A-50m(100mm로 계산)
⑥ 탱크 2대에서의 동시 화재는 없는 것으로 가정한다.
⑦ 탱크직경과 포방출구의 종류에 따른 포방출구의 개수는 다음과 같다.

탱크의 직경 \ 포방출구의 종류	Ⅲ형, Ⅳ형	특형
13[m] 미만		2
13[m] 이상 19[m] 미만	1	3
19[m] 이상 24[m] 미만		4
24[m] 이상 35[m] 미만	2	5
35[m] 이상 42[m] 미만	3	6
42[m] 이상 46[m] 미만	4	7
46[m] 이상 53[m] 미만	6	8
53[m] 이상 60[m] 미만	8	10

⑧ 고정포방출구의 방출량 및 방사시간은 다음과 같다.

위험물의 종류 \ 포방출구의 종류	Ⅰ형 포수용액량 [L/m²]	Ⅰ형 방출량 [ℓ/m²]	Ⅱ형 포수용액량 [L/m²]	Ⅱ형 방출량 [ℓ/m²]	특형 포수용액량 [L/m²]	특형 방출량 [ℓ/m²]
제4류 위험물(수용성의 것을 제외) 중 인화점이 섭씨 21℃ 미만인 것	120	4	220	4	240	8
제4류 위험물(수용성의 것을 제외) 중 인화점이 섭씨 21℃ 이상 70℃ 미만인 것	80	4	120	4	160	8
제4류 위험물(수용성의 것을 제외) 중 인화점이 섭씨 70℃ 이상 인 것	60	4	100	4	120	8

(1) 포방출구의 종류와 포방출구의 개수를 구하시오.
　① 포방출구의 종류
　　• 정답 :
　② 포방출구의 개수
　　• 정답 :

(2) 각 탱크에 필요한 포수용액의 양[L/min]을 구하시오.
  ① 직경 15m 탱크
    • 계산과정 :
    • 정답 :
  ② 직경 10m 탱크
    • 계산과정 :
    • 정답 :
  ③ 보조포소화전
    • 계산과정 :
    • 정답 :

(3) 포소화설비에 필요한 소화약제의 총량[L]을 구하시오.
  ① 고정포 방출구 설비
    • 계산과정 :
    • 정답 :
  ② 보조포 소화전
    • 계산과정 :
    • 정답 :
  ③ 배관 보정량 송액관 : 80A-50m(80mm로 계산), 100A-50m(100mm로 계산)
    ⓐ 80A-50m :
    ⓑ 100A-50m :
    ⓒ 배관보정량 합계 :
      • 계산과정 :
      • 정답 :
  ④ 소화약제의 총량 :
    • 계산과정 :
    • 정답 :

계산과정

(2) 각 탱크에 필요한 포수용액의 양[L/min]을 구하시오.
  ① 직경 15m 탱크 :
  $Q = \dfrac{\pi}{4} \times (D_1^2 - D_2^2) \times Q = \dfrac{\pi}{4} \times (15^2 - 14.4^2) \times 8 = 110.84 [L/min]$
  ② 직경 10m 탱크 :
  $Q = \dfrac{\pi}{4} \times (D_1^2 - D_2^2) \times Q = \dfrac{\pi}{4} \times (10^2 - 9.4^2) \times 8 = 73.14 [L/min]$
  ③ 보조포소화전
  $Q = N \times 400 [L/min] = 2 \times 400 = 800 [L/min]$

(3) ① 고정포 방출구 설비
110.84[L/min](직경 15m 탱크)×30[min]×0.03=99.756≒99.76[L]
② 보조포 소화전
800[L/min]×20[min]×0.03=480[L]
③ 배관 보정량 송액관
ⓐ 80A-50m :
$$Q = A \times L \times 1000 \times S = \frac{\pi}{4} \times 0.08^2 \times 50 \times 1000 \times 0.03 = 7.5398[L]$$
ⓑ 100A-50m :
$$Q = A \times L \times 1000 \times S = \frac{\pi}{4} \times 0.1^2 \times 50 \times 1000 \times 0.03 = 11.7809[L]$$
ⓒ 배관보정량 합계 : 7.5398+11.7809=19.32[L]
④ 소화약제의 총량 : 99.76+480+19.32=599.08[L]

정답 (1) ① 특형방출구 ② 직경 15[m] 방출구 3개, 직경 10[m] 방출구 2개 이므로 총 5개 설치한다.
(2) ① 110.84[L/min] ② 73.14[L/min] ③ 800[L/min]
(3) ① 99.76[L] ② 480[L] ③ 19.32[L] ④ 599.08[L]

14 특수가연물을 저장하는 창고에 포소화설비를 설치하고자 한다. 다음 조건을 참조하여 각 물음에 답하시오.

[조 건]
① 창고의 크기는 가로 20[m], 세로 10[m]이다.
② 포워터스프링클러헤드를 정방형으로 배치한다.
③ 포원액은 3% 수성막포를 사용한다.
④ 전양정은 35[m], 효율은 65%, 동력의 여유율은 10%이다.

(1) 필요한 포워터스프링클러헤드의 수량은 몇 개인가?
   • 계산과정 :
   • 정답 :
(2) 수원의 저수량은 몇 [㎥] 이상으로 하여야 하는가?
   • 계산과정 :
   • 정답 :
(3) 포원액의 양은 몇 [l] 이상으로 하여야 하는가?
   • 계산과정 :
   • 정답 :
(4) 펌프의 분당 토출량[l/min]은 얼마 이상인가?
   • 계산과정 :
   • 정답 :

(5) 전동기의 출력은 몇 [kW]인가?
- 계산과정 :
- 정답 :

계산과정

(1) • 헤드간의 거리 $s = 2 \times 2.1 \times cos45° = 2.97[m]$

• 가로열 헤드설치 수 $N = \dfrac{20m}{2.97m} = 6.73$개   ∴ 7개

• 세로열 헤드 설치 수 $N = \dfrac{10m}{2.97m} = 3.37$개   ∴ 4개

∴ 포헤드 수량 $N = 7 \times 4 = 28$개

(2) $Q = 28[개] \times 75[l/min] \times 10[min] \times 0.97 = 20370[l] = 20.37[m^3]$

(3) $Q = 28 \times 75[l/min] \times 10[min] \times 0.03 = 630[l]$

(4) $Q = 28 \times 75[l/min] = 2100[l/min]$

(5) $P[kW] = \dfrac{9.8 \times 2.1 \times 35}{60 \times 0.65} \times 1.1 = 20.32[kW]$

정답 (1) 28개   (2) 20.37[m^3]   (3) 630[l]   (4) 2100 [l/min]   (5) 20.32[kW]

15 고발포용 포소화설비의 설계 기준이다. 다음 물음에 답하시오.

[조 건]
① 항공기격납고에는 전역방출방식의 고발포용 고정포 방출구가 설치되어 있다.
② 항공기격납고의 크기는 20[m]×10[m]×3[m] 이다.
③ 개구부에는 자동폐쇄장치가 설치되어 있다.
④ 방호대상물의 높이는 1.5[m] 이다.
⑤ 합성계면활성제포 3%를 사용한다.
⑥ 포의 팽창비는 500이며 1[m^3]에 대한 분당 포 수용액 방출량은 0.29[L] 이다.

(1) 고발포용 고정포 방출구의 개수는?
- 계산과정 :
- 정답 :

(2) 포수용액의 양[m^3]은 얼마인가?
- 계산과정 :
- 정답 :

(3) 합성계면활성제 포소화약제량[L]을 구하시오.
- 계산과정 :
- 정답 :

[계산과정]
(1) $\dfrac{(20\times 10)[m^2]}{500[m^2]} = 0.4 = 1$개 (고발포용 고정포 방출구는 500[m²]마다 1개 이상 설치한다.)
(2) • 포수용액의 양
   = $V[m^3]$(관포체적) × Q[L/min](분당 수용액 방출량) × T[min]
   = $(20\times 10\times (1.5+0.5))\times 0.29\times 10 = 1160[L] = 1.16[m^3]$

[참고] ① 관포체적이란 해당 바닥 면으로부터 방호대상물의 높이보다 0.5m 높은 위치까지의 체적을 말한다.
② 항공기격납고의 저수량은 10분간 방사할 수 있는 양 이상으로 한다.

(3) • 포소화약제량 = 포수용액양 × 약제의 농도 = $1.16[m^3]\times 0.03 = 0.0348[m^3] = 34.8[L]$

[정답] (1) 1개   (2) 1.16[m³]   (3) 34.8[L]

---

16 옥외저장탱크에 포소화설비를 설치하려고 한다. 그림 및 조건을 참고하여 다음 각 물음에 답하시오.

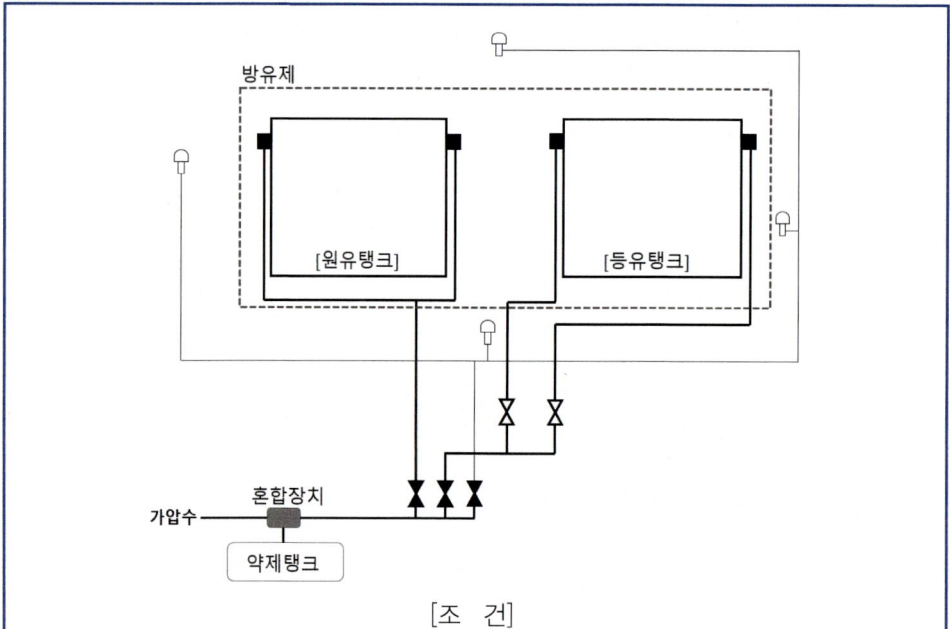

[조 건]
① 원유저장탱크는 플로팅루프탱크이며 탱크 내 측면과 굽도리판(foam dam) 사이의 거리는 1.2m 이다. 특형 방출구가 2개 설치되어있다. (탱크 직경 12[m], 높이 12[m])
② 등유저장탱크는 콘루프탱크이며 Ⅱ형 방출구가 2개 설치되어 있다.(탱크 직경 25[m], 높이 14[m])
③ 포 소화약제의 종류는 단백포로서 3%형을 사용한다.
④ 보조포소화전은 4개가 설치 되어 있으며 한개 접결구의 방출량은 400[L/min]으로 하고 방사시간은 20[min]을 기준으로 계산한다.

⑤ 고정포방출구의 방출량 및 방사시간

포방출구의 종류 방출량 및 방사시간	Ⅱ형	특형
방출량[ℓ/min·m²]	4	8
방사시간[min]	30	30

⑥ 송액관에 필요한 소화약제양은 72.07[L] 이다.
⑦ 탱크 2대에서의 동시화재는 없는 것으로 간주한다.

(1) 원유 탱크에 필요한 포수용액의 양[L/min]은 얼마인지 구하시오.
 • 계산과정 :
 • 정답 :

(2) 등유 탱크에 필요한 포수용액의 양[L/min]은 얼마인지 구하시오.
 • 계산과정 :
 • 정답 :

(3) 보조포소화전에 필요한 포수용액의 양[L/min]은 얼마인지 구하시오.
 • 계산과정 :
 • 정답 :

(4) 원유 탱크에 필요한 약제량[L]은 얼마인지 구하시오.
 • 계산과정 :
 • 정답 :

(5) 등유 탱크에 필요한 약제량[L]은 얼마인지 구하시오.
 • 계산과정 :
 • 정답 :

(6) 보조포소화전에 필요한 소화약제의 양[L]은 얼마인지 구하시오.
 • 계산과정 :
 • 정답 :

(7) 포소화설비에 필요한 소화약제의 총량[L]은 얼마인지 구하시오.
 (조건에 제시한 송액관 약제량을 포함하여 계산하시오.)
 • 계산과정 :
 • 정답 :

계산과정

(1) $\dfrac{\pi}{4} \times (12^2 - 9.6^2) \times 8 = 325.72 [L/\min]$

(2) $\dfrac{\pi}{4} \times 25^2 \times 4 = 1963.5 [L/\min]$

(3) $3 \times 400 = 1200 [L/\min]$

(4) $\dfrac{\pi}{4} \times (12^2 - 9.6^2) \times 8 \times 30 \times 0.03 = 293.148 [L]$

(5) $\dfrac{\pi}{4} \times 25^2 \times 4 \times 30 \times 0.03 = 1767.145 [L]$

(6) $3 \times 400 \times 20 \times 0.03 = 720 [L]$

(7) 1767.15(등유) + 720(보조포) + (72.07)(약제 보정량) = 2559.22[L]

정답 (1) 325.72[L/min]　(2) 1963.5[L/min]　(3) 1200[L/min]　(4) 293.15[L]
　　　(5) 767.15[L]　(6) 720[L]　(7) 2559.22[L]

PART 02

소방기계시설 설계 및 시공실무 2

CHAPTER **12** 이산화탄소 소화설비
CHAPTER **13** 할론소화설비
CHAPTER **14** 할로겐화합물 및 불활성기체소화설비
CHAPTER **15** 분말소화설비
CHAPTER **16** 제연설비
CHAPTER **17** 피난구조설비 및 기타설비
CHAPTER **18** 연결송수관설비 및 연결살수설비
CHAPTER **19** 지하구 소방시설
CHAPTER **20** 소화수조 및 저수조
CHAPTER **21** 기타 기준

CHAPTER 12 이산화탄소 소화설비

01 이산화탄소 소화설비의 개요 및 정의

이산화탄소소화설비는 화재에 대해 질식 및 냉각효과에 의한 소화를 목적으로 이산화탄소를 고압용기에 저장해 두었다가 화재시 수동조작 및 자동기동에 의해 배관을 통하여 화점에 이산화탄소가스를 분사하여 소화하는 설비

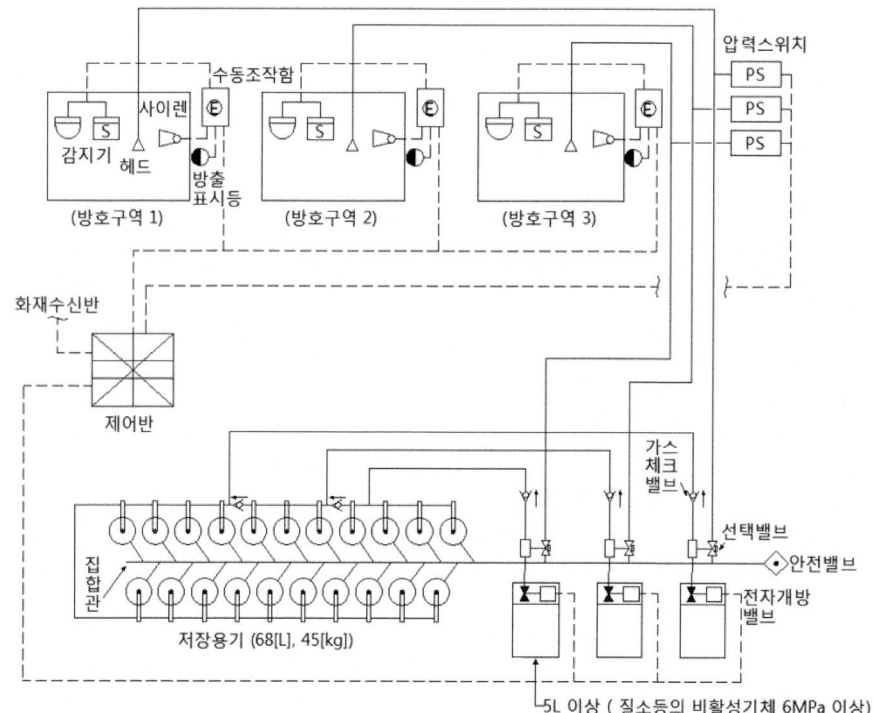

※ 구성요소 : CO_2 저장용기, 기동장치, 제어반, 선택밸브, 배관, 분사헤드, 화재감지기, 음향경보장치, 자동폐쇄장치, 비상전원 등

1. "전역방출방식"이란 소화약제 공급장치에 배관 및 분사헤드 등을 설치하여 밀폐 방호구역 전체에 소화약제를 방출하는 방식을 말한다.

2. "국소방출방식"이란 소화약제 공급장치에 배관 및 분사헤드를 등을 설치하여 직접 화점에 소화약제를 방출하는 방식을 말한다.

3. "호스릴방식"이란 소화수 또는 소화약제 저장용기 등에 연결된 호스릴을 이용하여 사람이 직접 화점에 소화수 또는 소화약제를 방출하는 방식을 말한다.

4. "충전비"란 소화약제 저장용기의 내부 용적과 소화약제의 중량과의 비(용적/중량)를 말한다.

5. "심부화재"란 목재 또는 섬유류와 같은 고체가연물에서 발생하는 화재형태로서 가연물 내부에서 연소하는 화재를 말한다.

6. "표면화재"란 가연성물질의 표면에서 연소하는 화재를 말한다.
7. "교차회로방식"이란 하나의 방호구역 내에 2 이상의 화재감지기회로를 설치하고 인접한 2 이상의 화재감지기에 화재가 감지되는 때에 소화설비가 작동하는 방식을 말한다
8. "방화문"이란 규정에 따른 60분+ 방화문, 60분 방화문 또는 30분 방화문을 말한다.
9. "방호구역"이란 소화설비의 소화범위 내에 포함된 영역을 말한다.
10. "선택밸브"란 2 이상의 방호구역 또는 방호대상물이 있어 소화수 또는 소화약제를 해당하는 방호구역 또는 방호대상물에 선택적으로 방출되도록 제어하는 밸브를 말한다.
11. "설계농도"란 방호대상물 또는 방호구역의 소화약제 저장량을 산출하기 위한 농도로서 소화농도에 안전율을 고려하여 설정한 농도를 말한다.
12. "소화농도"란 규정된 실험 조건의 화재를 소화하는데 필요한 소화약제의 농도(형식승인대상의 소화약제는 형식승인된 소화농도)를 말한다.
13. "호스릴"이란 원형의 소방호스를 원형의 수납장치에 감아 정리한 것을 말한다.

02 CO_2 소화설비의 분류

(1) 방출방식에 의한 분류

① 전역방출방식 ② 국소방출방식 ③ 호스릴 방식

(2) 소화약제 저장방식에 의한 분류

① 고압용기 저장방식(고압식) → 충전비 1.5 ~ 1.9 (충전비 = 체적[ℓ] ÷ 중량[kg])

고압용기 저장방식은 상온(20[℃])에서 용기에 충전된 액화이산화탄소를 6[MPa]의 압력을 갖도록 물리적 조건 하에서 저장되는 방식

② 저압용기 저장방식(저압식) → 충전비 1.1 ~ 1.4

용기내부의 온도가 섭씨 영하 18℃ 이하에서 2.1 MPa의 압력을 유지할 수 있는 자동냉동장치를 설치할 것

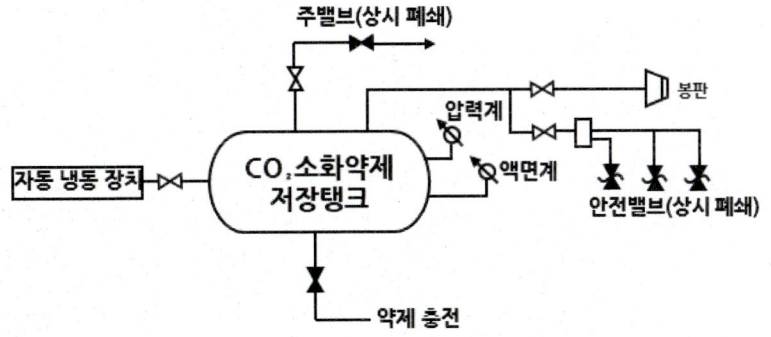

[저압용기 저장방식 계통도]

(3) 기동방식에 의한 분류
① 수동기동방식
② 자동식기동방식 : 전기식, 기계식, 가스압력식
- 가스압력식 : 기동용기에 설치되어 있는 솔레노이드밸브의 작동에 의하여 기동용기의 용기밸브가 개방되고 가스가 기동관을 통하여 약제저장용기밸브를 개방하는 방식이다.

03 CO_2 소화설비의 구성

(1) 저장용기
① 저장용기 설치장소(가스계 공통)
  ㉠ 방호구역외의 장소에 설치할 것. 단, 방호구역내에 설치할 경우에는 피난 및 조작이 용이한 피난구부근에 설치하여야 한다.
  ㉡ 온도가 40[℃] 이하이고, 온도변화가 적은 곳에 설치할 것.
  ㉢ 직사광선 및 빗물이 침투할 우려가 없는 곳에 설치할 것.
  ㉣ 방화문으로 구획된 실에 설치할 것.
  ㉤ 용기의 설치장소에는 당해 용기가 설치된 곳임을 표시하는 표지를 할 것.
  ㉥ 용기간의 간격은 점검에 지장이 없도록 3[cm] 이상의 간격을 유지할 것.
  ㉦ 저장용기의 집합관을 연결하는 연결배관에는 체크밸브를 설치할 것.
     다만, 저장용기가 하나의 방호구역만을 담당하는 경우에는 그러하지 아니한다.
② 저장용기 설치기준
  ㉠ 저장용기의 충전비는 고압식은 1.5 이상 1.9 이하, 저압식은 1.1 이상 1.4 이하로 할 것
  ㉡ 저압식 저장용기에는 내압시험압력의 0.64배부터 0.8배의 압력에서 작동하는 안전밸브와 내압시험압력의 0.8배부터 내압시험압력에서 작동하는 봉판을 설치할 것
  ㉢ 저압식 저장용기에는 액면계 및 압력계와 2.3 MPa 이상 1.9 MPa 이하의 압력에서 작동하는 압력경보장치를 설치할 것
  ㉣ 저압식 저장용기에는 용기 내부의 온도가 섭씨 영하 18℃ 이하에서 2.1 MPa의 압력을 유지할 수 있는 자동냉동장치를 설치할 것
  ㉤ 저장용기는 고압식은 25 MPa 이상, 저압식은 3.5 MPa 이상의 내압시험압력에 합격한 것으로 할 것
③ 이산화탄소 소화약제 저장용기의 개방밸브는 전기식·가스압력식 또는 기계식에 따라 자동으로 개방되고 수동으로도 개방되는 것으로서 안전장치가 부착된 것으로 해야 한다.
④ 이산화탄소 소화약제 저장용기와 선택밸브 또는 개폐밸브 사이에는 배관의 최소사용설계압력과 최대허용압력 사이의 압력에서 작동하는 안전장치를 설치해야 하며, 안전장치를 통하여 나온 소화가스는 전용의 배관 등을 통하여 건축물 외부로 배출될 수 있도록 해야 한다. 이 경우 안전장치로 용전식을 사용해서는 안 된다.

(2) 기동장치

① 이산화탄소소화설비의 수동식 기동장치는 다음 각 호의 기준에 따라 설치하여야 한다. 이 경우 수동식 기동장치의 부근에는 소화약제의 방출을 지연시킬 수 있는 방출지연스위치(자동복귀형 스위치로서 수동식 기동장치의 타이머를 순간 정지시키는 기능의 스위치를 말한다)를 설치

  ㉠ 전역방출방식은 방호구역마다, 국소방출방식은 방호대상물마다 설치할 것
  ㉡ 해당방호구역의 출입구부분 등 조작을 하는 자가 쉽게 피난할 수 있는 장소에 설치할 것
  ㉢ 기동장치의 조작부는 바닥으로부터 높이 0.8m 이상 1.5m 이하의 위치에 설치하고, 보호판 등에 따른 보호장치를 설치할 것
  ㉣ 기동장치에는 그 가까운 곳의 보기쉬운 곳에 "이산화탄소소화설비 기동장치"라고 표시한 표지를 할 것
  ㉤ 전기를 사용하는 기동장치에는 전원표시등을 설치할 것
  ㉥ 기동장치의 방출용 스위치는 음향경보장치와 연동하여 조작될 수 있는 것으로 할 것
  ㉦ 기동장치에는 보호장치를 설치해야 하며, 보호장치를 개방하는 경우 기동장치에 설치된 부저 또는 벨 등에 의하여 경고음을 발할 것
  ㉧ 기동장치를 옥외에 설치하는 경우 빗물 또는 외부 충격의 영향을 받지 아니하도록 설치할 것

② 이산화탄소소화설비의 자동식 기동장치는 자동화재탐지설비의 감지기의 작동과 연동하는 것으로서 다음 각 호의 기준에 따라 설치하여야 한다.

  ㉠ 자동식 기동장치에는 수동으로도 기동할 수 있는 구조로 할 것
  ㉡ 전기식 기동장치로서 7병 이상의 저장용기를 동시에 개방하는 설비는 2병 이상의 저장용기에 전자 개방밸브를 부착할 것
  ㉢ 가스압력식 기동장치는 다음 각 목의 기준에 따를 것
      ⓐ 기동용가스용기 및 해당 용기에 사용하는 밸브는 25 MPa 이상의 압력에 견딜 수 있는 것으로 할 것
      ⓑ 기동용가스용기에는 내압시험압력의 0.8배부터 내압시험압력 이하에서 작동하는 안전장치를 설치할 것
      ⓒ 기동용가스용기의 용적은 5 L 이상으로 하고, 해당 용기에 저장하는 질소 등의 비활성기체는 6.0 MPa 이상(21℃ 기준)의 압력으로 충전 할 것
      ⓓ 기동용가스용기에는 충전여부를 확인할 수 있는 압력게이지를 설치할 것
  ㉣ 기계식 기동장치는 저장용기를 쉽게 개방할 수 있는 구조로 할 것

③ 이산화탄소소화설비가 설치된 부분의 출입구 등의 보기 쉬운 곳에 소화약제의 방사를 표시하는 표시등을 설치하여야 한다.

(3) 배관 등

① 배관 설치기준
  ㉠ 배관은 전용

    ⓒ 강관사용의 경우 배관은 압력배관용탄소강관중 스케쥴 80이상(저압식의 경우에는 스케쥴 40이상)의 것 또는 이와 동등이상의 강도를 가진 것으로서 아연도금등으로 방식처리된 것을 사용할 것. 다만, 배관호칭구경이 20[mm]이하인 경우에는 스케쥴 40이상 사용가능
    ⓔ 동관을 사용하는 경우의 배관은 이음이 없는 동 및 동합금관(KS D 5301)으로서 고압식은 16.5[MPa] 이상, 저압식은 3.75[MPa] 이상의 압력에 견딜 수 있는 것을 사용할 것.
    ⓓ 고압식의 1차측(개폐밸브 또는 선택밸브 이전) 배관부속의 최소사용설계압력은 9.5 MPa로 하고, 고압식의 2차측과 저압식의 배관부속의 최소사용설계압력은 4.5 MPa로 할 것

 ② 배관의 구경
  CO_2 소요량이 다음 기준시간 이내에 방사될 수 있는 것으로 한다.
   ⓐ 전역방출방식에 있어서 가연성 액체 또는 가연성 가스 등 표면화재 방호대상물의 경우에는 1분
   ⓑ 전역방출방식에 있어서 종이, 목재, 석탄, 석유류, 합성수지류 등 심부화재방호대상물의 경우에는 7분, 이 경우 설계농도가 2분 이내에 30[%]에 도달하여야 한다.
   ⓒ 국소방출방식의 경우에는 30초

(4) 분사헤드
 ① 전역방출방식의 이산화탄소소화설비의 분사헤드는 다음 각 호의 기준에 따라 설치하여야 한다.
   ⓐ 방사된 소화약제가 방호구역의 전역에 균일하게 신속히 확산할 수 있도록 할 것
   ⓑ 분사헤드의 방사압력이 2.1MPa(저압식은 1.05MPa) 이상의 것으로 할 것
   ⓒ 특정소방대상물 또는 그 부분에 설치된 이산화탄소소화설비의 소화약제의 저장량은 기준에서 정한 시간이내에 방사할 수 있는 것으로 할 것
 ② 국소방출방식의 이산화탄소소화설비의 분사헤드는 다음 각 호의 기준에 따라 설치하여야 한다.
   ⓐ 소화약제의 방사에 따라 가연물이 비산하지 아니하는 장소에 설치할 것
   ⓑ 이산화탄소 소화약제의 저장량은 30초 이내에 방사할 수 있는 것으로 할 것
 ③ CO_2 분사헤드의 설치제외 장소
   ⓐ 방재실, 제어실 등 상시 사람이 근무하는 장소
   ⓑ 니트로셀룰로스, 셀룰로이드제품 등 자기연소성 물질을 저장, 취급하는 장소
   ⓒ 나트륨, 칼륨, 칼슘 등 활성금속물질을 저장, 취급하는 장소
   ⓓ 전시장 등 관람을 위하여 다수인이 출입 통행하는 통로 및 전시실

(5) 음향경보장치(싸이렌)
 ① 수동식 기동장치를 설치한 것은 그 기동장치의 조작과정에서, 자동식 기동장치를 설치한 것은 화재감지기와 연동하여 자동으로 경보를 발하는 것으로 할 것
 ② 소화약제의 방출개시 후 1분 이상 경보를 계속할 수 있는 것으로 할 것
 ③ 방호구역 또는 방호대상물이 있는 구획 안에 있는 자에게 유효하게 경보할 수 있는 것으로 할 것

(6) 자동폐쇄장치

전역방출방식의 이산화탄소소화설비를 설치한 특정소방대상물 또는 그 부분에 대하여는 다음 각 호의 기준에 따라 자동폐쇄장치를 설치하여야 한다.

① 환기장치 등을 설치한 것은 소화약제가 방출되기 전에 해당 환기장치 등이 정지될 수 있도록 할 것

② 개구부가 있거나 천장으로부터 1 m 이상의 아래 부분 또는 바닥으로부터 해당 층의 높이의 3분의 2 이내의 부분에 통기구가 있어 소화약제의 유출에 따라 소화효과를 감소시킬 우려가 있는 것은 소화약제가 방출되기 전에 해당 개구부 및 통기구를 폐쇄할 수 있도록 할 것

③ 자동폐쇄장치는 방호구역 또는 방호대상물이 있는 구획의 밖에서 복구할 수 있는 구조로 하고, 그 위치를 표시하는 표지를 할 것

(7) 배출설비 : 지하층, 무창층 및 밀폐된 거실 등에 이산화탄소소화설비를 설치한 경우에는 방출된 소화약제를 배출하기 위한 배출설비를 갖추어야 한다.

(8) 과압배출구 : 이산화탄소소화설비의가 설치된 방호구역에는 소화약제가 방출 시 과압으로 인한 구조물 등의 손상을 방지하기 위하여 과압배출구를 설치해야 한다.

04 CO_2 소화약제 저장량

이산화탄소 소화약제 저장량은 다음의 기준에 따른 양으로 한다. 이 경우 동일한 특정소방대상물 또는 그 부분에 2 이상의 방호구역이나 방호대상물이 있는 경우에는 각 방호구역 또는 방호대상물에 대하여 다음 각 기준에 따라 산출한 저장량 중 최대의 것으로 할 수 있다.

(1) 전역방출방식

① 가연성 액체 또는 가연성 가스 등 표면화재 방호대상물의 경우(표면화재시)

방호구역의 체적(불연재료나 내열성의 재료로 밀폐된 구조물이 있는 경우에는 그 체적을 감한 체적) 1[m^3]에 대하여 다음 표에 의한 양. 다만, 다음 표에 의하여 산출된 양이 동표에 의한 저장량의 최저한도의 양 미만이 될 경우에는 그 최저한도의 양으로 한다.

[가연성 액체 또는 가연성 가스 등 표면화재 방호대상물]

방호구역 체적	방호구역의 체적 1[m^3]에 대한 소화약제의 양	최저 한도량	개구부 가산량 [Kg/m^2] (자동폐쇄장치 미설치시)
45[m^3] 미만	1[Kg]	45[Kg]	5[Kg]
45[m^3] 이상 150[m^3] 미만	0.9[Kg]		5[Kg]
150[m^3] 이상 1,450[m^3] 미만	0.8[Kg]	135[Kg]	5[Kg]
1,450[m^3] 이상	0.75[Kg]	1,125[Kg]	5[Kg]

※ 약제량(kg)

= (V[m^3]×용적계수[kg/m^3]×보정계수) + (개구부면적[m^2]×5[kg/m^2])

※ 방호구역의 개구부에 자동폐쇄장치를 설치하지 아니한 경우에는 위의 기준에 따라 산출한 양에 개구부면적 1 ㎡당 5 kg을 가산해야 한다. 이 경우 개구부의 면적은 방호구역 전체 표면적의 3 % 이하로 해야 한다.

※ 설계농도가 34[%] 이상시 아래 그래프에 의한 별도의 보정계수를 곱하여 산출해야 한다.

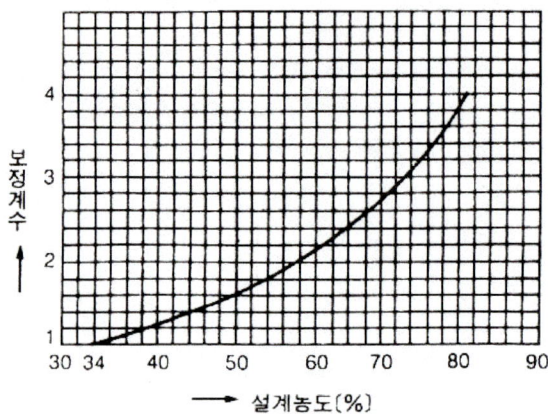

※ 가연성 액체 또는 가연성가스의 소화에 필요한 설계농도

방호대상물	설계농도
수소	75
아세틸렌	66
일산화탄소	64
산화에틸렌	53
에틸렌	49
에탄	40
석탄가스, 천연가스	37
사이크로 프로판	37
이소부탄	36
프로판	36
부탄	34
메탄	34

② 종이, 목재, 석탄, 섬유류, 합성수지류 등 심부화재 방호대상물의 경우(심부화재시)

방호구역의 체적(불연재료나 내열성의 재료로 밀폐된 구조물이 있는 경우에는 그 체적을 감한 체적) 1[m³]에 대하여 다음 표에 의한 양 이상으로 하여야 한다.

[종이, 목재, 석탄, 섬유류, 합성수지류 등 심부화재 방호대상물]

방호대상물	방호구역 1[m³]에 대한 소화약제의 양	설계농도 [%]	개구부 가산량 [Kg/m²] (자동폐쇄장치 미설치시)
유압기기를 제외한 전기설비 케이블실	1.3[Kg]	50	10[Kg]
체적 55[m³] 미만의 전기설비	1.6[Kg]	50	10[Kg]

| 서고, 전자체품창고, 목재가공품 창고, 박물관 | 2.0[Kg] | 65 | 10[Kg] |
| 고무류, 면화류 창고, 모피창고, 석탄창고, 집진설비 | 2.7[Kg] | 75 | 10[Kg] |

※ 약제량(kg) = (V[m³]×용적계수[kg/m³]) + (개구부면적[m²]×10[kg/m²])

※ 방호구역의 개구부에 자동폐쇄장치를 설치하지 아니한 경우에는 위의 기준에 따라 산출한 양에 개구부면적 1 m²당 10 kg을 가산해야 한다. 이 경우 개구부의 면적은 방호구역 전체 표면적의 3 % 이하로 해야 한다.

(2) 국소방출방식

국소방출방식에 있어서는 다음의 기준에 의하여 산 출한 양에 고압식의 것에 있어서는 1.4, 저압식에 있어서는 1.1을 각각 곱하여 얻은 양 이상으로 할 것.

① 윗면이 개방된 용기에 저장하는 경우와 화재시 연소면이 한정되고 가연물이 비산할 우려가 없는 경우에는 방호대상물의 표면적 1[m²]에 대하여 13[kg] 이상으로 함

$$\text{소화약제 저장량[Kg]} = \text{방호 대상물 표면적[m²]} \times \frac{13[Kg]}{[m^2]} \times \frac{\text{고압식} 1.4}{\text{저압식} 1.1}$$

② ①목 이외의 경우에는 방호공간(방호대상물의 각 부분으로부터 0.6[m]의 거리에 의하여 둘러싸인 공간을 말한다. 이하 같다)의 체적 1[m³]에 대하여 다음의 식에 의하여 산출한 양

- $Q = 8 - 6\dfrac{a}{A}$

여기서, • Q : 방호공간 1[m³]에 대한 이산화탄소 소화약제의 양[kg/m³]
  • a : 방호대상물 주위에 설치된 벽의 면적의 합계[m²]
  • A : 방호공간의 벽면적(벽이 없는 경우에는 벽이 있는 것으로 가정한 당해 부분의 면적)의 합계[m²]

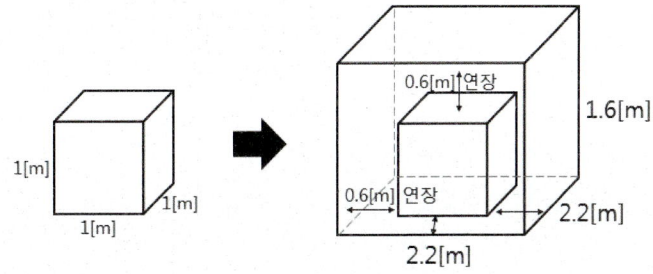

[가상공간 산정방법]

(3) 호스릴방식 : 노즐 1개당 약제량 : 90[kg] 이상 [분당 60(kg/min) 방출]

05 배출설비

지하층, 무창층 및 밀폐된 거실 등에 이산화탄소소화설비를 설치한 경우에는 방출된 소화약제를 배출하기 위한 배출설비를 갖추어야 한다.

06 과압배출구

(1) 이산화탄소소화설비의 방호구역에는 소화약제 방출시 발생하는 과(부)압으로 인한 구조물 등의 손상을 방지하기 위해 ①부터 ④까지의 내용을 검토하여 과압배출구를 설치해야 한다. 다만, 과(부)압이 발생해도 구조물 등에 손상이 생길 우려가 없음을 시험 또는 공학적인 자료로 입증하는 경우 설치하지 않을 수 있다.
   ① 방호구역 누설면적
   ② 방호구역의 최대허용압력
   ③ 소화약제 방출시의 최고압력
   ④ 소화농도 유지시간

07 안전시설 등

(1) 이산화탄소소화설비가 설치된 장소에는 다음의 기준에 따른 안전시설을 설치해야 한다.
   ① 소화약제 방출 시 방호구역 내와 부근에 가스 방출 시 영향을 미칠 수 있는 장소에 시각경보장치를 설치하여 소화약제가 방출되었음을 알도록 할 것
   ② 방호구역의 출입구 부근 잘 보이는 장소에 약제방출에 따른 위험경고표지를 부착할 것

(2) 방호구역 내에 이산화탄소 소화약제가 방출되는 경우 후각을 통해 이를 인지할 수 있도록 부취발생기를 다음의 어느 하나에 해당하는 방식으로 설치해야 한다.
   ① 부취발생기를 소화약제 저장용기실 내의 소화배관에 설치하여 소화약제의 방출에 따라 부취제가 혼합되도록 하는 방식
      1. 소화약제 저장용기실 내의 소화배관에 설치할 것
      2. 점검 및 관리가 쉬운 위치에 설치할 것
      3. 방호구역별로 선택밸브 직후 2차측 배관에 설치할 것. 다만, 선택밸브가 없는 경우에는 집합배관에 설치할 수 있다.
   ② 방호구역 내에 부취발생기를 설치하여 이산화탄소소화설비의 기동에 따라 소화약제 방출 전에 부취제가 방출되도록 하는 방식

CHAPTER 12 이산화탄소 소화설비

01 다음은 이산화탄소(CO_2) 소화설비의 적용방식을 방호대상물 및 적용 형식 종류별로 구분한 표이다. 효과적인 소화목적을 위하여 배관설비 관경 결정을 위한 적정 방사시간 기준은 얼마인가?

적용방식	화재 종류	방사시간
전역방출방식	표면화재(가연성액체 및 가연성가스 등)	( )
전역방출방식	심부화재(종이, 목재, 석탄, 섬유류, 합성수지류 등)	( )
국소방출방식	모든 화재대상물	( )

• 정답 :

적용방식	화재 종류	방사시간
전역방출방식	표면화재(가연성액체 및 가연성가스 등)	(1분)
전역방출방식	심부화재(종이, 목재, 석탄, 섬유류, 합성수지류 등)	(7분)
국소방출방식	모든 화재대상물	(30초)

02 다음 그림은 어느 실에 대한 CO_2 설비의 평면도이다. 이 도면과 주어진 조건을 이용하여 다음의 물음에 답하시오.

[조 건]
모터싸이렌을 약제의 방출 사전 예고시는 파상음으로 약제방출 시는 연속음을 발한다.

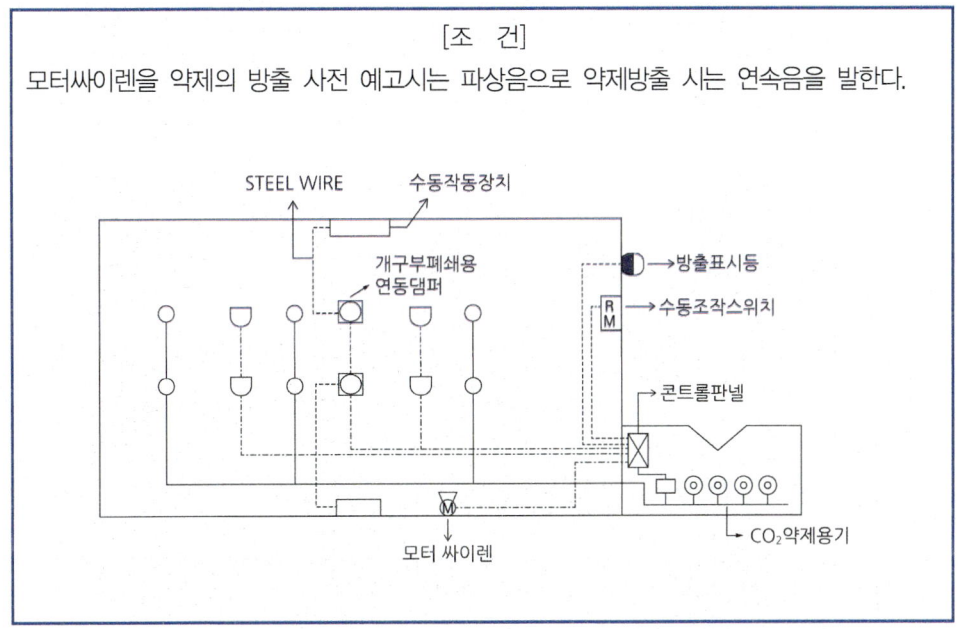

(1) 화재가 발생하여 화재감지기가 자동 작동되었을 경우 이 설비의 작동연계성을 순서대로 설명하시오.(단, 구성장치의 기능이 모두 정상이다.)
- 정답 :

(2) 화재감지기 작동 이전에 실내 거주자가 화재를 먼저 발견했을 경우 이 설비의 작동과 관련된 조치방법을 설명하시오.
- 정답 :

(3) 화재가 실내 거주자에게 발견되었으나 사용 및 비상전원이 고장일 경우 이 설비의 작동과 관련된 조치방법을 설명하시오.
- 정답 :

> **정답** (1) 화재발생 – 화재감지기 작동 – 컨트롤판넬로 신호전달 – 모터사이렌 파상음 발령 – 기동용 솔레노이드로 신호전달 – 기동용기 개방 – 선택밸브 및 저장용기 개방 – 압력스위치 작동 – 컨트롤판넬로 신호전달 – 방출표시등 점등 및 개구부 폐쇄용 전동댐퍼 작동, 모터사이렌 연속음 발령 – CO_2 헤드로 약제방출 – 소화
> (2) 해당 방호구역 내 거주인명 대피 상황 확인 후 출입구부분에 설치된 수동조작 스위치를 작동시켜 CO_2를 작동시킨다.
> (3) 해당 방호구역 인명들에게 화재발생 전파하고 대피 – 수동작동장치로 개구부를 수동 폐쇄 – 저장용기실의 기동용기나 CO_2 저장용기 수동으로 개방 – 헤드로부터 약제방출 및 소화

03 이산화탄소 소화설비에 대하여 이론 소화농도와 설계 소화농도를 구분 설명하시오.

(1) 이론소화농도
- 계산과정 :
- 정답 :

(2) 설계소화농도
- 계산과정 :
- 정답 :

> **계산과정**
> (1) $CO_2[\%] = \dfrac{21-15}{21} \times 100 = 28.5714[\%]$
> (2) $28.57[\%] \times 1.2 = 34.284[\%]$
>
> [가스계에서 사용하는 계산 공식]
> (1) 가스 농도 공식
> ① $\dfrac{21-O_2}{21} \times 100[\%]$ (산소농도알때)

② $\frac{Vx}{V+Vx} \times 100[\%]$ (• V[m³] : 방호구역체적, • V_x[m³] : 가스체적)

(2) 가스 체적[m³] 공식

① $\frac{21-O_2}{O_2} \times V$ (• O_2 : 산소농도, • V[m³] : 방호구역체적)

(3) 이상기체 상태 방정식을 이용한 가스 체적[m³]

① $PV = \frac{w}{m}RT \rightarrow V[m^3] = \frac{wRT}{P}$

- P : 압력[Pa][atm], • V : 체적[m³], • w : 중량[kg], • m : 분자량
- R : 일반기체상수 ① 8314 [J/kg·K] ② 0.082[atm·m³/kg·K]
- T : 절대온도[K]

정답 (1) 28.57[%] (2) 34.28[%]

04
방호구역 체적이 750[m³]인 전산실에 전역방출방식의 CO_2 소화설비를 하였다. 시험을 하기 위해 CO_2를 방사한 직후 O_2 농도를 측정하였더니 14[%]였다. 저장된 용기 내의 CO_2 가스량이 100[%] 방사되었다고 가정한다. 다음 물음에 답하시오.(1.4atm, 25[℃])

(1) 방사된 CO_2의 양[kg]을 구하시오.
- 계산과정 :
- 정답 :

(2) 방호구역내 CO_2 농도[%]를 계산하시오.
- 계산과정 :
- 정답 :

계산과정

(1) V(가스체적) 값을 구하면 $G_V[m^3] = \frac{21-O_2}{O_2} \times V = \frac{21-14}{14} \times 750 = 375[m^3]$

$P = 1.4[atm]$, $T = 273 + 25 = 298[K]$

$PV = \frac{W}{M}RT$ 에서 CO_2의 양 $W[kg] = \frac{PVM}{RT}$ 이므로

$W = \frac{1.4 \times 375 \times 44}{0.082 \times 298} = 945.33[kg]$

(2) $\frac{375}{750+375} \times 100 = 33.33[\%]$ 또는 $\frac{21-14}{21} \times 100 = 33.33[\%]$

정답 (1) 945.33[kg] (2) 33.33 %

05 CO_2 저장용기실에 저장중인 용기 45[kg] 5병이 오동작으로 인하여 대기중으로 모두 방사되었다. 대기의 온도가 20[℃]이고 방호구역의 체적이 250[m³]일 경우 다음 물음에 답하시오.

(1) CO_2의 체적[m³]은 얼마인가?
- 계산과정 :
- 정답 :

(2) CO_2 농도[%]는 얼마인가?
- 계산과정 :
- 정답 :

계산과정

(1) $PV = \dfrac{W}{M}RT$ 이용

$V = \dfrac{W}{PM}RT = \dfrac{(45 \times 5)}{1 \times 44} \times 0.082 \times 293 = 122.86[m^3]$

(2) CO_2 농도[%] = $\dfrac{\text{방출}CO_2\text{가스체적}[m^3]}{\text{방호구역체적}[m^3] + \text{방출}CO_2\text{가스체적}[m^3]} \times 100$

$= \dfrac{122.86}{250 + 122.86} \times 100 = 32.95[\%]$

정답 (1) 122.86[m³] (2) 32.95[%]

---

06 어느 소방대상물의 실내용적이 1,000[m³]이다. 35[℃]때 실내 산소의 농도를 14[%]로 하려면 필요한 이산화탄소는 몇[kg]인가? (단, 35[℃]때 이산화탄소는 1[kg] 비체적은 0.56[m³]이다.)

- 계산과정 :
- 정답 :

계산과정

$G = \dfrac{21 - O_2}{O_2} \times V = \dfrac{21 - 14}{14} \times 1000 = 500[m^3]$

$V_s = 0.56[m^3/kg]$ 이므로

CO_2 가스체적[m³] = CO_2양[kg] × 비체적[m³/kg]

∴ CO_2양[kg] = $\dfrac{CO_2 \text{가스체적}[m^3]}{\text{비체적}[m^3/kg]} = \dfrac{500}{0.56} = 892.857[kg]$

정답 892.86[kg]

07 아래 계통도는 저압식 CO₂ 소화약제 저장탱크 주변의 각 밸브를 나타낸 것이다. 물음에 답하시오.

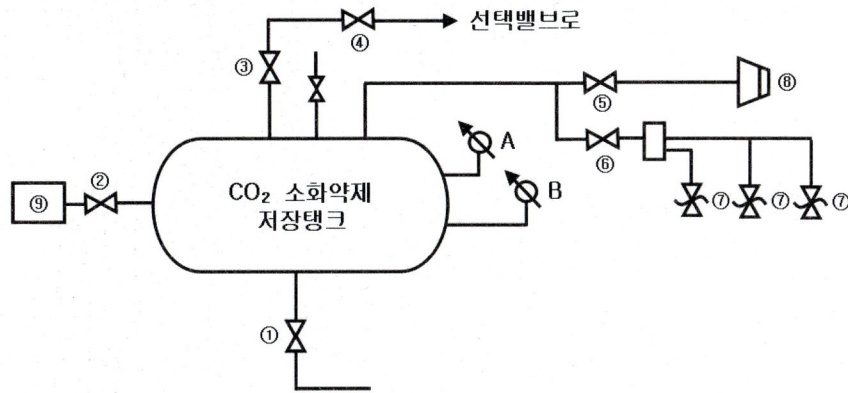

(1) ①번 밸브의 명칭은?
   • 정답 :
(2) ⑨번 장치의 명칭과 기능은?
   • 정답 :
(3) 저압식 CO₂ 저장용기의 압력경보장치 작동압력은?
   • 정답 :
(4) ⑦번 밸브의 명칭과 작동압력을 쓰시오.
   • 정답 :
(5) A와 B의 명칭은?
   • 정답 :
(6) CO₂ 소화약제 저장탱크의 내압시험압력은 얼마인가?
   • 정답 :
(7) ⑧의 명칭과 작동압력을 쓰시오.
   • 정답 :
(8) 위 계통도에서 상시개방밸브와 상시폐지밸브를 구분하여 번호를 쓰시오.
   • 정답 :

> **정답** (1) CO₂ 소화약제 충전개폐밸브
> (2) ① 명칭 : 자동냉동장치
>   ② 기능 : CO₂ 소화약제 저장탱크 내의 압력을 −18[℃] 이하의 온도에서 2.1[MPa]의 압력을 유지 하도록 해준다.
> (3) 2.3[MPa] 이상 1.9[MPa] 이하
> (4) ① 명칭 : 안전밸브
>   ② 작동압력 : 내압시험압력의 0.64배 내지 0.8배 범위
> (5) (A) 압력계, (B) 액면계
> (6) 3.5[MPa] 이상

(7) ① 명칭 : 봉판
    ② 작동압력 : 내압시험압력의 0.8배 내지 내압시험압력
(8) ① 상시개방밸브 : ②, ③, ⑤, ⑥번 밸브
    ② 상시폐지밸브 : ①, ④, ⑦, ⑧번 밸브

08 그림은 CO_2 소화설비의 소화약제 저장용기 주위의 배관 계통도이다. 방호구역은 A, B 두 부분으로 나누어지고, 각 구역의 소요 약제량은 A구역에 2B/T, B구역에 5B/T라 할 때 그림을 보고 다음 물음에 답하시오.

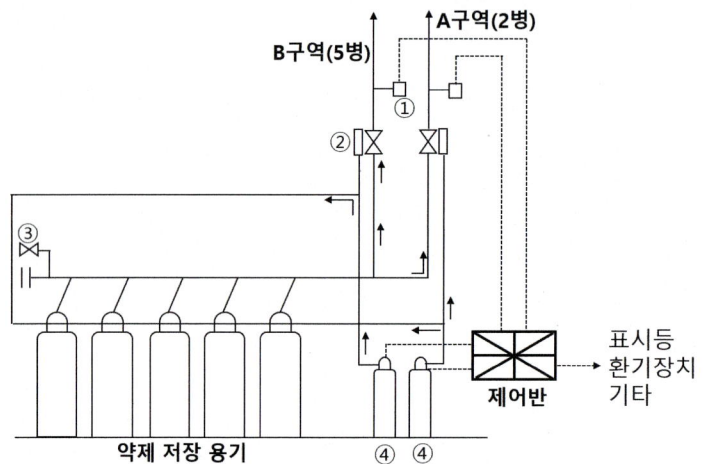

(1) 각 방호구역에 소요 약제량을 방출할 수 있게 조작관에 설치할 체크밸브의 위치를 표시하시오.
  • 정답 :
(2) ①, ②, ③, ④ 기구의 명칭은 무엇인가?
  • 정답 :

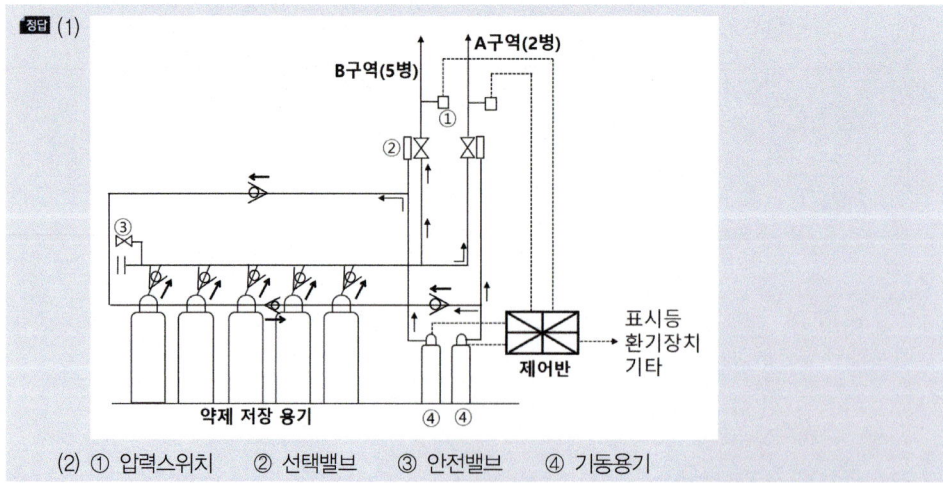

(2) ① 압력스위치 ② 선택밸브 ③ 안전밸브 ④ 기동용기

09 어느 실에 전역방출방식의 이산화탄소 소화설비를 설치하였다. 방출전 방호구역 내의 산소농도는 21[V%]이며 화재시 저장된 용기내의 CO_2 가스량이 방호구역내에 100(V%) 방사되었다고 한다. 조건에 의하여 다음 물음에 답하시오.

> [조 건]
> ① 방호체적은 가로 10[m]×세로 10[m]×높이 2[m] 이다.
> ② 실내온도는 20[℃] 이다.
> ③ CO_2 분자량은 44이며, R(기체상수)은 0.082 이다.
> ④ P(압력)는 760mmHg이다.

(1) 화재시 방호구역 내에 CO_2 방출 후 산소농도가 14(V%) 이었다. 이 때 방호구역내의 CO_2 (V%) 농도를 구하시오.
  • 계산과정 :
  • 정답 :

(2) 저장되어야 할 CO_2의 가스량[kg]은 얼마인가?
  • 계산과정 :
  • 정답 :

(3) 이 계산에 의하여 충전비 1.7, 용기 내용적이 68[ℓ]일 때 이산화탄소 병수는 몇 병인가?
  • 계산과정 :
  • 정답 :

(4) CO_2 소화설비 분사헤드를 설치할 수 없는 장소 4가지를 쓰시오.
  • 정답 :

계산과정

(1) CO_2의 농도[%] $= \dfrac{21-\overline{O_2}}{21} \times 100 = \dfrac{21-14}{21} \times 100 = 33.33[\%]$

(2) CO_2의 체적[m³] $= \dfrac{21-\overline{O_2}}{O_2} \times V = \dfrac{21-14}{14} \times 200 = 100[m^3]$

  CO_2 가스량[kg] : $W = \dfrac{PVm}{RT} = \dfrac{1 \times 100 \times 44}{0.082 \times (273+20)} = 183.1349 = 183.13[kg]$

(3) 병수 $= \dfrac{183.13[kg]}{40[kg/병]} = 4.57 = 5[병]$

정답 (1) 33.33[%]   (2) 183.13[kg]   (3) 5병
  (4) ① 방재실·제어실 등 사람이 상시 근무하는 장소
    ② 니트로셀룰로오스·셀룰로이드 제품 등 자기연소성 물질을 저장·취급하는 장소
    ③ 나트륨·칼륨·칼슘 등 활성금속물질을 저장·취급하는 장소
    ④ 전시장등의 관람을 위하여 다수인이 출입통행하는 통로 및 전시실 등

10 가로, 세로, 높이가 각각 12[m], 15[m], 4[m]인 어느 전기실에 이산화탄소소화설비가 작동하여 화재가 진압되었다. 주어진 조건을 참조하여 다음 각 물음에 답하시오.

> [조 건]
> ① 공기 중 산소 부피는 21% 이다.
> ② 대기압은 760[mmHg] 이다.(실내온도 20℃)
> ③ 이산화탄소를 방출한 후 실내 기압은 770[mmHg]으로 변화되었다.
> ④ 이산화탄소의 분자량은 44이다.
> ⑤ R은 0.082로 계산한다.
> ⑥ 개구부에는 자동폐쇄가 가능한 개구부가 설치되어 있다.

(1) 이산화탄소 방출후 산소 농도를 측정했더니 14% 였다. CO_2 농도 부피[%]를 구하시오.
  • 계산과정 :
  • 정답 :

(2) 약제방출 후 전기실 내 CO_2 양[kg]은?
  • 계산과정 :
  • 정답 :

(3) 용기 내에서 부피가 68[L]이고 약제 충전비가 1.7인 CO_2 저장용기를 몇 병 설치하여야 하는가?
  • 계산과정 :
  • 정답 :

(4) 이산화탄소소화설비 설치제외 장소 4가지를 쓰시오.
  • 정답 :

계산과정

(1) CO_2 부피[%] $= \dfrac{21-O_2}{21} \times 100 = \dfrac{21-14}{21} \times 100 = 33.33\%$

(2) • CO_2 체적[m^3] $= \dfrac{21-O_2}{O_2} \times V[m^3] = \dfrac{21-14}{14} \times (12 \times 15 \times 4) = 360[m^3]$

  • 실내 기압 $= \dfrac{770}{760} \times 1[atm] = 1.013[atm]$

  • $PV = \dfrac{W}{M}RT$, $W = \dfrac{1.013 \times 360 \times 44}{0.082 \times (273+20)} = 667.86[kg]$

(3) • 한병당 약제량[kg] $= \dfrac{68[L]}{1.7[L/kg]} = 40[kg]$

  • 저장용기수 $= \dfrac{667.86}{40} = 16.69 = 17$병

정답 (1) 33.33% (2) 667.86[kg] (3) 17병
  (4) ① 방재실, 제어실 등 사람이 (상시근무)하는 장소
    ② 니트로셀룰로오스, 셀룰로이드 제품 등 (자기연소성 물질)을 저장, 취급하는 장소
    ③ 나트륨, 칼륨, 칼슘 등(활성금속물질)을 저장, 취급하는 장소
    ④ 전시장 등의 관람을 위하여 다수인이 출입·통행하는 (통로) 및 (전시실) 등

11 표면화재 대상물인 보일러실,변전실, 발전실 및 축전지실에 아래와 같은 조건으로 전역방출 방식의 고압식 이산화탄소 소화설비를 설치하였을 경우에 아래 물음에 답하시오.

[조 건]

① 방호구역의 조건

방호구역	크기[m³]		개구부[m²]	개구부상태	분사헤드 설치수[개]
	면적	높이			
보일러실	18×18×5		6	자동폐쇄 불가	40
변전실	11×17×6		4	자동폐쇄 가능	30
발전실	5×8×4		4	자동폐쇄 불가	8
축전지실	5×3×3		2	자동폐쇄 가능	3

② 소화약제 산정기준

방호구역 체적	방호구역의 체적[m³]에 대한 소화약제의 양	소화약제 저장량의 최저한도
45[m³] 미만	1.00[kg]	45[kg]
45[m³] 이상 150[m³] 미만	0.90[kg]	
150[m³] 이상 1,450[m³] 미만	0.80[kg]	135[kg]
1,450[m³] 이상	0.75[kg]	1,125[kg]

③ 각 실에 설치된 분사헤드의 방사율은 1개당 1.16[kg/mm²·min]으로 하며 CO_2 방출시간은 1분을 기준으로 한다.
④ CO_2 저장용기는 내용적 68[ℓ]/충전량 45[kg]용의 것을 사용하는 것으로 한다.

(1) 방호구역의 각 실에 필요한 소화약제의 양[kg]을 산출하시오.
　• 계산과정 :
　• 정답 :
(2) 각 실에 필요한 소화약제의 용기 수는 얼마인가?
　• 계산과정 :
　• 정답 :
(3) 용기 저장소에 저장하여야 할 소화약제의 용기수는 얼마인가?
　• 정답 :
(4) 각실별 선택밸브 직후의 유량[kg/sec]은?
　• 계산과정 :
　• 정답 :
(5) 각 실별로 설치된 분사헤드의 분출구 면적[mm²]은 얼마이어야 하는가?
　(단, 보일러실, 변전실, 발전실 및 축전지실은 표면화재 방호대상물로 본다.)

- 계산과정 :
- 정답 :

계산과정

(1) ① 보일러실 : 18×18×5=1,620[m³]
　　　　　　　(1,620[m³]×0.75[kg/m³]) + (6[kg/m²]×5[m²]) = 1,245[kg]
　② 변전실 : 11×17×6 = 1,122[m³]
　　　　　　1,122[m³]×0.8[kg/m³] = 897.6[kg]
　③ 발전실 : 5×8×4 = 160[m³],
　　　　　　160[m³]×0.8[kg/m³] = 128[kg](최저량) = 135[kg] + (6[kg/m²]×5[m²]) = 155[kg]
　④ 축전지실 : 5×3×3 = 45[m³]
　　　　　　　45[m³]×0.9[kg/m³] = 40.5[kg](최저량) = 45[kg]

(2) ① 보일러실 : 1,245[kg]÷45[kg/병] = 27.6 ≒ 28병
　② 변전실 : 897.6[kg]÷45[kg/병] = 19.94 ≒ 20병
　③ 발전실 : 155[kg]÷45[kg/병] = 3.44 ≒ 4병
　④ 축전지실 : 45[kg]÷45[kg/병] = 1병

(4) ① 보일러실 : 45×28/60 = 21[kg/s]
　② 변전실 : 45×20/60 = 15[kg/s]
　③ 발전실 : 45×4/60 = 3[kg/s]
　④ 축전지실 : 45×1/60 = 0.75[kg/s]

(5) ① 보일러실 : 28[병]×45[kg/병] = 1260[kg]
　　　　　　　1260[kg]÷(40개×1.16[kg/mm·min·개]×1분) = 27.155[mm²]
　② 변전실 : 20[병]×45[kg/병] = 900[kg]
　　　　　　900[kg]÷(30개×1.16[kg/mm·min·개]×1분) = 25.862[mm²]
　③ 발전실 : 4[병]×45[kg/병] = 180[kg]
　　　　　　180[kg]÷(8개×1.16[kg/mm·min·개]×1분) = 19.396[mm²]
　④ 축전지실 : 1[병]×45[kg/병] = 45[kg]
　　　　　　　45[kg]÷(3개×1.16[kg/mm·min·개]×1분) = 12.931[mm²]

정답 (1) ① 보일러실 : 1245[kg], ② 변전실 : 897.6[kg], ③ 발전실 : 155[kg], ④ 축전지실 : 45[kg]
　(2) ① 보일러실 : 28병, ② 변전실 : 20병, ③ 발전실 : 4병, ④ 축전지실 : 1병
　(3) 28[병]
　(4) ① 보일러실 : 21[kg/s] ② 변전실 : 15[kg/s] ③ 발전실 : 3[kg/s] ④ 축전지실 : 0.75[kg/s]
　(5) ① 보일러실 : 27.16[mm²], ② 변전실 : 25.86[mm²],
　　　③ 발전실 : 19.4[mm²], ④ 축전지실 : 12.93[mm²]

12 업무시설의 지하층 전기 설비등에 다음과 같이 이산화탄소소화설비를 설치하고자 할 때 조건에 적합하게 답하시오.

[조 건]
(1) 설비는 전역방출방식으로 하며 설치장소는 전기설비실, 케이블실, 서고, 모피창고이다.
(2) 전기설비와 모피 창고에는 가로 1m, 세로 2m의 자동폐쇄장치가 설치되지 않은 개구부가 각각 1개씩 설치되어 있다.
(3) 저장용기 내용적 68ℓ, 충전비 1.511으로 동일한 충전비를 가짐.
(4) 전기설비실과 케이블실을 동시 방호구역으로 설계함.
(5) 소화약제 방출시간은 모두 7분으로 함.
(6) 각 실에 설치할 노즐의 방사량은 각 노즐 1개당 1[kg/min]으로 함.
(7) 각 실의 평면도는 다음과 같다.(각 실의 층고는 모두 3m임)

전기설비실 8m×6m	모피창고 10m×3m
	서고 10m×7m
케이블실 2m×6m	

저장용기실
2m×3m

(1) 모피창고의 소요 가스량[kg]을 구하시오.
 • 계산과정 :
 • 정답 :
(2) 저장용기 1병에 충전되는 가스량[kg]을 구하시오.
 • 계산과정 :
 • 정답 :
(3) 저장용기실에 설치할 저장용기의 수는 몇 병인지 구하시오.
 • 계산과정 :
 • 정답 :
(4) 설치하여야 할 선택밸브 수는 몇 개인지 구하시오.
 • 정답 :

(5) 모피창고에 설치할 헤드수는 모두 몇 개인지 구하시오.(단, 실제 방출병수로 계산)
- 계산과정 :
- 정답 :

(6) 서고의 선택밸브 주배관의 유량은 몇 [kg/min]인지 구하시오.(단, 실제 방출병수로 계산)
- 계산과정 :
- 정답 :

계산과정

(1) $(10 \times 3 \times 3[m^3] \times 2.7[kg/m^3]) + (1 \times 2[m^2] \times 10[kg/m^2]) = 263[kg]$

참고 심부화재 소화약제량 및 개구부 가산량

방호대상물	방호구역 1m³에 대한 소화약제량	설계농도(%)
유압기기를 제외한 전기설비, 케이블실	1.3kg	50
체적 55m³ 미만의 전기설비	1.6kg	50
서고, 전자제품창고, 목재가공품창고, 박물관	2.0kg	65
고무류, 면화류창고, 모피창고, 석탄창고, 집진설비	2.7kg	75

- 개구부 가산량은 10[kg/m²]으로 한다.
- 소화약제 약제량[kg] = (V[m³] × α[kg/m³]) + (A[m²] × β[kg/m²])

(2) $\dfrac{68}{1.511} = 45[kg]$

(3) ① 전기설비실 : $(8 \times 6 \times 3[m^3] \times 1.3[kg/m^3]) + (2[m^2] \times 10[kg/m^2]) = 207.2[kg]$
② 케이블 : $(2 \times 6 \times 3[m^3] \times 1.3[kg/m^3]) = 46.8[kg]$
※ 조건 (4)에 따라 전기설비실과 케이블실을 동시 방호구역으로 설계함
– 전기설비실 $\dfrac{207.2}{45}$: 5병   – 케이블실 $\dfrac{46.8}{45}$: 2병
– 7병 설치한다.
③ 모피창고 : $263 \div 45 = 6$병
④ 서고 ; $(10 \times 7 \times 3[m^3] \times 2[kg/m^3]) = 420[kg]$, $420 \div 45 = 10$병

(5) $\dfrac{6 \times 45[kg]}{1[kg/\cdot min개] \times 7[min]} = 38.57 = 39[개]$

(6) $\dfrac{10 \times 45[kg]}{7[min]} = 64.29[kg/min]$

정답 (1) 263[kg]   (2) 45[kg]   (3) 10병
(4) 3개   (5) 39개   (6) 64.29[kg/min]

13 가로 12[m], 세로 18[m], 높이 3[m] 인 전기실에 이산화탄소 소화설비가 작동하여 화재가 꺼졌다. 개구부에 자동폐쇄장치가 설치되어 있는 경우 조건을 참고하여 물음에 답하시오.

[조 건]
① 전역방출방식이며 심부화재로 간주한다.
② 공기중 산소 부피는 21%이며 방출 후 산소 부피는 15% 이다.
③ 대기압은 760[mmHg]이고, 이산화탄소 소화약제 방출 후 실내 압력은 800[mmHg] 이다.
④ 저장용기의 충전비는 1.60이며, 체적은 80[L] 이다.
⑤ 실내온도는 18[℃]이며, 기체상수 R은 0.082[atm·L/mol·K]이다.

(1) CO_2의 소화 농도[%] 를 구하시오.
- 계산과정 :
- 정답 :

(2) CO_2의 방출량[m³]을 구하시오.
- 계산과정 :
- 정답 :

(3) 방출된 CO_2의 양[kg] 은?
- 계산과정 :
- 정답 :

(4) 필요한 가스의 용기 병수를 구하시오.
- 계산과정 :
- 정답 :

(5) 선택밸브의 직후 유량[kg/min]을 구하시오.
- 계산과정 :
- 정답 :

계산과정

(1) CO_2농도 $= \dfrac{21 - O_2}{21} \times 100 = \dfrac{21 - 15}{21} \times 100 = 28.57[\%]$

(2) CO_2 체적[m³] $= \dfrac{21 - O_2}{O_2} \times V[m^3] = \dfrac{21 - 15}{15} \times (12 \times 18 \times 3) = 259.2[m^3]$

(3) $PV = \dfrac{W}{M}RT$

$W = \dfrac{PVM}{RT} = \dfrac{1.0526[atm] \times (259.2 \times 1000)[L] \times 44[g/mol]}{0.082[atm \cdot L/mol \cdot K] \times (273 + 18)[K]} = 503088.2776[g] = 503.09[kg]$

($P = \dfrac{800}{760} \times 1[atm] = 1.0526[atm]$, 체적을 L로 바꿔야 한다.)

(4) ① 한병당 약제량 : 충전비는 1.60이며, 체적은 80[L] 이용한다.

$1.6 = \dfrac{80}{병당약제량}$, 병당약제량[kg] = 50[kg]

② 가스의 병수 : $\dfrac{503.09}{50} = 10.0618 ≒ 11$병

(5) $\dfrac{실제방출약제량[kg]}{방사시간[min]} = \dfrac{50[kg] \times 11}{7[min]} = 78.57[kg/min]$

(*심부화재 이므로 방사시간 7분)

정답 (1) 28.57%   (2) 259.2[m³]   (3) 503.09[kg]
　　　(4) 11병   (5) 78.57[kg/min]

---

14 특수가연물 가연성고체가 윗면이 개방된 용기에 저장되어 있을 때 소화약제의 저장량은 몇 [kg]이 필요하겠는가? (단, ① 용기크기는 가로 10[m], 세로 12[m], 높이 30[m] ② 설비방식은 저압식이며 국소방출방식 이다.)

- 계산과정 :
- 정답 :

계산과정
표면적[m²] × 13[kg/m²] × 1.1(저압식) = (10×12)[m²] × 13[kg/m²] × 1.1 = 1716[kg]

정답 1716[kg]

---

15 가로 2[m], 세로 1[m], 높이 1.5[m]의 약제 방출시 비산의 우려가 있는 가연물에 CO_2 국소방출방식(입면화재)을 적용할 경우 해당하는 최소 CO_2 량과 용기수를 계산하시오.(단, 설비는 고압식이며 용기 68[ℓ]형, 45[kg], 고정벽면은 없다.)

- 계산과정 :
- 정답 :

계산과정

$Q = \left(8 - 6\dfrac{a}{A}\right) \times V \times h$ (고압식 $h = 1.4$, 저압식 $h = 1.1$)

① 방호공간의 체적[m³] : 각 방향으로 0.6[m]씩 연장하여 이루어진 공간
　$V = (2[m] + (0.6[m] \times 2)) \times (1[m] + (0.6[m] \times 2)) \times (1.5[m] + 0.6[m]) = 14.78[m³]$

② 방호공간의 벽면적[m²] : 각 방향으로 0.6[m]씩 연장하여 이루어진 공간벽면적
　$A = (3.2[m] \times 2.1[m]) \times 2면 + (2.2[m] \times 2.1[m]) \times 2 = 22.68[m²]$

③ 방호대상물 주위의 벽면적 a의 경우 실제 설치된 고정측벽이 없으므로 a=0이다.

$$\therefore Q = \left(8 - 6\frac{0}{22.68}\right) \times 14.78 \times 1.4 = 165.536 \ [kg] = 165.54[kg]$$

165.54[kg] ÷ 45[kg/병] = 3.678병 = 4병

정답 165.54[kg], 4병

16 다음 그림은 위험물 저장탱크에 국소방출방식의 이산화탄소 소화설비를 설치한 도면이다. 각 물음에 답하시오.(단, 고압식이며 방호대상물 주위에는 동일한 크기의 벽이 설치되어 있다.)

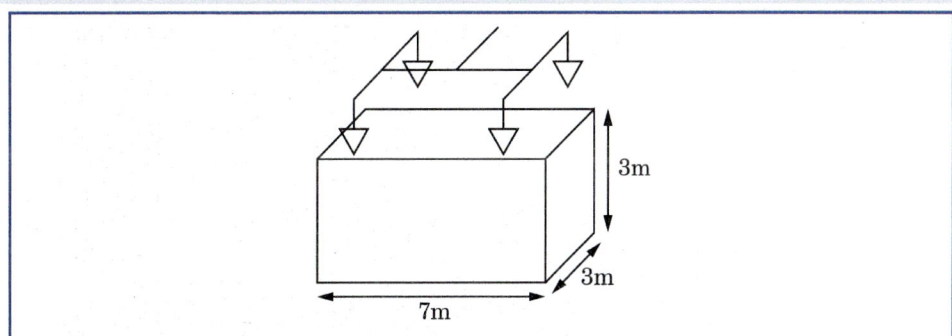

(1) 방호공간의 체적[m³]을 구하시오.
- 계산과정 :
- 정답 :

(2) 소화약제 최소저장량[kg]은 얼마인가?
- 계산과정 :
- 정답 :

(3) 저압식으로 할 때 소화약제 최소저장량[kg]은 얼마인가?
- 계산과정 :
- 정답 :

계산과정

(1) V = 7×3×3.6 = 75.6[m³]

(2) • 약제저장량 = $[8 - (6 \times \frac{a}{A})][kg/m^3] \times V[m^3] \times$ 고압식1.4(저압식1.1)

① a(방호 대상물 주위 설치 벽면적 합계) : (7×3×2)+(3×3×2)=60[m²]
② A(방호 공간 측벽 면적 합계) : (7×3.6×2)+(3×3.6×2)=72[m²]
③ V(0.6[m] 연장체적) : 75.6[m³]

$\therefore [8 - (6 \times \frac{60}{72})][kg/m^3] \times 75.6[m^3] \times 1.4 = 317.52[kg]$

(3) • 약제저장량 = $[8-(6\times\frac{a}{A})][kg/m^3]\times V[m^3]\times$ 저압식 1.1

∴ $[8-(6\times\frac{60}{72})][kg/m^3]\times 75.6[m^3]\times 1.1 = 249.48[kg]$

정답 (1) 75.6[m³]　　(2) 317.52[kg]　　(3) 249.48[kg]

---

17 사무실 건물의 지하층에 있는 발전기실에 화재안전기준과 다음 조건에 따라 전역방출방식 이산화탄소 소화설비를 설치하려고 한다. 다음 각 물음에 답하시오.

> [조 건]
> ① 소화설비는 고압식으로 한다.
> ② 발전기실의 크기 : 가로 10m, 세로 7m, 높이 5m
> 　발전기실의 개구부의 크기 : 1.8m×3m×2개소(자동폐쇄장치가 설치되어 있음)
> ③ 가스용기 1본당 충전량 : 45kg
> ④ 표면화재를 기준으로 한다.
> ⑤ 설계농도에 따른 보정계수는 고려하지 않는다.

(1) 가스용기는 몇 본(병)이 필요한가?
　• 계산과정 :
　• 정답 :

(2) 선택밸브 직후의 유량[kg/s]을 구하시오.
　• 계산과정 :
　• 정답 :

(3) 음향경보장치는 약제방사 개시 후 몇 분 동안 경보를 계속할 수 있어야 하는지 쓰시오.
　• 정답 :

(4) 가스용기의 개방밸브는 작동방식에 따라 3가지로 분류된다. 그 명칭을 쓰시오.
　• 정답 :

계산과정

(1) ① 약제저장량 : $(10\times 7\times 5)[m^3]\times 0.8[kg/m^3] = 280[kg]$
　→ 표면화재로 체적이 350[m³]이므로 체적당 약제량은 0.8[kg/m³]으로 한다.
　② 병수 : $\frac{280}{45} = 6.2 ≒ 7병$

(2) 선택밸브 직후 유량 : $\frac{45\times 7[kg]}{60[s](표면)} = 5.25[kg/s]$

정답 (1) 7병　(2) 5.25[kg/s]　(3) 1분 이상
　　(4) ① 전기식　② 가스압력식　③ 기계식

18 바닥면적 500[㎡], 높이 3.2[m]인 전기실에 이산화탄소소화설비를 설치할 때 저장용기(80L/45kg)에 저장된 약제량을 표준대기압, 온도 20℃인 방호구역 내에 전부 방사한다고 할 때 다음을 구하시오.

[조 건]
① 방호구역 내에는 3[㎡]인 출입문이 있으며, 이 문은 자동폐쇄장치가 설치되어 있지 않다.
② 심부화재이고, 전역방출방식을 적용하였다.
③ 이산화탄소의 분자량은 44이고, 이상기체상수는 8.3143[kJ/(kmol·K)]이다.
④ 선택밸브 내의 온도와 압력조건은 방호구역의 온도 및 압력과 동일하다고 가정한다.
⑤ 이산화탄소 저장용기는 한 병당 45[kg]의 이산화탄소가 저장되어 있다.
⑥ 전기실에 유압기기는 설치되어 있지 않다.

(1) 이산화탄소 최소 저장용기수[병]를 구하시오.
- 계산과정 :
- 정답 :

(2) 최소 저장용기를 기준으로 이산화탄소를 모두 방사할 때 선택밸브 1차측 배관에서의 최소 유량[㎥/min]을 구하시오.
- 계산과정 :
- 정답 :

계산과정

(1) ① 약제량 : $(500 \times 3.2)[m^3] \times 1.3[kg/m^3] + 3[m^2] \times 10[kg/m^2] = 2110[kg]$

② 병수 : $\dfrac{2110}{45} = 46.9 = 47$병

(2) ① 선택밸브 1차측 유량 : $\dfrac{(45 \times 47)[kg]}{7[min]} = 302.14[kg/min]$

② 이상기체 상태방정식 $PV = \dfrac{w}{m}RT$

$V = \dfrac{WRT}{mP} = \dfrac{(45 \times 47) \times 8.3143 \times (273+20)}{44 \times 101.325} = 1155.671[m^3]$

· 선택밸브 직후유량 : $\dfrac{1155.671}{7} = 165.0958 = 165.1[m^3/min]$

정답 (1) 47병   (2) 165.1[㎥/min]

19 그림과 같은 특정소방대상물에 고압식 이산화탄소 소화설비를 설치하려고 한다. 조건을 참고하여 다음 각 물음에 답하시오.

[조 건]
① 각 실의 높이는 4[m]로 한다.
② 1병당 약제 저장량은 45[kg]으로 한다.
③ 단위체적당 저장하는 약제량은 0.8[kg/m³]으로 한다.

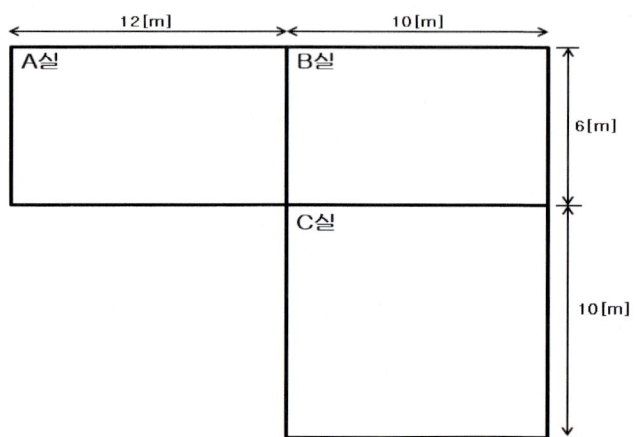

(1) 각 실의 저장용기수를 산출하시오.

① A실
  • 계산과정 :
  • 정답 :
② B실
  • 계산과정 :
  • 정답 :
③ C실
  • 계산과정 :
  • 정답 :

(2) 가스계소화설비의 도면을 완성하시오.(모든 배관은 직선으로 표기하고 동관은 점선으로 표시하며 저장용기는 ◎로 표시하시오.)

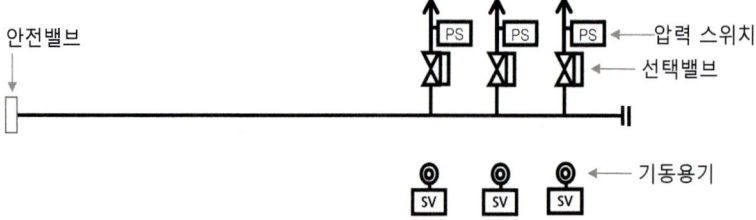

• 정답 :

계산과정

(1) ① A실
- 약제량 : (12×6×4)×0.8 = 230.4[kg]
- 병수 : $\frac{230.4}{45} = 5.1 = 6$병

② B실
- 약제량 : (10×6×4)×0.8 = 192[kg]
- 병수 : $\frac{192}{45} = 4.2 = 5$병

③ C실
- 약제량 : (10×10×4)×0.8 = 320[kg]
- 병수 : $\frac{320}{45} = 7.1 = 8$병

정답 (1) ① 6병 ② 5병 ③ 8병

(2)
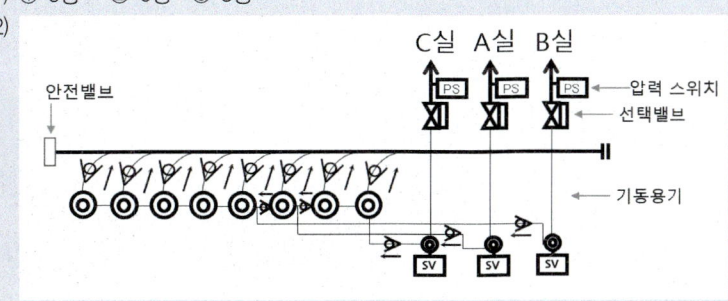

---

20 가로 12[m], 세로 18[m], 높이 3[m] 인 전기실에 이산화탄소 소화설비가 작동하여 화재가 꺼졌다. 개구부에 자동폐쇄장치가 설치되어 있는 경우 조건을 참고하여 물음에 답하시오.

[조 건]
① 전역방출방식이며 심부화재로 간주한다.
② 공기중 산소 부피는 21%이며 방출 후 산소 부피는 15% 이다.
③ 대기압은 760[mmHg]이고, 이산화탄소 소화약제 방출 후 실내 압력은 800[mmHg] 이다.
④ 저장용기의 충전비는 1.6이며, 체적은 80[L] 이다.
⑤ 실내온도는 18[℃]이며, 기체상수 R은 0.082[atm·L/mol·K]이다.

(1) CO_2의 소화 농도[%] 를 구하시오.
- 계산과정 :
- 정답 :

(2) CO_2의 방출량[m³]을 구하시오.
- 계산과정 :
- 정답 :

(3) 방출된 CO_2의 양[kg] 은?
- 계산과정 :
- 정답 :

(4) 필요한 가스의 용기 병수를 구하시오.
- 계산과정 :
- 정답 :

(5) 선택밸브의 직후 유량[kg/min]을 구하시오.
- 계산과정 :
- 정답 :

계산과정

(1) $CO_2 농도 = \dfrac{21-O_2}{21} \times 100 = \dfrac{21-15}{21} \times 100 = 28.57[\%]$

(2) $CO_2 체적[m^3] = \dfrac{21-O_2}{O_2} \times V[m^3] = \dfrac{21-15}{15} \times (12 \times 18 \times 3) = 259.2[m^3]$

(3) $PV = \dfrac{W}{M}RT$

$W = \dfrac{PVM}{RT} = \dfrac{1.0526[atm] \times (259.2 \times 1000)[L] \times 44[g/mol]}{0.082[atm \cdot L/mol \cdot K] \times (273+18)[K]} = 503088.2776[g] = 503.09[kg]$

($P = \dfrac{800}{760} \times 1[atm] = 1.0526[atm]$, 체적을 L로 바꿔야 한다.)

(4) ① 한병당 약제량 : 충전비는 1.6이며, 체적은 80[L] 이용 한다.

$1.6 = \dfrac{80}{병당약제량}$, 병당약제량[kg] = 50[kg]

② 가스의 병수 : $\dfrac{503.09}{50} = 10.0618 = 11$병

(5) $\dfrac{실제방출약제량[kg]}{방사시간[min]} = \dfrac{50[kg] \times 11}{7[min]} = 78.57[kg/min]$

(*심부화재 이므로 방사시간 7분)

정답 (1) 28.57% (2) 259.2[m³] (3) 503.09[kg]
(4) 11병 (5) 78.57[kg/min]

21 다음은 이산화탄소소화설비에 대한 평면도를 나타낸 것이다. 각 물음에 답하시오.

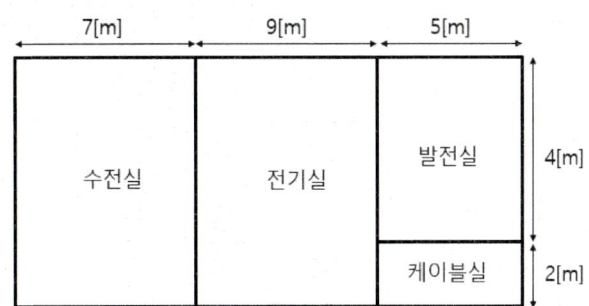

[조 건]
① 각 실의 층고는 4.5m이다.
② 개구부의 면적은 다음과 같다. (다만, 수전실에는 자동폐쇄장치가 설치되어 있다.)
 - 수전실 : 5[m²], 전기실 : 7[m²], 발전실 : 3.5[m²], 케이블실 : 개구부 없음
③ 전역방출방식을 기준으로 하며 표면화재를 기준으로 하여 약제량 값을 산출 한다.
④ 배관 구경은 20[mm]로 하고, 방사헤드 1개당 방출량은 50[kg/min]이다.
⑤ 저장용기 1병당 충전량은 45[kg]이다.
⑥ 설계농도는 34%이고, 보정계수는 무시한다.
⑦ (1),(2),(4)는 계산과정 없이 표에 답만 작성한다.
⑧ (1),(2)의 소화약제량은 저장용기수와 관계없이 화재안전기준에 따라 산출하고, (4)의 소화약제량은 저장용기수 기준에 따라 산출한다.

[참고자료] 방호구역 체적에 따른 소화약제 및 최저한도의 양

방호구역 체적	방호구역 체적 1[m³]에 대한 소화약제양	소화약제 저장량 최저한도의 양
45[m³] 미만	1[kg]	45[kg]
45[m³] 이상 150[m³] 미만	0.9[kg]	
150[m³] 이상 1450[m³] 미만	0.80[kg]	135[kg]
1450[m³] 이상	0.75[kg]	1125[kg]

(1) 각 방호구역에 필요한 소화약제량[kg]을 구하시오.(개구부 가산량이 적용되지 않는 경우 "-" 표시를 한다.)

방호구역	체적[m³]	체적당 가스량 [kg/m³]	소화약제량 (최저량 고려)	개구부 면적[m²]	개구부 가산량 [kg/m²]	소화약제량 [kg]
수전실				5		
전기실				7		
발전실				3.5		
케이블실				-	-	

(2) 저장용기의 수를 구하시오.

방호구역	소화약제량[kg]	1병당 저장량[kg]	용기수[병]
수전실		45	
전기실		45	
발전실		45	
케이블실		45	

(3) 방호구역 전체에 필요한 저장용기수[병]를 구하시오.
- 정답 :

(4) 각 방호구역에 설치하는 헤드의 수를 구하시오.

방호구역	소화약제량[kg]	분당 방출량[kg/min]	헤드수[개]
수전실		50	
전기실		50	
발전실		50	
케이블실		50	

(5) 이산화탄소소화설비의 계통도를 완성하시오. (단, 추가로 그려야 하는 소화약제 저장용기는 도시하고, 기동배관 (동관)은 점선으로 표시한다. 또한, 도시기호에 맞게 가스체크밸브를 도시하도록 한다.)

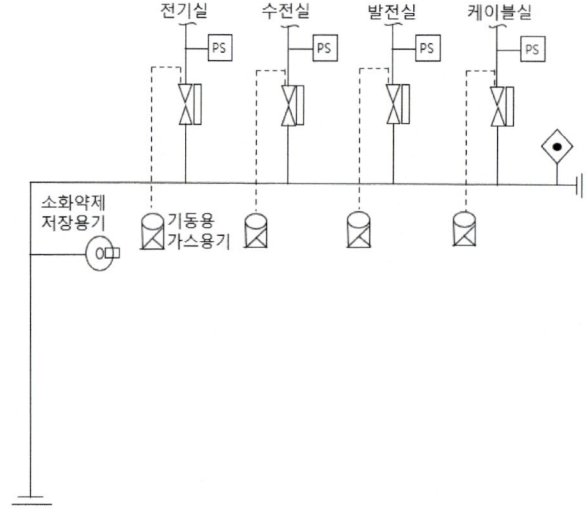

- 정답 :

[정답]

(1)

방호구역	체적[㎥]	체적당 가스량 [kg/㎥]	소화약제량 (최저량 고려)	개구부 면적[㎡]	개구부 가산량 [kg/㎡]	소화약제량 [kg]
수전실	189	0.8	151.2	5	–	151.2
전기실	243	0.8	194.4	7	5	229.4
발전실	90	0.9	81	3.5	5	98.5
케이블실	45	0.9	45	–	–	45

(2)

방호구역	소화약제량[kg]	1병당 저장량[kg]	용기수[병]
수전실	151.2	45	4
전기실	229.4	45	6
발전실	98.5	45	3
케이블실	45	45	1

(3) 14병

(4)

방호구역	소화약제량[kg]	분당 방출량[kg/min]	헤드수[개]
수전실	180	50	4
전기실	270	50	6
발전실	135	50	3
케이블실	45	50	1

(5)

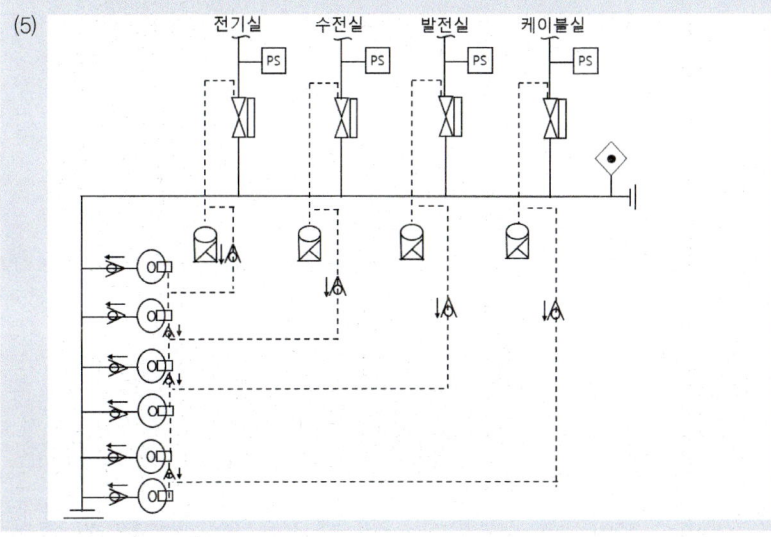

22 그림과 같이 가연물 주변에 실제 벽이 2개 설치된 이산화탄소 소화설비가 국소방출방식 고압식으로 설치가 되어 있다. 다음 각 물음에 답하시오.

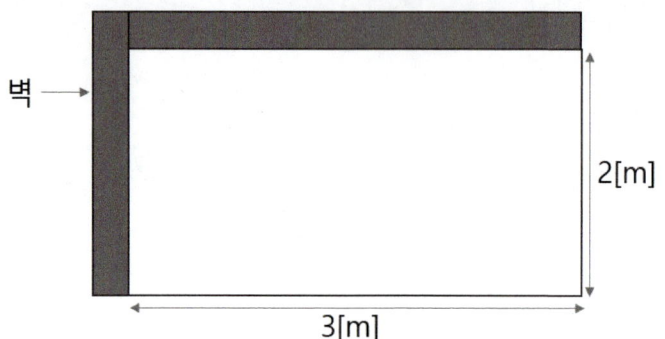

(1) 방호공간의 체적[㎥]을 구하시오. (실의 높이는 2[m] 이다.)
- 계산과정 :
- 정답 :

(2) 약제량[kg]을 구하시오.
- 계산과정 :
- 정답 :

(3) 방출량[kg/s]을 구하시오.
- 계산과정 :
- 정답 :

계산과정

(1) $3.6 \times 2.6 \times 2.6 = 24.34 [m^3]$
 (연장체적 구할때 옆면과 뒷면에 실제 벽이 있으므로 벽이 있는쪽으로는 연장하지 않습니다.)

(2) $A = (3.6 \times 2.6 \times 2) + (2.6 \times 2.6 \times 2) = 32.24 [m^2]$ (연장체적의 벽면적)
 $a = (2 \times 2 \times 1) + (3 \times 2 \times 1) = 10 [m^2]$ (실제설치된 벽면적)
 $Q = (8 - 6\frac{a}{A})[kg/m^3] \times V[m^3] \times 1.4$ (고압식)
 $= [8 - (6 \times \frac{10}{32.24})] \times 24.34 \times 1.4 = 209.19 [kg]$

(3) $\frac{209.19[kg]}{30[s]} = 6.97 [kg/s]$

정답 (1) 24.34[㎥] (2) 209.19[kg] (3) 6.97 [kg/s]

23 이산화탄소소화설비를 다음 조건에 따라 고압식으로 설치하고자 한다. 다음 물음에 답하시오.

[조 건]
① 케이블실은 가로10[m], 세로10[m], 높이 5[m] 이고, 설계농도는 50% 이다.
② 박물관은 가로10[m], 세로8[m], 높이 5[m] 이고, 설계농도는 65% 이다.
③ 일산화탄소 저장창고는 가로 2[m], 세로 4[m], 높이 4[m] 이고, 보정계수는 1.9 이며, 표면화재를 적용한다.
④ 모든 방호구역은 전역방출방식을 적용한다.
⑤ 이산화탄소 방출후 산소농도는 14% 였다.
⑥ 저장용기의 내용적은 68[L] 이며 충전비는 1.7 이다.

(1) 방호구역의 각 실에 필요한 소화약제의 양[kg]을 산출하시오.
   ① 케이블실
      • 계산과정 :
      • 정답 :
   ② 박물관
      • 계산과정 :
      • 정답 :
   ③ 일산화탄소 저장창고
      • 계산과정 :
      • 정답 :

(2) 저장용기 1병당 약제량[kg]을 계산하시오.
   • 계산과정 :
   • 정답 :

(3) 각실별 저장용기 갯수와 저장용기실 용기 갯수를 구하시오.
   ① 케이블실
      • 계산과정 :
      • 정답 :
   ② 박물관
      • 계산과정 :
      • 정답 :
   ③ 일산화탄소 저장창고
      • 계산과정 :
      • 정답 :
   ④ 저장용기실
      • 계산과정 :
      • 정답 :

(4) 약제 방출후 CO_2농도를 구하시오.

- 계산과정 :
- 정답 :

(5) 케이블실과 박물관의 방출가스체적[㎥]을 구하시오.
 (1[atm], 0℃조건으로 계산하시오.)

① 케이블실
- 계산과정 :
- 정답 :

② 박물관
- 계산과정 :
- 정답 :

계산과정

(1) ① 케이블실 : (10×10×5)[㎥]×1.3[kg/㎥] = 650[kg]
② 박물관 : (10×8×5)[㎥]×2[kg/㎥] = 800[kg]
③ 일산화탄소 저장창고 : (2×4×4)[㎥]×1[kg/㎥] = 32[kg] = 45[kg]
(최소량 적용후 보정계수 적용)×1.9 = 85.5[kg]

(2) $\frac{68}{1.7} = 40[kg]$

(3) ① 케이블실 $\frac{650}{40} = 16.25 = 17$병

② 박물관 $\frac{800}{40} = 20$병

③ 일산화탄소 저장창고 $\frac{85.5}{40} = 2.1 = 3$병

④ 저장용기실 20병

(4) $\frac{21-O_2}{21} \times 100 = \frac{21-14}{21} \times 100 = 33.3333 = 33.33\%$

(5) ① 케이블실

$PV = \frac{w}{m}RT$에 의하여

$V = \frac{wRT}{mP} = \frac{(17 \times 40) \times 0.082 \times (273+0)}{44 \times 1} = 345.97[m^3]$

② 박물관

$V = \frac{wRT}{mP} = \frac{(20 \times 40) \times 0.082 \times (273+0)}{44 \times 1} = 407.02[m^3]$

정답 (1) ① 650[kg] ② 800[kg] ③ 85.5 [kg]
(2) 40[kg]
(3) 케이블실 17병, 박물관 20병, 일산화탄소 저장창고 3병, 저장용기실 20병
(4) 33.33%
(5) 케이블실 345.97[㎥], 박물관 407.02[㎥]

CHAPTER 13 할론소화설비

01 할론소화설비 개요
이 설비는 할론소화약제를 사용하여 가연물과 산소의 화학반응을 억제하고 냉각작용과 희석작용으로 소화하는 설비이다. 할론소화설비는 불소(F), 염소(Cl), 브롬(Br)과 같은 할론 원소 중 하나 또는 몇 개의 원자를 함유하고 있으며, 화학적으로 대단히 안정된 우수한 소화성능을 가지고 있다.

02 할론소화약제 명명법

약제명 \ 구성	C(탄소)	F(불소)	Cl(염소)	Br(브롬)	화학식
HALON 1301	1	3	0	1	CF_3Br
HALON 2402	2	4	0	2	$C_2F_4Br_2$
HALON 1211	1	2	1	1	C_1F_2ClBr

03 할론 소화설비의 분류
(1) **방출방식에 의한 분류** : 전역방출방식, 국소방출방식, 호스릴 방식

(2) **소화약제의 저장방식에 의한 분류** : 고압용기 저장방식, 저압용기 저장방식

(3) **작동방식에 따른 분류** : 전기식, 기계식, 가스압력식

04 할론 소화설비의 구성
(1) 저장용기
  ① 설치장소(이산화탄소와 동일)
    ㉠ 방호구역 외의 장소에 설치할 것. 다만, 방호구역 내에 설치할 경우에는 피난 및 조작이 용이하도록 피난구 부근에 설치해야 한다.
    ㉡ 온도가 40℃ 이하이고, 온도변화가 적은 곳에 설치할 것
    ㉢ 직사광선 및 빗물이 침투할 우려가 없는 곳에 설치할 것
    ㉣ 방화문으로 구획된 실에 설치할 것
    ㉤ 용기의 설치장소에는 해당 용기가 설치된 곳임을 표시하는 표지를 할 것
    ㉥ 용기간의 간격은 점검에 지장이 없도록 3cm 이상의 간격을 유지할 것

ⓐ 저장용기와 집합관을 연결하는 연결배관에는 체크밸브를 설치할 것. 다만, 저장용기가 하나의 방호구역만을 담당하는 경우에는 그러하지 아니하다.

② 설치기준

　㉠ 할론 소화약제의 저장용기 설치기준

　　(참고 : 이산화탄소와 달리 자체증기압이 낮아 별도의 축압용 가압용 가스 필요)

　　ⓐ 축압식 저장용기(20[℃]) : 질소 축압

　　　㉮ 할론 1211 : 1.1[MPa] 또는 2.5[MPa]

　　　㉯ 할론 1301 : 2.5[MPa] 또는 4.2[MPa]

　　ⓑ 저장용기의 충전비

　　　㉮ 할론 2402 : 가압식 0.51 이상 0.67 미만, 축압식 0.67 이상 2.75 이하

　　　㉯ 할론 1211 : 0.7 이상 1.4 이하

　　　㉰ 할론 1301 : 0.9 이상 1.6 이하

　　ⓒ 동일 집합관에 접속되는 용기의 소화약제 충전량은 동일 충전비로 함

　㉡ 가압용 가스용기 : 질소가스 충전 압력은 21[℃]에서 2.5[MPa](저압) 또는 4.2[MPa](고압)

　㉢ 할론소화약제 저장용기의 개방밸브는 전기식·가스압력식 또는 기계식에 따라 자동으로 개방되고 수동으로도 개방되는 것으로서 안전장치가 부착된 것

　㉣ 압력조정장치 : 가압식 저장용기에는 2[MPa] 이하의 압력으로 조정할 수 있는 압력조정장치를 설치

　㉤ 하나의 방호구역을 담당하는 소화약제 저장용기의 소화약제량의 체적합계보다 그 소화약제 방출 시 방출경로가 되는 배관(집합관을 포함한다)의 내용적의 비율이 1.5배 이상일 경우에는 해당 방호구역에 대한 설비는 별도 독립방식으로 해야 한다.

(2) 가스압력식 기동장치

① 기동용가스용기 및 해당 용기에 사용하는 밸브는 25 MPa 이상의 압력에 견딜 수 있는 것으로 할 것

② 기동용가스용기에는 내압시험압력의 0.8배부터 내압시험압력 이하에서 작동하는 안전장치를 설치할 것

③ 기동용가스용기의 체적은 5 L 이상으로 하고, 해당 용기에 저장하는 질소 등의 비활성기체는 6.0 MPa 이상(21℃ 기준)의 압력으로 충전할 것. 다만, 기동용가스용기의 체적을 1 L 이상으로 하고, 해당 용기에 저장하는 이산화탄소의 양은 0.6 kg 이상으로 하며, 충전비는 1.5 이상 1.9 이하의 기동용가스용기로 할 수 있다.

(3) 배관

① 전용으로 할 것

② 강관을 사용하는 경우의 배관은 압력배관용 탄소강관(KS D 3562) 중 이음이 없는 스케줄 40 이상의 것 또는 이와 동등 이상의 강도를 가진 것으로 아연도금 등에 의하여 방식처리된 것을 사용할 것.

③ 동관을 사용하는 경우에는 이음이 없는 동 및 동합금관(KS D 5301)의 것으로서 고압식은 16.5[MPa] 이상, 저압식은 3.75[MPa] 이상이 압력에 견딜 수 있는 것을 사용할 것
④ 배관부속 및 밸브류는 강관 또는 동관과 동등 이상의 강도 및 내식성이 있는 것으로 할 것

(4) 분사헤드

① 전역방출방식
  ㉠ 방사된 소화약제가 방호구역의 전역에 신속하고 균일하게 확산할 수 있도록 할 것
  ㉡ 할론 2402를 방출하는 분사헤드는 당해 소화약제가 무상으로 분무되는 것으로 할 것
  ㉢ 분사헤드의 방사압력과 방사시간은 아래 표에 의할 것

구 분	분사헤드 방사압력	방사시간
할론 2402	0.1[MPa] 이상	10초 이내
할론 1211	0.2[MPa] 이상	10초 이내
할론 1301	0.9[MPa] 이상	10초 이내

② 국소방출방식
  ㉠ 소화약제의 방사에 의하여 가연물이 비산하지 아니하는 장소에 설치할 것
  ㉡ 할론 2402를 방사하는 분사헤드는 당해 소화약제가 무상으로 분무되는 것으로 할 것
  ㉢ 분사헤드의 방사압력과 방사시간은 아래 표에 의할 것

구 분	분사헤드 방사압력	방사시간
전역방출과 동일		

05 할론 소화설비 약제 저장량
(특정소방대상물 또는 그 부분에 2 이상의 방호구역 또는 방호대상물이 있는 경우에는 각 방호구역 또는 방호대상물에 대하여 다음 각 기준에 따라 산출한 저장량 중 최대의 것으로 할 수 있다.)

(1) 전역방출방식

① 방호구역의 체적(불연재료나 내열성의 재료로 밀폐된 구조물이 있는 경우에는 그 체적을 제외한다) 1m³에 대하여 다음 표1 에 따른 양

〈표1〉 소방대상물 및 소화약제 종류에 따른 소화약제의 양

소방대상물 또는 그 부분	소화약제의 종별	방호구역의 체적 1[m³]당 소화약제의 양	개구부 가산량 (면적 1[m²]당 소화약제 양)
차고·주차장·전기실·통신기기실·전산실 기타 이와 유사한 전기설비가 설치되어 있는 부분	할론 1301	0.32[kg] 이상 0.64[kg] 이하	2.4[kg]

		할론 2402	0.40[kg] 이상 1.1[kg] 이하	3.0[kg]
특수가연물 저장·취급하는 부분	가연성고체류·가연성액체	할론 1211	0.36[kg] 이상 0.71[kg] 이하	2.7[kg]
		할론 1301	0.32[kg] 이상 0.64[kg] 이하	2.4[kg]
	면화류·나무껍질 및 대팻밥·넝마 및 종이부스러기·사류·볏짚류·목재가공품 및 나무부스러기를 저장·취급하는 것	할론 1211	0.60[kg] 이상 0.71[kg] 이하	4.5[kg]
		할론 1301	0.52[kg] 이상 0.64[kg] 이하	3.9[kg]
	합성수지를 저장·취급하는 것	할론 1211	0.36[kg] 이상 0.71[kg] 이하	2.7[kg]
		할론 1301	0.32[kg] 이상 0.64[kg] 이하	2.4[kg]

(2) 국소방출방식

다음의 기준에 의해 산출한 양에 할론 2402 및 할론 1211은 1.1을, 할론 1301에 있어서는 1.25를 각각 곱하여 얻은 양 이상으로 할 것

① 윗면이 개방된 용기에 저장하는 경우와 화재 시 연소면이 1면에 한정되고 가연물이 비산할 우려가 없는 경우에는 다음 표 2에 따른 양

(표 2) 개방용기 및 가연물의 비산 우려가 없는 경우의 소화약제 종류에 따른 소화약제의 양

소화약제의 종별	방호대상물의 표면적 1[m²]에 대한 소화약제의 양
할론 2402	8.8 [kg]
할론 1211	7.6 [kg]
할론 1301	6.8 [kg]

② ①목 이외의 경우에는 방호공간(방호대상물의 각 부분으로부터 0.6[m]의 거리에 의하여 둘러싸인 공간)의 체적 1[m³]에 대하여 다음의 식에 따라 산출한 양

- $Q = X - Y\dfrac{a}{A}$

여기에서,
- Q : 방호공간의 체적 1[m³]에 대한 할론 소화약제의 양[kg/m³]
- a : 방호대상물의 주위에 설치된 벽 면적 합계[m²]
- A : 방호공간 벽면적(벽이 없는 경우에는 벽이 있는 것으로 가정한 당해 부분의 면적)의 합계[m²]
- X 및 Y : 다음 표의 수치

소화약제의 종별	X 의 수치	Y 의 수치
할론 2402	5.2	3.9
할론 1211	4.4	3.3
할론 1301	4.0	3.0

(3) 호스릴 방식

호스릴 할로겐화합물 소화설비에 있어서는 하나의 노즐에 대하여 다음 표에 의한 양 이상으로 할 것

소화약제의 종별	소화약제의 양
할론 2402 또는 1211	50[kg]
할론 1301	45[kg]

① 방호대상물의 각 부분으로부터 하나의 호스 접결구까지의 수평거리가 20[m] 이하가 되도록 할 것
② 소화약제의 저장용기의 개방밸브는 호스릴의 설치장소에서 수동으로 개폐할 수 있는 것으로 할 것
③ 소화약제의 저장용기는 호스릴을 설치하는 장소마다 설치할 것
④ 노즐은 20[℃]에서 하나의 노즐마다 1분당 다음 표에 의한 소화약제를 방사할 수 있는 것으로 할 것

소화약제의 종별	소화약제의 양
할론 2402	45[kg]
할론 1211	40[kg]
할론 1301	35[kg]

⑤ 소화약제의 저장용기의 가까운 곳의 보기 쉬운 곳에 적색의 표시등을 설치하고 호스릴할로겐화합물 소화설비가 있다는 뜻을 표시한 표지를 할 것

CHAPTER 13 할론소화설비

01 내용적이 68[ℓ]인 약제저장용기에 할론 1301 소화약제를 저장하려고 한다. 이때 저장할 수 있는 약제의 최대저장량은 몇 [kg] 인가?

- 계산과정 :
- 정답 :

계산과정

할론 1301약제의 충전비는 0.9이상 1.6이하로 한다.

- 충전비 = $\dfrac{\text{내용적}}{\text{약제량}}[\ell/kg]$

$0.9 = \dfrac{68}{\text{약제량}}[\ell/kg]$, 약제량은 75.56[kg]으로 한다.

$1.6 = \dfrac{68}{\text{약제량}}[\ell/kg]$, 약제량은 42.5[kg] 으로 한다.

정답 75.56[kg]

02 체적이 600[m³]인 통신기기실에 설계농도 5%의 할론 1301 소화설비를 전역방출방식으로 적용하였다. 68[ℓ]의 내용적을 가진 축압식 저장용기수를 3병으로 할 경우 저장용기의 충전비는 얼마인가?

- 계산과정 :
- 정답 :

계산과정

① 약제량 : $600[m^3] \times 0.32[kg/m^3] = 192[kg]$
② 한병당 약제량 : $192[kg] \div 3$병 $= 64[kg]$
∴ 충전비$[\ell/kg] = 68 \div 64 = 1.06[\ell/kg]$

정답 1.06[ℓ/kg]

03 가로 30[m], 세로 20[m], 높이 6[m]이고 출입구가 상호반대 방향으로 2개인 어느 전기실에 고압용기식의 하론 1301설비를 전역방출방식으로 설치하고자 한다. 사용할 약제용기는 내용적 70[ℓ]에 1.4의 충전비로 약제가 충전비로 약제가 충전된 것을 사용하며, 약제 저장용기의 밸브개방방식은 가스압식으로 다음의 물음에 답하시오.

(1) 소방법규상 최소 약제 산출기준량은 실내공간 1[m³]당 몇 [kg]인가?
  • 정답 :

(2) 이 전기실에 필요한 최소 소요약제량은 몇 [kg]인가? (단, 약제방출시 모든 개구부는 완전 자동밀폐된다고 가정한다.)
  • 계산과정 :
  • 정답 :

(3) 소요약제 용기는 몇 병인가?
  • 계산과정 :
  • 정답 :

(4) 문 "(1)"의 산출기준량에 따라 산출된 약제량을 방사할 때 실내의 하론농도가 5[%]가 된다고 하면 문 "(3)"의 모든 용기로부터 방사된 약제는 실내에 몇[%]의 농도를 보여줄 것인가?
  • 계산과정 :
  • 정답 :

(5) 방출표시등은 몇 개가 필요한가?
  • 정답 :

(6) 이 설비상 설치될 압력스위치는 최소 몇 개가 필요한가?
  • 정답 :

계산과정
(2) $Q[kg] = (30 \times 20 \times 6[m^3]) \times 0.32[kg/m^3] = 1152[kg]$

(3) • 충전비 = $\dfrac{내용적[\ell]}{약제저장량[kg]} \cdot 1.4 = \dfrac{70[\ell]}{G}$, $G = 50[kg]$

  • 소요 약제용기 = $1152[kg] \div 50[kg] = 23.04 = 24$병

(4) $1152[kg] : 5[\%] = 1200[kg] : X$ (비례식 이용)

  $24병 \times 50[kg] \rightarrow 1200[kg]$ $X = \dfrac{1200 \times 5}{1152} = 5.21[\%]$

정답 (1) 0.32[kg/m³] (2) 1152[kg] (3) 24병
   (4) 5.21[%] (5) 2개 (6) 1개

04 할론소화설비의 화재안전기준에서 규정한 전역방출방식의 할론1301의 방사량이 0.52[kg/m³]인 경우에 대한 설계농도를 계산하시오.(단, 할론1301의 농도측정온도인 25℃의 경우 비체적은 0.162[m³/kg]이다.)

- 계산과정 :
- 정답 :

계산과정
① 방호구역 1[m³]에 대한 가스량 = 0.52[kg/m³]×0.162[m³/kg]×1[m³] = 0.08424[m³]

② 가스 설계 농도 = $\dfrac{v}{V+v}\times 100$ (V : 방호구역체적[m³], v : 방출가스체적[m³])

$\dfrac{0.08424}{1+0.08424}\times 100 = 7.77\%$

정답 7.77%

---

05 전역방출방식으로 할론 1301 소화설비를 설계하려고 한다. [조건]을 참고하여 다음 물음에 답하시오.

[조 건]

① 방호구역의 조건

방호구역	체적[m³]	개구부[m²]	개구부상태
전산실	10×8×3	5	자동폐쇄 불가
통신기기실	12×20×3	5	자동폐쇄 불가
전기실	12×20×3	5	자동폐쇄 가능

② 약제저장용기는 50[kg/병]으로 한다.

(1) 방호구역마다 설치해야 하는 저장용기의 병수를 구하시오.
- 계산과정 :
- 정답 :

(2) 분사헤드의 방사압력은 몇 [MPa] 이상으로 하여야 하는가?
- 정답 :

(3) 전기실에 저장된 약제가 전량 방출되었을 경우 할론 1301의 농도[%]는 얼마가 되겠는가?(단, 할론 1301의 분자량은 149, 표준상태 0℃, 1[atm] 기준이다.)
- 계산과정 :
- 정답 :

계산과정

(1) • 전산실 : $(10 \times 8 \times 3 \times 0.32) + (2.4 \times 5) = 88.8[kg]$ ∴ $\dfrac{88.8}{50} = 2$병

    • 통신기기실 : $(12 \times 20 \times 3 \times 0.32) + (2.4 \times 5) = 242.4[kg]$ ∴ $\dfrac{242.4}{50} = 5$병

    • 전기실 : $(12 \times 20 \times 3 \times 0.32) = 230.4[kg]$ ∴ $\dfrac{230.4}{50} = 5$병

(3) • 할론 1301 가스의 체적

$$PV = \dfrac{w}{M}RT$$

$$V = \dfrac{wRT}{PM} = \dfrac{(50 \times 5) \times 0.082 \times (273 + 0)}{1 \times 149} = 37.5604 = 37.56[m^3]$$

• 할론 1301의 농도

$$가스농도[\%] = \dfrac{가스체적}{가스체적 + 방호구역체적} \times 100 = \dfrac{37.56}{37.56 + (12 \times 20 \times 3)} \times 100 = 4.9580 = 4.96[m^3]$$

정답 (1) 전산실 : 2병, 통신기기실 : 5병, 전기실 : 5병
    (2) 0.9[MPa]   (3) 4.96[%]

---

06 다음과 같은 조건이 주어질 때 HALON 1301의 소화설비를 설계하는데 필요한 다음 각 물음에 답하시오.

[조 건]
① 약제소요량 120[kg](출입구 자동폐쇄장치 설치)
② 초기 압력강하 1.6[MPa]
③ 고저에 의한 압력손실 0.04[MPa]
④ A, B간의 마찰저항에 의한 압력손실 0.04[MPa]
⑤ B-C, B-D 간의 각 압력손실 0.02[MPa]
⑥ 약제 저장압력 4.2[MPa]
⑦ 작동 10초 이내에 약제 전량이 방출

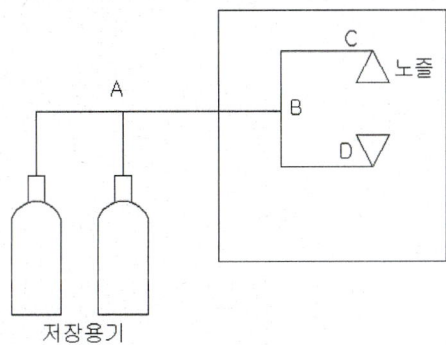

(1) 소화설비가 작동하였을 때 A-B 간의 배관내를 흐르는 유량[kg/sec]은 얼마인가?
- 계산과정 :
- 정답 :

(2) B-C 간 약제의 유량[kg/sec]은 얼마인가?(단, B-D 간 약제의 유량과 같다.)
- 계산과정 :
- 정답 :

(3) C점 노즐에서의 방출되는 약제의 압력[MPa]은 얼마인가?
- 계산과정 :
- 정답 :

(4) C점 노즐에서의 방출량이 2.5[kg/sec·㎠]이면 헤드의 등가분구면적[㎠]은 얼마인가?
- 계산과정 :
- 정답 :

계산과정

(1) • 유량 = $\dfrac{방출량}{시간}$, $Q = \dfrac{120[kg]}{10[sec]} = 12[kg/s]$

(2) $Q = \dfrac{12[kg/\sec]}{2} = 6[kg/sec]$

(3) • C점 노즐에서 방출되는 압력 = 약제 저장압 − 전체손실압력
$P = 4.2 - (1.6 + 0.04 + 0.04 + 0.02) = 2.5[MPa]$

(4) • 헤드의 등가분구면적[cm²] = $\dfrac{약제유량[kg/\sec]}{방출량[kg/\sec \cdot cm^2]} = \dfrac{6}{2.5} = 2.4[cm^2]$

정답 (1) 12[kg/s]　　(2) 6[kg/s]
　　　(3) 2.5[MPa]　　(4) 2.4[cm²]

07 주어진 도면과 조건을 참조하여 방호대상 구역별로 소요되는 전역방출 방식의 할론 소화설비에서 각 실의 노즐당 방출량(kg/s)를 구하시오.

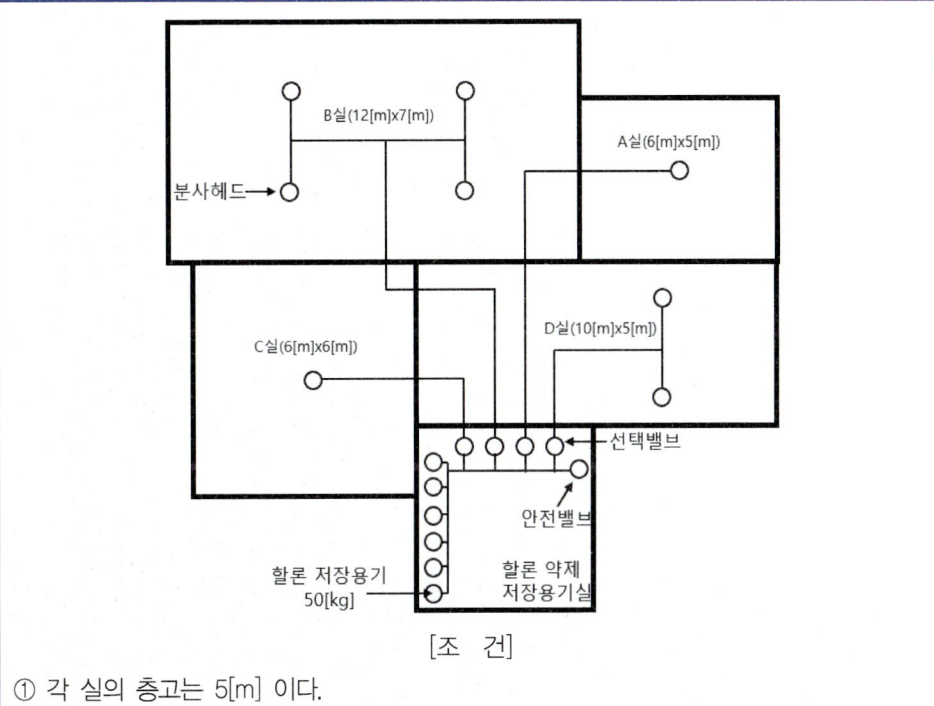

[조 건]

① 각 실의 층고는 5[m] 이다.
② 저장용기 1본에 대한 소화약제의 저장량은 50[kg] 이다.
③ A,C실의 기본약제량은 0.33[kg/m³] 이다.
④ B,D실의 기본약제량은 0.52[kg/m³] 이다.
⑤ 개방방식은 가스압력식이다.
⑥ 방호구역은 4개 구역으로서 개구부는 무시한다.
⑦ 분사헤드의 수는 도면 수량기준으로 한다.
⑧ 설계방출량(kg/s)계산시 약제용량은 적용되는 용기의 용량기준으로 한다.

(1) A실
 • 계산과정 :
 • 정답 :

(2) B실
 • 계산과정 :
 • 정답 :

(3) C실
 • 계산과정 :
 • 정답 :

(4) D실
- 계산과정 :
- 정답 :

계산과정

(1) • 약제소요량 : [(6×5)×5]×0.33=49.5[kg]
- 용기수 : $\frac{49.5}{50} = 0.99 ≒ 1병$
- 방출량 : $\frac{50 \times 1}{1 \times 10} = 5[kg/s]$

(2) • 약제소요량 : [(12×7)×5]×0.52=218.4[kg]
- 용기수 : $\frac{218.4}{50} = 4.3 ≒ 5병$
- 방출량 : $\frac{50 \times 5}{4 \times 10} = 6.25[kg/s]$

(3) • 약제소요량 : [(6×6)×5]×0.33=59.4[kg]
- 용기수 : $\frac{59.4}{50} = 1.18 ≒ 2병$
- 방출량 : $\frac{50 \times 2}{1 \times 10} = 10[kg/s]$

(4) • 약제소요량 : [(10×5)×5]×0.52=130[kg]
- 용기수 : $\frac{130}{50} = 2.6 ≒ 3병$
- 방출량 : $\frac{50 \times 3}{2 \times 10} = 7.5[kg/s]$

정답 (1) 5[kg/s]   (2) 6.25[kg/s]   (3) 10[kg/s]   (4) 7.5[kg/s]

08 다음은 할론 1301 소화설비 배치도의 일부이다. 저장용기의 필요수량은 A실이 5개, B실이 3개이며 가스체크밸브 3개를 사용해서 저장용기와 선택밸브 사이를 점선으로 연결하시오. (단, 선택밸브는 왼쪽이 A실, 오른쪽이 B실이다.)

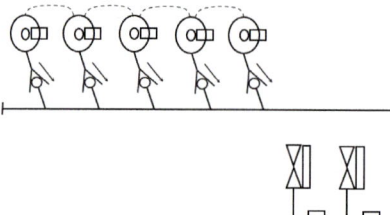

- 정답 :

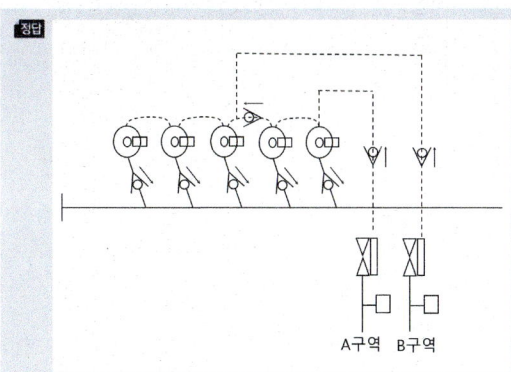

09 가로 15[m], 세로 10[m], 높이 5[m] 인 전산실에 할론 소화설비를 설치하였다. 다음 각 물음에 답하시오.

(1) 전산실에 가장 적합한 할론 소화약제명을 적으시오.
　　• 정답 :
(2) 전산실에 필요한 약제 저장량[kg]은?
　　• 계산과정 :
　　• 정답 :
(3) 1병당 저장할 수 있는 최대 약제량[kg] 은? (저장용기 내용적은 68L 이다.)
　　• 계산과정 :
　　• 정답 :
(4) 필요 저장용기수를 구하시오.
　　• 계산과정 :
　　• 정답 :

계산과정
(2) $(15 \times 10 \times 5)[m^3] \times 0.32[kg/m^3] = 240[kg]$
(3) • 할론 1301은 충전비가 0.9이상 1.6 이하이다.
　　① 최소 저장량 : $\dfrac{68}{1.6} = 42.5[kg]$
　　② 최대 저장량 : $\dfrac{68}{0.9} = 75.56[kg]$
(4) • 저장용기수 : $\dfrac{240}{75.56} = 3.17 = 4$병

정답 (1) 할론 1301　(2) 240[kg]　(3) 75.56[kg]　(4) 4병

CHAPTER 14 할로겐화합물 및 불활성기체소화설비

01 개요 및 용어의 정의

(1) "할로겐화합물 및 불활성기체소화약제"란 할로겐화합물(할론 1301, 할론 2402, 할론 1211 제외) 및 불활성기체로서 전기적으로 비전도성이며 휘발성이 있거나 증발 후 잔여물을 남기지 않는 소화약제를 말한다.

(2) "할로겐화합물소화약제"란 불소, 염소, 브롬 또는 요오드 중 하나 이상의 원소를 포함하고 있는 유기화합물을 기본성분으로 하는 소화약제를 말한다.

(3) "불활성기체소화약제"란 헬륨, 네온, 아르곤 또는 질소가스 중 하나 이상의 원소를 기본성분으로 하는 소화약제를 말한다.

(4) "최대허용 설계농도"란 사람이 상주하는 곳에 적용하는 소화약제의 설계농도로서, 인체의 안전에 영향을 미치지 않는 농도를 말한다.

■ 할로겐화합물 및 불활성기체소화약제 종류

소화약제	화 학 식	약제명	최대허용설계농도(%)	상품명
퍼플루오로부탄	C_4F_{10}	FC-3-1-10	40	CEA-410
하이드로클로로플루오로카본혼화제	HCFC-22(82%) HCFC-124(9.5%) HCFC-123(4.75%) $C_{10}H_{16}$(3.75%)	HCFC BLEND A	10	NAF S-Ⅲ
클로로테트라플루오르에탄	$CHClFCF_3$	HCFC-124	1.0	FE-241
펜타플루오로에탄	CHF_2CF_3	HFC-125	11.5	FE-25
헵타플루오로프로판	CF_3CHFCF_3	HFC-227ea	10.5	FM-200
트리플루오로메탄	CHF_3	HFC-23	30	FE-13
헥사플루오로프로판	$CF_3CH_2CF_3$	HFC-236fa	12.5	
트리플루오로이오다이드	CF_3I	FIC-13I1	0.3	
불연성·불활성기체혼합가스	Ar	IG-01	43	
불연성·불활성기체혼합가스	N_2	IG-100	43	
불연성·불활성기체혼합가스	N_2(52%), Ar(40%), CO_2(8%)	IG-541	43	Inergen
불연성·불활성기체혼합가스	N_2(50%), Ar(50%)	IG-55	43	

02 할로겐화합물 및 불활성기체 소화설비의 구성

(1) 저장용기

① 설치장소

    ㉠ 방호구역외의 장소에 설치할 것. 다만, 방호구역 내에 설치할 경우에는 피난 및 조작이 용이하도록 피난구 부근에 설치하여야 한다.

    ㉡ 온도가 55℃ 이하이고 온도의 변화가 작은 곳에 설치할 것 (타 가스계 40℃ 이하)

    ㉢ 직사광선 및 빗물이 침투할 우려가 없는 곳에 설치할 것

    ㉣ 저장용기를 방호구역 외에 설치한 경우에는 방화문으로 구획된 실에 설치할 것

    ㉤ 용기의 설치장소에는 해당 용기가 설치된 곳임을 표시하는 표지를 할 것

    ㉥ 용기간의 간격은 점검에 지장이 없도록 3cm 이상의 간격을 유지할 것

    ㉦ 저장용기와 집합관을 연결하는 연결배관에는 체크밸브를 설치할 것. 다만, 저장용기가 하나의 방호구역만을 담당하는 경우에는 그러하지 아니하다.

② 저장용기 설치기준

    ㉠ 저장용기의 충전밀도 및 충전압력은 화재안전기준에 따를 것

    ㉡ 저장용기는 약제명·저장용기의 자체중량과 총중량·충전일시·충전압력 및 약제의 체적을 표시할 것

    ㉢ 집합관에 접속되는 저장용기는 동일한 내용적을 가진 것으로 충전량 및 충전압력이 같도록 할 것

    ㉣ 저장용기에 충전량 및 충전압력을 확인할 수 있는 장치를 하는 경우에는 해당 소화약제에 적합한 구조로 할 것

    ㉤ 저장용기의 약제량 손실이 5%를 초과하거나 압력손실이 10%를 초과할 경우에는 재충전하거나 저장용기를 교체할 것. 다만, 불활성기체 소화약제 저장용기의 경우에는 압력손실이 5%를 초과할 경우 재충전하거나 저장용기를 교체하여야 한다.

③ 하나의 방호구역을 담당하는 저장용기의 소화약제의 체적합계보다 소화약제의 방출시 방출경로가 되는 배관(집합관 포함)의 내용적의 비율이 청정소화약제 제조업체의 설계기준에서 정한 값 이상일 경우에는 당해 방호구역에 대한 별도 독립방식으로 하여야 한다.

④ 할로겐화합물 및 불활성기체소화약제 저장용기와 선택밸브 또는 개폐밸브 사이에는 배관의 최소사용설계압력과 최대허용압력 사이의 압력에서 작동하는 안전장치를 설치해야 하며, 안전장치를 통하여 나온 소화가스는 전용의 배관 등을 통하여 건축물 외부로 배출될 수 있도록 해야 한다. 이 경우 안전장치로 용전식을 사용해서는 안된다.

(2) 기동장치

① 수동식 기동장치

    할로겐화합물 및 불활성기체소화설비의 수동식 기동장치는 다음의 기준에 따라 설치해야 한다. 이 경우 수동식 기동장치의 부근에는 소화약제의 방출을 지연시킬 수 있는 방출지연스위치(자동복귀형 스위치로서 수동식 기동장치의 타이머를 순간 정지시키는 기능의 스위치를 말한다)를 설치해야 한다.

㉠ 방호구역마다 설치
㉡ 해당 방호구역의 출입구 부근 등 조작을 하는 자가 쉽게 피난할 수 장소에 설치할 것
㉢ 기동장치의 조작부는 바닥으로부터 0.8[m] 이상 1.5[m] 이하의 위치에 설치하고, 보호판 등에 따른 보호장치를 설치할 것
㉣ 기동장치에는 가깝고 보기 쉬운 곳에 "할로겐화합물 및 불활성기체소화설비 기동장치"라는 표지를 할 것
㉤ 전기를 사용하는 기동장치에는 전원표시등을 설치할 것
㉥ 기동장치의 방출용스위치는 음향경보장치와 연동하여 조작될 수 있는 것으로 할 것
㉦ 50 N 이하의 힘을 가하여 기동할 수 있는 구조로 할 것
㉧ 기동장치에는 보호장치를 설치해야 하며, 보호장치를 개방하는 경우 기동장치에 설치된 부저 또는 벨 등에 의하여 경고음을 발할 것
㉨ 기동장치를 옥외에 설치하는 경우 빗물 또는 외부 충격의 영향을 받지 아니하도록 설치할 것

② **자동식 기동장치**
자동식 기동장치는 자동화재탐지설비의 감지기의 작동과 연동하는 것으로서 다음 각목의 기준에 따라 설치할 것
㉠ 자동식 기동장치에는 수동으로도 기동할 수 있는 구조로 할 것
㉡ 전기식 기동장치로서 7병 이상의 저장용기를 동시에 개방하는 설비는 2병 이상의 저장용기에 전자 개방밸브를 부착할 것
㉢ 가스압력식 기동장치 설치기준
　ⓐ 기동용가스용기 및 해당 용기에 사용하는 밸브는 25 MPa 이상의 압력에 견딜 수 있는 것으로 할 것
　ⓑ 기동용가스용기에는 내압시험압력의 0.8배부터 내압시험압력 이하에서 작동하는 안전장치를 설치할 것
　ⓒ 기동용가스용기의 체적은 5 L 이상으로 하고, 해당 용기에 저장하는 질소 등의 비활성기체는 6.0 MPa 이상(21℃ 기준)의 압력으로 충전할 것. 다만, 기동용가스용기의 체적을 1 L 이상으로 하고, 해당 용기에 저장하는 이산화탄소의 양은 0.6 kg 이상으로 하며, 충전비는 1.5 이상 1.9 이하의 기동용가스용기로 할 수 있다.
　ⓓ 질소 등의 비활성기체 기동용가스용기에는 충전 여부를 확인할 수 있는 압력게이지를 설치할 것
③ 할로겐화합물 및 불활성기체소화설비가 설치된 구역의 출입구에는 소화약제가 방출되고 있음을 나타내는 표시등을 설치할 것

(3) 배관
① 할로겐화합물 및 불활성기체소화설비의 배관은 다음 각 호의 기준에 따라 설치하여야 한다.
㉠ 배관은 전용으로 할 것
㉡ 배관·배관부속 및 밸브류는 저장용기의 방출내압을 견딜 수 있어야 하며 다음 각목의 기준에 적합할 것. 이 경우 설계내압은 규정에서 정한 최소 사용설계압력 이상으로 하여야

한다.
ⓐ 강관을 사용하는 경우의 배관은 압력배관용탄소강관(KS D 3562) 또는 이와 동등 이상의 강도를 가진 것으로서 아연도금 등에 따라 방식처리된 것을 사용할 것
ⓑ 동관을 사용하는 경우의 배관은 이음이 없는 동 및 동합금관(KS D 5301)의 것을 사용할 것
ⓒ 배관의 두께는 다음의 계산식에서 구한 값(t) 이상일 것 다만, 분사헤드 설치부는 제외한다.

- 관의 두께(t) = $\frac{PD}{2SE} + A$
    - P : 최대허용압력(kPa)
    - D : 배관의 바깥지름(mm)
    - SE : 최대허용응력(kPa)

    (배관재질 인장강도의 1/4값과 항복점의 2/3값 중 적은 값×배관이음효율×1.2)
    - A : 나사이음, 홈이음 등의 허용값(mm)(헤드설치부분은 제외한다)
      - 나사이음 : 나사의높이
      - 절단홈이음 : 홈의깊이
      - 용접이음 : 0

    ※ 배관이음효율
      - 이음매 없는 배관 : 1.0
      - 전기저항 용접배관 : 0.85
      - 가열맞대기 용접배관 : 0.60

ⓒ 배관부속 및 밸브류는 강관 또는 동관과 동등 이상의 강도 및 내식성이 있는 것으로 할 것

② 배관의 구경

배관의 구경은 해당 방호구역에 할로겐화합물소화약제는 10초 이내에, 불활성기체소화약제는 A·C급 화재 2분, B급 화재 1분 이내에 방호구역 각 부분에 최소설계농도의 95% 이상 해당하는 약제량이 방출되도록 하여야 한다.

(4) 분사헤드

① 분사헤드의 설치높이는 방호구역의 바닥으로부터 최소 0.2[m] 이상 최대 3.7[m] 이하로 하여야 하며 천장높이가 3.7[m]를 초과할 경우에는 추가로 다른 열의 분사헤드를 설치할 것. 다만, 분사헤드의 성능인정 범위 내에서 설치하는 경우에는 그러하지 아니하다.
② 분사헤드의 개수는 방호구역에 규정시간 내에 최소설계농도의 95[%] 이상이 되는 규정이 충족되도록 할 것
③ 분사헤드에는 부식방지조치를 하여야 하며 오리피스의 크기, 제조일자, 제조업체가 표시 되도록 할 것
④ 분사헤드의 방출율 및 방출압력은 제조업체에서 정한 값으로 한다.

⑤ 분사헤드의 오리피스의 면적은 분사헤드가 연결되는 배관구경면적의 70[%]를 초과하여서는 아니 된다.

※ 설치 제외 장소
① 사람이 상주하는 곳으로서 최대허용설계농도를 초과하는 장소
② 위험물안전 기본법 시행령 별표 1의 제3류 및 제5류 위험물을 사용하는 장소. 다만, 소화성능이 인정되는 위험물은 제외한다.

03 약제량의 산정

(1) 할로겐화합물소화약제는 다음 식에 따라 산출한 양 이상으로 할 것

- $W = \dfrac{V}{S} \times \left(\dfrac{C}{100-C}\right)$
  - W : 소화약제의 무게[kg]
  - V : 방호구역의 체적[m³]
  - S : 소화약제별 선형상수($K_1 + K_2 \times t$)[m³/kg]
  - C : 체적에 따른 소화약제의 설계농도[%]
  - t : 방호구역의 최소예상온도[℃]

소화약제	K_1	K_2
FC-2-1-8	0.11712	0.00047
FC-3-1-10	0.094104	0.00034455
HCFC Blend A	0.2413	0.00088
HCFC-124	0.1575	0.0006
HCFC-125	0.1825	0.0007
HCFC-227ea	0.1269	0.0005
HFC-23	0.3164	0.0012
HFC-236FA	0.1413	0.0006
FIC-13I1	0.1138	0.0005
FK-5-1-12	0.0664	0.0002741

(2) 불활성기체소화약제는 다음 공식에 따라 산출한 양 이상으로 할 것

- $X = 2.303 \times \dfrac{V_S}{S} \times \log\left(\dfrac{100}{100-C}\right)$
  - X : 공간체적당 더해진 소화약제의 부피[m³/m³]
  - S : 소화약제별 선형상수($K_1 + K_2 \times t$)[m³/kg]
  - C : 체적에 따른 소화약제의 설계농도[%]
  - V_S : 20[℃]에서 소화약제의 비체적[m³/kg]
  - t : 방호구역의 최소예상온도[℃]

소화약제	K_1	K_2
IG-01	0.5685	0.00208
IG-100	0.7997	0.00293
IG-541	0.65799	0.00239
IG-55	0.6598	0.00242

(3) 체적에 따른 소화약제의 설계농도(%)는 상온에서 제조업체의 설계기준에 따라 인증받은 소화농도(%)에 아래표 에 따른 안전계수를 곱한 값 이상으로 할 것

설계농도	소화농도	안전계수
A급	A급	1.2
B급	B급	1.3
C급	A급	1.35

04 과압배출구

1. 할로겐화합물 및 불활성기체소화설비의 방호구역에는 소화약제 방출시 발생하는 과(부)압으로 인한 구조물 등의 손상을 방지하기 위해 ①부터 ④까지의 내용을 검토하여 과압배출구를 설치해야 한다. 다만, 과(부)압이 발생해도 구조물 등에 손상이 생길 우려가 없음을 시험 또는 공학적인 자료로 입증하는 경우 설치하지 않을 수 있다.

   ① 방호구역 누설면적
   ② 방호구역의 최대허용압력
   ③ 소화약제 방출시의 최고압력
   ④ 소화농도 유지시간

CHAPTER 14 할로겐화합물 및 불활성기체소화설비

01 바닥면적 150[m²] 높이 3.5[m]의 발전기실에 할로겐화합물 및 불활성기체 소화설비를 설치하려한다. 다음 조건을 이용하여 물음에 답하시오.

[설계 조건]
① 소화약제는 HCFC "Blend A"로 소화농도는 6.5[%]이다.
② 약제방출시 온도는 20[℃]를 기준으로 한다.
③ 소화약제의 K = 0.2413, K_2 = 0.00088 으로 한다.
④ 저장용기는 내용적 68[ℓ]형 50[kg/병]이다.
⑤ 방호대상물은 B급화재에 속한다.

(1) 발전기실에 저장하는 소화약제 저장량[kg]을 구하시오.
 • 계산과정 :
 • 정답 :
(2) 발전기실에 필요한 저장용기수를 구하시오.
 • 계산과정 :
 • 정답 :
(3) 약제방출 후 방호구역 내 산소농도[%]를 계산하시오.
 • 계산과정 :
 • 정답 :
(4) 화재안전기준 상 배관구경에 대한 기준을 쓰시오.
 • 정답 :
(5) 이 소화약제 방출시간을 10초 이내로 제한한 이유를 쓰시오.
 • 정답 :

계산과정

(1) ① 방호공간의 체적[m³] : 150[m²]×3.5[m] = 525[m³]
 ② 약제선형상수[S] : 0.2413 + (0.00088×20) = 0.2589[m³/kg]
 ③ 설계농도 : 소화농도 6.5[%]×안전계수(B급)1.3 = 8.45[%]
 ∴ 약제량[W] = $\frac{525}{0.2589} \times \left(\frac{8.45}{100-8.45}\right)$ = 187.1654[kg] ≒ 187.17[kg]

(2) 187.17[kg]÷50[kg/병] = 3.743[병] ≒ 4병

(3) ① 약제농도 : 약제체적 : 4병×50[kg/병]×0.2589[m³/kg] = 51.78[m³]
 ② 방호공간의 체적 : 150[m²]×3.5[m] = 525[m³]
 ③ 가스농도 : $\frac{51.78}{525+51.78} \times 100$ = 8.9774[%] ≒ 8.98[%]
 ∴ 산소농도 : 약제농도[%] = $\frac{21-O_2}{21} \times 100$, 8.98[%] = $\frac{21-O_2}{21} \times 100$, O_2 = 19.11[%]

정답 (1) 187.17[kg]　(2) 4병　(3) 19.11[%]
(4) 배관의 구경은 해당 방호구역에 할로겐화합물소화약제는 10초 이내에, 불활성기체소화약제는 A·C급 화재 2분, B급 화재 1분 이내에 방호구역 각 부분에 최소설계농도의 95% 이상 해당하는 약제량이 방출되도록 하여야 한다.
(5) 열분해생성물의 생성을 줄이기 위해

---

02 15[m]×20[m]×5[m]의 경유를 연료로 사용하는 발전기실에 할로겐화합물 및 불활성기체 소화설비를 설치하고자 한다. 다음 조건과 국가화재안전기준을 참고하여 다음 물음에 답하시오.

[조 건]

① 방호구역의 온도는 상온 20℃이다.
② HCFC BLEND A 용기는 68[ℓ] 용 58[kg], IG-541 용기는 80[ℓ]용 12.4[m³]을 적용한다.
③ 할로겐화합물 및 불활성기체 소화약제의 소화농도

약제	상품명	소화농도	
		A급 화재	B급 화재
HCFC BLEND A	NAFS-Ⅲ	7.2	10
IG-541	Inergen	31.25	31.25

④ K_1과 K_2값

약제	K_1	K_2
HCFC BLEND A	0.2413	0.00088
IG-541	0.65799	0.00239

⑤ B급 화재로 가정한다.

(1) HCFC BLEND A 의 최소약제량[kg]은?
　• 계산과정 :
　• 정답 :

(2) HCFC BLEND A의 최소약제용기는 몇 병이 필요한가?
　• 계산과정 :
　• 정답 :

(3) IG-541의 최소 약제량[m³]은?
　• 계산과정 :
　• 정답 :

(4) IG-541의 최소 약제용기는 몇 병이 필요한가?
　• 계산과정 :
　• 정답 :

계산과정

(1) ① $V = 15 \times 20 \times 5 = 1500[m^3]$

② $S = 0.2413 + (0.00088 \times 20) = 0.2589[m^3/kg]$

③ $C = 10 \times 1.3$(B급 화재 기준) $= 13\%$

∴ $W = \dfrac{1500}{0.2589} \times \dfrac{13}{100-13} = 865.73[kg]$

(2) $\dfrac{865.73}{58} = 14.9 = 15$병

(3) ① $V = 15 \times 20 \times 5 = 1500[m^3]$, $V_S = S$(20℃ 기준)

② $C = 31.25 \times 1.3 = 40.625\%$

∴ $X = 2.303 \times \log_{10}\left(\dfrac{100}{100-40.625}\right) \times 1500 = 782.09[m^3]$

(4) $\dfrac{782.09}{12.4} = 63.07 = 64$병

정답 (1) 865.73[kg]   (2) 15병   (3) 782.09[m³]   (4) 64병

---

03 가로 20m, 세로 8m, 높이 3m인 발전기실에 불활성기체 소화약제 중 IG-100을 사용할 경우 조건을 참고하여 다음 각 물음에 답하 시오.

[조 건]

① IG-100의 소화농도는 35.85%이다.
② 소화약제량 산정시 선형상수를 이용하도록 하며 방사시 기준온도는 10℃이다.

소화약제	K_1	K_2
IG-100	0.7997	0.00293

③ 화재는 전기화재로 가정한다.
④ IG-100의 충전밀도는 1.5[kg/m³]이며, 충전량은 100[kg]이다.

(1) IG-100의 저장량은 몇 [m³]인지 구하시오.
 • 계산과정 :
 • 정답 :
(2) 저장용기의 1병당 충전량[m³]을 구하시오.
 • 계산과정 :
 • 정답 :
(3) IG-100의 저장용기수는 최소 몇 병인지 구하시오.
 • 계산과정 :
 • 정답 :
(4) 배관구경 산정조건에 따라 IG-100의 약제량 방사시 유량은 몇 [m³/s]인지 구하시오.
 • 계산과정 :
 • 정답 :

계산과정

(1) ① 비체적 : $V_s = K_1 + (K_2 \times 20) = 0.7997 + (0.00293 \times 20) = 0.8583[m^3/kg]$

② 선형상수 : $S = K_1 + (K_2 \times t) = 0.7997 + (0.00293 \times 10) = 0.829[m^3/kg]$

③ 설계농도 : $C = 35.85 \times 1.35 (C$급화재이므로$) = 48.3975\%$

④ 약제량 : $X = 2.303 \times \dfrac{V_S}{S} \times \log \dfrac{100}{100-C} \times V$

$= 2.303 \times \dfrac{0.8583}{0.829} \times \log \dfrac{100}{100-48.3975} \times 480 = 328.8513 = 328.85[m^3]$

(2) $\dfrac{100[kg]}{1.5[kg/m^3]} = 66.67[m^3]$ (조건 ④을 이용한다.)

(3) $\dfrac{328.85[m^3]}{66.67[m^3]} = 4.93 ≒ 5병$

(4) ① 약제량 :

$X = 2.303 \times \dfrac{V_S}{S} \times \log \dfrac{100}{100-C} \times V$

$= 2.303 \times \dfrac{0.8583}{0.829} \times \log \dfrac{100}{100-(48.3975 \times 0.95)} \times 480 = 306.0722 = 306.07[m^3]$

② 약제유량 : $\dfrac{306.07[m^3]}{120[s]} = 2.5555 = 2.56[m^3/s]$

정답 (1) 328.85[㎥] (2) 66.67[㎥] (3) 5병 (4) 2.56[㎥/s]

---

04 바닥면적 100[㎡]이고 높이 3.5[m]의 발전기실에 HFC-125 소화약제를 사용하는 할로겐 화합물 소화설비를 설치하려고 한다. 다음 조건을 참고하여 물음에 답하시오.

[조 건]

① HFC-125의 설계농도는 8%로 하며 방호구역의 최소온도는 20℃로 한다.
② HFC-125의 용기의 체적은 90[L]로 하며 한병당 약제량은 60[kg]으로 산정한다.
③ HFC-125의 선형상수는 다음 표와 같다.

소화약제	K_1	K_2
HFC-125	0.1825	0.0007

④ 배관은 압력배관용 탄소강관(SPPS 250)으로 항복점은 250[MPa], 인장강도는 410[MPa] 이다. 이 배관의 호칭지름은 DN400 이며, 이음매없는 배관이고 이 배관의 바깥지름과 스케줄에 따른 두께는 다음 표와 같다. 또한 나사이음에 따른 나사의 높이(헤드설치부분 제외) 허용값은 1.5[mm]를 적용한다.

호칭 지름	바깥지름 [mm]	배관두께[mm]					
		스케줄 10	스케줄 20	스케줄 30	스케줄 40	스케줄 60	스케줄 80
DN400	406.4	6.4	7.9	9.5	12.7	16.7	21.4

(1) HFC-125의 최소용기수를 구하시오.
- 계산과정 :
- 정답 :

(2) 배관 최대허용압력이 6.1[MPa]일 때, 배관의 스케줄번호를 구하시오.
- 계산과정 :
- 정답 :

계산과정

(1)
- 방호공간의 체적[m³] : 100[m²]×3.5[m] = 350[m³]
- 약제선형상수[S] : 0.1825+(0.0007×20) = 0.1965[m³/kg]
- 설계농도 : 8[%]
- 약제량[W]= $\frac{350}{0.1965} \times \left(\frac{8}{100-8}\right) = 154.88[kg] = 154.88[kg]$
- 용기수 : $\frac{154.88}{60} = 2.5 = 3병$

(2)
- 인장강도 : $410[MPa] \times \frac{1}{4} = 102.5[MPa]$
- 항복점 : $250[MPa] \times \frac{2}{3} = 166.67[MPa]$
- SE(허용응력) = 102.5×1×1.2 = 123[MPa]
- t(배관두께) = $\frac{6.1 \times 406.4}{2 \times 123} + 1.5 = 11.57[mm]$

→ 스케줄 40

정답 (1) 3병 (2) 스케줄 40

---

05 할로겐화합물 및 불활성기체 소화설비의 배관 설치기준에 대한 설명이다. 다음 조건을 참고하여 압력배관용 탄소강관(SPPS)을 사용할 때 배관의 두께[mm]를 구하시오.

[조 건]
① 배관의 외경은 114.0[mm]이다.
② 압력배관용 탄소강관(SPPS)의 최대사용압력은 3.5[MPa]이고, 최대허용응력은 150[MPa]이다.

- 계산과정 :
- 정답 :

계산과정

관의 두께(t)= $\frac{PD}{2SE} + A = \frac{3.5[MPa] \times 114.0[mm]}{2 \times 150[MPa]} = 1.33[mm]$

정답 1.33[mm]

06 할로겐화합물 및 불활성기체 소화설비에 다음 조건과 같은 압력배관용 탄소강관(SPPS 420, Sch 40)을 사용할 때 최대 허용압력[MPa]을 구하시오.

[조 건]
① 압력배관용 탄소강관(SPPS 420)의 인장강도는 420MPa, 항복점은 250MPa이다.
② 용접이음에 따른 허용값[mm]은 무시한다.
③ 배관이음효율은 0.85로 한다.
④ 배관의 최대허용응력(SE)은 배관재질 인장강도의 1/4과 항복점의 2/3 중 작은값(σ_t)을 기준으로 다음의 식을 적용한다.
   $SE = \sigma_t \times$ 배관이음효율 $\times 1.2$
⑤ 적용되는 배관 바깥지름은 114.3mm이고, 두께는 6.0mm이다.
⑥ 헤드설치부분은 제외한다.

• 계산과정 :
• 정답 :

계산과정

$420 \times \dfrac{1}{4} = 105[MPa]$, $250 \times \dfrac{2}{3} = 166.67[MPa]$ 중 작은값을 σ_t로 산정한다.

SE(최대허용응력) $= 105 \times 0.85 \times 1.2 = 107.1[MPa]$

배관두께 구하는 공식에서 $t = \dfrac{PD}{2SE} + A$(허용값은 무시하므로 A = 0이다.)

P(최대허용압력) $= \dfrac{t \times 2 \times SE}{D} = \dfrac{6 \times 2 \times 107.1}{114.3} = 11.24[MPa]$

정답 11.24[MPa]

---

07 할로겐화합물 및 불활성기체 소화설비에 다음 조건과 같은 압력배관용 탄소강관을 사용할 때 조건을 참고하여 관의 두께[mm]를 계산하시오.

[조 건]
① 압력배관용 탄소강관(SPPS 420)의 인장강도는 420MPa이고 항복점은 인장강도의 80%이다.
② 최대 허용압력은 15[MPa] 이다.
③ 배관 이음 효율은 가열맞대기 용접배관을 한다.
④ 배관의 최대허용응력(SE)은 배관재질 인장강도의 1/4과 항복점의 2/3 중 작은값(σ_t)을 기준으로 다음의 식을 적용한다.
   $SE = \sigma_t \times$ 배관이음효율 $\times 1.2$

⑤ 적용되는 배관 바깥지름은 65mm이다.
⑥ 나사이음, 홈이음 등의 허용값은 무시한다.(헤드 설치부분 제외)

• 계산과정 :
• 정답 :

> **계산과정**
> ① 허용응력을 구하기 위한 인장강도와 항복점
> $420 \times \dfrac{1}{4} = 105[MPa]$, $(420 \times 0.8) \times \dfrac{2}{3} = 224[MPa]$
> ② 허용응력 : $SE = 105 \times 0.6 \times 1.2 = 75.6[MPa]$
> [배관이음효율 → 이음매 없는배관 : 0, 전기저항 용접배관 : 0.85, 가열맞대기 용접배관 : 0.6]
> ③ $t[mm] = \dfrac{PD}{2SE} + A$ 이므로, $t[mm] = \dfrac{15 \times 65}{2 \times 75.6} + 0 = 6.4484 ≒ 6.45[mm]$
> **정답** 6.45[mm]

08 어느 방호대상물에 할로겐화합물 및 불활성기체 소화설비를 설치하고자 한다. 조건을 참고하여 다음 각 물음에 답하시오.

> [조 건]
> ① 방출헤드 1개의 유량이 초당 29.4[kg]이다.
> ② 노즐방사압력에서의 방출률은 14.7[kg/s · cm²]이다.
> ③ 분사헤드에 접속되는 배관의 구경은 65A이다.
> ④ 배관의 인장강도는 420[MPa], 항복점은 250[MPa]이다.
> ⑤ 배관이음방법은 이음매 없는 배관으로 나사이음, 홈이음 등의 허용값[mm]은 무시한다.
> ⑥ 적용되는 배관의 바깥지름은 114.3[mm]이고 두께는 6.0[mm]이다.
> ⑦ 배관의 두께 계산시 방출헤드 설치부는 제외한다.

(1) 방출헤드의 오리피스 구경[mm]을 다음 표에서 정하시오.

오리피스구경	10[mm]	15[mm]	20[mm]	25[mm]	30[mm]	35[mm]	40[mm]

• 계산과정 :
• 정답 :

(2) 배관의 최대 허용압력[MPa]을 구하시오.
• 계산과정 :
• 정답 :

계산과정

(1) • 분구면적 $= \dfrac{29.4[kg/s.개]}{14.7[kg/s.cm^2.개]} = 2[cm^2] = 200[mm^2]$

• 오리피스 직경 : $D = \sqrt{\dfrac{4 \times 200}{\pi}} = 15.95[mm]$ (호칭경으로 답하기)

(2) $420 \times \dfrac{1}{4} = 105[MPa]$

$250 \times \dfrac{2}{3} = 166.67[MPa]$

$SE = 105 \times 1 \times 1.2 = 126[MPa]$

$P = \dfrac{2 \times 126 \times 6}{114.3} = 13.23[MPa]$

정답 (1) 20[mm] (2) 13.23[MPa]

---

09 어느 방호대상물에 할로겐화합물 및 불활성기체 소화설비를 설치하고자 한다. 조건을 참고하여 다음 각 물음에 답하시오.

■ 압력배관용 탄소강관(Sch 40)의 규격

호칭지름	25A	32A	40A	50A	65A	100A
외경[mm]	34	42.7	48.6	60.5	76.3	114.3
관두께[mm]	3.4	3.6	3.7	3.9	5.2	6.2

(1) 호칭지름이 32A인 압력배관용 탄소강관(Sch 40)에 분사헤드가 접속되어 있다. 이때, 분사헤드 오리피스의 최대 구경[mm]은?

• 계산과정 :

• 정답 :

(2) 호칭구경이 65A인 압력배관용 탄소강관(Sch 40)을 사용하여 용접이음으로 배관을 접속할 경우 배관의 최대 허용압력[MPa]을 구하시오.(인장강도 380[MPa], 항복점은 220[MPa], 전기저항 용접배관을 하며 이음효율은 0.85 이다.)

• 계산과정 :

• 정답 :

계산과정

(1) ① 분사헤드가 연결되는 배관구경 면적[mm²]

• $A = \dfrac{\pi}{4} \times D^2$, D(배관의 내경) = 42.7(외경) − (3.6×2)(두께) = 35.5[mm] 이다.

• $A = \dfrac{\pi}{4} \times D^2 = \dfrac{\pi}{4} \times 35.5^2 = 989.7980 ≒ 989.8[mm^2]$

② 오리피스의 면적 [mm²]

• $989.8 \times 0.7 = 692.86[mm^2]$

• 오리피스의 구경 $A = \dfrac{\pi}{4} \times D^2$, $D = \sqrt{\dfrac{4A}{\pi}} = \sqrt{\dfrac{4 \times 692.86}{\pi}} = 29.7014 ≒ 29.7[mm]$

[참고] 분사헤드의 오리피스의 면적은 분사헤드가 연결되는 배관구경면적의 70%를 초과하여서는 아니 된다.

(2) ① 최대허용응력 SE : 배관재질 인장강도1/4값과 항복점 2/3값 중 적은 값×배관이음효율×1.2

- 인장강도 $\times \dfrac{1}{4} = 380 \times \dfrac{1}{4} = 95[MPa]$

- 항복점 $\times \dfrac{2}{3} = 220 \times \dfrac{2}{3} = 146.67[MPa]$

- $SE = 95[MPa] \times 0.85 \times 1.2 = 96.9[MPa]$

② 최대 허용압력 $P = \dfrac{2 \times SE \times t}{D} = \dfrac{2 \times 96.9 \times 5.2}{76.3} = 13.2078 = 13.21[MPa]$

(65A의 외경 및 두께는 표에서 산정한다.)

[참고] 관의 두께(t)[mm] = $\dfrac{PD}{2SE} + A$

- P : 최대허용압력[kPa],
- D : 배관의 바깥지름[mm]
- SE : 최대허용응력[kPa](배관재질 인장강도1/4값과 항복점 2/3값 중 적은 값×배관이음효율 ×1.2)
- A : 나사이음, 홈이음 등의 허용값(mm)(헤드설치부분은 제외한다)
  (· 나사이음 : 나사의높이, · 절단홈이음 : 홈의깊이, · 용접이음 : 0)

※ 배관이음효율
  · 이음매 없는 배관 : 1.0, · 전기저항 용접배관 : 0.85, · 가열맞대기 용접배관 : 0.60

정답 (1) 29.7[mm] (2) 13.21[MPa]

CHAPTER 15 분말소화설비

01 분말소화설비 개요

분말소화설비는 분말약제탱크에 소화약제를 충전하고 약제를 외부로 밀어내도록 하는 약제추진용 질소가스의 힘에 의해 분말탱크에 충전되어 있는 소화약제를 분말헤드를 통해 방호대상물에 방사하여 소화하는 설비로 소화약제와 가압가스의 충전상태에 따라서 축압식과 가압식으로 구분되며, 표면화재 및 연소면이 급격히 확대되는 인화성액체의 화재에 적합하다.

02 분말소화약제 특성

(1) 분말소화약제 종류

① 제1종 분말 : 중탄산나트륨($NaHCO_3$) : 백색
② 제2종 분말 : 중탄산칼륨($KHCO_3$) : 담자색(보라색)
③ 제3종 분말 : 인산암모늄($NH_4H_2PO_4$) : 담홍색
④ 제4종 분말 : 중탄산칼륨 + 요소($KHCO_3$ + $(NH_2)_2CO$) : 회색

※ 열분해 반응식

(1) 제1종 분말

① 270[℃] : $2NaHCO_3 \xrightarrow{\triangle} Na_2CO_3 + CO_2 + H_2O$

② 850[℃] : $2NaHCO_3 \xrightarrow{\triangle} Na_2O + 2CO_2 + H_2O$

(2) 제2종 분말

① 190[℃] : $2KHCO_3 \xrightarrow{\triangle} K_2CO_3 + CO_2 + H_2O$

② 891[℃] : $2KHCO_3 \xrightarrow{\triangle} K_2O + 2CO_2 + H_2O$

(3) 제3종 분말

$NH_4H_2PO_4 \xrightarrow{\triangle} HPO_3 + NH_3 + H_2O$

(4) 제4종 분말

① 분해반응식 : $2KHCO_3 + (NH_2)_2CO \xrightarrow{\triangle} K_2CO_3 + 2NH_3 + 2CO_2$

② 전해반응식 : $KHCO_3 + (NH_2)_2CO \xrightarrow{\triangle} K^+ + HCO_3^- + 2H^- + CO_3^{-2} NH_3$

03 분말소화설비의 분류
(1) 전역방출방식
(2) 국소방출방식
(3) 호스릴방식

04 분말소화설비의 구성
(1) 저장용기
① 설치장소(CO_2동일)
② 설치기준
  ㉠ 저장용기의 내용적은 다음 표에 의할 것

소화약제의 종별	소화약제의 양[kg]당 저장용기의 내용적
탄산수소나트륨을 주성분으로 한 분말 (제1종 분말)	0.80[ℓ]
탄산수소칼륨을 주성분으로 한 분말 (제2종 분말)	1.00[ℓ]
인산염을 주성분으로 한 분말 (제3종 분말)	1.00[ℓ]
탄산수소칼륨과 요소가 화합된 분말 (제4종 분말)	1.25[ℓ]

  ㉡ 저장용기에는 가압식의 것에 있어서는 최고 사용압력의 1.8배 이하, 축압식의 것에서는 용기의 내압시험압력의 0.8배 이하의 압력에서 작동하는 안전밸브를 설치할 것
  ㉢ 저장용기에는 저장용기의 내부압력이 설정압력이 되었을 때 주밸브를 개방하는 정압작동장치를 설치할 것
  ㉣ 저장용기의 충전비는 0.8 이상으로 할 것
  ㉤ 저장용기 및 배관에는 잔류 소화약제를 처리할 수 있는 청소장치를 할 것
  ㉥ 축압식의 분말소화설비는 사용압력의 범위를 표시한 지시압력계를 설치할 것

(2) 정압작동장치
① 기능
가압용 가스용기 내에는 15[MPa] 정도의 압력으로 충전되어 있어 이 압력을 압력조정기에서 2.5[MPa]으로 감압하여 분말소화약제 저장용기내로 보내어 용기의 내부 압력이 적정압력(1.5[MPa] ~ 2[MPa])에 도달하면 주밸브를 개방시켜 주는 역할을 한다.
② 종류
  ⓐ 압력스위치 방식 : 내부 설정압력에 도달시 압력스위치가 동작하여 전자개방밸브를 개방하여 주밸브를 개방하는 방식
  ⓑ 기계식(스프링) 방식 : 내부 설정압력에 도달시 스프링으로 레버가 작동하여 주밸브를 개방하는 방식
  ⓒ 시한릴레이(타이머)방식 : 내부 설정압력에 도달시 설정시간이 경과하면 타이머가 동작하여 전자개방밸브를 개방하여 주밸브를 개방하는 방식

(3) 청소장치(Cleaning 장치)

분말소화설비의 소화약제는 건조한 분말로서 방출작동 완료 후 배관 속에 소화제가 남게 됨으로서 이것을 방치하여 두면 습기를 흡수하여 굳어버리게 되고 사용이 불가능하게 된다. 그러므로 이와 같은 것을 방지하기 위하여 작동완료 후 즉시 소화제 저장탱크의 잔압을 배출함과 동시에 배관내의 소화제를 배출시켜야한다.

(4) 가압용 가스용기

① 분말소화약제의 가스용기는 분말소화약제의 저장용기에 접속하여 설치해야 한다.
② 분말소화약제의 가압용가스 용기를 3병 이상 설치한 경우에는 2개 이상의 용기에 전자개방밸브를 부착해야 한다.
③ 분말소화약제의 가압용가스 용기에는 2.5 MPa 이하의 압력에서 조정이 가능한 압력조정기를 설치해야 한다.
④ 가압용가스 또는 축압용가스는 다음의 기준에 따라 설치해야 한다.
　㉠ 가압용가스 또는 축압용가스는 질소가스 또는 이산화탄소로 할 것
　㉡ 가압용가스에 질소가스를 사용하는 것의 질소가스는 소화약제 1 kg마다 40 L(35 ℃에서 1기압의 압력상태로 환산한 것) 이상, 이산화탄소를 사용하는 것의 이산화탄소는 소화약제 1 kg에 대하여 20 g에 배관의 청소에 필요한 양을 가산한 양 이상으로 할 것
　㉢ 축압용가스에 질소가스를 사용하는 것의 질소가스는 소화약제 1 kg에 대하여 10 L(35 ℃에서 1기압의 압력상태로 환산한 것) 이상, 이산화탄소를 사용하는 것의 이산화탄소는 소화약제 1 kg에 대하여 20 g에 배관의 청소에 필요한 양을 가산한 양 이상으로 할 것

가스 종류	가스량
질소(가압용)	소화약제량[kg] × 40[ℓ](35[℃], 0[MPa]에서 환산)
질소(축압용)	소화약제량[kg] × 10[ℓ](35[℃], 0[MPa]에서 환산)
이산화탄소(가압용 및 축압용)	소화약제량[kg] × (20[g] + 배관청소에 필요한 양)

　㉣ 저장용기 및 배관의 청소에 필요한 양의 가스는 별도의 용기에 저장할 것

(5) 압력조정기

① 설치목적
　가압용 가스용기의 고압의 질소가스를 감압시켜 공급압력을 조정하여 분말소화약제 저장탱크에 공급하는 역할을 한다.
② 압력조정범위
　압력조정기에서 가압용 가스용기의 고압의 질소가스(최대 15[MPa], 35[℃])를 1.5 ~ 2[MPa]로 감압시켜 소화약제 저장탱크에 보내는 역할을 한다. 따라서 압력조정기의 1차 게이지는 15[MPa] 이하, 2차 게이지는 2.5[MPa]이하를 지시할 수 있는 압력계를 설치하여야 한다.

(6) 배관

① 배관은 전용배관으로 하여야 한다.
② 강관을 사용하는 경우 배관은 아연도금에 의한 배관용 탄소강관(KS D 3507)이나 이와 동등 이상의 강도, 내식성 및 내열성을 갖추어야 한다.

③ 축압식의 경우 20[℃]에서 압력 2.5[MPa] 이상 4.2[MPa] 이하인 것에 있어서는 압력배관용 탄소강관 (KS D 3562) 중 이음이 없는 스케줄 40 이상의 것이어야 한다.
④ 동관은 고정압력 또는 최고사용압력의 1.5배 이상의 압력에 견딜 수 있는 것으로 할 것
⑤ 밸브류는 개폐위치 또는 개폐방향을 표시한 것이어야 한다.
⑥ 관부속 또는 밸브류는 배관과 동등 이상의 강도 및 내식성이 있는 것이어야 한다.

(7) **분사헤드**
① 전역방출방식
㉠ 방사된 소화약제가 방호구역의 전역에 균일하고 신속하게 확산할 수 있도록 한다.
㉡ 규정에 의한 소화약제 저장량을 30초 이내에 방사할 수 있도록 한다.
② 국소방출방식
㉠ 약제 방사에 의하여 가연물이 비산하지 않는 장소에 설치하여야 한다.
㉡ 규정에 의한 소화약제 저장량을 30초 이내에 방사할 수 있도록 한다.
③ 호스릴방식

05 분말소화설비 약제량

분말소화설비에 사용하는 소화약제는 제1종분말·제2종분말·제3종분말 또는 제4종분말로 해야 한다. 다만, 차고 또는 주차장에 설치하는 분말소화설비의 소화약제는 제3종분말로 해야 한다.

(1) **전역방출방식** : 동일한 특정소방대상물 또는 그 부분에 2 이상의 방호구역 또는 방호대상물이 있는 경우에는 각 방호구역 또는 방호대상물에 대하여 다음 각 기준에 따라 산출한 저장량 중 최대의 것으로 할 수 있다.

소화약제 종별	자동폐쇄장치 설치	자동폐쇄장치 미설치
	소화약제의 양[kg]/ 방호구역의 체적[㎥]	소화약제 가산양[kg]/ 개구부[㎡]
제1종 분말	0.6	4.5
제2·3종 분말	0.36	2.7
제4종 분말	0.24	1.8

(2) **국소방출방식**
① 국소방출방식은 다음의 식에 따라 산출한 양에 1.1을 곱하여 얻은 양 이상으로 할 것

$$Q = X - Y\frac{a}{A}$$

여기서, Q : 방호공간(방호대상물의 각 부분으로부터 0.6m의 거리에 따라 둘러싸인 공간을 말한다. 이하같다) 1㎥에 대한 분말소화약제의 양
a : 방호대상물 주변에 설치된 벽면적이 합계[㎡]
A : 방호공간 벽면적 합계[㎡]
(벽이 없는 경우에는 있는 것으로 가정한 당해 부분의 면적)

- X 및 Y는 다음 표의 수치(방호공간 1[m³]당 약제량[kg])

소화약제의 종별	X의 수치	Y의 수치
제1종 분말	5.2	3.9
제2·3종 분말	3.2	2.4
제4종 분말	2.0	1.5

(3) 호스릴방출방식

① 호스릴 약제 저장량[kg]

소화약제의 종별	소화약제의 양[kg]
제1종 분말	50
제2·3종 분말	30
제4종 분말	20

② 호스릴 1분당 방출량[kg/min]

소화약제의 종별	1분당 방사하는 소화약제의 양[kg]
제1종 분말	45
제2·3종 분말	27
제4종 분말	18

CHAPTER 15 분말소화설비

01 제 1, 2, 3, 4종 분말 소화약제를 각각 300[kg]씩을 저장시 저장용기의 내용적은 몇 [ℓ] 이상이 되어야 하는가?

- 계산과정 :
- 정답 :

> **계산과정**
> ① 제1종 분말 : 300[kg]×0.8[ℓ/kg] = 240[ℓ]
> ② 제2종 분말 : 300[kg]×1.0[ℓ/kg] = 300[ℓ]
> ③ 제3종 분말 : 300[kg]×1.0[ℓ/kg] = 300[ℓ]
> ④ 제4종 분말 : 300[kg]×1.25[ℓ/kg] = 375[ℓ]
> **정답** (1종) 240[L] (2종) 300[L] (3종) 300[L] (4종) 375[L]

02 아래 그림과 같은 방호대상물에 전역방출방식으로 제1종 분말 소화설비를 설치하려 한다. 개구부는 3[m²]이며 자동폐쇄장치가 설치되어 있다. 각 물음에 답하시오.

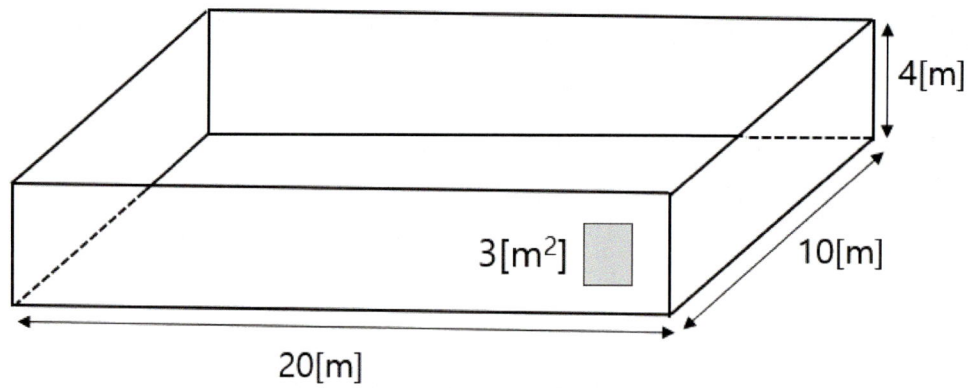

(1) 약제 저장량은 몇 [kg] 이상인가?
- 계산과정 :
- 정답 :

(2) 약제 방출방식을 가압식으로 ① 질소를 사용할 때 저장가스량[ℓ]과 ② CO_2를 사용할 때 저장가스량[kg]을 구하시오.
- 계산과정 :
- 정답 :

(3) 약제방출방식을 축압식으로 ① 질소를 사용할 때 필요가스량[ℓ]과 ② CO_2 사용시 필요가스량[kg]을 구하시오.
- 계산과정 :
- 정답 :

계산과정
(1) $(20 \times 10 \times 4)[m^3] \times 0.6[kg/m^3] = 480[kg]$
(2) ① 질소사용시 : $480[kg] \times 40[\ell/kg] = 19,200[\ell]$
    ② CO_2 사용시 : $480[kg] \times 20[g/kg] = 9,600[g]$ + 배관청소 필요량
(3) ① 질소사용시 : $480[kg] \times 10[\ell/kg] = 4,800[\ell]$
    ② CO_2 사용시 : $480[kg] \times 20[g/kg] = 9,600[g]$ + 배관청소 필요량

정답 (1) 480[kg]
(2) ① 19,200[ℓ] 이상   ② (9.6[kg] + 배관청소 필요량) 이상
(3) ① 4,800[ℓ] 이상   ② (9.6[kg] + 배관청소 필요량) 이상

03 분말소화설비의 전역방출방식에 있어서 방호구역의 체적이 400[m^3]일 때 설치되는 최소 분사헤드 수는 몇 개인가?(단, 분말은 제3종이며 분사헤드 1개의 방사량은 10[kg/min]이다.)

- 계산과정 :
- 정답 :

계산과정
① 약제량 = $400[m^3] \times 0.36[kg/m^3] = 144[kg]$
② 분당 전체 유량 = $\dfrac{144[kg]}{30[s]} = 4.8[kg/s] = 288[kg/min]$
③ 분사헤드수 = $\dfrac{288[kg/min]}{10[kg/min \cdot 개]} = 28.8 = 29개$

정답 29개

04 건축물 내부에 설치된 주차장에 전역방출방식의 분말소화설비를 설치하고자 한다. 조건을 참조하여 다음 각 물음에 답하시오.

[조 건]
① 방호구역의 바닥면적은 600m²이고 높이는 4m이다.
② 방호구역에는 자동폐쇄장치가 설치되지 아니한 개구부가 있으며 그 면적은 10m²이다.
③ 소화약제는 인산암모늄이 주성분인 분말소화약제를 사용한다.
④ 축압용 가스는 질소가스를 사용한다.

(1) 최소 소화약제량[kg]을 구하시오.
- 계산과정 :
- 정답 :

(2) 필요한 축압용 가스의 최소량[m³]을 구하시오.
- 계산과정 :
- 정답 :

계산과정
(1) (600×4)[m³]×0.36[kg/m³] + 10[m²]×2.7[kg/m²] = 891[kg]
(2) 891[kg]×10[ℓ/kg] = 8910[ℓ] = 8.91[m³]
정답 (1) 891[kg] (2) 8.91[m³]

05 어느 옥내저장소에 제1종 분말 소화설비를 아래 도면과 같이 설계하려고 한다. 조건을 참조로 물음에 답하시오.

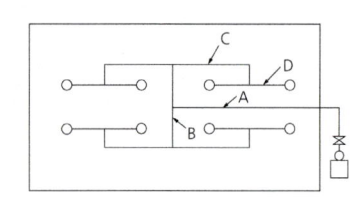

[조 건]
① 저장실 : 가로10[m], 세로 6[m], 높이 3[m]
② 개구부 면적 : 12[m²](자동폐쇄장치 없음)
③ 사용헤드 약제유량 : 0.7[kg/sec]
④ 방사압력 : 0.18[MPa]

(1) 분말 소화약제량[kg]은 얼마인가?
- 계산과정 :
- 정답 :

(2) 약제 방출에 소요되는 시간은 몇 초인가?
- 계산과정 :
- 정답 :

(3) 각 배관 내 분말 소화약제 유량은 얼마인가?

배관별 \ 구분	관의 구경	배관내 유량[kg/sec]	30초간 방출유량
A 배관	40A	①	②
B 배관	32A	③	④
C 배관	20A	⑤	⑥
D 배관	15A	⑦	⑧

- 계산과정 :
- 정답 :

계산과정

(1) $\{(10 \times 6 \times 3)[m^3] \times 0.6[kg/m^3]\} + (12[m^2] \times 4.5[kg/m^2]) = 162[kg]$

(2) $\dfrac{162[kg]}{0.7[kg/sec] \times 8개} = 28.9초$

(3) ① $0.7[kg/sec] \times 8개 = 5.6[kg/sec]$
　② $0.7[kg/sec] \times 8개 \times 30초 = 168[kg]$
　③ $0.7 \times 4 = 2.8[kg/sec]$
　④ $0.7 \times 4 \times 30 = 84[kg]$
　⑤ $0.7 \times 2 = 1.4[kg/sec]$
　⑥ $0.7 \times 2 \times 30 = 42[kg]$
　⑦ $0.7 \times 1 = 0.7[kg/sec]$
　⑧ $0.7 \times 1 \times 30 = 21[kg]$

정답 (1) 162[kg]　(2) 28.9초
　(3) ① 5.6[kg/sec]　② 168[kg]　③ 2.8[kg/sec]　④ 84[kg]　⑤ 1.4[kg/sec]
　　　⑥ 42[kg]　⑦ 0.7[kg/sec]　⑧ 21[kg]

06 전기실에 제 3종 분말 소화약제를 사용한 분말소화설비를 전역방출방식의 가압식으로 설치하려고 한다. 다음 조건을 참조하여 각 물음에 답하시오.

[조 건]
① 건물 크기는 가로 20[m], 세로 20[m], 높이 3[m]이고 개구부는 없다.
② 헤드 1개의 방사량은 2.7[kg/s], 약제 저장량은 10초 이내에 방사한다.
③ 헤드배치는 정방형으로 하고 헤드와 벽관의 간격은 헤드간격의 1/2 이하로 한다.
④ 배관은 최단거리 토너먼트 배관으로 구성한다.

(1) 소화약제량[kg]을 구하시오.
- 계산과정 :
- 정답 :

(2) 가압용 가스에 질소가스를 사용하는 경우 가압용가스(질소)의 양[ℓ]을 구하시오.
- 계산과정 :
- 정답 :

(3) 분사헤드의 최소개수는?
- 계산과정 :
- 정답 :

(4) 헤드배치도 및 개략적인 배관도를 작성하시오.(단, 눈금 1개의 간격은 1[m]이고, 헤드간의 간격 및 벽과의 간격을 표시해야하며, 분말소화배관 연결지점은 상부 중간에서 분기하며 토너먼트 방식으로 한다.)

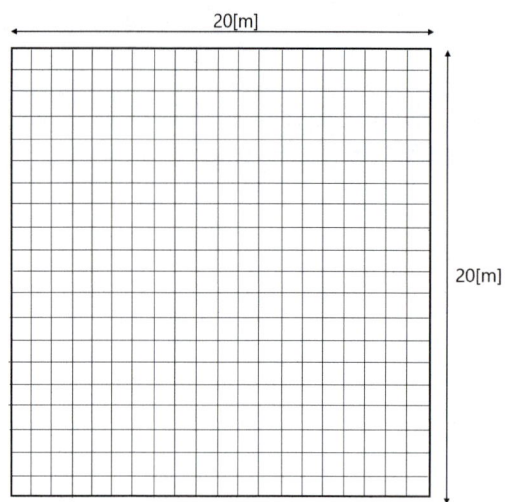

- 계산과정 :
- 정답 :

[계산과정]
(1) $(20 \times 20 \times 3)[m^3] \times 0.36[kg/m^3] = 432[kg]$
(2) $432[kg] \times 40[ℓ/kg] = 17,280[ℓ]$
(3) $\dfrac{432[kg]}{2.7[kg/s \cdot 개] \times 10[s]} = 16개$

[정답] (1) 432[kg] (2) 17,280[ℓ] (3) 16개
(4)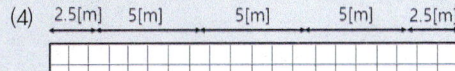
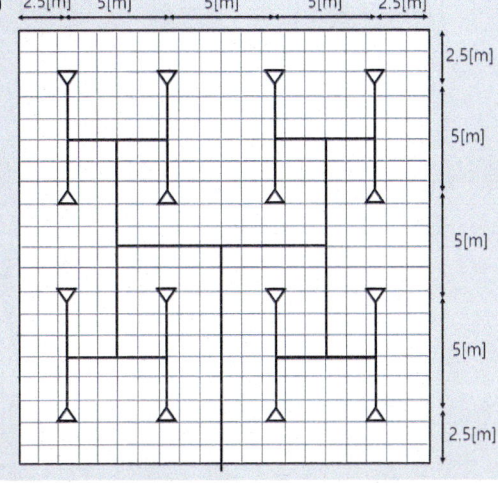

07 특정소방대상물에 제3종 분말소화설비를 설치하려고 한다. 다음 조건을 참고하여 각 물음에 답하시오.

[조 건]
① 방사헤드 1개의 방출률은 20[kg/min·개] 이다.
② 3종분말이 설치된 곳의 체적은 10[m]×20[m]×4[m] 이다.
③ 소화약제 방출방식은 전역방출방식이며 개구부는 없는 것으로 한다.
④ 소화약제 산정 및 기타 사항은 화재안전기준에 따라 산정한다.

(1) 특정소방대상물에 필요한 분말소화약제의 최소 양[kg]을 산정하시오.
 • 계산과정 :
 • 정답 :
(2) 특정소방대상물에 필요한 방사헤드의 최소 개수[개]를 구하시오.
 • 계산과정 :
 • 정답 :

(3) 가압용가스에 질소를 사용하는 경우 질소가스의 양[L]을 구하시오. 단, 35℃에서 1기압의 압력상태로 환산한 값이며, 배관의 청소에 필요한 양은 제외한다.)
- 계산과정 :
- 정답 :

계산과정
(1) $Q = (10 \times 20 \times 4) \times 0.36 = 288 [kg]$
(2) $\dfrac{288}{20 \times 0.5} = 28.8 ≒ 29$개
(3) $Q = 40 \times 288 = 11,520 [L]$

정답 (1) 288[kg] (2) 29개 (3) 11,520[L]

CHAPTER 16 제연설비

제1절 거실제연설비

01 개요 및 용어의 정의

화재에 의한 사상자 중 연기에 의한 것이 큰 비중을 차지하고 있다. 때문에 화재시에 있어서는 연기의 처리방법이 여러 가지로 논의되고 있다. 방연계획은 그 자체의 단독으로 존재하는 것이 아니고, 소화활동이나 피난계획과 관련하여 종합적인 방재계획으로 계획되어야 한다.

(1) "제연구역"이란 제연경계(제연경계가 면한 천장 또는 반자를 포함한다)에 의해 구획된 건물 내의 공간을 말한다.
(2) "제연경계"란 연기를 예상제연구역 내에 가두거나 이동을 억제하기 위한 보 또는 제연경계벽 등을 말한다.
(3) "제연경계벽"이란 제연경계가 되는 가동형 또는 고정형의 벽을 말한다.
(4) "제연경계의 폭"이란 제연경계가 면한 천장 또는 반자로부터 그 제연경계의 수직하단 끝부분까지의 거리를 말한다.
(5) "수직거리"란 제연경계의 하단 끝으로부터 그 수직한 하부 바닥면까지의 거리를 말한다.
(6) "예상제연구역"이란 화재 시 연기의 제어가 요구되는 제연구역을 말한다.
(7) "공동예상제연구역"이란 2개 이상의 예상제연구역을 동시에 제연하는 구역을 말한다.
(8) "통로배출방식"이란 거실 내 연기를 직접 옥외로 배출하지 않고 거실에 면한 통로의 연기를 옥외로 배출하는 방식을 말한다.
(9) "보행중심선"이란 통로 폭의 한 가운데 지점을 연장한 선을 말한다.
(10) "유입풍도"란 예상제연구역으로 공기를 유입하도록 하는 풍도를 말한다.
(11) "배출풍도"란 예상 제연구역의 공기를 외부로 배출하도록 하는 풍도를 말한다.
(12) "댐퍼"란 풍도 내부의 연기 또는 공기의 흐름을 조절하기 위해 설치하는 장치를 말한다.
(13) "풍량조절댐퍼"란 송풍기(또는 공기조화기) 토출측에 설치하여 유입풍도로 공급되는 공기의 유량을 조절하는 장치를 말한다.

02 제연방식

(1) 밀폐제연방식(자연)
(2) 자연제연방식
(3) 스모크타워제연방식(자연)

(4) 기계제연방식
① 제1종 기계제연방식(급기 : 기계, 배기 : 기계)
② 제2종 기계제연방식(급기 : 기계, 배기 : 자연)
③ 제3종 기계제연방식(급기 : 자연, 배기 : 기계)

03 제연구역

(1) 제연설비의 설치장소 제연구획 기준
① 하나의 제연구역의 면적은 1,000[m²] 이내로 할 것
② 거실과 통로(복도를 포함한다)는 각각 제연구획을 할 것
③ 통로상의 제연구역은 보행중심선의 길이가 60[m]를 초과하지 아니할 것
④ 하나의 제연구역은 직경 60[m] 원 내에 들어갈 수 있을 것
⑤ 하나의 제연구역은 2개층에 미치지 아니하도록 할 것. 다만, 층의 구분이 불분명한 부분은 그 부분을 다른 부분과 별도로 제연 구획하여야 한다.

(2) 제연구역의 구획
① 구획은 보·제연 경계벽 및 벽으로 한다.
② 재질은 내화재료, 불연재료 또는 제연경계벽으로 성능을 인정받은 것으로서 화재 시 쉽게 변형·파괴되지 아니하고 연기가 누설되지 않는 기밀성 있는 재료로 할 것
③ 제연경계는 천장 또는 반자로부터 그 수직하단까지의 거리(이하 "제연경계의 폭"이라 한다)가 0.6[m] 이상이고, 바닥으로부터 그 수직하단까지의 거리(이하 "수직거리"라 한다)가 2[m] 이내이어야 한다. 다만, 구조상 불가피한 경우는 2[m]를 초과할 수 있다.
④ 제연경계벽은 배연시 기류에 의하여 그 하단이 쉽게 흔들리지 아니하여야 하며, 또한 가동식의 경우에는 급속히 하강하여 인명에 위해를 주지 아니하는 구조일 것

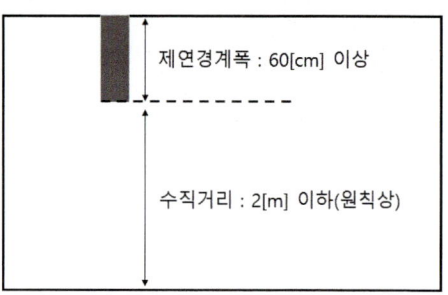

04 배출량 및 배출방식

(1) 예상제연구역의 거실 바닥면적이 400[m²] 미만인 경우(제연경계에 따른 구획을 제외한다. 다만, 거실과 통로와의 구획은 그렇지 않다.)
① 배출량 : 바닥면적 1[m²] 당 1[m³/min] 이상 (최저배출량은 5000[m³/hr] 이상)

- $Q = A[m^2] \times 1[m^3/min \cdot m^2] \times 60[min/hr]$

  여기서, • Q : 배출량[m³/hr](최소값은 5000[[m³/hr] 이상)

  • A : 바닥면적[m²]

(2) 예상제연구역의 거실 바닥면적이 400[m²] 이상인 경우

① 예상제연구역이 직경 40[m]인 원의 범위 안에 있을 경우 : 배출량 40,000[m³/hr]이상

다만, 예상제연구역이 제연경계로 구획된 경우에는 그 수직거리에 따라 배출량은 아래표에 의한다.

수직 거리	배출량
2[m] 이하	40,000[m³/hr] 이상
2[m] 초과 2.5[m] 이하	45,000[m³/hr]이상
2.5[m] 초과 3[m] 이하	50,000[m³/hr]이상
3[m] 초과	60,000[m³/hr]이상

② 예상제연구역이 직경 40[m]인 원의 범위를 초과할 경우 : 배출량 45,000[m³/hr]이상

다만, 예상제연구역이 제연경계로 구획된 경우에는 그 수직거리에 따라 배출량은 아래표에 의한다.

수직 거리	배출량
2[m] 이하	45,000[m³/hr] 이상
2[m] 초과 2.5[m] 이하	50,000[m³/hr]이상
2.5[m] 초과 3[m] 이하	55,000[m³/hr]이상
3[m] 초과	65,000[m³/hr]이상

(3) 예상제연구역이 통로인 경우의 배출량은 45,000 m³/h 이상으로 할 것. 다만, 예상제연구역이 제연경계로 구획된 경우에는 그 수직거리에 따라 배출량은 (2)-② 표에 따른다.

(4) 배출은 각 예상제연구역별로 (1)부터 (3)에 따른 배출량 이상을 배출하되, 2 이상의 예상제연구역이 설치된 특정소방대상물에서 배출을 각 예상제연구역별로 구분하지 아니하고 공동예상제연구역을 동시에 배출하고자 할 때의 배출량은 다음의 기준에 따라야 한다. 다만, 거실과 통로는 공동예상제연구역으로 할 수 없다.

① 공동예상제연구역 안에 설치된 예상제연구역이 각각 벽으로 구획된 경우(제연구역의 구획 중 출입구만을 제연경계로 구획한 경우를 포함한다)에는 각 예상제연구역의 배출량을 합한 것 이상으로 할 것. 다만, 예상제연구역의 바닥면적이 400㎡ 미만인 경우 배출량은 바닥면적 1 ㎡ 당 1 ㎥/min 이상으로 하고 공동예상구역 전체배출량은 5,000 ㎥/hr 이상으로 할 것

② 공동예상제연구역 안에 설치된 예상제연구역이 각각 제연경계로 구획된 경우(예상제연구역의 구획 중 일부가 제연경계로 구획된 경우를 포함하나, 출입구 부분만을 제연경계로 구획한 경우를 제외한다)에 배출량은 각 예상제연구역의 배출량 중 최대의 것으로 할 것. 이 경우 공동제연예상구역이 거실일 때에는 그 바닥면적이 1,000 ㎡ 이하이며, 직경 40 m 원 안에 들어가야 하고, 공동제연예상구역이 통로일 때에는 보행중심선의 길이를 40 m 이하로 해야 한다.

(5) 수직거리가 구획 부분에 따라 다른 경우는 수직거리가 긴 것을 기준으로 한다.

05 배출구

(1) 예상제연구역의 배출구 설치

① 바닥면적이 400[m²] 미만인 예상제연구역(통로인 예상제연구역 제외) 배출구 설치기준
  ㉠ 예상제연구역이 벽으로 구획되어 있는 경우의 배출구는 천장 또는 반자와 바닥 사이의 중간 윗부분에 설치할 것
  ㉡ 2 예상제연구역 중 어느 한부분이 제연경계로 구획되어 있는 경우에는 천장·반자 또는 이에 가까운 벽의 부분에 설치할 것. 다만, 배출구를 벽에 설치하는 경우에는 배출구의 하단이 해당 예상제연구역에서 제연경계의 폭이 가장 짧은 제연경계의 하단보다 높이 되도록 해야 한다.

② 예상제연구역과 바닥면적이 400[m²] 이상인 통로 외에 예상제연구역 배출구 설치기준
  ㉠ 예상제연구역이 벽으로 구획되어 있는 경우의 배출구는 천장·반자 또는 이에 가까운 벽의 부분에 설치할 것. 다만, 배출구를 벽에 설치하는 경우에는 배출구의 하단과 바닥간의 최단거리가 2[m] 이상이어야 한다.
  ㉡ 예상제연구역 중 어느 한부분이 제연경계로 구획되어 있을 경우에는 천장·반자 또는 이에 가까운 벽의 부분(제연경계를 포함한다)에 설치할 것. 다만, 배출구를 벽 또는 제연경계에 설치하는 경우에는 배출구의 하단이 해당 예상제연구역에서 제연경계의 폭이 가장 짧은 제연경계의 하단보다 높이 되도록 설치해야 한다.

(2) 예상제연구역의 각 부분으로부터 하나의 배출구까지 수평거리는 10[m] 이내가 되도록 하여야 한다.

06 공기유입방식 및 유입구

(1) 예상제연구역에 대한 공기유입은 유입풍도를 경유한 강제유입 또는 자연유입방식으로 하거나, 인접한 제연구역 또는 통로에 유입되는 공기(가압의 결과를 일으키는 경우를 포함한다. 이하 같다)가 해당구역으로 유입되는 방식으로 할 수 있다.

(2) 예상제연구역에 설치되는 공기유입구는 다음의 기준에 적합해야 한다.

① 바닥면적 400 m² 미만의 거실인 예상제연구역(제연경계에 따른 구획을 제외한다. 다만, 거실과 통로와의 구획은 그렇지 않다)에 대해서는 공기유입구와 배출구간의 직선거리는 5 m 이상 또는 구획된 실의 장변의 2분의 1 이상으로 할 것. 다만, 공연장·집회장·위락시설의 용도로 사용되는 부분의 바닥면적이 200 m²를 초과하는 경우의 공기유입구는 ②의 기준에 따른다.

② 바닥면적이 400 m² 이상의 거실인 예상제연구역(제연경계에 따른 구획을 제외한다. 다만, 거실과 통로와의 구획은 그렇지 않다)에 대해서는 바닥으로부터 1.5 m 이하의 높이에 설치하고 그 주변은 공기의 유입에 장애가 없도록 할 것

③ ①과 ②에 해당하는 것 외의 예상제연구역(통로인 예상제연구역을 포함한다)에 대한 유입구는 다음의 기준에 따를 것. 다만, 제연경계로 인접하는 구역의 유입공기가 당해 예상제연구역으로 유입되게 한 때에는 그렇지 않다.

㉠ 유입구를 벽에 설치할 경우에는 (2)-② 의 기준에 따를 것

㉡ 유입구를 벽 외의 장소에 설치할 경우에는 유입구 상단이 천장 또는 반자와 바닥 사이의 중간 아랫부분보다 낮게 되도록 하고, 수직거리가 가장 짧은 제연경계 하단보다 낮게 되도록 설치할 것

(3) 공동예상제연구역에 설치되는 공기 유입구는 다음의 기준에 적합하게 설치해야 한다.

① 공동예상제연구역 안에 설치된 각 예상제연구역이 벽으로 구획되어 있을 때에는 각 예상제연구역의 바닥면적에 따라 (2)-① 및 (2)-② 에 따라 설치할 것

② 공동예상제연구역 안에 설치된 각 예상제연구역의 일부 또는 전부가 제연경계로 구획되어 있을 때에는 공동예상제연구역 안의 1개 이상의 장소에 (2)-③ 에 따라 설치할 것

(4) 인접한 제연구역 또는 통로로부터 유입되는 공기를 해당 예상제연구역에 대한 공기유입으로 하는 경우에는 그 인접한 제연구역 또는 통로의 유입구가 제연경계 하단보다 높은 경우에는 그 인접한 제연구역 또는 통로의 화재 시 그 유입구는 다음의 어느 하나에 적합해야 한다.

① 각 유입구는 자동폐쇄 될 것

② 해당 구역 내에 설치된 유입풍도가 해당 제연구획부분을 지나는 곳에 설치된 댐퍼는 자동폐쇄될 것

(5) 예상제연구역에 공기가 유입되는 순간의 풍속은 5 ㎧ 이하가 되도록 하고, 유입구의 구조는 유입공기를 상향으로 분출하지 않도록 설치해야 한다. 다만, 유입구가 바닥에 설치되는 경우에는 상향으로 분출이 가능하며 이때의 풍속은 1㎧ 이하가 되도록 해야 한다.

(6) 예상제연구역에 대한 공기유입구의 크기는 해당 예상제연구역 배출량 1 ㎥/min에 대하여 35 ㎠ 이상으로 해야 한다.

(7) 예상제연구역에 대한 공기유입량은 배출량의 배출에 지장이 없는 양으로 해야 한다.

07 배출기 배출풍도

(1) 배출기 설치기준

① 배출기의 배출 능력은 배출량 이상이 되도록 할 것

② 배출기와 배출풍도의 접속부분에 사용하는 캔버스는 내열성(석면재료는 제외한다)이 있는 것으로 할 것

③ 배출기의 전동기부분과 배풍기 부분은 분리하여 설치해야 하며, 배풍기 부분은 유효한 내열처리를 할 것

(2) 배출풍도 기준

① 배출풍도는 아연도금강판 또는 이와 동등 이상의 내식성·내열성이 있는 것으로 하며,「건축법 시행령에 따른 불연재료(석면재료를 제외한다)인 단열재로 풍도 외부에 유효한 단열 처리를 하고, 강판의 두께는 배출풍도의 크기에 따라 다음 표에 따른 기준 이상으로 할 것

[배출풍도의 크기에 따른 강판의 두께]

풍도단면의 긴변 또는 직경의 크기	450mm 이하	450mm초과 750mm이하	750mm초과 1,500mm이하	1,500mm초과 2,250mm이하	2,250mm 초과
강판두께	0.5mm	0.6mm	0.8mm	1.0mm	1.2mm

② 배출기의 흡입측 풍도안의 풍속은 15 ㎧ 이하로 하고 배출측 풍속은 20 ㎧ 이하로 할 것

08 유입풍도 등

(1) 유입풍도는 아연도금강판 또는 이와 동등 이상의 내식성·내열성이 있는 것으로 하며, 풍도 안의 풍속은 20 ㎧ 이하로 하고 풍도의 강판 두께는 다음표에 따라 설치해야 한다.

[배출풍도의 크기에 따른 강판의 두께]

풍도단면의 긴변 또는 직경의 크기	450mm 이하	450mm초과 750mm이하	750mm초과 1,500mm이하	1,500mm초과 2,250mm이하	2,250mm 초과
강판두께	0.5mm	0.6mm	0.8mm	1.0mm	1.2mm

(2) 옥외에 면하는 배출구 및 공기유입구는 비 또는 눈 등이 들어가지 아니하도록 하고, 배출된 연기가 공기유입구로 순환유입 되지 않도록 해야 한다.

09 제연설비설치제외

제연설비를 설치해야 할 특정소방대상물 중 화장실·목욕실·주차장·발코니를 설치한 숙박시설(가족호텔 및 휴양콘도미니엄에 한한다)의 객실과 사람이 상주하지 않는 기계실·전기실·공조실·50 ㎡ 미만의 창고 등으로 사용되는 부분에 대하여는 배출구·공기유입구의 설치 및 배출량 산정에서 이를 제외 할 수 있다.

10 댐퍼

(1) 제연설비에 설치되는 댐퍼는 다음의 기준에 따라 설치해야 한다.
  ① 제연설비의 풍도에 댐퍼를 설치하는 경우 댐퍼를 확인, 정비할 수 있는 점검구를 풍도에 설치할 것. 이 경우 댐퍼가 반자 내부에 설치되는 때에는 댐퍼 직근의 반자에도 점검구(지름 60 cm 이상의 원이 내접할 수 있는 크기)를 설치하고 제연설비용 점검구임을 표시해야 한다.
  ② 제연설비 댐퍼의 설정된 개방 및 폐쇄 상태를 제어반에서 상시 확인할 수 있도록 할 것
  ③ 제연설비가 법에 따라 공기조화설비와 겸용으로 설치되는 경우 풍량조절댐퍼는 각 설비별 기능에 따른 작동 시 각각의 풍량을 충족하는 개구율로 자동 조절될 수 있는 기능이 있어야 할 것

> [참고기준]
> 제연설비의 작동에는 다음의 사항이 포함되어야 하며, 예상제연구역(또는 인접장소)마다 설치되는 수동기동장치는 바닥으로부터 0.8 m 이상 1.5 m 이하의 높이에 문 개방 등으로 인한 위치 확인에 장애가 없고 접근이 쉬운 위치에 설치해야 한다.
> ① 해당 제연구역의 구획을 위한 제연경계벽 및 벽의 작동
> ② 해당 제연구역의 공기유입 및 연기배출 관련 댐퍼의 작동
> ③ 공기유입송풍기 및 배출송풍기의 작동

제2절 특별피난계단의 계단실 및 부속실제연설비

01 용어의 정의

(1) "**제연구역**"이란 제연 하고자 하는 계단실, 부속실 또는 비상용승강기의 승강장을 말한다.
(2) "**방연풍속**"이란 옥내로부터 제연구역 내로 연기의 유입을 유효하게 방지할 수 있는 풍속을 말한다.
(3) "**급기량**"이란 제연구역에 공급해야 할 공기의 양을 말한다.
(4) "**누설량**"이란 틈새를 통하여 제연구역으로부터 흘러나가는 공기량을 말한다.
(5) "**보충량**"이란 방연풍속을 유지하기 위하여 제연구역에 보충해야 할 공기량을 말한다.
(6) "**플랩댐퍼**"란 제연구역의 압력이 설정압력범위를 초과하는 경우 제연구역의 압력을 배출하여 설정압력 범위를 유지하게 하는 과압방지장치를 말한다.
(7) "**유입공기**"란 제연구역으로부터 옥내로 유입하는 공기로서 차압에 따라 누설하는 것과 출입문의 개방에 따라 유입하는 것 등을 말한다.
(8) "**거실제연설비**"란 「제연설비의 화재안전기술기준(NFTC 501)」에 따른 옥내의 제연설비를 말한다.
(9) "**자동차압급기댐퍼**"란 제연구역과 옥내 사이의 차압을 압력센서 등으로 감지하여 제연구역에 공급되는 풍량의 조절로 제연구역의 차압 유지를 자동으로 제어할 수 있는 댐퍼를 말한다.
(10) "**자동폐쇄장치**"란 제연구역의 출입문 등에 설치하는 것으로서 화재 시 화재감지기의 작동과 연동하여 출입문을 자동으로 닫히게 하는 장치를 말한다.

(11) "과압방지장치"란 제연구역의 압력이 설정압력을 초과하는 경우 자동으로 압력을 조절하여 과압을 방지하는 장치를 말한다.

(12) "굴뚝효과"란 건물 내부와 외부 또는 두 내부 공간 상하간의 온도 차이에 의한 밀도 차이로 발생하는 건물 내부의 수직 기류를 말한다.

(13) "기밀상태"란 일정한 공간에 있는 유체가 누설되지 않는 밀폐 상태를 말한다.

(14) "누설틈새면적"이란 가압 또는 감압된 공간과 인접한 사이에 공기의 흐름이 가능한 틈새의 면적을 말한다.

(15) "송풍기"란 공기의 흐름을 발생시키는 기기를 말한다.

(16) "수직풍도"란 건축물의 층간에 수직으로 설치된 풍도를 말한다.

(17) "외기취입구"란 옥외로부터 옥내로 외기를 취입하는 개구부를 말한다.

(18) "제어반"이란 각종 기기의 작동 여부 확인과 자동 또는 수동 기동 등이 가능한 장치를 말한다.

(19) "차압측정공"이란 제연구역과 비 제연구역과의 압력 차를 측정하기 위해 제연구역과 비제연구역 사이의 출입문 등에 설치된 공기가 흐를 수 있는 관통형 통로를 말한다.

02 제연구역의 선정

(1) 계단실 및 그 부속실을 동시에 제연하는 것

(2) 부속실만을 단독으로 제연하는 것

(3) 계단실 단독 제연하는 것

03 차압등

(1) 제연구역과 옥내와의 사이에 유지해야 하는 최소차압은 40 Pa(옥내에 스프링클러설비가 설치된 경우에는 12.5 Pa) 이상으로 해야 한다.

(2) 제연설비가 가동되었을 경우 출입문의 개방에 필요한 힘은 110 N 이하로 해야 한다.

(3) 출입문이 일시적으로 개방되는 경우 개방되지 않은 제연구역과 옥내와의 차압은 기준에 따른 차압의 70 % 이상이어야 한다.

(4) 계단실과 부속실을 동시에 제연하는 경우 부속실의 기압은 계단실과 같게 하거나 계단실의 기압보다 낮게 할 경우에는 부속실과 계단실의 압력 차이는 5 Pa 이하가 되도록 해야 한다.

04 급기량 : 급기량은 다음의 양을 합한 양 이상이 되어야 한다.

(1) 기준에 따른 차압을 유지하기 위하여 제연구역에 공급해야 할 공기량. 이 경우 제연구역에 설치된 출입문(창문을 포함한다. 이하 "출입문등"이라 한다)의 누설량과 같아야 한다.

(2) 보충량

05 누설량

누설량은 제연구역의 누설량을 합한 양으로 한다. 이 경우 출입문이 2개소 이상인 경우에는 각 출입문의 누설틈새면적을 합한 것으로 한다.

※ 누설량 계산방법

- $Q = 0.827 \times A \times P^{\frac{1}{N}}$

여기서, • Q : 급기 풍량 [㎥/sec]
  • A : 틈새면적[㎡]
  • P : 문을 경계로 한 실내의 기압차[N/㎡=Pa]
  • N : 누설 면적 상수(일반출입문=2, 창문=1.6)

① 병렬상태인 경우의 틈새면적[㎡]

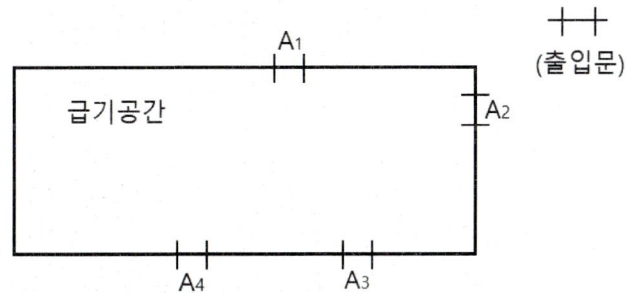

$A_T = A_1 + A_2 + A_3 + A_4$

여기서 A_T : 총 틈새 면적[㎡]

A_1, A_2, A_3, A_4 : 각 누설 경로의 문 틈새 면적[㎡]

② 직렬상태인 경우의 틈새면적[m²]

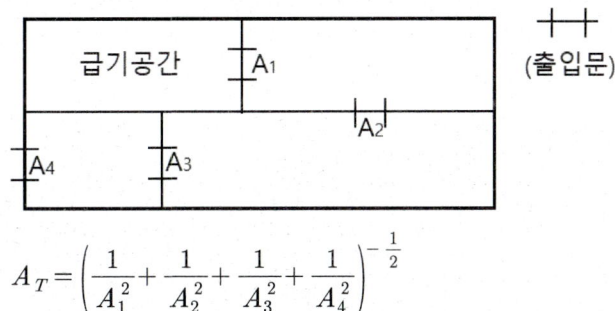

$A_T = \left(\dfrac{1}{A_1^2} + \dfrac{1}{A_2^2} + \dfrac{1}{A_3^2} + \dfrac{1}{A_4^2} \right)^{-\frac{1}{2}}$

06 보충량

보충량은 부속실(또는 승강장)의 수가 20 이하는 1개층 이상, 20을 초과하는 경우에는 2개층 이상의 보충량으로 한다.

07 방연풍속

제연 구역		방연풍속
계단실 및 그 부속실을 동시에 제연하는 것 또는 계단실만 단독으로 제연하는 것		0.5㎧ 이상
부속실만 단독으로 제연하는 것	부속실 면하는 옥내가 거실인 경우	0.7㎧ 이상
	부속실 또는 승강장이 면하는 옥내가 복도로서 그 구조가 방화구조(내화시간이 30분 이상인 구조를 포함)인 것	0.5㎧ 이상

08 과압방지조치

제연구역에서 발생하는 과압을 해소하기 위해 과압방지장치를 설치하는 등의 과압방지조치를 해야 한다. 다만, 제연구역 내에 과압 발생의 우려가 없다는 것을 시험 또는 공학적인 자료로 입증하는 경우에는 과압방지조치를 하지 않을 수 있다.

09 유입공기의 배출

(1) 유입공기는 화재 층의 제연구역과 면하는 옥내로부터 옥외로 배출되도록 해야 한다.

(2) 유입공기의 배출은 다음 각 호의 어느 하나의 기준에 따른 배출방식으로 해야 한다.

    1. 수직풍도에 따른 배출 : 옥상으로 직통하는 전용의 배출용 수직풍도를 설치하여 배출하는 것으로서 다음 각 목의 어느 하나에 해당하는 것

        가. 자연배출식 : 굴뚝효과에 따라 배출하는 것

        나. 기계배출식 : 수직풍도의 상부에 전용의 배출용 송풍기를 설치하여 강제로 배출하는 것

    2. 배출구에 따른 배출 : 건물의 옥내와 면하는 외벽마다 옥외와 통하는 배출구를 설치하여 배출하는 것

    3. 제연설비에 따른 배출 : 거실제연설비가 설치되어 있고 당해 옥내로부터 옥외로 배출해야 하는 유입공기의 양을 거실제연설비의 배출량에 합하여 배출하는 경우 유입공기의 배출은 당해 거실제연설비에 따른 배출로 갈음할 수 있다.

10 수직풍도에 따른 배출

수직풍도에 따른 배출은 다음 각 호의 기준에 적합하여야 한다.

(1) 수직풍도는 내화구조로 하고 기준 이상의 성능으로 할 것

(2) 수직풍도의 내부면은 두께 0.5밀리미터 이상의 아연도금강판 또는 동등이상의 내식성·내열성이 있는 것으로 마감되는 접합부에 대하여는 통기성이 없도록 조치할 것

(3) 수직풍도의 관통부에는 다음 기준에 적합한 댐퍼(배출댐퍼)를 설치

① 배출댐퍼는 두께 1.5㎜ 이상의 강판(비내식성 재료의 경우에는 부식방지 조치)
② 평상시 닫힌 구조로 기밀상태를 유지
③ 개폐여부를 당해 장치 및 제어반에서 확인할 수 있는 감지기능을 내장
④ 구동부의 작동상태와 닫혀 있을 때의 기밀상태를 수시로 점검할 수 있는 구조일 것
⑤ 댐퍼의 점검 및 정비가 가능한 이·탈착구조로 할 것
⑥ 화재층의 옥내에 설치된 화재감지기의 동작에 따라 당해층의 댐퍼가 개방될 것. 다만, 스프링클러설비의 설치에 따라 화재감지기를 설치하지 아니하는 경우에는 제연구역 출입문 직근의 옥내에 전용의 연기감지기를 설치하고 당해 연기감지기 또는 당해층의 스프링클러헤드 중 어느 것이 작동하더라도 당해층의 댐퍼가 개방되도록 하여야 한다.
⑦ 개방 시의 실제개구부(개구율을 감안한 것)의 크기는 수직풍도의 내부단면적과 같도록 할 것
⑧ 댐퍼는 풍도내의 공기흐름에 지장을 주지 않도록 수직풍도의 내부로 돌출하지 않게 설치할 것

(4) 수직풍도의 내부단면적은 다음의 기준에 적합할 것
① 자연배출식의 경우 다음 식에 따라 산출하는 수치 이상으로 할 것. 다만, 수직풍도의 길이가 100m를 초과하는 경우에는 산출수치의 1.2배 이상의 수치를 기준으로 하여야 한다.

- $A_P = \dfrac{Q_N}{2}$
  - A_P : 수직풍도의 내부단면적 (㎡)
  - Q_N : 수직풍도가 담당하는 1개층의 제연구역의 출입문(옥내와 면하는 출입문) 1개의 면적(㎡)과 방연풍속(㎧)를 곱한 값(㎥/s)

② 송풍기를 이용한 기계배출식의 경우 풍속 15㎧ 이하로 할 것

(5) 기계배출식에 따라 배출하는 경우 배출용 송풍기는 다음 각 목의 기준에 적합할 것
① 열기류에 노출되는 송풍기 및 그 부품들은 250℃의 온도에서 1시간 이상 가동상태를 유지할 것
② 송풍기의 풍량은 제4호가목의 기준에 따른 QN에 여유량을 더한 양을 기준으로 할 것
③ 송풍기는 옥내의 화재감지기의 동작에 따라 연동하도록 할 것
④ 송풍기의 풍량을 실측할 수 있는 유효한 조치를 할 것
⑤ 송풍기는 다른 장소와 방화구획되고 접근과 점검이 용이한 장소에 설치할 것

(6) 수직풍도의 상부의 말단(기계배출식의 송풍기도 포함)은 빗물이 흘러들지 아니하는 구조로 하고, 옥외의 풍압에 따라 배출성능이 감소하지 아니하도록 유효한 조치를 할 것

11 배출구에 따른 배출

(1) 배출구에는 빗물과 이물질이 유입하지 않는 구조로서 유입공기의 배출에 적합한 장치(이하 "개폐기"라 한다)를 설치할 것
(2) 개폐기의 개구면적은 다음식에 따라 산출한 수치 이상으로 할 것

- $A_0 = Q_N / 2.5$

- A_0 : 개폐기의 개구면적(㎡)
- Q_N : 수직풍도가 담당하는 1개 층의 제연구역의 출입문(옥내와 면하는 출입문을 말한다) 1개의 면적(㎡)과 방연풍속(㎧)를 곱한 값(㎥/s)

12 급기

제연구역에 대한 급기는 다음 각 호의 기준에 따라야 한다.

(1) 부속실만을 제연하는 경우 동일 수직선상의 모든 부속실은 하나의 전용수직풍도를 통해 동시에 급기할 것
(2) 계단실 및 부속실을 동시에 제연하는 경우 계단실에 대하여는 그 부속실의 수직풍도를 통해 급기할 수 있다.
(3) 계단실만을 제연하는 경우에는 전용수직풍도를 설치하거나 계단실에 급기풍도 또는 급기송풍기를 직접 연결하여 급기하는 방식으로 할 것
(4) 하나의 수직풍도마다 전용의 송풍기로 급기할 것
(5) 비상용승강기 또는 피난용승강기의 승강장만을 제연하는 경우에는 해당 승강기의 승강로를 급기풍도로 사용할 수 있다.

13 급기구

제연구역에 설치하는 급기구는 다음 각 호의 기준에 적합해야 한다.

(1) 급기용 수직풍도와 직접 면하는 벽체 또는 천장(당해 수직풍도와 천장급기구 사이의 풍도를 포함한다)에 고정하되, 급기되는 기류 흐름이 출입문으로 인하여 차단되거나 방해받지 않도록 옥내와 면하는 출입문으로부터 가능한 먼 위치에 설치할 것
(2) 계단실과 그 부속실을 동시에 제연하거나 또는 계단실만을 제연하는 경우 급기구는 계단실 매 3개 층 이하의 높이마다 설치할 것
(3) 급기구의 댐퍼설치는 다음 각 목의 기준에 적합할 것
   ① 급기댐퍼의 재질은 「자동차압급기댐퍼의 성능인증 및 제품검사의 기술기준」에 적합한 것으로 할 것
   ② 자동차압급기댐퍼는 「자동차압급기댐퍼의 성능인증 및 제품검사의 기술기준」에 적합한 것으로 설치할 것
   ③ 자동차압급기댐퍼가 아닌 댐퍼는 개구율을 수동으로 조절할 수 있는 구조로 할 것
   ④ 화재감지기에 따라 모든 제연구역의 댐퍼가 개방되도록 할 것. 다만, 둘 이상의 특정소방대상물이 지하에 설치된 주차장으로 연결되어 있는 경우에는 특정소방대상물의 화재감지기 및 주차장에서 하나의 특정소방대상물의 제연구역으로 들어가는 입구에 설치된 제연용 연기감지기의 작동에 따라 해당 특정소방대상물의 수직풍도에 연결된 모든 제연구역의 댐퍼가 개

방되도록 하거나 해당 특정소방대상물을 포함한 둘 이상의 특정소방대상물의 모든 제연구역의 댐퍼가 개방되도록 할 것

14 급기풍도

급기풍도(이하 "풍도"라 한다)의 설치는 다음 각 호의 기준에 적합해야 한다.

(1) 수직풍도는 제14조제1호 및 제2호의 기준을 준용할 것
(2) 수직풍도 이외의 풍도로서 금속판으로 설치하는 풍도는 다음 각 목의 기준에 적합할 것
   ① 풍도는 아연도금강판 또는 이와 동등 이상의 내식성·내열성이 있는 것으로 하며, 「건축법 시행령」 제2조에 따른 불연재료(석면재료를 제외한다)인 단열재로 풍도 외부에 유효한 단열처리를 하고, 강판의 두께는 풍도의 크기에 따라 다음 표에 따른 기준 이상으로 할 것

풍도단면의 긴변 또는 직경의 크기	450mm 이하	450mm 초과 750mm 이하	750mm 초과 1,550mm 이하	1,550mm 초과 2,250mm 이하	2,250mm 초과
강판 두께	0.5mm	0.6mm	0.8mm	1.0mm	1.2mm

   ② 풍도에서의 누설량은 공기의 누설로 인한 압력 손실을 최소화하도록 할 것
   ③ 풍도는 정기적으로 풍도 내부를 청소할 수 있는 구조로 할 것
   ④ 풍도 내의 풍속은 초속 15 미터 이하로 할 것

15 급기송풍기

급기송풍기의 송풍능력은 송풍기가 담당하는 제연구역에 대한 급기량의 1.15배 이상으로 하고, 송풍기는 다른 장소와 방화구획 되고 접근과 점검이 용이하도록 설치하며, 화재감지기의 동작에 따라 작동하도록 해야 한다.

16 외기취입구

외기취입구는 옥외의 연기 또는 공해물질 등으로 오염된 공기, 빗물과 이물질 등이 유입되지 않는 구조 및 위치에 설치해야 한다.

17 제연구역 및 옥내의 출입문

(1) 제연구역의 출입문(창문을 포함한다)은 언제나 닫힌 상태를 유지하거나 자동폐쇄장치에 의해 자동으로 닫히는 구조로 하고, 제연구역의 출입문 등에 자동폐쇄장치를 사용하는 경우에는 「자동폐쇄장치의 성능인증 및 제품검사의 기술기준」에 적합한 것으로 설치해야 한다.
(2) 옥내의 출입문(제10조의 기준에 따른 방화구조의 복도가 있는 경우로서 복도와 거실 사이의 출입문에 한한다)은 언제나 닫힌 상태를 유지하거나 자동폐쇄장치에 의해 자동으로 닫히는 구조로 해야 한다.

18 수동기동장치

(1) 배출댐퍼 및 개폐기의 직근(直近) 또는 제연구역에는 다음 각 호의 기준에 따른 장치의 작동을 위하여 수동기동장치를 설치하고 스위치는 바닥으로부터 0.8 미터 이상 1.5 미터 이하의 높이에 설치해야 한다.
   1. 전 층의 제연구역에 설치된 급기댐퍼의 개방
   2. 당해 층의 배출댐퍼 또는 개폐기의 개방
   3. 급기송풍기 및 유입공기의 배출용 송풍기의 작동
   4. 개방·고정된 모든 출입문(제연구역과 옥내 사이의 출입문에 한한다)의 개폐장치의 작동

(2) 제1항 각 호의 기준에 따른 장치는 옥내에 설치된 수동발신기의 조작에 따라서도 작동할 수 있도록 해야 한다.

CHAPTER 16 제연설비

01 그림은 서로 직렬로 연결된 2개의 실 I, II의 평면도로서 A_1, A_2는 출입문이다. 출입문이 닫힌 상태에서 실 I을 급기 가압하여 실 I과 외부간에 50[Pa]의 기압차를 얻기 위하여 실 I에 급기시켜야 할 풍량은 몇 (m³/sec)가 되겠는가? (단, 닫힌 문 A_1, A_2에 의해 공기가 유통될 수 있는 틈새의 면적은 각각 0.02m²이며, 임의의 어느 실에 대한 급기량 Q[m³/sec]와 얻고자 하는 기압차[파스칼]의 관계식은 $Q = 0.827 \times A \times P^{1/2}$이다.)

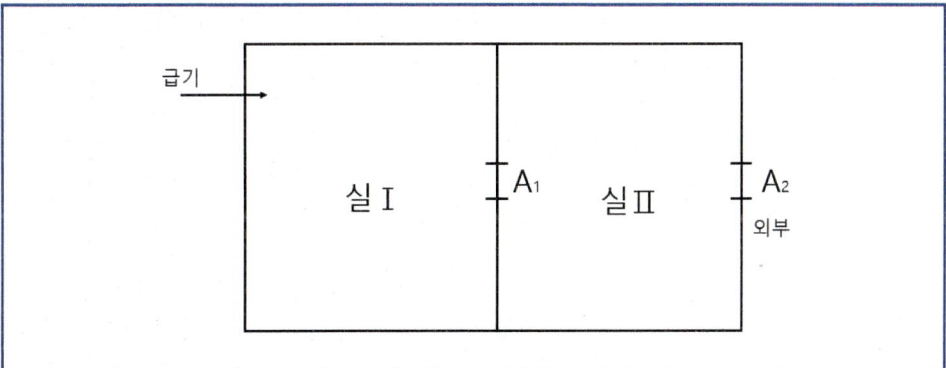

- 계산과정 :
- 정답 :

계산과정

(직렬 연결 이므로) $A_1 \sim A_2 = \dfrac{1}{\sqrt{\dfrac{1}{0.02^2 + 0.02^2}}} = 0.014[m^2]$

∴ $Q = 0.827 \times 0.014 \times \sqrt{50} = 0.081 ≒ 0.08[m^3/s]$

정답 0.08[m³/s]

02 A실에 대한 개구면적은 A_1, A_2, A_3 : 0.1[m²], A_4, A_5, A_6 : 0.2[m²]이다. 총 틈새면적 [m²]은 얼마인가?

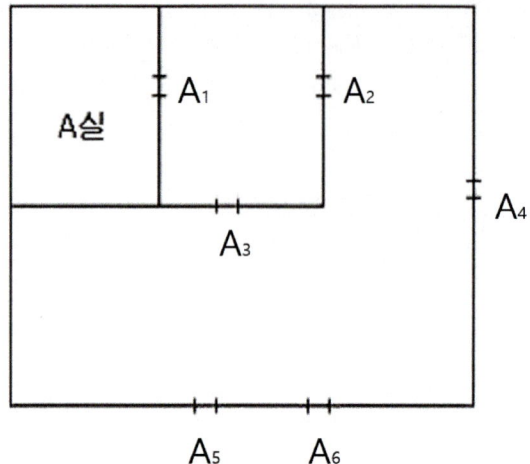

• 계산과정 :

• 정답 :

계산과정

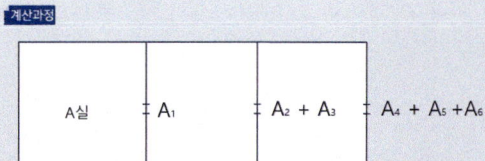

여기서 $A_1 = 0.1$, $A_2 + A_3 = 0.2$, $A_4 + A_5 + A_6 = 0.6$

직렬배열(Leakage path in Series) 공식

$\dfrac{1}{A_t^2} = \dfrac{1}{A_1^2} + \dfrac{1}{A_2^2} + \dfrac{1}{A_3^2}$ 에 대입하면

$A_t = \left(\dfrac{1}{0.1^2} + \dfrac{1}{0.2^2} + \dfrac{1}{0.6^2} \right)^{-\frac{1}{2}} = 0.088465173 = 0.088[m^2]$

정답 0.09[m²]

03 다음 그림은 어느 실들의 평면도이다. 이 실들 중 A실을 급기가압하고자 할 때 주어진 조건을 이용하여 다음을 구하시오.

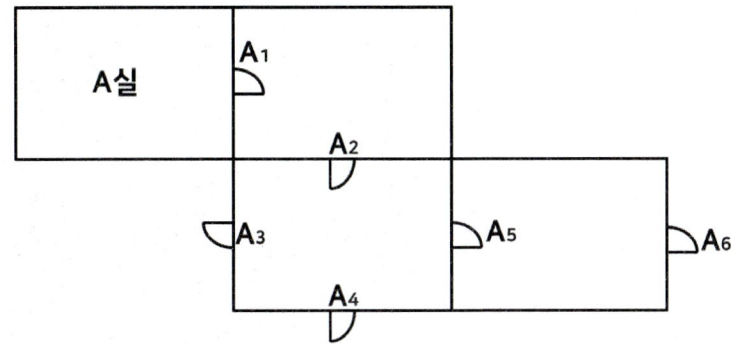

[조 건]
① 실외부 대기의 기압은 절대압력으로 101.3[kPa]로서 일정하다.
② A실에 유지하고자 하는 기압은 절대압력으로 101.4[kPa]이다.
③ 각 실의 문들의 틈새면적은 0.01[m²]이다.
④ 급기량(Q)은 • $Q = 0.827 \times A \times \sqrt{P}$ 으로 계산한다.
　여기서, • Q : 급기량[m³/s]
　　　　　• A : 틈새면적[m²]
　　　　　• P : 차압[Pa]

(1) A실의 전체 누설틈새면적[m²] (단, 소수점 아래 5째자리까지 나타내시오.)
　• 계산과정 :
　• 정답 :

(2) A실에 유입해야 할 풍량[m³/s] (단, 소수점 아래 4째자리까지 나타내시오.)
　• 계산과정 :
　• 정답 :

계산과정
(1) A_5, A_6 (직렬) $= (\frac{1}{0.01^2} + \frac{1}{0.01^2})^{-\frac{1}{2}} = 0.00707[m^2]$

　A_3, A_4, A_{5-6} (병렬) $= 0.01 + 0.01 + 0.00707 = 0.02707[m^2]$

　$A_1, A_2, A_{3-6} = (\frac{1}{0.01^2} + \frac{1}{0.01^2} + \frac{1}{0.02707^2})^{-\frac{1}{2}} = 0.00684[m^2]$

(2) $\triangle P = 101400 - 101300 = 100[Pa]$
　$Q = 0.827 \times A_T \times \sqrt{P} = 0.827 \times 0.00684 \times \sqrt{100} = 0.0565[m^3/s]$

정답 (1) 0.00684[m²]　(2) 0.0565[m³/s]

04 다음은 어느 실들의 평면도이다. 이 중 A실을 급기가압하고자 할 때 주어진 조건을 이용하여 다음을 구하시오.

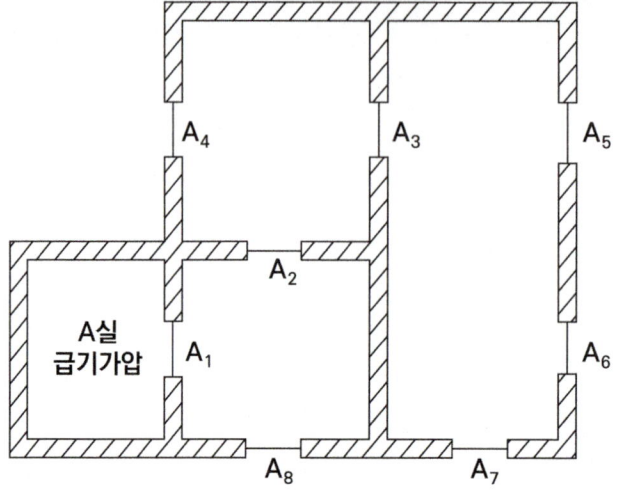

[조 건]
① 실 외부대기의 기압은 101.38[kPa]로서 일정하다.
② A실에 유지하고자 하는 기압은 101.55[kPa]이다.
③ 각실 문의 틈새면적은 $A_1, A_2, A_3 = 0.01[m^2]$, $A_4, A_5, A_6, A_7, A_8 = 0.02[m^2]$ 이다.
④ 어느 실을 급기가압할 때 그 실의 문 틈새를 통하여 누출되는 공기의 양은 다음의 식에 따른다.

$$Q = 0.827 \times A \times \sqrt{P}$$

여기서, Q:급기량[m³/s], A:문의 틈새면적[m²], P:문을 경계로 한 실내·외 기압차[Pa]

(1) 전체 누설틈새면적[m²]을 구하시오.
  (단, 소수점 아래 6째자리에서 반올림하여 소수점 아래 5째자리까지 나타내시오.)
  • 계산과정 :
  • 정답 :
(2) A실에 유입해야 할 풍량[m³/s]을 구하시오.
  (단, 소수점 아래 4째자리에서 반올림하여 소수점 아래 3째자리까지 나타내시오.)
  • 계산과정 :
  • 정답 :

계산과정
(1) • 총 틈새면적
  ① A_5, A_6, A_7 (병렬) $= 0.02 + 0.02 + 0.02 = 0.06[m^2]$

② A_3, A_{5-7} (직렬) $= \dfrac{1}{\sqrt{\dfrac{1}{0.01^2}+\dfrac{1}{0.06^2}}} = 0.00986[m^2]$

③ A_4, A_{3-7} (병렬) $= 0.02 + 0.00986 = 0.02986[m^2]$

④ A_2, A_{3-7} (직렬) $= \dfrac{1}{\sqrt{\dfrac{1}{0.01^2}+\dfrac{1}{0.02986^2}}} = 0.00948[m^2]$

⑤ A_8, A_{2-7} (병렬) $= 0.02 + 0.00948 = 0.2948[m^2]$

⑥ A_1, A_{2-8} (직렬) $= \dfrac{1}{\sqrt{\dfrac{1}{0.01^2}+\dfrac{1}{0.02948^2}}} = 0.00947[m^2]$

(2) $Q = 0.827 \times A \times \sqrt{P} = 0.827 \times 0.00947 \times \sqrt{(101550-101380)} = 0.102[m^3/s]$

정답 (1) 0.00947[m²]   (2) 0.102[m³/s]

05 A실에 급기가압을 하고 설치되어 있는 문 중 A_4, A_5, A_6이 외기와 접해있을 때 다음 조건을 참고하여 각 물음에 답하시오.

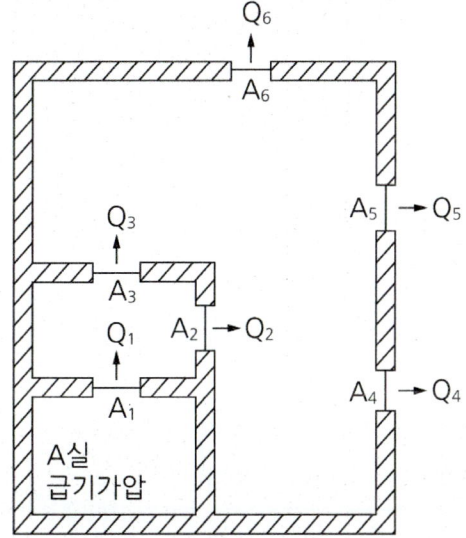

[조 건]
① 모든 개구부의 틈새면적은 0.01[m²]으로 동일하다.
② 실에서의 급기량은 $Q = 0.827 \times A \times \sqrt{P}$ 공식으로 구한다.

(1) A실을 기준으로 모든 개구부의 틈새면적[m²]을 구하시오.
   (소수점 다섯째자리 까지 구하시오.)
   • 계산과정 :
   • 정답 :

(2) A실과 외부간에 차압을 270[Pa]로 유지 시키기 위한 A실에 급기하는 풍량[m³/s]은?
- 계산과정 :
- 정답 :

계산과정

(1)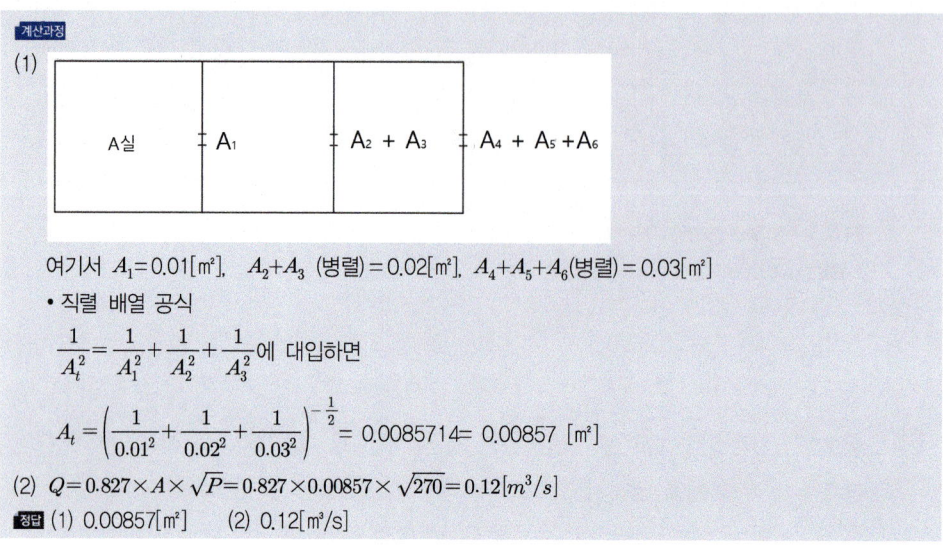

여기서 $A_1 = 0.01[m^2]$, $A_2 + A_3$ (병렬) $= 0.02[m^2]$, $A_4 + A_5 + A_6$ (병렬) $= 0.03[m^2]$

- 직렬 배열 공식

$$\frac{1}{A_t^2} = \frac{1}{A_1^2} + \frac{1}{A_2^2} + \frac{1}{A_3^2}$$ 에 대입하면

$$A_t = \left(\frac{1}{0.01^2} + \frac{1}{0.02^2} + \frac{1}{0.03^2}\right)^{-\frac{1}{2}} = 0.0085714 = 0.00857 \ [m^2]$$

(2) $Q = 0.827 \times A \times \sqrt{P} = 0.827 \times 0.00857 \times \sqrt{270} = 0.12 [m^3/s]$

정답 (1) $0.00857[m^2]$ (2) $0.12[m^3/s]$

---

06 A실을 0.1[m³/s] 로 급기 가압하였을 경우 다음 조건을 참고하여 외부와 A실의 차압[Pa]을 구하시오.

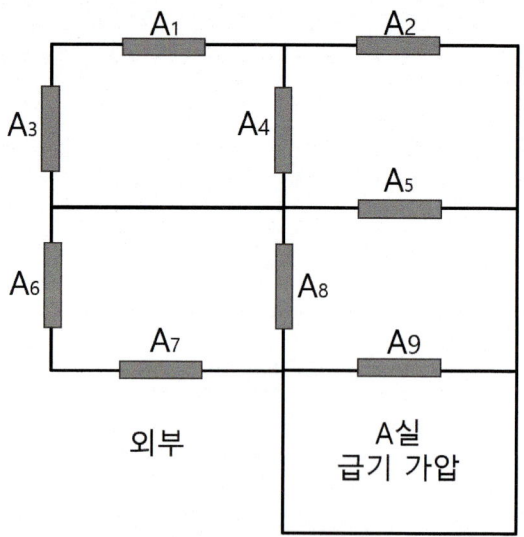

[조 건]
① 어느 실을 급기 가압할 때 그 실의 문의 틈새를 통하여 누출되는 공기의 양은 다음의 식을 따른다.
$$Q = 0.827 \times A \times \sqrt{P}$$
여기서, Q:급기량[㎥/s], A:문의 틈새면적[㎡], P:문을 경계로 한 실내·외 기압차[Pa]
② $A_1, A_2 = 0.005[㎡]$이고, $A_3 \sim A_9 = 0.02[㎡]$이다.
③ 중간 계산과정 정답은 소수점 여섯째자리까지 표현하고 차압은 셋째자리 반올림하여 둘째자리 까지 표현하시오.

• 계산과정 :
• 정답 :

계산과정

(1) $A_1 \sim A_5$

① A_1과 A_3 (병렬) : $0.005 + 0.02 = 0.025[m^2]$

② A_1, A_3와 A_4 (직렬) : $\dfrac{1}{\sqrt{\dfrac{1}{0.025^2} + \dfrac{1}{0.02^2}}} = 0.015617[m^2]$

③ A_1, A_3, A_4와 A_2 (병렬) : $0.015617 + 0.005 = 0.020617[m^2]$

④ $A_1 A_2, A_3, A_4$와 A_5 (직렬) : $\dfrac{1}{\sqrt{\dfrac{1}{0.020617^2} + \dfrac{1}{0.02^2}}} = 0.014355[m^2]$

(2) $A_6 \sim A_8$

① A_6과 A_7 (병렬) : $0.02 + 0.02 = 0.04[m^2]$

② A_6, A_7과 A_8 (직렬) : $\dfrac{1}{\sqrt{\dfrac{1}{0.04^2} + \dfrac{1}{0.02^2}}} = 0.017889[m^2]$

(3) $A_1 \sim A_8$ 문들은 병렬로 연결 $0.014355 + 0.017889 = 0.032244[m^2]$

(4) $A_{1\sim8}$과 A_9는 병렬이므로 $\dfrac{1}{\sqrt{\dfrac{1}{0.032244^2} + \dfrac{1}{0.02^2}}} = 0.016996[m^2]$

결론적으로 A실의 차압은

$Q = 0.827 A\sqrt{P}$이므로 $P = \left(\dfrac{Q}{0.827 \times A}\right)^2 = \left(\dfrac{0.1}{0.827 \times 0.016996}\right)^2 = 50.6168 = 50.62[Pa]$

정답 $50.62[Pa]$

07 평상시에는 공조설비의 급기로 사용하고 화재시에만 제연에 이용하는 배출기가 다음과 같이 설치하였다. 평상시와 화재시를 구분하여 각 댐퍼 상태를 쓰시오.(단, 댐퍼는 4개 설치하고 댐퍼 심벌은 D_1, D_2 ··· 등으로 표시하여 댐퍼상태는 D_1 개방, D_2 폐쇄 ··· 등으로 표시할 것)

(1) 화재시 유효하게 배연할 수 있도록 도면의 필요한 곳에 댐퍼를 도시하시오.
   (댐퍼는 ∅로 도시하고 D_1, D_2 ...로 표시하시오.)

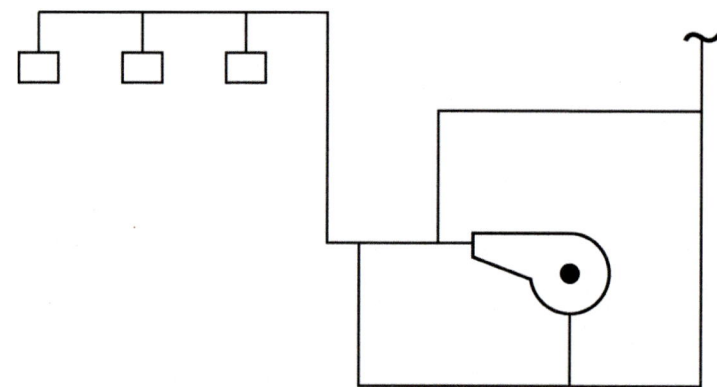

- 정답 :

(2) 평상시와 화재시를 구분하여 댐퍼의 상태를 설명하시오.(폐쇄 및 개방)
   ① 평상시 :
     - 정답 :
   ② 화재시 :
     - 정답 :

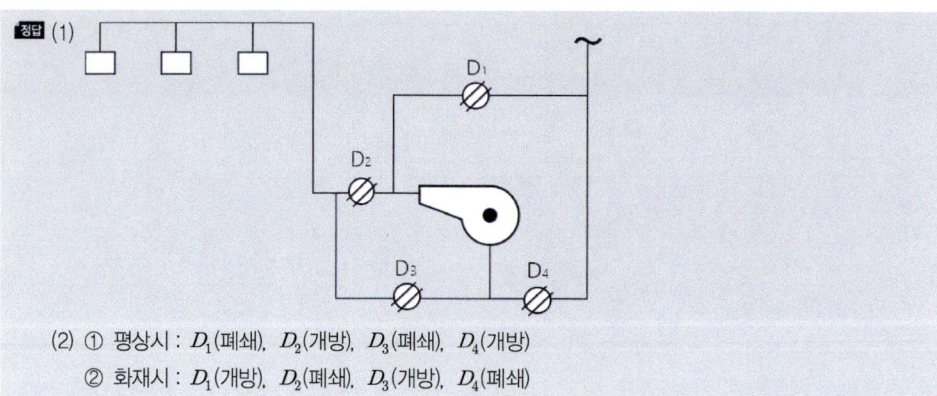

(2) ① 평상시 : D_1(폐쇄), D_2(개방), D_3(폐쇄), D_4(개방)
    ② 화재시 : D_1(개방), D_2(폐쇄), D_3(개방), D_4(폐쇄)

참고 • 평상시

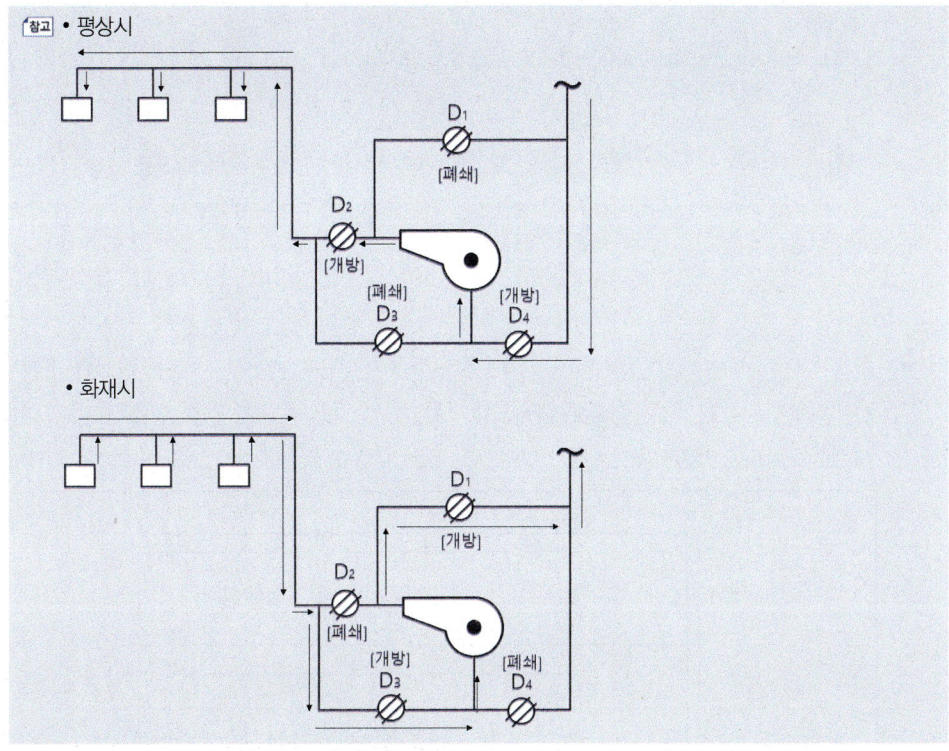

• 화재시

08 제연구역의 소요 배출량을 측정하였다. 그 결과 A실은 6000CMH, B실은 7000CMH, C실은 5000CMH, D실은 13000CMH, E실은 15000CMH로 측정되었다. 제연방식으로 A, B, C실은 공동 제연방식으로, D, E실은 독립 제연방식으로 설치할 경우 배출 FAN의 소요풍량을 계산하시오.

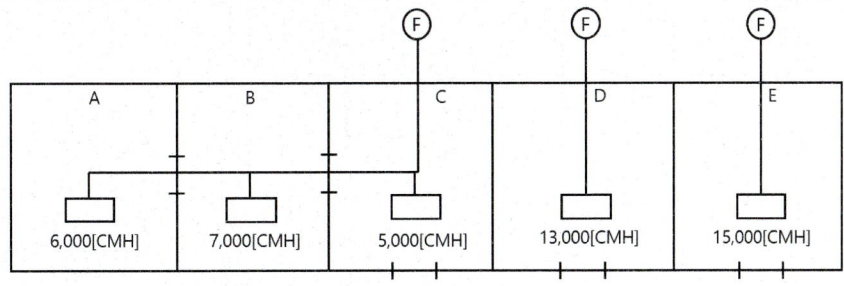

• 계산과정 :
• 정답 :

계산과정
① A, B, C실 공동제연 : 6000 + 7000 + 5000 = 18000[CMH]
② D실 : 13000[CMH]
③ E실 : 15000[CMH]

정답 ① A,B,C실 : 18000[CMH]   ② D실 : 13000[CMH]   ③ E실 : 15000[CMH]

09 다음 도면은 무창층에 있는 판매시설에 설치한 제연설비의 예상제연구역을 나타낸 평면도 이다. 조건을 참고하여 각 물음에 답하시오. (참고) CMH로 출제될 수도 있습니다.(CMH로 출제 시 답에 곱하기 60)

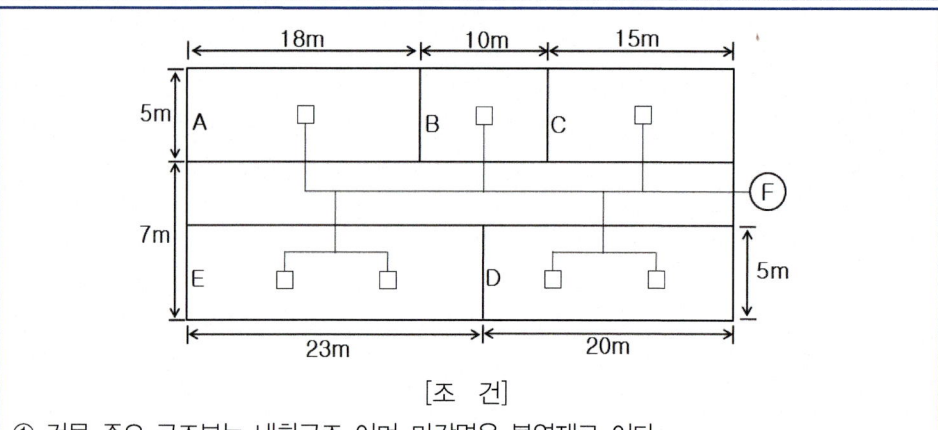

[조 건]
① 건물 주요 구조부는 내화구조 이며 마감면은 불연재료 이다.
② 복도에는 가연물이 없으며, 마감면은 모두 불연재료 이다.
③ 각 실에 대한 연기 배출방식은 공동 배출방식이 아닌 독립 배출방식이다.

(1) 각 실의 배출구 위치에 댐퍼(∅)를 도시하시오.

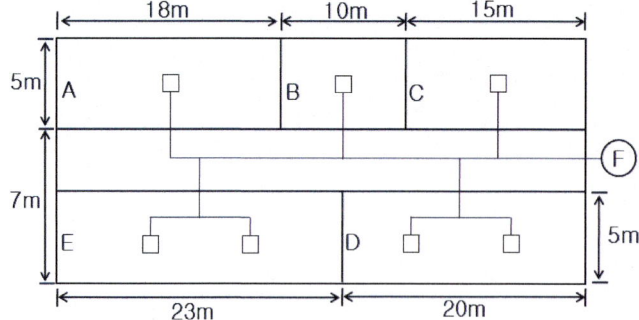

(2) 각 실의 배출량[CMM]을 산출하시오.
  • 계산과정 :
  • 정답 :

(3) 배연기의 배출량[CMM]은 얼마로 하여야 하는가?
   • 정답 :

계산과정
(2) • A실 : 5[m] × 18[m] × 1[m³/min·m²] = 90[CMM]
   • B실 : 5[m] × 10[m] × 1[m³/min·m²] = 50[CMM]=83.33[CMM](최소량 산정)
   • C실 : 5[m] × 15[m] × 1[m³/min·m²] = 75[CMM]=83.33[CMM](최소량 산정)
   • D실 : 5[m] × 20[m] × 1[m³/min·m²] = 100[CMM]
   • E실 : 5[m] × 23[m] × 1[m³/min·m²] = 115[CMM]

정답
(1)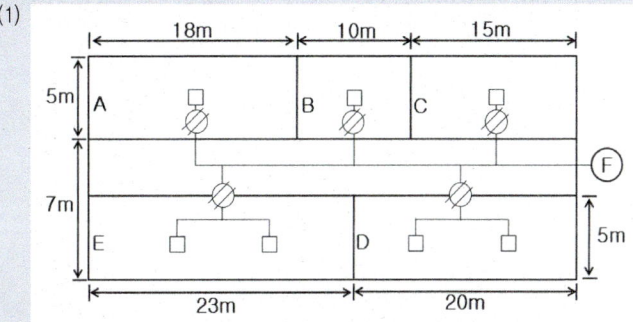

(2) • A실 : 90[CMM], • B실 : 83.33[CMM], • C실 : 83.33[CMM]
   • D실 : 100[CMM], • E실 : 115[CMM]
(3) 115[CMM]

---

10 화재안전기준에 준하여 거실 제연설비를 설치하려고 한다. 다음 각 물음에 답하시오.

[조 건]
① 거실의 바닥면적은 390[m²]이다.
② 설치된 덕트의 길이는 80[m]이고, 1[m] 당 덕트의 저항은 1.96[Pa/m]로 한다.
③ 배기구 저항 78[Pa], 배기그릴 저항 29[Pa], 부속류의 저항은 덕트 저항의 50%로 한다.
④ 송풍기 효율은 50%로 하고, 전달계수는 1.1로 한다.
④ 배출기는 다익형 팬(또는 시로코 팬)을 설치한다.

(1) 예상제연구역에 필요한 배출량[m³/hr]을 구하시오.
   • 계산과정 :
   • 정답 :
(2) 송풍기에 필요한 전압[Pa]을 구하시오.
   • 계산과정 :
   • 정답 :

(3) 송풍기의 전동기동력[kW]을 구하시오.
- 계산과정 :
- 정답 :

(4) (2)에서 구한 전압으로 송풍기가 1750rpm으로 회전할 때, 송풍기의 전압을 1.2배로 높이려면 회전수는 얼마로 증가시켜야 하는지 구하시오.
- 계산과정 :
- 정답 :

계산과정

(1) $Q = 390[m^2] \times 1[CMM/m^2] = 390[CMM] \times 60 = 23,400[m^3/hr]$

(2) 정압 $= (80[m] \times 1.96[Pa/m]) + 78[Pa] + 29[Pa] + (80[m] \times 1.96[Pa/m] \times 0.5) = 342.2[Pa]$

(3) ① 풍량 $Q = 390[m^3/min]$ ② 전압 $P_t = 0.3422[kPa]$

③ 송풍기 동력 $\dfrac{P_t Q}{\eta} \times K = \dfrac{0.3422 \times 390}{60 \times 0.5} \times 1.1 = 4.8934 = 4.89[kW]$

(또는 전압의 단위를 mmAq로 바꾸어서도 가능

$\dfrac{P_t Q}{102\eta} \times K = \dfrac{34.89 \times 390}{102 \times 60 \times 0.5} \times 1.1 = 4.89[kW])$

(4) 상사법칙에 의해 $H_2 = H_1 \times (\dfrac{N_2}{N_1})^2$ 이므로

$N_2 = N_1 \times \sqrt{\dfrac{H_2}{H_1}} = 1750 \times \sqrt{1.2} = 1917.03[rpm]$

정답 (1) 23,400[m³/hr] (2) 342.2[Pa] (3) 4.89[kW] (4) 1917.03[rpm]

11 제연설비의 예상제연구역에 대한 문제이다. 다음 도면과 조건을 참고하여 물음에 답하시오.

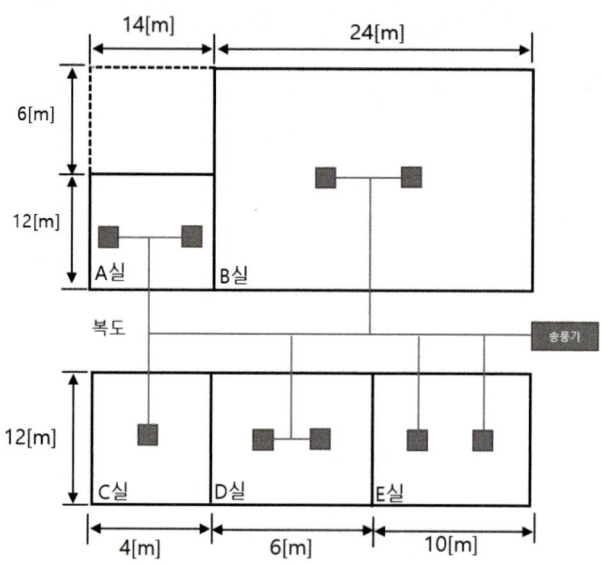

[조 건]
① 건물의 주요구조부는 모두 내화구조이며 불연성 구조물로 마감되어 있다.
② 통로의 내부면은 모두 불연재이고, 통로 내에 가연물은 없다.
③ 각 실에 대한 연기배출방식은 공동배출구역방식이 아니며, 각 실에 제연댐퍼가 설치된다.
④ 각 실은 제연경계로 구획되어 있지 않다.
⑥ 펌프의 효율은 60%, 전압 40mmAq, 동력전달계수는 1.1이다.

(1) 도면에 제어 댐퍼를 최소개수로 도시하시오. (댐퍼기호 : ∅)

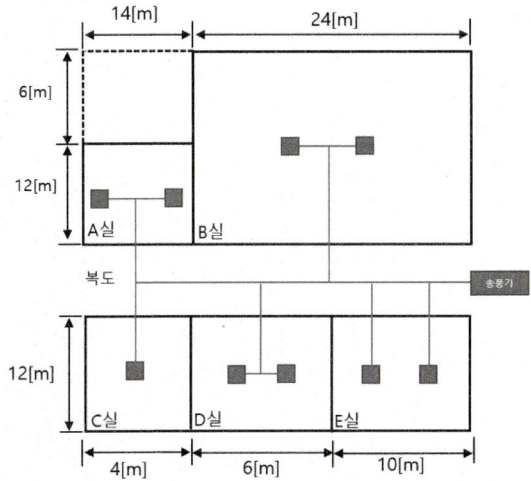

(2) 각 실별 배출량[$m^3/\min$]을 산정하시오.

① A실
- 계산과정 :
- 정답 :

② B실
- 계산과정 :
- 정답 :

③ C실
- 계산과정 :
- 정답 :

④ D실
- 계산과정 :
- 정답 :

⑤ E실
- 계산과정 :
- 정답 :

(3) 송풍기 동력을 계산하시오.
- 계산과정 :
- 정답 :

계산과정

(2) ① A실 : $12[m] \times 14[m] \times 1[CMM/m^2] = 168[m^3/min]$

② B실 : $24[m] \times (12+6)[m] = 432[m^2]$, 직경(대각선거리) : $\sqrt{24^2 + 18^2} = 30[m]$

바닥면적 400m² 초과이고 직경 40m 이내이므로 배출량은 40,000[CMH] 이다.

$\dfrac{40000}{60} = 666.67[m^3/min]$

③ C실 : $12[m] \times 4[m] \times 1[CMM/m^2] = 48[m^3/min] = 83.33[m^3/min]$
(최소량 5,000[CMH]에 의해)

④ D실 : $12[m] \times 6[m] \times 1[CMM/m^2] = 72[m^3/min] = 83.33[m^3/min]$
(최소량 5,000[CMH]에 의해)

⑤ E실 : $12[m] \times 10[m] \times 1[CMM/m^2] = 120[m^3/min]$

(3) $P = \dfrac{40 \times 666.67}{102 \times 60 \times 0.6} \times 1.1 = 7.9884[kW] = 7.99[kW]$

정답

(1)
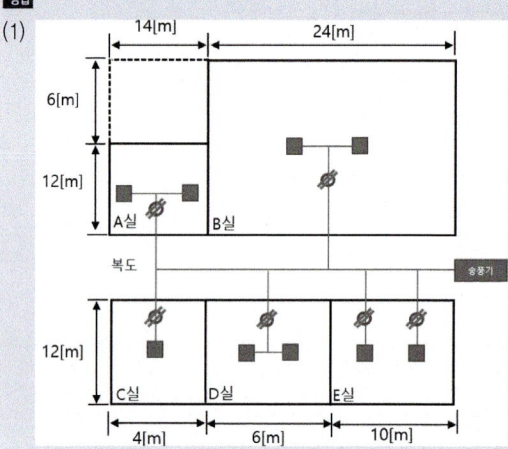

(2) ① $168[m^3/\min]$ ② 666.67 [m³/min] ③ 83.33 [m³/min]
④ 83.33 [m³/min] ⑤ 120 [m³/min]

(3) 7.99[kW]

12 제연덕트 설계를 할 경우 다음 물음에 답하시오.

[조 건]
① 이론풍량 : 600[m³/min]   ② 이론풍압 : 2.5[mmHg]
③ 누설풍량 : 0.5[m³/sec]   ④ 누설풍압 : 0.02[mmHg]
⑤ 송풍기효율 : 60[%]   ⑥ 여유율 : 10[%]

(1) 총풍량[m³/min]은 얼마인가?
  • 계산과정 :
  • 정답 :
(2) 총풍압[mmAq]은 얼마인가?
  • 계산과정 :
  • 정답 :
(3) 팬전동기 동력[kW]은 얼마인가?
  • 계산과정 :
  • 정답 :

계산과정
(1) • 이론풍량 + 누설풍량 = 600[m³/min] + (0.5[m³/sec]×60[sec/min]) = 630[m³/min]
(2) • 이론풍압 + 누설풍압
  $= (2.5[mmHg]+0.02[mmHg]) \times \frac{10332[mmAq]}{760[mmHg]} = 34.2587[mmAq] = 34.26[mmAq]$
(3) • 이론풍압 = $\frac{630 \times 34.27}{102 \times 60 \times 0.6} \times 1.1 = 6.4675[kW] = 6.47[kW]$

정답 (1) 630[m³/min]   (2) 34.26[mmAq]   (3) 6.47[kW]

---

13 공간 내에 화재로 인하여 연기가 체류하고 있다. 이때의 온도가 850[℃]였다면 이 상태에서의 연기 유출속도는 몇 [m/sec]인가? (단, 공기의 평균 분자량은 29, 연기의 평균 분자량은 29.49, 배출구까지 높이는 2.5[m]이다. 평상시 온도는 20[℃] 이다.)

• 계산과정 :
• 정답 :

계산과정
• ρ_a (공기 밀도) = $\frac{PM}{RT} = \frac{1 \times 29}{0.082 \times 293} = 1.21[kg/m^3]$
• ρ_s (연기 밀도) = $\frac{1 \times 29.49}{0.082 \times 1,123} = 0.32[kg/m^3]$

- 연기의 유출속도$(V) = \sqrt{2gH(\frac{\rho_a}{\rho_s}-1)}$ (g : 9.8[m/sec2], H : 2.5[m])

  $= \sqrt{2 \times 9.8 \times 2.5(\frac{1.21}{0.32}-1)} = 11.673$[m/sec]

정답 11.67[m/sec]

14 어느 지하상가의 제연설비를 국가화재안전기준과 아래의 조건에 적합하도록 설치하려고 한다. 조건을 참조하여 물음에 답하시오.

> [조 건]
> ① 배출기는 원심식 실록크팬의 다익형이다.
> ② 각종 효율 및 풍도내 마찰손실은 무시한다.
> ③ 주 닥트의 높이 제한은 600[mm](강판, 덕트, 플랜지, 보온두께 제외)
> ④ 예상제연구역의 설계 배출량은 45000[m³/hr]이다.
> ⑤ 배출기 효율 55[%], 여유율 10[%]이다.

(1) 배출기 흡입측 주 덕트의 최소폭[cm]을 구하시오.
 - 계산과정 :
 - 정답 :

(2) 배출기 배출측 주 덕트의 최소폭[cm]을 구하시오.
 - 계산과정 :
 - 정답 :

(3) 준공 후 풍량시험 결과치 ㉠ 풍량 40000[m³/hr] ㉡ 회전수 700[rpm] ㉢ 축동력 8.5[kW] ㉣ 전압 39[mmAq]이 시험치를 기준으로 설계치를 만족시키기 위하여 다음 교정치를 계산하시오. (소수점 이하는 절상한다)

 ① 배출기 회전수[rpm]
  - 계산과정 :
  - 정답 :

 ② 배출기의 축동력[kW]
  - 계산과정 :
  - 정답 :

 ③ 배출기의 회전수를 교정하여 설계치를 만족시킬 경우 배출기의 전압[mmAq]
  - 계산과정 :
  - 정답 :

계산과정

(1) $Q = AV$ 공식에 의하여 $45000[m^3/hr] = A \times 15[m/sec] \times 3600[sec]$

$A = \dfrac{45000}{15 \times 3600} = 0.833[m^2]$

$\therefore D = \dfrac{0.833[m^2]}{0.6[m]} \times 10^2 = 138.888 cm = 138.89[cm]$

(2) $Q = AV$ 공식에 의하여 $45000[m^3/hr] = A \times 20[m/sec] \times 3600[sec]$

$A = \dfrac{45000}{20 \times 3600} = 0.625[m^2]$

$\therefore D = \dfrac{0.625[m^2]}{0.6[m]} \times 10^2 = 104.166[cm]$

(3) ① $N_2 = N_1 \times (\dfrac{Q_2}{Q_1})^1 = 700 \times (\dfrac{45000}{40000})^1 = 788[rpm]$

② $P_2 = P \times \left(\dfrac{N_2}{N_1}\right)^3 = 8.5 \left(\dfrac{788}{700}\right)^3 = 12.13[kW] = 13[kW]$

③ $H_2 = H_1 \times \left(\dfrac{N_2}{N_1}\right)^2 = 39 \times \left(\dfrac{788}{700}\right)^2 = 49.42[mmAq] = 50[mmAq]$

정답 (1) 138.89[cm]

(2) 104.17[cm]

(3) ① 788[rpm]　② 13[kW]　③ 50[mmAq]

15 다음 제연설비 관련 도면을 보고 각 물음에 답하시오.

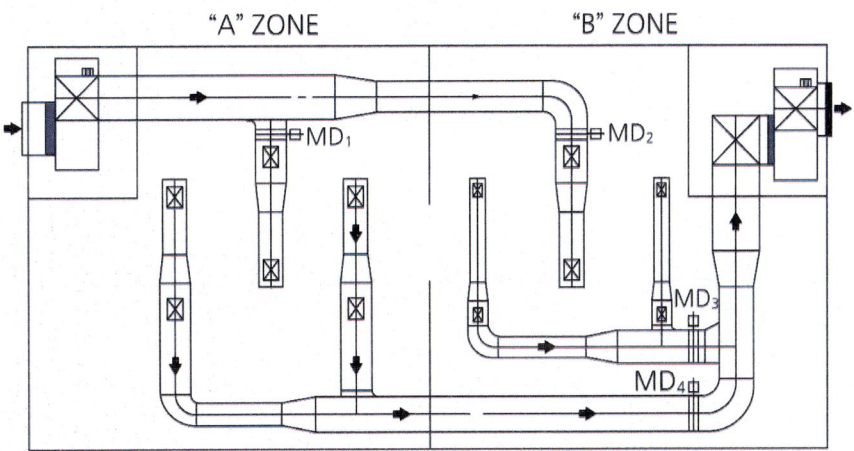

(1) 상기 제연방식은 무엇인가?

• 정답 :

(2) 인접구역 상호제연이란 무엇인가?

• 정답 :

(3) 댐퍼의 상태를 보았을 때 OPEN CLOSE로 표시하시오.
  ① 동일실로 본 경우

구분	급기	배기
A실 화재시	MD1 :	MD4 :
	MD2 :	MD3 :
B실 화재시	MD2 :	MD3 :
	MD1 :	MD4 :

• 정답 :

  ② 인접구역 상호제연으로 본 경우

구분	급기	배기
A실 화재시	MD2 :	MD4 :
	MD1 :	MD3 :
B실 화재시	MD1 :	MD3 :
	MD2 :	MD4 :

• 정답 :

정답 (1) 제1종 기계제연방식
(2) 화재구역에서 배기하고 인접구역에서 급기가압하는 방식이다.
(3) ①

구분	급기	배기
A실 화재시	MD1 : OPEN	MD4 : OPEN
	MD2 : CLOSE	MD3 : CLOSE
B실 화재시	MD2 : OPEN	MD3 : OPEN
	MD1 : CLOSE	MD4 : CLOSE

②

구분	급기	배기
A실 화재시	MD2 : OPEN	MD4 : OPEN
	MD1 : CLOSE	MD3 : CLOSE
B실 화재시	MD1 : OPEN	MD3 : OPEN
	MD2 : CLOSE	MD4 : CLOSE

16 다음은 제연설비의 도면이다. 도면 및 조건을 참고하여 각 물음에 답하시오.

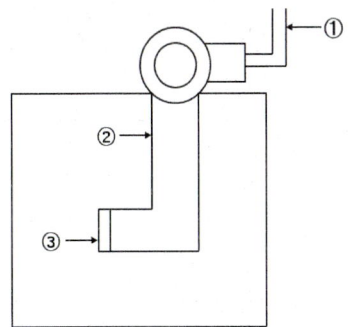

[조 건]
① 제연구역의 바닥면적 합계는 300[m²] 이다.
② 전압은 20[mmHg]이며 전동기 효율은 60% 이다.
③ 전압력과 제연량 누설도 고려한 손실의 여유율은 10% 이다.

(1) 상기도면의 제연설비의 방식은 무엇인가?
  • 정답 :
(2) 상기도면에 표시된 덕트 ①과 ②의 해당부분 풍속기준을 쓰시오.
  • 정답 :
(3) 상기도면에 표시된 ③번 부분의 기기류에 MD 라고 표기되어 있다면 무엇을 의미하는가?
  • 정답 :
(4) 공기유입구의 면적[m²]은 얼마인가?
  • 계산과정 :
  • 정답 :
(5) 다음 ( )안을 채우시오.

제연구역의 구획은 (①)·(②) 및 (③)으로 할 것. 또한 제연경계는 제연경계의 폭이 (④)[m] 이상이고, 수직거리는 (⑤)[m] 이내이어야 한다.

  • 정답 :
(6) 제연설비의 풍량을 송풍할 수 있는 배출기의 최소동력[kW]은 얼마인가?
  • 계산과정 :
  • 정답 :

계산과정
(4) ① 화재안전기준에 의해 공기유입구의 크기는 배출량 1[CMM]당 35[㎠] 이상으로 한다.
  ② 배출량 산정 : 바닥면적이 400[m²] 미만이므로 300[m²]×1[CMM/m²] = 300[CMM]
  ∴ 35[㎠/CMM]×300[CMM] = 10500[㎠] = 1.05[m²]

(6) ① $P_t(풍압) = \dfrac{20[mmHg]}{760[mmHg]} \times 10332[mmAq] = 271.89[mmAq]$

② $Q(풍량) = 300[\text{m}^3/\text{min}]$

∴ $P[\text{kW}] = \dfrac{271.89 \times 300}{102 \times 60 \times 0.6} \times 1.1 = 24.43[\text{kW}]$

정답 (1) 제3종 기계제연방식 (2) ① 20[m/s] 이하 ② 15[m/s] 이하
 (3) 모터댐퍼 (4) 1.05[m²]
 (5) ① 보 ② 제연경계벽 ③ 벽 ④ 0.6 ⑤ 2
 (6) 24.43[kW]

17 건물에 그림을 조건에 맞춰 제연설비를 설치하는 경우 물음에 답하시오.

[조 건]

① 제연덕트 계통중 한 부분의 통과풍량은 같은 분기덕트에 속하는 말단에 있는 제연구의 해당 풍량중 최대 풍량의 2배가 통과할 수 있다.
② 거실의 체적은 A > B > C > D > E > F > G > H의 순이다.
③ 입상 덕트내 풍속은 15[m/s], 분기덕트의 풍속은 10[m/s]이다.
④ 각 거실의 풍량은 다음 표와 같다.

Q_A	400[CMM]
Q_B	300[CMM]
Q_C	250[CMM]
Q_D	200[CMM]
Q_E	180[CMM]
Q_F	150[CMM]
Q_G	100[CMM]
Q_H	80[CMM]

[계통도]

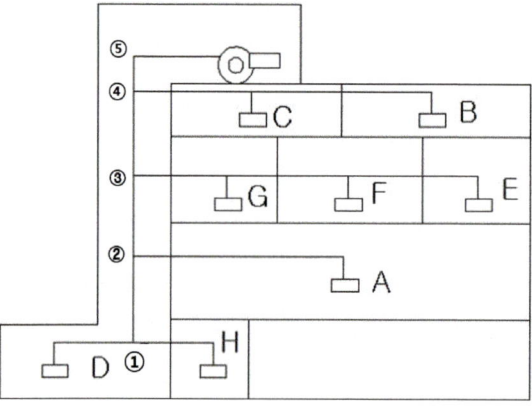

[구간별 풍량 및 직경]

제연덕트	풍 량	담당구역	덕트직경[cm]
D-①	$Q_D(200)$	D	65
H-①	$Q_H(80)$	H	⑤
①-②	$2Q_D(400)$	D, H	⑥
A-②	$Q_A(400)$	A	92
②-③	$2Q_A(800)$	A, D, H	108
E-F	$Q_E(180)$	E	⑦
F-G	$2Q_E(360)$	E, F	85
G-③	①	E, F, G	⑧
③-④	②	A, D, E, F, G, H	⑨
B-C	$Q_B(300)$	B	80
C-④	③	B, C	⑩
④-⑤	④	A~H	108

(1) 예시와 같이 통과풍량(① ~ ④)을 기입하시오.

[예 시]
$Q_D(200)$

• 정답 :

(2) 덕트직경(⑤ ~ ⑩)을 선정하시오.

[보 기]
32, 40, 50, 65, 70, 80, 95, 108, 120

• 정답 :

(3) 소요 전압이 1.47[mmHg] 이라면 최소 소요동력[kW]은 얼마인가?(송풍기의 효율은 60[%]로 한다.)

• 계산과정 :

• 정답 :

계산과정

(3) • 풍압 : $\dfrac{1.47[mmHg]}{760[mmHg]} \times 10332[mmAq] = 19.98[mmAq]$

∴ 동력 : $P[kW] = \dfrac{P_t[mmAq] \times Q[m^3/min]}{102 \times \eta \times 60} = \dfrac{19.98 \times 800}{102 \times 0.6 \times 60} = 4.35[kW]$

정답 (1) ① $2Q_E(360)$ ② $2Q_A(800)$ ③ $2Q_B(600)$ ④ $2Q_A(800)$

(2) ⑤ 50[cm] ⑥ 80[cm] ⑦ 65[cm] ⑧ 95[cm] ⑨ 108[cm] ⑩ 120[cm]

(3) 4.35[kW]

[참고 그림]

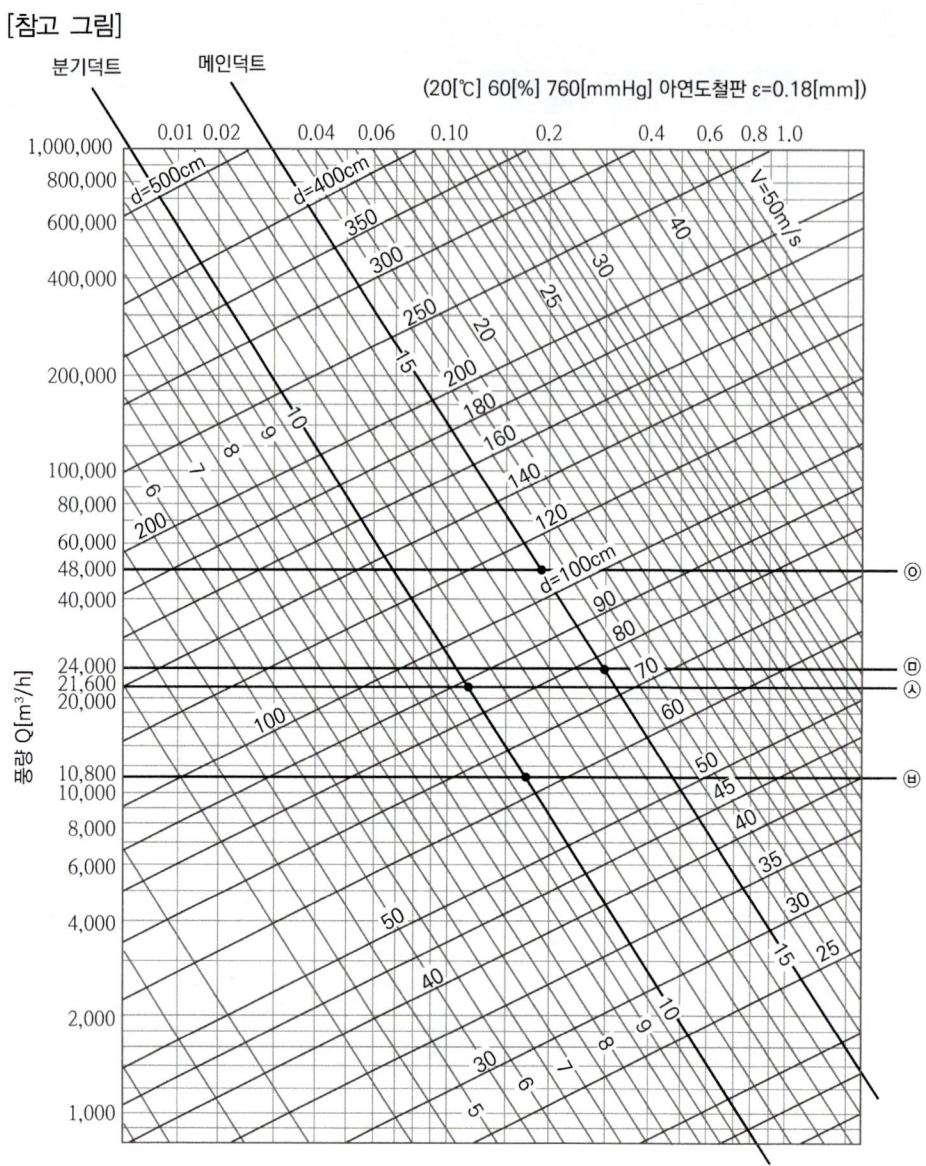

기계분야 [소방기계시설 설계 및 시공실무]

18 제연설비를 설계하고자 한다. 〈조건〉을 참조하여 다음 각 물음에 답하시오.

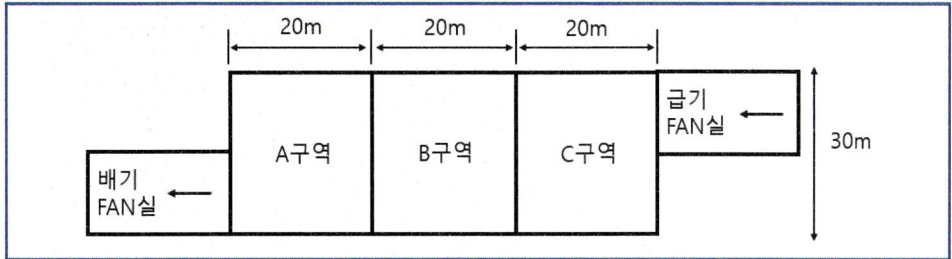

[조 건]
① 덕트는 실선으로 표시한다.
② 급기덕트의 풍속은 15[m/s]이다.
③ 배기덕트의 풍속은 20[m/s]이다.
④ FAN의 전압은 40[mmAq]이다.
⑤ 천장 높이는 2.5[m]이다.
⑥ 제연방식은 상호제연방식으로 공동예상제연구역이 **각각 제연경계로 구획되어 있다**.

(1) 제연구역의 배출기 배출량[m³/hr]은 얼마인가?
 • 계산과정 :
 • 정답 :

(2) FAN 동력을 구하시오(단, 효율은 65%, 여유율 10%이다.)
 • 계산과정 :
 • 정답 :

(3) 설계조건 및 물음에 따라 도면을 참조하여 설계하시오.

[설계 조건]
① 덕트는 각형덕트로 하되 높이는 400[mm]이다.
② 급기구 및 배기구의 형태는 정사각형이다.
③ 배기구는 제연 구역 당 4개, 급기구는 제연 구역 당 3개를 설치하는 것으로 한다.
④ 급기구 및 배기구의 단면적은 1CMM당 35cm²이상으로 한다.
⑤ 댐퍼의 작동여부는 아래 표에 작성한다.
⑥ 덕트는 단선으로 표시한다.

① 아래 도면에 급기구 및 배기구, 덕트 등을 완성하시오.

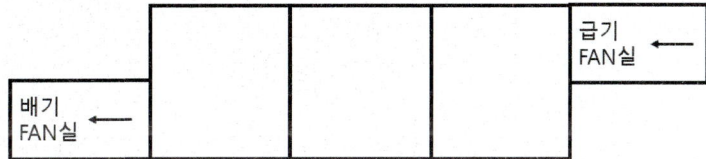

 • 정답 :

Chapter 16 제연설비 **333**

② 다음 표를 완성하시오.(단, 풍량, 덕트단면적, 덕트크기의 계산결과는 소수점 첫째자리에서 반올림하여 정수로 나타내시오.)

덕트의 구분		풍량[CMH]	덕트단면적[mm²]	덕트크기 [가로[mm] × 세로[mm]]
배기덕트	A	①	⑦	⑬
배기덕트	B	②	⑧	⑭
배기덕트	C	③	⑨	⑮
급기덕트	A	④	⑩	⑯
급기덕트	B	⑤	⑪	⑰
급기덕트	C	⑥	⑫	⑱

• 계산과정 :

• 정답 :

③ 배기댐퍼와 급기댐퍼의 작동상태를 표시하시오.(댐퍼 상태 OPEN : ○, CLOSE : ●)

구분	배기			급기		
	A실	B실	C실	A실	B실	C실
A실화재						
B실화재						
C실화재						

• 정답 :

④ 급기구의 단면적 [cm²] 및 크기(가로[mm]×세로[mm])를 구하시오.
(단, 계산결과는 소수점 첫째자리에서 반올림하여 정수로 나타내시오.)

• 계산과정 :

• 정답 :

⑤ 배기구의 단면적 [cm²] 및 크기(가로[mm]×세로[mm])를 구하시오.(단, 계산결과는 소수점 첫째자리에서 반올림하여 정수로 나타내시오.)

• 계산과정 :

• 정답 :

계산과정

(1) ① 바닥면적 : 30×20 = 600[m²](대규모 거실)

② 직경 : $\sqrt{30^2 + 20^2} = 36.05[m]$ 이므로 직경은 40[m] 이내에 들어온다.

③ 수직거리 : 2.5 − 0.6 = 1.9[m]이므로 2[m] 이하다.

∴ 배출량은 40,000[CMH]

(2) $P[kW] = \dfrac{40 \times 40000}{102 \times 3600 \times 0.65} \times 1.1 = 7.37[kW]$

(3) ② • ①~③은 (1)에 의하여 전부다 40,000[CMH]
 • ④~⑥은 인접구역 상호제연방식이므로 급기는 2개 구역에서 진행 되므로 20,000[CMH]로 산정
 • ⑦~⑨은 배기구 풍속이 조건에 의해 20[m/s]이므로
  $Q = AV$에 의해
  $A = \dfrac{Q}{V} = \dfrac{40000}{20 \times 3600} = 0.5555555[m^2] = 555555.5[mm^2]$

소수첫째자리에서 반올림하여 답을 하면 555,556[mm²]
- ⑩ ~ ⑫은 급기구 풍속이 조건에 의해 15[m/s]이므로
  $Q = AV$에 의해
  $A = \dfrac{Q}{V} = \dfrac{20000}{15 \times 3600} = 0.3703703[m^2] = 370370.3[mm^2]$
  소수첫째자리에서 반올림하여 답을 하면 370,370[mm²]
- ⑬ ~ ⑮은 조건에 의해 덕트의 높이가 400[mm]이므로
  $\dfrac{555,556}{400} = 1388.8 = 1,389[mm]$ ∴ 1,389×400으로 표시한다.
- ⑯ ~ ⑱은 조건에 의해 덕트의 높이가 400[mm]이므로
  $\dfrac{370,370}{400} = 925.925 = 926[mm]$ ∴ 926×400으로 표시한다.

④ $\dfrac{20000[CMH]}{3[개] \times 60} \times 35[cm^2/CMM] = 3,889[cm^2]$

(조건에 의해 급기구 및 배기구단면적은 1CMM당 35[cm²] 이상이므로)
급기구는 정사각형이므로 $L = \sqrt{3,889} = 62.36[cm] = 623.6[mm] = 624[mm]$
∴ 급기구 크기는 624[mm]×624[mm]

⑤ $\dfrac{40000[CMH]}{4[개] \times 60} \times 35[cm^2/CMM] = 5,833[cm^2]$

(조건에 의해 급기구 및 배기구단면적은 1CMM당 35[cm²] 이상이므로)
배기구는 정사각형이므로 $L = \sqrt{5,833} = 76.37[cm] = 763.7 = 764[mm]$
∴ 배기구 크기는 764[mm]×764[mm]

정답 (1) 40,000[CMH] (2) 7.37[kW]
(3) ①

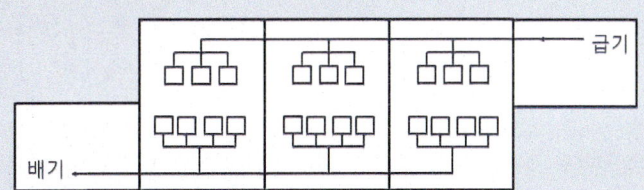

②

덕트의 구분		풍량[CMH]	덕트단면적[mm²]	덕트크기 [가로[mm] × 세로[mm]]
배기덕트	A	40,000	555,556	1,389×400
배기덕트	B	40,000	555,556	1,389×400
배기덕트	C	40,000	555,556	1,389×400
급기덕트	A	20,000	370,370	926×400
급기덕트	B	20,000	370,370	926×400
급기덕트	C	20,000	370,370	926×400

③

구분	배기			급기		
	A실	B실	C실	A실	B실	C실
A실화재	○	●	●	●	○	○
B실화재	●	○	●	○	●	○
C실화재	●	●	○	○	○	●

④ 624[mm]×624[mm]
⑤ 764[mm]×764[mm]

19 특별피난 계단의 계단실 및 부속실 제연설비이다. 이 실에 과압 방지를 위해 플랩댐퍼를 설치하고자 한다. 다음 각 물음에 답하시오.

(1) 옥내에 스프링클러가 설치되어 있으며, 급기가압시 50[Pa]의 차압이 걸린 실의 문 크기가 1[m]×2.5[m] 일 대 문 개방에 필요한 힘[N]을 구하시오.(평상시 출입문 개방에 필요한 힘은 50[N]이고, 문의 손잡이는 문 끝에서 100[mm] 위치에 달려 있다.)
- 계산과정 :
- 정답 :

(2) 플랩댐퍼 설치 여부를 판단하시오.(단, 플랩댐퍼에 붙어 있는 경첩을 움직이는 힘은 50[N]이다.)
- 정답 :

계산과정

(1) $F = 50 + 50 \times (1 \times 2.5) \times \dfrac{1}{2 \times (1 - 0.1)} = 119.44[N]$

- $F = F_{dc} + F_P$

$F = F_{dc} + \Delta P \cdot A \cdot \dfrac{W}{2(W-d)}$

F : 문을 개방하는데 필요한 전체 힘(N) F_{dc} : 도어체크의 저항력(N)
F_P : 차압에 의해 방화문에 미치는 힘(N) A : 방화문면적(㎡)
W : 문의 폭(m) d : 손잡이에서 문의 끝까지의 거리
ΔP : 비제연구역과의 차압(Pa)

정답 (1) 119.44[N]
(2) 출입문 개방에 필요한 힘은 110[N] 이하가 되어야 한다. 하지만 110[N]을 초과했으므로 플랩댐퍼가 필요하다.

20 실의 크기가 가로 20m×세로 15m×높이 5m인 공간에서 큰 화염의 화재가 발생하여 t초 시간 후의 청결층 높이 y[m]의 값이 1.8m가 되었을 때 다음 조건을 이용하여 각 물음에 답하시오.

[조 건]

① $Q = \dfrac{A(H-y)}{t}$

- Q : 연기 발생량[㎥/s], A : 화재실의 면적(㎡), H : 화재실의 높이(m)

② 위 식에서 시간 t초는 다음의 Hinkley 식을 만족한다.

$t = \dfrac{20A}{P \times \sqrt{g}} \times \left(\dfrac{1}{\sqrt{y}} - \dfrac{1}{\sqrt{H}} \right)$

(단, g는 중력가속도는 9.81m/s^2이고 P는 화재경계의 길이(m)로서 큰 화염의 경우 12m, 중간화염의 경우 6m, 작은 화염의 경우 4m를 적용한다.)

③ 연기 생성률(M[kg/s])에 관한 식은 다음과 같다.

$$M = 0.188 \times P \times y^{\frac{3}{2}}$$

(1) 상부의 배연구로부터 얼마의 연기를 배출[m³/min] 하여야 청결층의 높이가 유지되는지 구하시오.
- 계산과정 :
- 정답 :

(2) 연기 생성률[kg/s]을 구하시오.
- 계산과정 :
- 정답 :

계산과정

(1) $t = \dfrac{20 \times 300}{12 \times \sqrt{9.81}} \times \left(\dfrac{1}{\sqrt{1.8}} - \dfrac{1}{\sqrt{5}}\right) = 47.594 ≒ 47.59s$

$Q = \dfrac{300(5-1.8)}{47.59} = 20.172 ≒ 20.17[m^3/s] = 20.17 \times 60[m^3/min] = 1210.2[m^3/min]$

(2) $M = 0.188 \times P \times y^{\frac{3}{2}} = 0.188 \times 12 \times 1.8^{\frac{3}{2}} = 5.448 ≒ 5.45[kg/s]$

정답 (1) 1210.2 [m³/min]　　(2) 5.45[kg/s]

21

특별피난계단의 부속실에 설치하는 제연설비에 관한 내용으로 조건을 참조하여 다음 각 물음에 답하시오.

[조 건]

① 옥내의 압력은 740[mmHg]이다.
② 옥내에 스프링클러설비가 설치되지 아니한 경우이다.
③ 부속실만 단독으로 제연하는 방식이다.
④ 부속실이 면하는 옥내가 복도로서 그 구조가 방화구조이다.
⑤ 제연구역에는 옥내와 면하는 2개의 출입문이 있으며 각 출입문의 크기는 가로 1m, 세로 2m이다.
⑥ 유입공기의 배출은 배출구에 따른 배출방식으로 한다.

(1) 부속실에 유지해야 할 최소압력[kPa]을 구하시오.
- 계산과정 :
- 정답 :

(2) 개폐기의 개구면적[m²]을 구하시오.
- 계산과정 :
- 정답 :

계산과정

(1) ① 부속실에 유지해야되는 압력

$$= 옥내압력 + 차압 = (\frac{740}{760} \times 101.325) + 0.04 = 98.7[kPa]$$

(2) ① $Q_n = (1 \times 2) \times 0.5 = 1[m^3/s]$ (방연풍속 $0.5[m/s]$ 적용)

② 개폐기의 개구면적 $A_0 = \frac{Q_n}{2.5} = \frac{1}{2.5} = 0.4[m^2]$

정답 (1) 98.7[kPa]   (2) 0.4[m²]

CHAPTER 17 피난구조설비

01 피난기구의 설치적응성

층별 설치 장소 구분	1층	2층	3층	4층 이상 10층 이하
노유자 시설	• 미끄럼대 • 구조대 • 피난교 • 다수인피난장비 • 승강식피난기	• 미끄럼대 • 구조대 • 피난교 • 다수인피난장비 • 승강식피난기	• 미끄럼대 • 구조대 • 피난교 • 다수인피난장비 • 승강식피난기	• 구조대[1] • 피난교 • 다수인피난장비 • 승강식피난기
의료시설·근린 생활시설중 입 원실이 있는 의 원·접골원·조 산원			• 미끄럼대 • 구조대 • 피난교 • 피난용트랩 • 다수인피난장비 • 승강식피난기	• 구조대 • 피난교 • 피난용트랩 • 다수인피난장비 • 승강식피난기
다중이용업소로 서 영업장의 위 치가 4층 이하인 다중이용업소		• 미끄럼대 • 피난사다리 • 구조대 • 완강기 • 다수인피난장비 • 승강식피난기	• 미끄럼대 • 피난사다리 • 구조대 • 완강기 • 다수인피난장비 • 승강식피난기	• 미끄럼대 • 피난사다리 • 구조대 • 완강기 • 다수인피난장비 • 승강식피난기
그 밖의 것			• 미끄럼대 • 피난사다리 • 구조대 • 완강기 • 피난교 • 피난용트랩 • 간이완강기 • 공기안전매트 • 다수인피난장비 • 승강식피난기	• 피난사다리 • 구조대 • 완강기 • 피난교 • 간이완강기[2] • 공기안전매트[3] • 다수인피난장비 • 승강식피난기

[비고]
1) 구조대의 적응성은 장애인 관련 시설로서 주된 사용자 중 스스로 피난이 불가한 자가 있는 경우 추가로 설치하는 경우에 한한다.
2) 간이완강기의 적응성은 숙박시설의 3층에 있는 객실에 공기 안전매트의 적응성은 공동주택에 추가로 설치하는 경우에 한한다.

02 피난기구 설치 갯수

층의 용도	바닥면적
숙박시설 노유자시설 및 의료시설	500㎡ 마다
위락시설 문화집회 및 운동시설 판매시설 복합용도	800㎡마다
계단실형 아파트	각 세대
그 밖 용도	1,000㎡마다

[추가설치]
1. 설치한 피난기구 외에 숙박시설(휴양콘도미니엄을 제외한다)의 경우에는 추가로 객실마다 완강기 또는 2 이상의 간이완강기를 설치할 것
2. 설치한 피난기구 외에 공동주택(「공동주택관리법」제2조제1항제2호 가목부터 라목까지 중 어느 하나에 해당하는 공동주택에 한한다)의 경우에는 하나의 관리주체가 관리하는 공동주택 구역마다 공기안전매트 1개 이상을 추가로 설치할 것. 다만, 옥상으로 피난이 가능하거나 인접세대로 피난할 수 있는 구조인 경우에는 추가로 설치하지 않을 수 있다.
3. 설치한 피난기구 외에 4층 이상의 층에 설치된 노유자시설 중 장애인 관련 시설로서 주된 사용자 중 스스로 피난이 불가한 자가 있는 경우에는 층마다 구조대를 1개 이상 추가로 설치할 것

03 피난기구 설치기준

(1) 피난기구는 계단·피난구 기타 피난시설로부터 적당한 거리에 있는 안전한 구조로 된 피난 또는 소화활동상 유효한 개구부(가로 0.5m이상 세로 1m이상인 것을 말한다. 이 경우 개구부 하단이 바닥에서 1.2m 이상이면 발판 등을 설치하여야 하고, 밀폐된 창문은 쉽게 파괴할 수 있는 파괴장치를 비치하여야 한다)에 고정하여 설치하거나 필요한 때에 신속하고 유효하게 설치할 수 있는 상태에 둘 것

(2) 피난기구를 설치하는 개구부는 서로 동일직선상이 아닌 위치에 있을 것. 다만, 피난교·피난용 트랩·간이완강기·아파트에 설치되는 피난기구(다수인 피난장비는 제외한다) 기타 피난 상 지장이 없는 것에 있어서는 그러하지 아니하다.

(3) 피난기구는 소방대상물의 기둥·바닥·보 기타 구조상 견고한 부분에 볼트조임·매입·용접 기타의 방법으로 견고하게 부착할 것

(4) 4층 이상의 층에 피난사다리(하향식 피난구용 내림식사다리는 제외한다)를 설치하는 경우에는 금속성 고정사다리를 설치하고, 당해 고정사다리에는 쉽게 피난할 수 있는 구조의 노대를 설치할 것

(5) 완강기는 강하 시 로프가 소방대상물과 접촉하여 손상되지 아니하도록 할 것

(6) 완강기로프의 길이는 부착위치에서 지면 기타 피난상 유효한 착지 면까지의 길이로 할 것
(7) 미끄럼대는 안전한 강하속도를 유지하도록 하고, 전락방지를 위한 안전조치를 할 것
(8) 구조대의 길이는 피난 상 지장이 없고 안정한 강하속도를 유지할 수 있는 길이로 할 것
(9) 다수인 피난장비는 다음 각 목에 적합하게 설치할 것
  ① 피난에 용이하고 안전하게 하강할 수 있는 장소에 적재 하중을 충분히 견딜 수 있도록 「건축물의 구조기준 등에 관한 규칙」제3조에서 정하는 구조안전의 확인을 받아 견고하게 설치할 것
  ② 다수인피난장비 보관실(이하 "보관실"이라 한다)은 건물 외측보다 돌출되지 아니하고, 빗물·먼지 등으로부터 장비를 보호할 수 있는 구조 일 것
  ③ 사용 시에 보관실 외측 문이 먼저 열리고 탑승기가 외측으로 자동으로 전개될 것
  ④ 하강 시에 탑승기가 건물 외벽이나 돌출물에 충돌하지 않도록 설치할 것
  ⑤ 상·하층에 설치할 경우에는 탑승기의 하강경로가 중첩되지 않도록 할 것
  ⑥ 하강 시에는 안전하고 일정한 속도를 유지하도록 하고 전복, 흔들림, 경로이탈 방지를 위한 안전조치를 할 것
  ⑦ 보관실의 문에는 오작동 방지조치를 하고, 문 개방 시에는 당해 소방대상물에 설치된 경보설비와 연동하여 유효한 경보음을 발하도록 할 것
  ⑧ 피난층에는 해당 층에 설치된 피난기구가 착지에 지장이 없도록 충분한 공간을 확보할 것
  ⑨ 한국소방산업기술원 또는 법 제42조제1항에 따라 성능시험기관으로 지정받은 기관에서 그 성능을 검증받은 것으로 설치할 것
(10) 승강식피난기 및 하향식 피난구용 내림식사다리는 다음 각 목에 적합하게 설치할 것
  ① 승강식피난기 및 하향식 피난구용 내림식사다리는 설치경로가 설치층에서 피난층까지 연계될 수 있는 구조로 설치할 것. 다만, 건축물의 구조 및 설치 여건 상 불가피한 경우에는 그러하지 아니 한다.
  ② 대피실의 면적은 2m²(2세대 이상일 경우에는 3m²) 이상으로 하고, 「건축법 시행령」제46조제4항의 규정에 적합하여야 하며 하강구(개구부) 규격은 직경60㎝ 이상일 것. 단, 외기와 개방된 장소에는 그러하지 아니 한다.
  ③ 하강구 내측에는 기구의 연결 금속구 등이 없어야 하며 전개된 피난기구는 하강구 수평투영 면적 공간 내의 범위를 침범하지 않는 구조이어야 할 것. 단, 직경 60㎝ 크기의 범위를 벗어난 경우이거나, 직하층의 바닥 면으로부터 높이 50㎝ 이하의 범위는 제외 한다.
  ④ 대피실의 출입문은 갑종방화문으로 설치하고, 피난방향에서 식별할 수 있는 위치에 "대피실" 표지판을 부착할 것. 단, 외기와 개방된 장소에는 그러하지 아니 한다.
  ⑤ 착지점과 하강구는 상호 수평거리 15㎝이상의 간격을 둘 것
  ⑥ 대피실 내에는 비상조명등을 설치 할 것
  ⑦ 대피실에는 층의 위치표시와 피난기구 사용설명서 및 주의사항 표지판을 부착 할 것
  ⑧ 대피실 출입문이 개방되거나, 피난기구 작동 시 해당층 및 직하층 거실에 설치된 표시등 및 경보장치가 작동되고, 감시 제어반에서는 피난기구의 작동을 확인 할 수 있어야 할 것
  ⑨ 사용 시 기울거나 흔들리지 않도록 설치할 것

⑩ 승강식피난기는 한국소방산업기술원 또는 법 제42조제1항에 따라 성능시험기관으로 지정받은 기관에서 그 성능을 검증받은 것으로 설치할 것

04 피난기구의 설치제외

피난설비의 설치면제 요건의 규정에 따라 다음 각 호의 어느 하나에 해당하는 소방대상물 또는 그 부분에는 피난기구를 설치하지 아니할 수 있다. 다만, 숙박시설(휴양콘도미니엄을 제외한다)에 설치되는 완강기 및 간이완강기의 경우에는 그러하지 아니하다.

(1) 다음 각 목의 기준에 적합한 층
  ① 주요구조부가 내화구조로 되어 있어야 할 것
  ② 실내의 면하는 부분의 마감이 불연재료·준불연재료 또는 난연재료로 되어 있고 방화구획이 「건축법 시행령」제46조의 규정에 적합하게 구획되어 있어야 할 것
  ③ 거실의 각 부분으로부터 직접 복도로 쉽게 통할 수 있어야 할 것
  ④ 복도에 2 이상의 특별피난계단 또는 피난계단이 「건축법 시행령」제35조에 적합하게 설치되어 있어야 할 것
  ⑤ 복도의 어느 부분에서도 2 이상의 방향으로 각각 다른 계단에 도달할 수 있어야 할 것

(2) 다음 각 목의 기준에 적합한 소방대상물 중 그 옥상의 직하층 또는 최상층(관람집회 및 운동시설 또는 판매시설을 제외한다)
  ① 주요구조부가 내화구조로 되어 있어야 할 것
  ② 옥상의 면적이 1,500m² 이상이어야 할 것
  ③ 옥상으로 쉽게 통할 수 있는 창 또는 출입구가 설치되어 있어야 할 것
  ④ 옥상이 소방사다리차가 쉽게 통행할 수 있는 도로(폭 6m 이상의 것을 말한다. 이하 같다) 또는 공지(공원 또는 광장 등을 말한다. 이하 같다)에 면하여 설치되어 있거나 옥상으로부터 피난층 또는 지상으로 통하는 2 이상의 피난계단 또는 특별피난계단이 「건축법 시행령」제35조의 규정에 적합하게 설치되어 있어야 할 것

(3) 주요구조부가 내화구조이고 지하층을 제외한 층수가 4층 이하이며 소방사다리차가 쉽게 통행할 수 있는 도로 또는 공지에 면하는 부분에 영 제2조제1호 각 목의 기준에 적합한 개구부가 2 이상 설치되어 있는 층(문화집회 및 운동시설·판매시설 및 영업시설 또는 노유자시설의 용도로 사용되는 층으로서 그 층의 바닥면적이 1,000m² 이상인 것을 제외한다)

(4) 갓복도식 아파트 또는 「건축법 시행령」제46조제5항에 해당하는 구조 또는 시설을 설치하여 인접(수평 또는 수직)세대로 피난할 수 있는 아파트

(5) 주요구조부가 내화구조로서 거실의 각 부분으로 직접 복도로 피난할 수 있는 학교(강의실 용도로 사용되는 층에 한한다)

(6) 무인공장 또는 자동창고로서 사람의 출입이 금지된 장소(관리를 위하여 일시적으로 출입하는 장소를 포함한다)

05 피난기구설치의 감소

(1) 피난기구를 설치하여야 할 소방대상물중 다음 각 호의 기준에 적합한 층에는 제4조제2항에 따른 피난기구의 2분의 1을 감소할 수 있다. 이 경우 설치하여야 할 피난기구의 수에 있어서 소수점 이하의 수는 1로 한다.
   ① 주요구조부가 내화구조로 되어 있을 것
   ② 직통계단인 피난계단 또는 특별피난계단이 2 이상 설치되어 있을 것

(2) 피난기구를 설치하여야 할 소방대상물 중 주요구조부가 내화구조이고 다음 각 호의 기준에 적합한 건널 복도가 설치되어 있는 층에는 설치하는 피난기구의 수에서 해당 건널 복도의 수의 2배의 수를 뺀 수로 한다.
   ① 내화구조 또는 철골조로 되어 있을 것
   ② 건널 복도 양단의 출입구에 자동폐쇄장치를 한 60분+ 방화문 또는 60분 방화문(방화셔터를 제외한다)이 설치되어 있을 것
   ③ 피난·통행 또는 운반의 전용 용도일 것

06 인명구조기구의 설치대상

특정소방대상물	인명구조기구의 종류	설치 수량
○ 지하층을 포함하는 층수가 7층 이상인 관광호텔 및 5층 이상인 병원	○ 방열복 또는 방화복(안전모, 보호장갑 및 안전화를 포함한다) ○ 공기호흡기 ○ 인공소생기	○ 각 2개 이상 비치할 것. 다만, 병원의 경우에는 인공소생기를 설치하지 않을 수 있다.
○ 문화 및 집회시설 중 수용인원 100명 이상의 영화상영관 ○ 판매시설 중 대규모 점포 ○ 운수시설 중 지하역사 ○ 지하가 중 지하상가	○ 공기호흡기	○ 층마다 2개 이상 비치할 것. 다만, 각 층마다 갖추어 두어야 할 공기호흡기 중 일부를 직원이 상주하는 인근 사무실에 갖추어 둘 수 있다.
○ 물분무등소화설비 중 이산화탄소소화설비를 설치하여야 하는 특정소방대상물	○ 공기호흡기	○ 이산화탄소소화설비가 설치된 장소의 출입구 외부 인근에 1대 이상 비치할 것

CHAPTER 17 피난구조설비

01 피난기구에 대한 다음 각 물음에 답하시오.

(1) 3층 및 4층 이상 10층 이하의 의료시설에 설치하여야 할 피난 기구를 쓰시오.
  ① 3층 ② 4층 이상 10층 이하
• 정답 :

(2) 피난기구를 설치하는 개구부의 기준에 대한 ( ) 안을 완성하시오.

> 가로 (①)m 이상 세로 (②)m 이상인 것을 말한다. 이 경우 개구부 하단이 바닥에서 (③)m 이상이면 발판 등을 설치하여야 하고, 밀폐된 창문은 쉽게 파괴할 수 있는 파괴장치를 비치하여야 한다.

• 정답 :

정답 (1) ① 3층 → 미끄럼대, 구조대, 피난교, 피난용 트랩, 다수인피난장비, 승강식피난기
② 4층 이상 10층 이하 → 구조대, 피난교, 피난용 트랩, 다수인피난장비, 승강식피난기
(2) ① 0.5 ② 1 ③ 1.2

02 피난설비 중 인명구조기구 종류 3가지만 쓰시오.

• 정답 : ①   ②   ③

정답 ① 방열복 ② 공기호흡기 ③ 인공소생기

03 다음은 인명구조기구의 설치대상이다. ( )안에 알맞은 답을 쓰시오.

특정소방대상물	인명구조기구의 종류	설치 수량
○ 지하층을 포함하는 층수가 7층 이상인 (①) 및 5층 이상인 병원	○ 방열복 또는 방화복(헬멧, 보호장갑 및 안전화를 포함한다) ○ (②) ○ (③)	○ 각 (④) 이상 비치할 것. 다만, 병원의 경우에는 (③)를 설치하지 않을 수 있다.
○ 문화 및 집회시설 중 수용인원 (⑤) 이상의 영화상영관 ○ 판매시설 중 대규모 점포 ○ 운수시설 중 지하역사 ○ 지하가 중 지하상가	○ (②)	○ 층마다 (⑥) 이상 비치할 것. 다만, 각 층마다 갖추어 두어야 할 (②) 중 일부를 직원이 상주하는 인근 사무실에 갖추어 둘 수 있다.
○ 물분무등소화설비 중 이산화탄소소화설비를 설치하여야 하는 특정소방대상물	○ 공기호흡기	○ 이산화탄소소화설비가 설치된 장소의 출입구 외부 인근에 1대 이상 비치할 것

• 정답 :

정답 ① 관광호텔　② 공기호흡기　③ 인공소생기　④ 2개　⑤ 100명　⑥ 2개

특정소방대상물	인명구조기구의 종류	설치 수량
○ 지하층을 포함하는 층수가 7층 이상인 (①관광호텔) 및 5층 이상인 병원	○ 방열복 또는 방화복(헬멧, 보호장갑 및 안전화를 포함한다) ○ (②공기호흡기) ○ (③인공소생기)	○ 각 (④2개) 이상 비치할 것 다만, 병원의 경우에는 (③인공소생기)를 설치하지 않을 수 있다.
○ 문화 및 집회시설 중 수용인원 (⑤100명) 이상의 영화상영관 ○ 판매시설 중 대규모 점포 ○ 운수시설 중 지하역사 ○ 지하가 중 지하상가	○ (②공기호흡기)	○ 층마다 (⑥2개) 이상 비치할 것 다만, 각 층마다 갖추어 두어야 할 (②공기호흡기) 중 일부를 직원이 상주하는 인근 사무실에 갖추어 둘 수 있다.
○ 물분무등소화설비 중 이산화탄소소화설비를 설치하여야 하는 특정소방대상물	○ 공기호흡기	○ 이산화탄소소화설비가 설치된 장소의 출입구 외부 인근에 1대 이상 비치할 것

04 피난기구의 적응성에 관한 표에서 다음 각 물음에 답하시오.

(1) 병원(의료시설)에 적응성이 있는 층별 피난기구에 대해 ①~⑧에 적절한 내용을 쓰시오.

3층	4층 이상 10층 이하
① (　　) ② (　　) ③ (　　) ④ (　　) • 피난용 트랩 • 승강식 피난기	⑤ (　　) ⑥ (　　) ⑦ (　　) ⑧ (　　) • 피난용 트랩

(2) 피난기구를 설치하는 소화활동상 유효한 개구부에 대하여 (　)안에 알맞은 내용을 쓰시오.

> 가로 (①)m 이상 세로 (②)m 이상인 것을 말한다. 이 경우 개구부 하단이 바닥에서 (③)m 이상이면 발판 등을 설치하여야 하고, 밀폐된 창문은 쉽게 파괴할 수 있는 파괴장치를 비치하여야 한다.

정답 (1) ① 미끄럼대 ② 구조대 ③ 피난교 ④ 다수인 피난장비 ⑤ 구조대
⑥ 피난교 ⑦ 다수인피난장비 ⑧ 승강식 피난기
(2) ① 0.5 ② 1 ③ 1.2

05 특정소방대상물에 피난기구를 설치하고자 한다. 다음 물음에 답하시오.

[조 건]
① 특정소방대상물의 용도 및 구조
　㉠ 바닥면적 1,200[m²] 이며 주요구조부 내화구조이며 거실 각 부분으로 직접 복도로 이어진 3층에 위치한 학교 용도로 쓰인다.(강의실 용도로 사용)
　㉡ 바닥면적은 800[m²] 이며 옥상층으로서 5층에 위치한 객실수가 6개인 숙박시설이다.
　㉢ 바닥면적은 1,000[m²] 이며 주요구조부 내화구조이며 피난계단이 2개 위치에 설치된 8층에 위치한 병원의 용도로 쓰인다.
② 피난기구는 완강기를 설치한다.(간이완강기는 사용하지 않는다.)
③ 피난기구를 제외할 수 있는 기준에 해당되면 계산과정을 적지 아니하고 답란에 0을 적는다.
④ 조건에 없는 내용은 고려하지 않는다.

(1) ㉠, ㉡, ㉢의 특정소방대상물에 설치하여야 하는 피난기구의 개수를 산정하시오.
　① ㉠ 특정소방대상물
　　• 계산과정 :
　　• 정답 :

② ⓒ 특정소방대상물
- 계산과정 :
- 정답 :

③ ⓒ 특정소방대상물
- 계산과정 :
- 정답 :

(2) ⓒ의 경우 적응성 있는 피난기구를 3가지 쓰시오.(단, 완강기와 간이완강기는 제외한다.)
- 정답 :

계산과정

(1) ① ㉠ 피난기구의 설치제외 기준이다.

② ⓒ $\dfrac{800}{500}=1.6=2$개(숙박시설), 객실마다 추가 완강기 6개 ∴ 8개 설치

③ ⓒ $\dfrac{1000}{500}=2$개(의료시설), $\dfrac{1}{2}$ 감소기준에 해당하므로 $2\times\dfrac{1}{2}=1$개

참고 • 피난기구의 설치기준

용도	바닥면적 기준
숙박시설·노유자시설·의료시설	바닥면적 500m² 마다 1개 이상
위락시설·문화집회 및 운동시설·판매시설로 사용되는 층 또는 복합용도의 층	바닥면적 800m² 마다 1개 이상
그 외 용도	바닥면적 800m² 마다 1개 이상

설치한 피난기구 외에 숙박시설(휴양콘도미니엄을 제외한다)의 경우에는 추가로 객실마다 완강기 또는 둘 이상의 간이완강기를 설치할 것

- 피난기구 설치제외
주요구조부가 내화구조로서 거실의 각 부분으로 직접 복도로 피난할 수 있는 학교
(강의실 용도로 사용되는 층에 한한다)
- 피난기구 설치감소
피난기구를 설치하여야 할 소방대상물중 다음 각 호의 기준에 적합한 층에는 피난기구의 2분의 1을 감소할 수 있다. 이 경우 설치하여야 할 피난기구의 수에 있어서 소수점 이하의 수는 1로 한다.
① 주요구조부가 내화구조로 되어 있을 것
② 직통계단인 피난계단 또는 특별피난계단이 2 이상 설치되어 있을 것

(2) **참고**

장소별 \ 층별	지하층	1, 2층	3층	4층 이상 10층 이하
의료시설·근린생활시설 중 입원실이 있는 의원·접골원·조산원	피난용트랩	–	미끄럼대 구조대 피난교 피난용트랩 다수인피난장비 승강식피난기	– 구조대 피난교 피난용트랩 다수인피난장비 승강식피난기

정답 (1) ① ㉠ 0개 ② ⓒ 8개 ③ ⓒ 1개
(2) 구조대, 피난교, 피난용트랩, 다수인피난장비, 승강식 피난기 중 3가지

06 인명구조기구에 대한 설명 이다. 조건을 보고 다음 각 물음에 답하시오.

[특정소방대상물 조건]
① 지하2층 지상5층 관광호텔 건물이다.
② 영화관의 바닥면적이 500㎡ 이다.
③ 물분무등소화설비중 할로겐화합물소화설비를 설치해야하는 특정소방대상물 이다.

(1) 영화관 수용인원을 계산하시오.(고정식의자 및 긴의자는 설치되지 않은 것으로 본다.)
• 계산과정 :
• 정답 :

(2) 다음 조건을 참고하여 인명구조기구의 종류와 설치개수를 채우시오.

[조 건]
① 설치해야 하는 인명구조기구를 전부 서술하시오.
② 설치해야 하는 인명구조기구가 없는 경우 인명구조기구 란에 "X" 표시를 하시오.
③ 영화관은 위에서 구한 값을 기준으로하여 답을 서술하시오.

용도 구분	인명구조기구	설치개수
관광호텔		
영화관		
할로겐화합물 설치		

계산과정

(1) $\dfrac{500}{4.6} = 108.6 = 109$명

정답 (1) 109명

(2)

용도 구분	인명구조기구	설치개수
관광호텔	방열복 또는 방화복 공기호흡기, 인공소생기	각 2개 이상
영화관	공기호흡기	층마다 2개 이상
할로겐화합물 설치	X	

CHAPTER 18 연결송수관설비 및 연결살수설비

01 연결송수관설비

소방관이 소화활동을 행할 때 소방 펌프차 내에서 방소소화가 되지 않는 고층 건축물에 대해서 외부에서 소방펌프차로 건축물 내부에 송수해서 소방관이 내부에서 유효한 소화활동을 가능하도록 한 설비(구성품 : 송수구, 방수구, 배관, 방수기구함 등)

(1) 종류
① 건식 : 송수관 내 물을 채워 두지 않고 소방차에 의해 물을 공급
② 습식 : 지면으로부터 높이가 31 [m] 이상인 특정소방대상물 또는 11층 이상인 특정소방대상물에는 습식 설치

(2) 송수구 설치기준
① 소방차가 쉽게 접근할 수 있고 잘 보이는 장소에 설치할 것
② 지면으로부터 높이가 0.5m 이상 1m 이하의 위치에 설치할 것
③ 송수구는 화재층으로부터 지면으로 떨어지는 유리창 등이 송수 및 그 밖의 소화작업에 지장을 주지 않는 장소에 설치할 것
④ 송수구로부터 연결송수관설비의 주배관에 이르는 연결배관에 개폐밸브를 설치한 때에는 그 개폐상태를 쉽게 확인 및 조작할 수 있는 옥외 또는 기계실 등의 장소에 설치할 것. 이 경우 개폐밸브에는 그 밸브의 개폐상태를 감시제어반에서 확인할 수 있도록 급수개폐밸브 작동표시 스위치를 다음 각 목의 기준에 따라 설치하여야 한다.
  ㉠ 급수개폐밸브가 잠길 경우 탬퍼 스위치의 동작으로 인하여 감시제어반 또는 수신기에 표시되어야 하며 경보음을 발할 것
  ㉡ 탬퍼 스위치는 감시제어반 또는 수신기에서 동작의 유무확인과 동작시험, 도통시험을 할 수 있을 것
  ㉢ 급수개폐밸브의 작동표시 스위치에 사용되는 전기배선은 내화전선 또는 내열전선으로 설치할 것
⑤ 구경 65mm의 쌍구형으로 할 것
⑥ 송수구에는 그 가까운 곳의 보기 쉬운 곳에 송수압력범위를 표시한 표지를 할 것
⑦ 송수구는 연결송수관의 수직배관마다 1개 이상을 설치할 것. 다만, 하나의 건축물에 설치된 각 수직배관이 중간에 개폐밸브가 설치되지 않은 배관으로 상호 연결되어 있는 경우에는 건축물마다 1개씩 설치할 수 있다.
⑧ 송수구의 부근에는 자동배수밸브 및 체크밸브를 다음 각 목의 기준에 따라 설치할 것. 이 경우 자동배수밸브는 배관안의 물이 잘빠질 수 있는 위치에 설치하되, 배수로 인하여 다른 물건이나 장소에 피해를 주지 않아야 한다.
  ㉠ 습식의 경우에는 송수구·자동배수밸브·체크밸브의 순서로 설치할 것
  ㉡ 건식의 경우에는 송수구·자동배수밸브·체크밸브·자동배수밸브의 순서로 설치할 것

⑨ 송수구에는 가까운 곳의 보기 쉬운 곳에 "연결송수관설비송수구"라고 표시한 표지를 설치할 것
⑩ 송수구에는 이물질을 막기 위한 마개를 씌울 것

(3) 배관 설치기준

연결송수관설비의 배관은 다음 각 호의 기준에 따라 설치하여야 한다.
① 주배관의 구경은 100mm 이상인 것으로 할 것
② 지면으로부터의 높이가 31m 이상인 특정소방대상물 또는 지상 11층 이상인 특정소방대상물에 있어서는 습식설비로 할 것

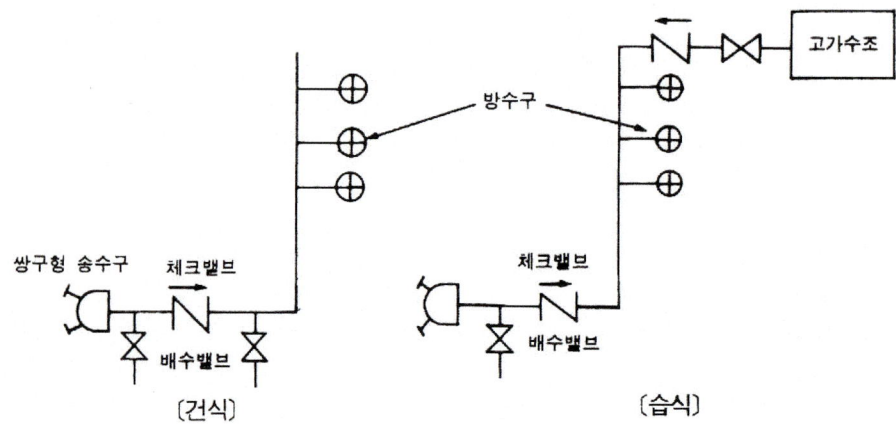

(4) 방수구 설치기준

① 연결송수관설비의 방수구는 그 특정소방대상물의 층마다 설치할 것. 다만, 다음 각 목의 어느 하나에 해당하는 층에는 설치하지 않을 수 있다.
  ㉠ 아파트의 1층 및 2층
  ㉡ 소방차의 접근이 가능하고 소방대원이 소방차로부터 각 부분에 쉽게 도달할 수 있는 피난층
  ㉢ 송수구가 부설된 옥내소화전을 설치한 특정소방대상물(집회장·관람장·백화점·도매시장·소매시장·판매시설·공장·창고시설 또는 지하가를 제외한다)로서 다음의 어느 하나에 해당하는 층
    ⓐ 지하층을 제외한 층수가 4층 이하이고 연면적이 6,000m² 미만인 특정소방대상물의 지상층
    ⓑ 지하층의 층수가 2 이하인 특정소방대상물의 지하층
② 방수구는 아파트 또는 바닥면적이 1,000m² 미만인 층에 있어서는 계단(계단의 부속실을 포함하며 계단이 둘 이상 있는 경우에는 그 중 1개의 계단을 말한다)으로부터 5m 이내에, 바닥면적 1,000m² 이상인 층(아파트를 제외한다)에 있어서는 각 계단(계단의 부속실을 포함하며 계단이 셋 이상 있는 층의 경우에는 그 중 두 개의 계단을 말한다)으로부터 5m 이내에 설치하되, 그 방수구로부터 그 층의 각 부분까지의 거리가 다음 각 목의 기준을 초과하는 경우에는 그 기준 이하가 되도록 방수구를 추가하여 설치할 것
  ㉠ 지하가(터널은 제외한다) 또는 지하층의 바닥면적의 합계가 3,000m² 이상인 것은 수평거리 25m

ⓒ ㉠목에 해당하지 않는 것은 수평거리 50m
③ 11층 이상의 부분에 설치하는 방수구는 쌍구형으로 할 것. 다만, 다음 각 목의 어느 하나에 해당하는 층에는 단구형으로 설치할 수 있다.
  ㉠ 아파트의 용도로 사용되는 층
  ㉡ 스프링클러설비가 유효하게 설치되어 있고 방수구가 2개소 이상 설치된 층
④ 방수구의 호스접결구는 바닥으로부터 높이 0.5m 이상 1m 이하의 위치에 설치할 것
⑤ 방수구는 연결송수관설비의 전용방수구 또는 옥내소화전방수구로서 구경 65mm의 것으로 설치할 것
⑥ 방수구는 개폐기능을 가진 것으로 설치하여야 하며, 평상 시 닫힌 상태를 유지할 것

(5) 방수기구함 설치기준
① 방수기구함은 피난층과 가장 가까운 층을 기준으로 3개층마다 설치하되, 그 층의 방수구마다 보행거리 5m 이내에 설치할 것
② 방수기구함에는 길이 15m의 호스와 방사형 관창을 다음 각 목의 기준에 따라 비치할 것
  ㉠ 호스는 방수구에 연결하였을 때 그 방수구가 담당하는 구역의 각 부분에 유효하게 물이 뿌려질 수 있는 개수 이상을 비치할 것. 이 경우 쌍구형 방수구는 단구형 방수구의 2배 이상의 개수를 설치하여야 한다.
  ㉡ 방사형 관창은 단구형 방수구의 경우에는 1개, 쌍구형 방수구의 경우에는 2개 이상 비치할 것
③ 방수기구함에는 "방수기구함"이라고 표시한 축광식 표지를 할 것. 이 경우 축광식 표지는 소방청장이 고시한 「축광표지의 성능인증 및 제품검사의 기술기준」에 적합한 것으로 설치하여야 한다.

(6) 가압송수장치(중계펌프) : 지표면에서 최상층 방수구의 높이가 70m 이상의 특정소방대상물에는 연결송수관설비의 가압송수장치를 설치
① 펌프의 토출량
  토출량은 기본 2400 [ℓ/min] 이상(계단식 아파트 1200 [ℓ/min]) 이상(다만, 당해 층에 설치된 방수구가 3개 초과 시 1개마다 800 [ℓ/min](계단식 아파트 400 [ℓ/min]) 가산한다.)
  * 방수구가 5개 이상인 경우 5개로 계산
② 펌프의 양정은 최상층에 설치된 노즐선단의 압력이 0.35 MPa 이상의 압력이 되도록 할 것

02 연결살수설비

지하가, 건축물의 지하층은 화재가 발생할 경우 연소생성물인 연기가 외부로 쉽게 배출되지 않아 소화활동에 지장을 초래하므로 초기소화용으로 설치된 옥내소화전설비만으로는 화재의 소화가 어려워 연결살수설비용의 송수구로 수원을 공급받아 사용(구성품 : 송수구, 선택밸브, 배관, 살수헤드 등)

(1) 송수구 설치기준

① 소방차가 쉽게 접근할 수 있고 노출된 장소에 설치할 것. 이 경우 가연성가스의 저장·취급시설에 설치하는 연결살수설비의 송수구는 그 방호대상물로부터 20m 이상의 거리를 두거나 방호대상물에 면하는 부분이 높이 1.5m 이상 폭 2.5m 이상의 철근콘크리트 벽으로 가려진 장소에 설치하여야 한다.

② 송수구는 구경 65mm의 쌍구형으로 설치할 것. 다만, 하나의 송수구역에 부착하는 살수헤드의 수가 10개 이하인 것은 단구형인 것으로 할 수 있다.

③ 개방형헤드를 사용하는 송수구의 호스접결구는 각 송수구역마다 설치할 것. 다만, 송수구역을 선택할 수 있는 선택밸브가 설치되어 있고 각 송수구역의 주요구조부가 내화구조로 되어 있는 경우에는 그렇지 않다.

④ 지면으로부터 높이가 0.5m 이상 1m 이하의 위치에 설치할 것

⑤ 송수구로부터 주배관에 이르는 연결배관에는 개폐밸브를 설치하지 않을 것. 다만, 스프링클러설비·물분무소화설비·포소화설비 또는 연결송수관설비의 배관과 겸용하는 경우에는 그렇지 않다.

⑥ 송수구의 부근에는 "연결살수설비 송수구"라고 표시한 표지와 송수구역 일람표를 설치할 것. 다만, 제2항에 따른 선택밸브를 설치한 경우에는 그렇지 않다.

⑦ 송수구에는 이물질을 막기 위한 마개를 씌워야 한다.

⑧ 연결살수설비에는 송수구의 가까운 부분에 자동배수밸브와 체크밸브를 다음 각 목의 기준에 따라 설치하여야 한다.

　㉠ 폐쇄형헤드를 사용하는 설비의 경우에는 송수구·자동배수밸브·체크밸브의 순서로 설치할 것

　㉡ 개방형헤드를 사용하는 설비의 경우에는 송수구·자동배수밸브의 순서로 설치할 것

　㉢ 자동배수밸브는 배관안의 물이 잘 빠질 수 있는 위치에 설치하되, 배수로 인하여 다른 물건 또는 장소에 피해를 주지 않을 것

⑨ 개방형헤드를 사용하는 연결살수설비에 있어서 하나의 송수구역에 설치하는 살수헤드의 수는 10개 이하가 되도록 하여야 한다.

(2) 배관설치 기준

① 전용헤드 사용시 배관 구경

하나의 배관에 부착하는 살수헤드의 개수	1개	2개	3개	4개 또는 5개	6개 이상 10개 이하
배관의 구성(mm)	32	40	50	65	80

② 스프링클러헤드 사용시 배관구경은 스프링클러 기준에 따름

③ 폐쇄형헤드를 사용하는 연결살수설비의 주배관은 다음 각 호의 어느 하나에 해당 하는 배관 또는 수조에 접속하여야 한다. 이 경우 접속부분에는 체크밸브를 설치하되 점검하기 쉽게 하여야 한다.

　㉠ 옥내소화전설비의 주배관(옥내소화전설비가 설치된 경우에 한정한다)

ⓒ 수도배관(연결살수설비가 설치된 건축물 안에 설치된 수도배관 중 구경이 가장 큰 배관을 말한다)

　　ⓒ 옥상에 설치된 수조(다른 설비의 수조를 포함한다)

　④ 개방형헤드를 사용하는 연결살수설비의 수평주행배관은 헤드를 향하여 상향으로 100분의 1 이상의 기울기로 설치하고 주배관중 낮은 부분에는 자동배수밸브를 기준에 따라 설치하여야 한다.

(3) 헤드 설치기준

　① 연결살수설비의 헤드는 연결살수설비 전용헤드 또는 스프링클러헤드로 설치하여야 한다.

　② 건축물에 설치하는 연결살수설비의 헤드는 다음 각 호의 기준에 따라 설치하여야 한다.

　　㉠ 천장 또는 반자의 실내에 면하는 부분에 설치할 것

　　㉡ 천장 또는 반자의 각 부분으로부터 하나의 살수헤드까지의 수평거리가 연결살수설비 전용헤드의 경우은 3.7m 이하, 스프링클러헤드의 경우는 2.3m 이하로 할 것. 다만, 살수헤드의 부착면과 바닥과의 높이가 2.1m 이하인 부분은 살수헤드의 살수분포에 따른 거리로 할 수 있다.

CHAPTER 18 연결송수관설비 및 연결살수설비

01 다음은 연결송수관설비에 관한 설명이다. 다음 물음에 답하시오.

(1) 가압송수장치를 설치하는 경우 건물의 높이와 가압송수장치를 설치하는 이유를 설명하시오.
- 정답 :

(2) 연결송수관설비 방수구가 6개 설치된 경우 펌프 토출량[L/min]을 구하라.(계단실아파트가 아님)
- 계산과정 :
- 정답 :

(3) 연결송수관설비 방수구가 2개 설치된 경우 펌프 토출량[L/min]을 구하라.(계단실 아파트)
- 계산과정 :
- 정답 :

(4) 소방펌프의 흡입측에 연성계 또는 진공계를 설치하지 아니할 수 있는 2가지를 쓰시오.
- 정답 :

(5) 최상층 노즐선단의 방수압력[MPa]은 얼마 이상인가?
- 정답 :

(6) 11층 이상의 건물에 방수구를 단구형으로 설치하는 경우 2가지를 서술하시오.
- 정답 :

계산과정
(2) 2400 + (800×2) = 4000[L/min]
(3) 1200[L/min](1개 ~ 3개)

정답 (1) • 건물 높이 : 지표면에서 최상층 방수구의 높이가 70[m] 이상인 경우
  • 설치 이유 : 건물 높이가 높은 경우 소방차의 수압만으로는 규정 방사압력을 유지하기 어려우므로 규정 방사압력(0.35[MPa] 이상)을 유지하기 어려우므로 가압송수장치를 설치
(2) 4000[L/min]
(3) 1200[L/min]
(4) ① 수원의 수위가 펌프의 위치보다 높은 경우
  ② 수직회전축펌프 설치하는 경우
(5) 0.35[MPa]
(6) ① 아파트의 용도로 사용되는 층
  ② 스프링클러설비가 유효하게 설치되어 있고 방수구가 2개소 이상 설치된 층

02 연결송수관설비의 화재안전기준에 대한 다음 물음에 답하시오.

(1) 11층 이상의 건물에 방수구를 단구형으로 설치하는 경우 2가지를 서술하시오.
  • 정답 :
(2) 배관을 습식으로 하여야 하는 특정소방대상물을 서술하시오.
  • 정답 :

정답 (1) ① 아파트의 용도로 사용되는 층
        ② 스프링클러설비가 유효하게 설치되어 있고 방수구가 2개소 이상 설치된 층
     (2) 지면으로부터 높이가 31[m] 이상인 특정소방대상물이나 11층 이상인 특정소방대상물

03 지상 15층 건물에 연결송수관설비를 설치하려고 한다. 다음 각 물음에 답하시오.

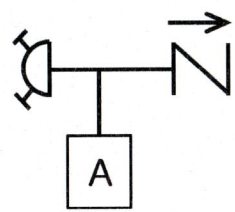

(1) 해당 연결송수관설비는 습식, 건식 중 어떤 것에 해당하는가?
  • 정답 :
(2) A부분의 명칭과 도시기호를 그리시오.
  • 정답 :
(3) A의 설치목적을 쓰시오.
  • 정답 :

정답 (1) 습식 설비
     (2) ① 명칭 : 자동배수밸브
         ② 도시기호 :
     (3) 설비를 사용한 후 남은 물을 자동으로 배수시켜 동파 및 이물질 쌓이는 것을 방지한다.

04 연결송수관 설비가 설치된 높이 120[m]인 건물이 있다. 가압송수장치가 설치된 경우 다음 물음에 답하시오.

(1) 가압송수장치 설치 이유를 쓰시오.
  • 정답 :
(2) 가압송수장치 펌프의 토출량은 몇 [m³/min] 이상이어야 하는지 쓰시오.(단, 계단식 아파트가 아니고, 당해 층에 설치된 방수구가 3개 이하이다.)
  • 정답 :
(3) 최상층 노즐 선단의 방수압력은 몇 [MPa] 이상이어야 하는지 쓰시오.
  • 정답 :

> **정답** (1) 지표면에서 최상층 방수구의 높이가 70[m] 이상의 특정소방대상물에는 연결송수관설비의 가압송수장치를 설치하여야 한다.
> (2) 2.4[m³/min]
> (3) 0.35[MPa]

05 연결송수관설비의 송수구 설치기준에 관한 다음 ( ) 안을 완성하시오.

(1) 지면으로부터 높이가 (①)m 이상 (②)m 이하의 위치에 설치할 것
(2) 송수구의 부근에는 자동배수밸브 및 체크밸브를 설치하되 건식의 경우에는 송수구·(③)·(④)·(⑤)의 순으로 설치할 것
(3) 구경 (⑥)mm의 (⑦)형으로 할 것
(4) 송수구는 연결송수관의 수직배관마다 (⑧)개 이상을 설치할 것. 다만, 하나의 건축물에 설치된 각 수직배관이 중간에 (⑨)밸브가 설치되지 아니한 배관으로 상호 연결되어 있는 경우에는 건축물마다 (⑩)개씩 설치할 수 있다.

• 정답 :

①	②	③	④	⑤	⑥	⑦	⑧	⑨	⑩

정답

①	②	③	④	⑤	⑥	⑦	⑧	⑨	⑩
0.5	1	자동 배수 밸브	체크 밸브	자동 배수 밸브	65	쌍구	1	개폐	1

06 그림과 같이 소방대 연결송수구와 체크밸브 사이에 자동배수장치(auto drip)를 설치하는 이유를 간단히 설명하시오.

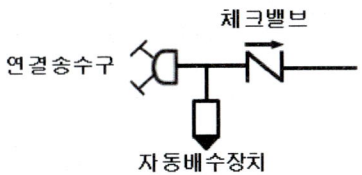

• 정답 :

> **정답** 배관 내에 고인 물을 자동으로 배수시켜 배관의 동파 및 부식방지

07 지하층에 설치되는 연결살수배관 도면이다. 가장 먼 헤드인 ⓐ와 ⓓ에서 요구되는 최소 방사량 및 방사압력을 보장할수 있는 ㉮ 지점에서의 송수량[lpm] 및 압력[MPa]을 표와 같이 산출하라.

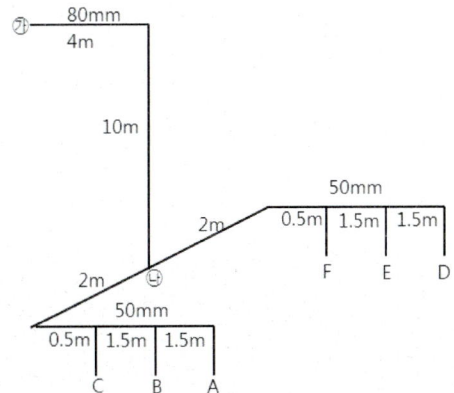

[조 건]
① 설치된 개방형 연결살수헤드 A의 유량은 100[lpm], 방수압은 0.25[MPa]이다.
② 배관부속 및 밸브류의 마찰손실은 무시한다.
③ 수리계산시 속도수두는 무시한다.
④ 필요압력은 노즐에서의 방사압과 배관 끝에서의 압력을 별도로 구한다.

방출	배관	유량 [lpm]	관길이 [m]	마찰손실[MPa]		낙차[m]	요구압력[MPa]
				1m당	총계		
A헤드	–	100	–	–	–	–	0.25
	Ⓐ–Ⓑ	100	1.5	0.02	0.03	0	①
B헤드	–	②	–	–	–	–	–
	Ⓑ–Ⓒ	③	1.5	0.04	④	0	⑤
C헤드	–	⑥	–	–	–	–	–
	Ⓒ–㉯	⑦	2.5	0.06	⑧	0	⑨
	㉯–㉮	⑩	14	0.01	⑪	–10	⑫

- 계산과정 :

- 정답 :

계산과정

- K 값부터 산정하면 $Q = K\sqrt{10 \times P}$, $K = \dfrac{100}{\sqrt{10 \times 0.25}} = 63.25$

① $0.25 + 0.03 = 0.28 MPa$
② $Q = 63.25\sqrt{10 \times 0.28} = 105.84 lpm$
③ $100 + 105.84 = 205.84 lpm$
④ $1.5 \times 0.04 = 0.06 MPa$
⑤ $0.28 + 0.06 = 0.34 MPa$
⑥ $Q = 63.25\sqrt{10 \times 0.34} = 116.63 lpm$
⑦ $205.84 + 116.63 = 322.47 lpm$
⑧ $2.5 \times 0.06 = 0.15 MPa$
⑨ $0.34 + 0.15 = 0.49 MPa$
⑩ $322.47 \times 2 = 644.94 lpm$
⑪ $14 \times 0.01 = 0.14 MPa$
⑫ $0.49 + 0.14 - 0.1 = 0.53 MPa$

정답

방출	배관	유량 [lpm]	관길이 [m]	마찰손실[MPa]		낙차[m]	요구압력[MPa]
				1m당	총계		
A헤드	–	100	–	–	–	–	0.25
	Ⓐ–Ⓑ	100	1.5	0.02	0.03	0	① 0.28
B헤드	–	② 105.84	–	–	–	–	–
	Ⓑ–Ⓒ	③ 205.84	1.5	0.04	④ 0.06	0	⑤ 0.34
C헤드	–	⑥ 116.63	–	–	–	–	–
	Ⓒ–㉯	⑦ 322.47	2.5	0.06	⑧ 0.15	0	⑨ 0.49
	㉯–㉮	⑩ 644.94	14	0.01	⑪ 0.14	–10	⑫ 0.53

기계분야 [소방기계시설 설계 및 시공실무]

08 가로 20[m], 세로 10[m]의 건물에 연결살수설비 전용헤드를 사용하여 연결살수설비를 설치하고자 한다. 다음 각 물음에 답하시오.

(1) 전용헤드의 설치개수를 산정하시오.
- 계산과정 :
- 정답 :

(2) 배관구경[mm]을 산정하시오.
- 정답 :

계산과정

(1) • $S = 2R\cos 45 = 2 \times 3.7 \times \cos 45 = 5.23[m]$

• 가로 개수 : $\dfrac{20}{5.23} = 3.8 ≒ 4$개

• 세로 개수 : $\dfrac{10}{5.23} = 1.9 ≒ 2$개

∴ $4 \times 2 = 8$개

정답 (1) 8개 (2) 80[mm]

CHAPTER 19 지하구 소방시설

01 목적

이 기준은 「화재예방, 소방시설 설치·유지 및 안전관리에 관한 법률」제9조제1항에 따라 소방청장에게 위임한 사항 중 지하구에 설치하여야 하는 소방시설 등의 설치·유지 및 안전관리에 관하여 필요한 사항을 규정함을 목적으로 한다.

02 용어의 정의

이 기준에서 사용하는 용어의 정의는 다음과 같다.

1. "지하구"란 소방시설법 시행령 별표에서 규정한 지하구를 말한다.
2. "제어반"이란 설비, 장치 등의 조작과 확인을 위해 제어용 계기류, 스위치 등을 금속제 외함에 수납한 것을 말한다.
3. "분전반"이란 분기개폐기·분기과전류차단기 그밖에 배선용기기 및 배선을 금속제 외함에 수납한 것을 말한다.
4. "방화벽"이란 화재 시 발생한 열, 연기 등의 확산을 방지하기 위하여 설치하는 벽을 말한다.
5. "분기구"란 전기, 통신, 상하수도, 난방 등의 공급시설의 일부를 분기하기 위하여 지하구의 단면 또는 형태를 변화시키는 부분을 말한다.
6. "환기구"란 지하구의 온도, 습도의 조절 및 유해가스를 배출하기 위해 설치되는 것으로 자연환기구와 강제환기구로 구분된다.
7. "작업구"란 지하구의 유지관리를 위하여 자재, 기계기구의 반·출입 및 작업자의 출입을 위하여 만들어진 출입구를 말한다.
8. "케이블접속부"란 케이블이 지하구 내에 포설되면서 발생하는 직선 접속 부분을 전용의 접속재로 접속한 부분을 말한다.
9. "특고압 케이블"이란 사용전압이 7,000V를 초과하는 전로에 사용하는 케이블을 말한다.

03 소화기구 및 자동소화장치

(1) 소화기구는 다음 각 호의 기준에 따라 설치하여야 한다.
   ① 소화기의 능력단위(「소화기구 및 자동소화장치의 화재안전기준(NFSC 101)」제3조제6호에 따른 수치를 말한다. 이하 같다)는 A급 화재는 개당 3단위 이상, B급 화재는 개당 5단위 이상 및 C급 화재에 적응성이 있는 것으로 할 것
   ② 소화기 한대의 총중량은 사용 및 운반의 편리성을 고려하여 7kg 이하로 할 것
   ③ 소화기는 사람이 출입할 수 있는 출입구(환기구, 작업구를 포함한다) 부근에 5개 이상 설치할 것

④ 소화기는 바닥면으로부터 1.5m 이하의 높이에 설치할 것
⑤ 소화기의 상부에 "소화기"라고 표시한 조명식 또는 반사식의 표지판을 부착하여 사용자가 쉽게 인지할 수 있도록 할 것

(2) 지하구 내 발전실·변전실·송전실·변압기실·배전반실·통신기기실·전산기기실·기타 이와 유사한 시설이 있는 장소 중 바닥면적이 300m² 미만인 곳에는 유효설치 방호체적 이내의 가스·분말·고체에어로졸·캐비닛형 자동소화장치를 설치하여야 한다. 다만 해당 장소에 물분무등소화설비를 설치한 경우에는 설치하지 않을 수 있다.

(3) 제어반 또는 분전반마다 가스·분말·고체에어로졸 자동소화장치 또는 유효설치 방호체적 이내의 소공간용 소화용구를 설치하여야 한다.

(4) 케이블접속부(절연유를 포함한 접속부에 한한다.)마다 다음 각 호의 자동소화장치를 설치하되 소화성능이 확보될 수 있도록 방호공간을 구획하는 등 유효한 조치를 하여야 한다.
① 가스·분말·고체에어로졸 자동소화장치
② 중앙소방기술심의위원회의 심의를 거쳐 소방청장이 인정하는 자동소화장치

04 연소방지설비

(1) 연소방지설비의 배관은 다음 각 호의 기준에 따라 설치하여야 한다.
① 배관용 탄소강관(KS D 3507) 또는 압력배관용 탄소강관(KS D 3562)이나 이와 동등 이상의 강도·내식성 및 내열성을 가진 것으로 하여야 한다.
② 급수배관(송수구로부터 연소방지설비 헤드에 급수하는 배관을 말한다. 이하 같다)은 전용으로 하여야 한다.
③ 배관의 구경은 다음 각 목의 기준에 적합한 것이어야 한다.
  ㉠ 연소방지설비전용헤드를 사용하는 경우에는 다음 표에 따른 구경 이상으로 할 것

살수 헤드 수	1개	2개	3개	4개 또는 5개	6개 이상
배관구경[mm]	32	40	50	65	80

  ㉡ 개방형 스프링클러헤드를 사용하는 경우에는 스프링클러설비의 기준에 따를 것
④ 교차배관은 가지배관과 수평으로 설치하거나 또는 가지배관 밑에 설치하고, 그 구경은 제3호에 따르되, 최소구경이 40mm 이상이 되도록 할 것
⑤ 배관에 설치되는 행가는 다음 각 목의 기준에 따라 설치하여야 한다.
  ㉠ 가지배관에는 헤드의 설치지점 사이마다 1개 이상의 행가를 설치하되, 헤드간의 거리가 3.5m을 초과하는 경우에는 3.5m 이내마다 1개 이상 설치할 것. 이 경우 상향식헤드와 행가 사이에는 8㎝ 이상의 간격을 두어야 한다.
  ㉡ 교차배관에는 가지배관과 가지배관 사이마다 1개 이상의 행가를 설치하되, 가지배관 사이의 거리가 4.5m을 초과하는 경우에는 4.5m 이내마다 1개 이상 설치할 것
  ㉢ 제1호와 제2호의 수평주행배관에는 4.5m 이내마다 1개 이상 설치할 것

⑥ 분기배관을 사용할 경우에는「분기배관의 성능인증 및 제품검사의 기술기준」에 적합한 것으로 설치하여야 한다.

(2) 연소방지설비의 헤드는 다음 각 호의 기준에 따라 설치하여야 한다.
① 천장 또는 벽면에 설치할 것
② 헤드간의 수평거리는 연소방지설비 전용헤드의 경우에는 2m 이하, 스프링클러헤드의 경우에는 1.5m 이하로 할 것
③ 소방대원의 출입이 가능한 환기구·작업구마다 지하구의 양쪽방향으로 살수헤드를 설정하되, 한쪽 방향의 살수구역의 길이는 3m 이상으로 할 것. 다만, 환기구 사이의 간격이 700m를 초과할 경우에는 700m 이내마다 살수구역을 설정하되, 지하구의 구조를 고려하여 방화벽을 설치한 경우에는 그러하지 아니하다.
④ 연소방지설비 전용헤드를 설치할 경우에는「소화설비용헤드의 성능인증 및 제품검사 기술기준」에 적합한 '살수헤드'를 설치할 것

(3) 송수구는 다음 각 호의 기준에 따라 설치하여야 한다.
① 소방차가 쉽게 접근할 수 있는 노출된 장소에 설치하되, 눈에 띄기 쉬운 보도 또는 차도에 설치할 것
② 송수구는 구경 65mm의 쌍구형으로 할 것
③ 송수구로부터 1m 이내에 살수구역 안내표지를 설치할 것
④ 지면으로부터 높이가 0.5m 이상 1m 이하의 위치에 설치할 것
⑤ 송수구의 가까운 부분에 자동배수밸브(또는 직경 5mm의 배수공)를 설치할 것. 이 경우 자동배수밸브는 배관안의 물이 잘 빠질 수 있는 위치에 설치하되, 배수로 인하여 다른 물건 또는 장소에 피해를 주지 아니하여야 한다.
⑥ 송수구로부터 주배관에 이르는 연결배관에는 개폐밸브를 설치하지 아니할 것
⑦ 송수구에는 이물질을 막기 위한 마개를 씌어야 한다.

> **참고** 지하구의 정의
> 전력·통신용의 전선이나 가스·냉난방용의 배관 또는 이와 비슷한 것을 집합수용하기 위하여 설치한 지하 인공구조물로서 사람이 점검 또는 보수를 하기 위하여 출입이 가능한 것 중 다음의 어느 하나에 해당하는 것
> (1) 전력 또는 통신사업용 지하 인공구조물로서 전력구(케이블 접속부가 없는 경우에는 제외한다) 또는 통신구 방식으로 설치된 것
> (2) (1)외의 지하 인공구조물로서 폭이 1.8 미터 이상이고 높이가 2 미터 이상이며 길이가 50 미터 이상인 것

CHAPTER 19 지하구 소방시설

01 다음은 연소방지설비의 화재안전기준이다. 괄호 안을 채우시오.

> ○ 연소방지설비 전용헤드를 사용하는 경우 하나의 배관에 부착하는 살수헤드의 개수가 4개 또는 5개 인 경우 배관의 구경은 (①)mm 이상의 것으로 할 것
> ○ 소방대원의 출입이 가능한 (②)·(③)마다 지하구의 양쪽방향으로 살수헤드를 설정하되, 한쪽 방향의 살수구역의 길이는 (④)m 이상으로 할 것. 다만, 환기구 사이의 간격이 (⑤)m 를 초과할 경우에는 (⑥)m 이내마다 살수구역을 설정하되, 지하구의 구조를 고려하여 방화벽을 설치한 경우에는 그러하지 아니하다.
> ○ 방수헤드간의 수평거리는 연소방지설비 전용헤드의 경우에는 (⑦)m 이하, 스프링클러헤드의 경우에는 (⑧)m 이하로 하여야 한다.

• 정답 :

> 정답 ① 65   ② 환기구   ③ 작업구   ④ 3   ⑤ 700
> ⑥ 700   ⑦ 2   ⑧ 1.5

02 다음은 지하구의 화재안전기준이다. ( )안에 적합한 단어를 쓰시오.

> (1) 천장 또는 벽면에 설치할 것
> (2) 방수헤드간의 수평거리는 연소방지설비 전용헤드의 경우에는 (①)m 이하, 스프링클러헤드의 경우에는 (②)m 이하로 할 것
> (3) 소방대원의 출입이 가능한 환기구·작업구마다 지하구의 양쪽방향으로 살수헤드를 설정하되, 한쪽 방향의 살수구역의 길이는 (③)m 이상으로 할 것. 다만, 환기구 사이의 간격이 (④)m를 초과할 경우에는 (⑤)m 이내마다 살수구역을 설정하되, 지하구의 구조를 고려하여 방화벽을 설치한 경우에는 그러하지 아니하다.

• 정답 :

> 정답 ① 2   ② 1.5   ③ 3   ④ 700   ⑤ 700

03 다음은 연소방지설비의 화재안전 기준에 대한 내용이다. 다음 물음에 답하시오.

(1) 지하구에 대한 정의 이다. (   )안에 알맞은 답을 쓰시오.

> ● 지하구
> 전력·통신용의 전선이나 가스·냉난방용의 배관 또는 이와 비슷한 것을 집합수용하기 위하여 설치한 지하 인공구조물로서 사람이 점검 또는 보수를 하기 위하여 출입이 가능한 것 중 다음의 어느 하나에 해당하는 것
> (1) 전력 또는 통신사업용 지하 인공구조물로서 전력구(케이블 접속부가 없는 경우에는 제외한다) 또는 통신구 방식으로 설치된 것
> (2) (1)외의 지하 인공구조물로서 폭이 (①)미터 이상이고 높이가 (②)미터 이상이며 길이가 (③)미터 이상인 것

• 정답 :

(2) 연소방지설비의 교차배관의 최소구경[mm] 기준을 쓰시오.

• 정답 :

정답 (1) ① 1.8 ② 2 ③ 50
(2) 40[mm] 이상으로 한다.

04 전력통신 배선전용 지하구에 연소방지설비를 화재안전기준에 따라 설치할 때 다음 각 물음에 답하시오.

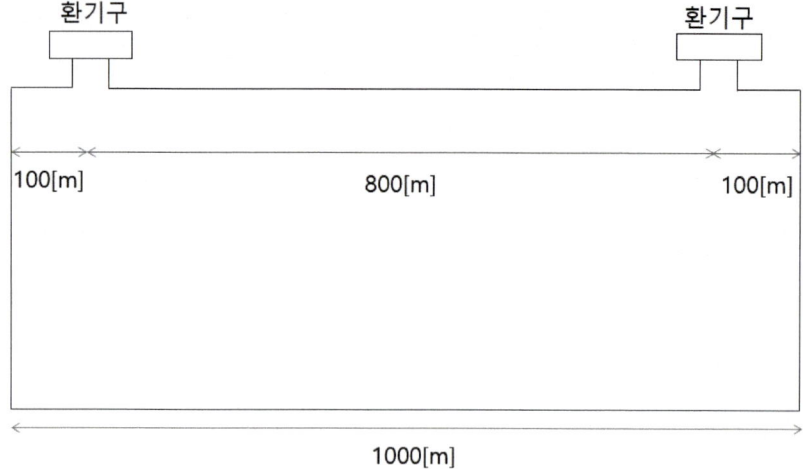

[조 건]
① 지하구의 폭은 2.5[m], 높이는 2[m] 이며 지하구의 길이는 1000[m] 이다.
② 연소방지설비 전용헤드를 사용하는 것으로 한다.
③ 방화벽은 없는 것으로 한다.
④ 환기구마다 지하구 양쪽방향으로 살수헤드를 설정하며 환기구는 지하구 양쪽 끝에서 100m지점에 설치한다.

(1) 살수구역수의 최소갯수를 산정하시오.
 • 계산과정 :
 • 정답 :
(2) 하나의 살수구역 내에 설치하는 헤드수를 구하시오.(단, 천장에 헤드를 설치한다.)
 • 계산과정 :
 • 정답 :
(3) 1구역에 설치되는 헤드 갯수에 따른 연소방지설비의 배관 구경은 몇 [mm]로 해야 하는가?
 (단, 수평주행배관은 제외한다.)
 • 정답 :

계산과정
(1) ① 환기구마다 양쪽으로 살수구역을 설정하여야 하므로 2개 양쪽으로 설치 4개 설치한다.
 ② 환기구와 환기구와의 거리가 700[m]를 초과하였으므로 $\frac{800}{700}-1=1$개(절상)를 설치한다.
(2) ① 지하구 천장에 설치하는 헤드수는 $\frac{2.5}{2}=2$개
 ② 살수구역에 따라 길이는 3[m] 이상이므로 길이방향에 따른 헤드 개수는 $\frac{3}{2}=1.5=2$개
 ③ 살수구역에 설치하는 헤드수 : 4개

정답 (1) 5개 (2) 4개 (3) 65[mm]

CHAPTER 20 소화수조 및 저수조

01 소화수조 및 저수조

(1) 소화수조 저수량

소화수조 또는 저수조의 저수량은 소방대상물의 연면적을 기준 면적으로 나누어 얻은 수(소수점 이하의 수는 1로 본다)에 20[m³]을 곱한 양 이상이 되도록 하여야 한다.

소방대상물의 구분	기준 면적
1층 2층 바닥면적 합계가 15,000[m²] 이상인 소방대상물	7,500[m²]
그 외	12,500[m²]

∗ $\dfrac{건물연면적}{기준면적}$ = 정수로 표현(절상) × 20m³

(2) 가압송수장치 : 소화용수가 지면으로부터 깊이 4.5[m] 이상에 있을 때 설치

소요수량	20[m³] 이상 40[m³] 미만	40[m³] 이상 100[m³] 미만	100[m³] 이상
1분당 양수량	1100[L] 이상	2200[L] 이상	3300[L] 이상

(3) 소화수조 등 부속설비

① 소화수조는 채수구로부터 2[m] 이내의 지점까지 접근할 수 있는 위치에 설치

소요수량	20[m³] 이상 40[m³] 미만	40[m³] 이상 100[m³] 미만	100[m³] 이상
채수구의 수	1개	2개	3개

∗ 채수구의 높이는 바닥으로부터 높이 0.5[m] 이상 1[m] 이하의 위치에 설치

② 흡수관 투입구는 그 한 변이 0.6[m] 이상이거나 직경은 0.6[m] 이상으로 하고 흡수관 투입구는 수조의 저수량이 80[m³] 미만이면 1개, 80[m³] 이상인 것은 2개 이상을 설치한다.

③ 소화용수설비를 설치하여 할 소방대상물에 있어서 유수의 양이 1분당 0.8[m³] 이상인 유수를 사용할 수 있을 때 소화수조를 설치하지 않을 수 있다.

④ 소화수조가 옥상 또는 옥탑의 부분에 설치된 경우에는 지상에 설치된 채수구에서의 압력이 0.15 MPa 이상이 되도록 해야 한다.

CHAPTER 20 소화수조 및 저수조

01 지상 5층이고 각 층의 바닥면적이 6000m²인 특정소방대상물에 소화수조 및 저수조를 설치하고자 한다. 다음 각 물음에 답하시오.

(1) 소화수조의 저수량은 몇 [m³]인가?
- 계산과정 :
- 정답 :

(2) 흡수관투입구는 몇 개 이상으로 설치하여야 하는가?
- 정답 :

(3) 가압송수장치를 설치하는 경우 1분당 양수량은 몇 [L] 이상으로 하여야 하는가?
- 정답 :

계산과정

(1) $\dfrac{30000}{12500} = 2.4 ≒ 3$ (정수로표현), $3 \times 20[m^3] = 60[m^3]$

정답 (1) 60[m³]

(2) 1개 (80[m³] 미만일 때 1개 이상)

(3) 2200[ℓ/min](소요 수량이 40[m³] 이상 100[m³] 미만이므로)

CHAPTER 21 기타 기준

제1절 고체에어로졸소화설비의 화재안전기술기준 [NFTC 110]
[시행 2022. 12. 1.] [2022. 12. 1. 제정.]

01 용어의 정의

(1) 이 기준에서 사용하는 용어의 정의는 다음과 같다.
   ① "고체에어로졸소화설비"란 설계밀도 이상의 고체에어로졸을 방호구역 전체에 균일하게 방출하는 설비로서 분산(Dispersed)방식이 아닌 압축(Condensed)방식을 말한다.
   ② "고체에어로졸화합물"이란 과산화물질, 가연성물질 등의 혼합물로서 화재를 소화하는 비전도성의 미세입자인 에어로졸을 만드는 고체화합물을 말한다.
   ③ "고체에어로졸"이란 고체에어로졸화합물의 연소과정에 의해 생성된 직경 10 ㎛ 이하의 고체입자와 기체 상태의 물질로 구성된 혼합물을 말한다.
   ④ "고체에어로졸발생기"란 고체에어로졸화합물, 냉각장치, 작동장치, 방출구, 저장용기로 구성되어 에어로졸을 발생시키는 장치를 말한다.
   ⑤ "소화밀도"란 방호공간 내 규정된 시험조건의 화재를 소화하는데 필요한 단위체적(㎥)당 고체에어로졸화합물의 질량(g)을 말한다.
   ⑥ "안전계수"란 설계밀도를 결정하기 위한 안전율을 말하며 1.3으로 한다.
   ⑦ "설계밀도"란 소화설계를 위하여 필요한 것으로 소화밀도에 안전계수를 곱하여 얻어지는 값을 말한다.
   ⑧ "상주장소"란 일반적으로 사람들이 거주하는 장소 또는 공간을 말한다.
   ⑨ "비상주장소"란 짧은 기간 동안 간헐적으로 사람들이 출입할 수는 있으나 일반적으로 사람들이 거주하지 않는 장소 또는 공간을 말한다.
   ⑩ "방호체적"이란 벽 등의 건물 구조 요소들로 구획된 방호구역의 체적에서 기둥 등 고정적인 구조물의 체적을 제외한 체적을 말한다.
   ⑪ "열 안전이격거리"란 고체에어로졸 방출 시 발생하는 온도에 영향을 받을 수 있는 모든 구조·구성요소와 고체에어로졸발생기 사이에 안전확보를 위해 필요한 이격거리를 말한다.

02 기술기준

(1) 일반조건
   ① 이 기준에 따라 설치되는 고체에어로졸소화설비는 다음의 기준을 충족해야 한다.
      ㉠ 고체에어로졸은 전기 전도성이 없을 것
      ㉡ 약제 방출 후 해당 화재의 재발화 방지를 위하여 최소 10분간 소화밀도를 유지할 것
      ㉢ 고체에어로졸소화설비에 사용되는 주요 구성품은 소방청장이 정하여 고시한 「고체에어로졸자동소화장치의 형식승인 및 제품검사의 기술기준」에 적합한 것일 것

② 고체에어로졸소화설비는 비상주장소에 한하여 설치할 것. 다만, 고체에어로졸소화설비 약제의 성분이 인체에 무해함을 국내·외 국가 공인시험기관에서 인증받고, 과학적으로 입증된 최대허용 설계밀도를 초과하지 않는 양으로 설계하는 경우 상주장소에 설치할 수 있다.
  ③ 고체에어로졸소화설비의 소화성능이 발휘될 수 있도록 방호구역 내부의 밀폐성을 확보할 것
  ④ 방호구역 출입구 인근에 고체에어로졸 방출 시 주의사항에 관한 내용의 표지를 설치할 것
  ⑤ 이 기준에서 규정하지 않은 사항은 형식승인 받은 제조업체의 설계 매뉴얼에 따를 것

(2) 설치제외

① 고체에어로졸소화설비는 다음의 물질을 포함한 화재 또는 장소에는 사용할 수 없다. 다만, 그 사용에 대한 국가 공인시험기관의 인증이 있는 경우에는 그렇지 않다.
  ㉠ 니트로셀룰로오스, 화약 등의 산화성 물질
  ㉡ 리튬, 나트륨, 칼륨, 마그네슘, 티타늄, 지르코늄, 우라늄 및 플루토늄과 같은 자기반응성 금속
  ㉢ 금속 수소화물
  ㉣ 유기 과산화수소, 히드라진 등 자동 열분해를 하는 화학물질
  ㉤ 가연성 증기 또는 분진 등 폭발성 물질이 대기에 존재할 가능성이 있는 장소

(3) 고체에어로졸발생기

① 고체에어로졸발생기는 다음의 기준에 따라 설치한다.
  ㉠ 밀폐성이 보장된 방호구역 내에 설치하거나, 밀폐성능을 인정할 수 있는 별도의 조치를 취할 것
  ㉡ 천장이나 벽면 상부에 설치하되 고체에어로졸 화합물이 균일하게 방출되도록 설치할 것
  ㉢ 직사광선 및 빗물이 침투할 우려가 없는 곳에 설치할 것
  ㉣ 고체에어로졸발생기는 다음 각 기준의 최소 열 안전이격거리를 준수하여 설치할 것
    ⓐ 인체와의 최소 이격거리는 고체에어로졸 방출 시 75 ℃를 초과하는 온도가 인체에 영향을 미치지 않는 거리
    ⓑ 가연물과의 최소 이격거리는 고체에어로졸 방출 시 200 ℃를 초과하는 온도가 가연물에 영향을 미치지 않는 거리
  ㉤ 하나의 방호구역에는 동일 제품군 및 동일한 크기의 고체에어로졸발생기를 설치할 것
  ㉥ 방호구역의 높이는 형식승인 받은 고체에어로졸발생기의 최대 설치높이 이하로 할 것

(4) 고체에어로졸화합물의 양

① 방호구역 내 소화를 위한 고체에어로졸화합물의 최소 질량은 다음의 식 (2.4.1)에 따라 산출한 양 이상으로 산정해야 한다.

  • $m = d \times V$ … (2.4.1)

  여기에서 • m : 필수소화약제량(g)
  • d : 설계밀도(g/m^3) = 소화밀도(g/m^3) × 1.3(안전계수)

- 소화밀도 : 형식승인 받은 제조사의 설계 매뉴얼에 제시된 소화밀도
- V : 방호체적(m^3)

(5) 기동

① 고체에어로졸소화설비는 화재감지기 및 수동식 기동장치의 작동과 연동하여 기계적 또는 전기적 방식으로 작동해야 한다.

② 고체에어로졸소화설비의 기동 시에는 1분 이내에 고체에어로졸 설계밀도의 95 % 이상을 방호구역에 균일하게 방출해야 한다.

③ 고체에어로졸소화설비의 수동식 기동장치는 다음의 기준에 따라 설치해야 한다.
  ㉠ 제어반마다 설치할 것
  ㉡ 방호구역의 출입구마다 설치하되 출입구 인근에 사람이 쉽게 조작할 수 있는 위치에 설치할 것
  ㉢ 기동장치의 조작부는 바닥으로부터 0.8 m 이상 1.5 m 이하의 위치에 설치할 것
  ㉣ 기동장치의 조작부에 보호판 등의 보호장치를 부착할 것
  ㉤ 기동장치 인근의 보기 쉬운 곳에 "고체에어로졸소화설비 수동식 기동장치"라고 표시한 표지를 부착할 것
  ㉥ 전기를 사용하는 기동장치에는 전원표시등을 설치할 것
  ㉦ 방출용 스위치의 작동을 명시하는 표시등을 설치할 것
  ㉧ 50 N 이하의 힘으로 방출용 스위치를 기동할 수 있도록 할 것

④ 고체에어로졸의 방출을 지연시키기 위해 방출지연스위치를 다음의 기준에 따라 설치해야 한다.
  ㉠ 수동으로 작동하는 방식으로 설치하되 누르고 있는 동안만 지연되도록 할 것
  ㉡ 방호구역의 출입구마다 설치하되 피난이 용이한 출입구 인근에 사람이 쉽게 조작할 수 있는 위치에 설치할 것
  ㉢ 방출지연스위치 작동 시에는 음향경보를 발할 것
  ㉣ 방출지연스위치 작동 중 수동식 기동장치가 작동되면 수동식 기동장치의 기능이 우선될 것

(6) 방호구역의 자동폐쇄장치

① 고체에어로졸소화설비의 방호구역은 고체에어로졸소화설비가 기동할 경우 다음의 기준에 따라 자동적으로 폐쇄되어야 한다.
  ㉠ 방호구역 내의 개구부와 통기구는 고체에어로졸이 방출되기 전에 폐쇄되도록 할 것
  ㉡ 방호구역 내의 환기장치는 고체에어로졸이 방출되기 전에 정지되도록 할 것
  ㉢ 자동폐쇄장치의 복구장치는 제어반 또는 그 직근에 설치하고, 해당 장치를 표시하는 표지를 부착할 것

(7) 과압배출구

① 고체에어로졸소화설비가 설치된 방호구역에는 소화약제 방출 시 과압으로 인한 구조물 등의 손상을 방지하기 위하여 과압배출구를 설치해야 한다.

제2절 고층건축물의 화재안전기술기준 [NFTC 604]

01 용어의 정의

(1) 이 기준에서 사용하는 용어의 정의는 다음과 같다.
　① "고층건축물"이란 「건축법」 제2조제1항제19호 규정에 따른 건축물을 말한다.
　② "급수배관"이란 수원 또는 옥외송수구로부터 소화설비에 급수하는 배관을 말한다.

(2) 이 기준에서 사용하는 용어는 1.7.1에서 규정한 것을 제외하고는 관계법령 및 개별 기술기준에서 정하는 바에 따른다.

02 기술기준

(1) 옥내소화전설비

① 수원은 그 저수량이 옥내소화전의 설치개수가 가장 많은 층의 설치개수(5개 이상 설치된 경우에는 5개)에 5.2 ㎥(호스릴옥내소화전설비를 포함한다)를 곱한 양 이상이 되도록 해야 한다. 다만, 층수가 50층 이상인 건축물의 경우에는 7.8 ㎥를 곱한 양 이상이 되도록 해야 한다.

② 수원은 ①에 따라 산출된 유효수량 외에 유효수량의 3분의 1 이상을 옥상(옥내소화전설비가 설치된 건축물의 주된 옥상을 말한다. 이하 같다)에 설치해야 한다. 다만, 「옥내소화전설비의 화재안전기술기준(NFTC 102)」에 해당하는 경우에는 그렇지 않다.

③ 전동기 또는 내연기관에 의한 펌프를 이용하는 가압송수장치는 옥내소화전설비 전용으로 설치해야 하며, 주펌프와 동등 이상의 성능이 있는 별도의 펌프로서 내연기관의 기동과 연동하여 작동되거나 비상전원을 연결한 예비펌프를 추가로 설치해야 한다.

④ 내연기관의 연료량은 펌프를 40분(50층 이상인 건축물의 경우에는 60분) 이상 운전할 수 있는 용량일 것

⑤ 급수배관은 전용으로 해야 한다. 다만, 옥내소화전설비의 성능에 지장이 없는 경우에는 연결송수관설비의 배관과 겸용할 수 있다.

⑥ 50층 이상인 건축물의 옥내소화전 주배관 중 수직배관은 2개 이상(주배관 성능을 갖는 동일 호칭배관)으로 설치해야 하며, 하나의 수직배관의 파손 등 작동 불능 시에도 다른 수직배관으로부터 소화용수가 공급되도록 구성해야 한다.

⑦ 비상전원은 자가발전설비, 축전지설비(내연기관에 따른 펌프를 사용하는 경우에는 내연기관의 기동 및 제어용 축전지를 말한다) 또는 전기저장장치(외부 전기에너지를 저장해 두었다가 필요한 때 전기를 공급하는 장치. 이하 같다)로서 옥내소화전설비를 유효하게 40분(50층 이상인 건축물의 경우에는 60분) 이상 작동할 수 있어야 한다.

(2) 스프링클러설비

① 수원은 그 저수량이 스프링클러설비 설치장소별 스프링클러헤드의 기준개수에 3.2 ㎥를 곱한 양 이상이 되도록 해야 한다. 다만, 50층 이상인 건축물의 경우에는 4.8 ㎥를 곱한 양 이상이 되도록 해야 한다.

② 수원은 ①에 따라 산출된 유효수량 외에 유효수량의 3분의 1 이상을 옥상(옥내소화전설비가 설치된 건축물의 주된 옥상을 말한다. 이하 같다)에 설치해야 한다. 다만, 「스프링클러설비의 화재안전기술기준(NFTC 103)」에 해당하는 경우에는 그렇지 않다.

③ 전동기 또는 내연기관에 의한 펌프를 이용하는 가압송수장치는 스프링클러설비 전용으로 설치해야 하며, 주펌프와 동등 이상의 성능이 있는 별도의 펌프로서 내연기관의 기동과 연동하여 작동되거나 비상전원을 연결한 예비펌프를 추가로 설치해야 한다.

④ 내연기관의 연료량은 펌프를 40분(50층 이상인 건축물의 경우에는 60분) 이상 운전할 수 있는 용량일 것

⑤ 급수배관은 전용으로 설치해야 한다.

⑥ 50층 이상인 건축물의 스프링클러설비 주배관 중 수직배관은 2개 이상(주배관 성능을 갖는 동일 호칭배관)으로 설치하고, 하나의 수직배관이 파손 등 작동 불능 시에도 다른 수직배관으로부터 소화수가 공급되도록 구성해야 하며, 각각의 수직배관에 유수검지장치를 설치해야 한다.

⑦ 50층 이상인 건축물의 스프링클러 헤드에는 2개 이상의 가지배관으로부터 양방향에서 소화수가 공급되도록 하고, 수리계산에 의한 설계를 해야 한다.

⑧ 스프링클러설비의 음향장치는 「스프링클러설비의 화재안전기술기준(NFTC 103)」에 따라 설치하되, 다음의 기준에 따라 경보를 발할 수 있도록 해야 한다.
  ㉠ 2층 이상의 층에서 발화한 때에는 발화층 및 그 직상 4개 층에 경보를 발할 것
  ㉡ 1층에서 발화한 때에는 발화층·그 직상 4개 층 및 지하층에 경보를 발할 것
  ㉢ 지하층에서 발화한 때에는 발화층·그 직상층 및 기타의 지하층에 경보를 발할 것

⑨ 비상전원은 자가발전설비, 축전지설비(내연기관에 따른 펌프를 사용하는 경우에는 내연기관의 기동 및 제어용 축전지를 말한다) 또는 전기저장장치로서 스프링클러설비를 유효하게 40분 이상 작동할 수 있을 것. 다만, 50층 이상인 건축물의 경우에는 60분 이상 작동할 수 있어야 한다.

(3) 특별피난계단의 계단실 및 부속실 제연설비

① 특별피난계단의 계단실 및 부속실 제연설비는 「특별피난계단의 계단실 및 부속실 제연설비의 화재안전기술기준(NFTC 501A)」에 따라 설치하되, 비상전원은 자가발전설비, 축전지설비, 전기저장장치로 하고 제연설비를 유효하게 40분 이상 작동할 수 있도록 해야 한다. 다만, 50층 이상인 건축물의 경우에는 60분 이상 작동할 수 있어야 한다.

(4) 피난안전구역의 소방시설

① 「초고층 및 지하연계 복합건축물 재난관리에 관한 특별법시행령」 제14조제2항에 따른 피난안전구역에 설치하는 소방시설은 표와 같이 설치해야 하며, 이 기준에서 정하지 아니한 것은 개별 기술기준에 따라 설치해야 한다.

[피난안전구역에 설치하는 소방시설의 설치기준]

구분	설치기준
1. 제연설비	피난안전구역과 비 제연구역간의 차압은 50pa(옥내에 스프링클러설비가 설치된 경우에는 12.5Pa) 이상으로 하여야 한다. 다만 피난안전구역의 한쪽 면 이상이 외기에 개방된 구조의 경우에는 설치하지 아니할 수 있다.
2. 피난유도선	피난유도선은 다음 각호의 기준에 따라 설치하여야 한다. 　가. 피난안전구역이 설치된 층의 계단실 출입구에서 피난안전구역 주 출입구 또는 비상구까지 설치할 것 　나. 계단실에 설치하는 경우 계단 및 계단참에 설치할 것 　다. 피난유도 표시부의 너비는 최소 25mm 이상으로 설치할 것 　라. 광원점등방식(전류에 의하여 빛을 내는 방식)으로 설치하되, 60분 이상 유효하게 작동할 것
3. 비상조명등	피난안전구역의 비상조명등은 상시 조명이 소등된 상태에서 그 비상조명등이 점등되는 경우 각 부분의 바닥에서 조도는 10ℓx 이상이 될 수 있도록 설치할 것
4. 휴대용비상조명등	가. 피난안전구역에는 휴대용비상조명등을 다음 각호의 기준에 따라 설치하여야 한다. 　　1) 초고층 건축물에 설치된 피난안전구역 : 피난안전구역 위층의 재실자수(「건축물의 피난·방화구조 등의 기준에 관한 규칙」별표 1의2에 따라 산정된 재실자 수를 말한다)의 10분의 1 이상 　　2) 지하연계 복합건축물에 설치된 피난안전구역 : 피난안전구역이 설치된 층의 수용인원(영 별표 2에 따라 산정된 수용인원을 말한다)의 10분의 1 이상 나. 건전지 및 충전식 건전지의 용량은 40분 이상 유효하게 사용할 수 있는 것으로 한다. 다만, 피난안전구역이 50층 이상에 설치되어 있을 경우의 용량은 60분 이상으로 할 것
5. 인명구조기구	가. 방열복, 인공소생기를 각 2개 이상 비치할 것 나. 45분이상 사용할 수 있는 성능의 공기호흡기(보조마스크를 포함한다)를 2개이상 비치하여야 한다. 다만, 피난안전구역이 50층 이상에 설치되어 있을 경우에는 동일한 성능의 예비용기를 10개 이상 비치할 것 다. 화재시 쉽게 반출할 수 있는 곳에 비치할 것 라. 인명구조기구가 설치된 장소의 보기 쉬운 곳에 "인명구조기구"라는 표지판 등을 설치할 것

(5) 연결송수관설비

① 연결송수관설비의 배관은 전용으로 한다. 다만, 주배관의 구경이 100 ㎜ 이상인 옥내소화전설비와 겸용할 수 있다.

② 내연기관의 연료량은 펌프를 40분(50층 이상인 건축물의 경우에는 60분) 이상 운전할 수 있는 용량일 것

③ 연결송수관설비의 비상전원은 자가발전설비, 축전지설비(내연기관에 따른 펌프를 사용하는 경우에는 내연기관의 기동 및 제어용 축전지를 말한다), 전기저장장치로서 연결송수관설비를 유효하게 40분 이상 작동할 수 있어야 할 것. 다만, 50층 이상인 건축물의 경우에는 60분 이상 작동할 수 있어야 한다.

제3절 건설현장의 화재안전기술기준 [NFTC 606]

01 용어의 정의

(1) 이 기준에서 사용하는 용어의 정의는 다음과 같다.
  ① "임시소방시설"이란 법 제15조제1항에 따른 설치 및 철거가 쉬운 화재대비시설을 말한다.
  ② "소화기"란 「소화기구 및 자동소화장치의 화재안전기술기준(NFTC 101)」에서 정의하는 소화기를 말한다.
  ③ "간이소화장치"란 건설현장에서 화재발생 시 신속한 화재 진압이 가능하도록 물을 방수하는 형태의 소화장치를 말한다.
  ④ "비상경보장치"란 발신기, 경종, 표시등 및 시각경보장치가 결합된 형태의 것으로서 화재위험작업 공간 등에서 수동조작에 의해서 화재경보상황을 알려줄 수 있는 비상벨 장치를 말한다.
  ⑤ "가스누설경보기"란 건설현장에서 발생하는 가연성가스를 탐지하여 경보하는 장치를 말한다.
  ⑥ "간이피난유도선"이란 화재발생 시 작업자의 피난을 유도할 수 있는 케이블형태의 장치를 말한다.
  ⑦ "비상조명등"이란 화재발생 시 안전하고 원활한 피난활동을 할 수 있도록 계단실 내부에 설치되어 자동 점등되는 조명등을 말한다.
  ⑧ "방화포"란 건설현장 내 용접·용단 등의 작업 시 발생하는 금속성 불티로부터 가연물이 점화되는 것을 방지해주는 차단막을 말한다.

02 기술기준

(1) 소화기의 설치기준
  ① 소화기의 설치기준은 다음과 같다.
    ㉠ 소화기의 소화약제는 「소화기구 및 자동소화장치의 화재안전기술기준(NFTC 101)」에 따른 적응성이 있는 것을 설치할 것
    ㉡ 각 층 계단실마다 계단실 출입구 부근에 능력단위 3단위 이상인 소화기 2개 이상을 설치하고, 영 제18조제1항에 해당하는 작업을 하는 경우 작업종료 시까지 작업지점으로부터 5 m 이내의 쉽게 보이는 장소에 능력단위 3단위 이상인 소화기 2개 이상과 대형소화기 1개 이상을 추가 배치할 것
    ㉢ "소화기"라고 표시한 축광식 표지를 소화기 설치장소 보기 쉬운 곳에 부착하여야 한다.

(2) 간이소화장치의 설치기준

① 간이소화장치의 설치기준은 다음과 같다.

㉠ 영 제18조제1항에 해당하는 작업을 하는 경우 작업종료 시까지 작업지점으로부터 25 m 이내에 배치하여 즉시 사용이 가능하도록 할 것

(3) 방화포의 설치기준

① 방화포의 설치기준은 다음과 같다.

㉠ 용접·용단 작업 시 11 m 이내에 가연물이 있는 경우 해당 가연물을 방화포로 보호할 것

제4절 공동주택의 화재안전기술기준 [NFTC 608]

01 용어의 정의 : 이 기준에서 사용하는 용어의 정의는 다음과 같다.

(1) "공동주택"이란 영 [별표2] 제1호에서 규정한 대상을 말한다.

(2) "아파트등"이란 영 [별표2] 제1호 가목에서 규정한 대상을 말한다.

(3) "기숙사"란 영 [별표2] 제1호 라목에서 규정한 대상을 말한다.

(4) "갓복도식 공동주택"이란「건축물의 피난·방화구조 등의 기준에 관한 규칙」제9조제4항에서 규정한 대상을 말한다.

(5) "주배관"이란「스프링클러설비의 화재안전기술기준(NFTC 103)」1.7.1.19에서 규정한 것을 말한다.

(6) "부속실"이란「특별피난계단의 계단실 및 부속실 제연설비의 화재안전기술기준(NFTC 501A)」1.1.1에서 규정한 부속실을 말한다.

02 기술기준

(1) 소화기구 및 자동소화장치

① 소화기는 다음의 기준에 따라 설치해야 한다.

1. 바닥면적 100 ㎡ 마다 1단위 이상의 능력단위를 기준으로 설치할 것
2. 아파트등의 경우 각 세대 및 공용부(승강장, 복도 등)마다 설치할 것
3. 아파트등의 세대 내에 설치된 보일러실이 방화구획되거나, 스프링클러설비·간이스프링클러설비·물분무등소화설비 중 하나가 설치된 경우에는 「소화기구 및 자동소화장치의 화재안전기술기준(NFTC 101)」[표 2.1.1.3]제1호 및 제5호를 적용하지 않을 수 있다.
4. 아파트등의 경우『소화기구 및 자동소화장치의 화재안전기술기준(NFTC 101)』2.2에 따른 소화기의 감소 규정을 적용하지 않을 것

② 주거용 주방자동소화장치는 아파트등의 주방에 열원(가스 또는 전기)의 종류에 적합한 것으로 설치하고, 열원을 차단할 수 있는 차단장치를 설치해야 한다.

(2) 옥내소화전설비 : 옥내소화전설비는 다음의 기준에 따라 설치해야 한다.
① 호스릴(hose reel) 방식으로 설치할 것
② 복층형 구조인 경우에는 출입구가 없는 층에 방수구를 설치하지 아니할 수 있다.
③ 감시제어반 전용실은 피난층 또는 지하 1층에 설치할 것. 다만, 상시 사람이 근무하는 장소 또는 관계인이 쉽게 접근할 수 있고 관리가 용이한 장소에 감시제어반 전용실을 설치할 경우에는 지상 2층 또는 지하 2층에 설치할 수 있다.

(3) 스프링클러설비 : 스프링클러설비는 다음의 기준에 따라 설치해야 한다.
① 폐쇄형스프링클러헤드를 사용하는 아파트등은 기준개수 10개(스프링클러헤드의 설치개수가 가장 많은 세대에 설치된 스프링클러헤드의 개수가 기준개수보다 작은 경우에는 그 설치개수를 말한다)에 1.6 ㎥를 곱한 양 이상의 수원이 확보되도록 할 것. 다만, 아파트등의 각 동이 주차장으로 서로 연결된 구조인 경우 해당 주차장 부분의 기준개수는 30개로 할 것
② 아파트등의 경우 화장실 반자 내부에는 「소방용 합성수지배관의 성능인증 및 제품검사의 기술기준」에 적합한 소방용 합성수지배관으로 배관을 설치할 수 있다. 다만, 소방용 합성수지배관 내부에 항상 소화수가 채워진 상태를 유지할 것
③ 하나의 방호구역은 2개 층에 미치지 아니하도록 할 것. 다만, 복층형 구조의 공동주택에는 3개 층 이내로 할 수 있다.
④ 아파트등의 세대 내 스프링클러헤드를 설치하는 천장·반자·천장과 반자사이·덕트·선반 등의 각 부분으로부터 하나의 스프링클러헤드까지의 수평거리는 2.6 m 이하로 할 것.
⑤ 외벽에 설치된 창문에서 0.6 m 이내에 스프링클러헤드를 배치하고, 배치된 헤드의 수평거리 이내에 창문이 모두 포함되도록 할 것. 다만, 다음의 기준에 어느 하나에 해당하는 경우에는 그렇지 않다.
  1. 창문에 드렌처설비가 설치된 경우
  2. 창문과 창문 사이의 수직부분이 내화구조로 90 cm 이상 이격되어 있거나,「발코니 등의 구조변경절차 및 설치기준」제4조제1항부터 제5항까지에서 정하는 구조와 성능의 방화판 또는 방화유리창을 설치한 경우
  3. 발코니가 설치된 부분
⑥ 거실에는 조기반응형 스프링클러헤드를 설치할 것.
⑦ 감시제어반 전용실은 피난층 또는 지하 1층에 설치할 것. 다만, 상시 사람이 근무하는 장소 또는 관계인이 쉽게 접근할 수 있고 관리가 용이한 장소에 감시제어반 전용실을 설치할 경우에는 지상 2층 또는 지하 2층에 설치할 수 있다.
⑧ 「건축법 시행령」제46조제4항에 따라 설치된 대피공간에는 헤드를 설치하지 않을 수 있다.
⑨ 「스프링클러설비의 화재안전기술기준(NFTC 103)」의 기준에도 불구하고 세대 내 실외기실 등 소규모 공간에서 해당 공간 여건상 헤드와 장애물 사이에 60 cm 반경을 확보하지 못하거나 장애물 폭의 3배를 확보하지 못하는 경우에는 살수방해가 최소화되는 위치에 설치할 수 있다.

(4) 물분무소화설비

물분무소화설비의 감시제어반 전용실은 피난층 또는 지하 1층에 설치해야 한다. 다만, 상시 사람이 근무하는 장소 또는 관계인이 쉽게 접근할 수 있고 관리가 용이한 장소에 감시제어반 전용실을 설치할 경우에는 지상 2층 또는 지하 2층에 설치할 수 있다.

(5) 포소화설비

포소화설비의 감시제어반 전용실은 피난층 또는 지하 1층에 설치해야 한다. 다만, 상시 사람이 근무하는 장소 또는 관계인이 쉽게 접근할 수 있고 관리가 용이한 장소에 감시제어반 전용실을 설치할 경우에는 지상 2층 또는 지하 2층에 설치할 수 있다.

(6) 옥외소화전설비 : 옥외소화전설비는 다음의 기준에 따라 설치해야 한다.

① 기동장치는 기동용수압개폐장치 또는 이와 동등 이상의 성능이 있는 것을 설치할 것.
② 감시제어반 전용실은 피난층 또는 지하 1층에 설치할 것. 다만, 상시 사람이 근무하는 장소 또는 관계인이 쉽게 접근할 수 있고 관리가 용이한 장소에 감시제어반 전용실을 설치할 경우에는 지상 2층 또는 지하 2층에 설치할 수 있다.

(7) 피난기구 : 피난기구는 다음의 기준에 따라 설치해야 한다.

① 아파트등의 경우 각 세대마다 설치할 것
② 피난장애가 발생하지 않도록 하기 위하여 피난기구를 설치하는 개구부는 동일 직선상이 아닌 위치에 있을 것. 다만, 수직 피난방향으로 동일 직선상인 세대별 개구부에 피난기구를 엇갈리게 설치하여 피난장애가 발생하지 않는 경우에는 그렇지 않다.
③ 「공동주택관리법」제2조제1항제2호(마목은 제외함)에 따른 "의무관리대상 공동주택"의 경우에는 하나의 관리주체가 관리하는 공동주택 구역마다 공기안전매트 1개 이상을 추가로 설치할 것. 다만, 옥상으로 피난이 가능하거나 수평 또는 수직 방향의 인접세대로 피난할 수 있는 구조인 경우에는 추가로 설치하지 않을 수 있다.
④ 갓복도식 공동주택 또는 「건축법 시행령」제46조제5항에 해당하는 구조 또는 시설을 설치하여 수평 또는 수직 방향의 인접세대로 피난할 수 있는 아파트는 피난기구를 설치하지 않을 수 있다.
⑤ 승강식 피난기 및 하향식 피난구용 내림식 사다리가 「건축물의 피난·방화구조 등의 기준에 관한 규칙」 제14조에 따라 방화구획된 장소(세대 내부)에 설치될 경우에는 해당 방화구획된 장소를 대피실로 간주하고, 대피실의 면적규정과 외기에 접하는 구조로 대피실을 설치하는 규정을 적용하지 않을 수 있다.

(8) 특별피난계단의 계단실 및 부속실 제연설비

특별피난계단의 계단실 및 부속실 제연설비는 「특별피난계단의 계단실 및 부속실 제연설비의 화재안전기술기준(NFTC 501A)」2.22의 기준에 따라 성능확인을 해야 한다. 다만, 부속실을 단독으로 제연하는 경우에는 부속실과 면하는 옥내 출입문만 개방한 상태로 방연풍속을 측정할 수 있다.

(9) 연결송수관설비

① 방수구는 다음의 기준에 따라 설치해야 한다.
  1. 층마다 설치할 것. 다만, 아파트등의 1층과 2층(또는 피난층과 그 직상층)에는 설치하지 않을 수 있다.
  2. 아파트등의 경우 계단의 출입구(계단의 부속실을 포함하며 계단이 2 이상 있는 경우에는 그 중 1개의 계단을 말한다)로부터 5 m 이내에 방수구를 설치하되, 그 방수구로부터 해당 층의 각 부분까지의 수평거리가 50 m를 초과하는 경우에는 방수구를 추가로 설치할 것.
  3. 쌍구형으로 할 것. 다만, 아파트등의 용도로 사용되는 층에는 단구형으로 설치할 수 있다.
  4. 송수구는 동별로 설치하되, 소방차량의 접근 및 통행이 용이하고 잘 보이는 장소에 설치할 것.

② 펌프의 토출량은 2,400 ℓ/min 이상(계단식 아파트의 경우에는 1,200 ℓ/min 이상)으로 하고, 방수구 개수가 3개를 초과(방수구가 5개 이상인 경우에는 5개)하는 경우에는 1개 마다 800 ℓ/min(계단식 아파트의 경우에는 400 ℓ/min 이상)를 가산해야 한다.

제5절 창고시설의 화재안전기술기준

01 용어의 정의

(1) 이 기준에서 사용하는 용어의 정의는 다음과 같다.
  ① "창고시설"이란 영 별표2 제16호에서 규정한 창고시설을 말한다.
  ② "한국산업표준규격(KS)"이란 「산업표준화법」 제12조에 따라 산업통상자원부장관이 고시한 산업표준을 말한다.
  ③ "랙식 창고"란 한국산업표준규격(KS)의 랙(rack) 용어(KS T 2023)에서 정하고 있는 물품 보관용 랙을 설치하는 창고시설을 말한다.
  ④ "적층식 랙"이란 한국산업표준규격(KS)의 랙 용어(KS T 2023)에서 정하고 있는 선반을 다층식으로 겹쳐 쌓는 랙을 말한다.
  ⑤ "라지드롭형(large-drop type) 스프링클러헤드"란 동일 조건의 수압력에서 큰 물방울을 방출하여 화염의 전파속도가 빠르고 발열량이 큰 저장창고 등에서 발생하는 대형화재를 진압할 수 있는 헤드를 말한다.
  ⑥ "송기공간"이란 랙을 일렬로 나란하게 맞대어 설치하는 경우 랙 사이에 형성되는 공간(사람이나 장비가 이동하는 통로는 제외한다.)을 말한다.

02 기술기준

(1) 소화기구 및 자동소화장치

창고시설 내 배전반 및 분전반마다 가스자동소화장치·분말자동소화장치·고체에어로졸자동소화장치 또는 소공간용 소화용구를 설치해야 한다.

(2) 옥내소화전설비

① 수원의 저수량은 옥내소화전의 설치개수가 가장 많은 층의 설치개수(2개 이상 설치된 경우에는 2개)에 5.2 ㎥ (호스릴옥내소화전설비를 포함한다)를 곱한 양 이상이 되도록 해야 한다.

② 사람이 상시 근무하는 물류창고 등 동결의 우려가 없는 경우에는 수동기동방식을 설치하면 안된다.

③ 비상전원은 자가발전설비, 축전지설비(내연기관에 따른 펌프를 사용하는 경우에는 내연기관의 기동 및 제어용 축전지를 말한다) 또는 전기저장장치(외부 전기에너지를 저장해 두었다가 필요한 때 전기를 공급하는 장치)로서 옥내소화전설비를 유효하게 40분 이상 작동할 수 있어야 한다.

(3) 스프링클러설비

① 스프링클러설비의 설치방식은 다음 기준에 따른다.

  1. 창고시설에 설치하는 스프링클러설비는 라지드롭형 스프링클러헤드를 습식으로 설치할 것. 다만, 다음의 어느 하나에 해당하는 경우에는 건식스프링클러설비로 설치할 수 있다.
     ㉠ 냉동창고 또는 영하의 온도로 저장하는 냉장창고
     ㉡ 창고시설 내에 상시 근무자가 없어 난방을 하지 않는 창고시설
  2. 랙식 창고의 경우에는 ①에 따라 설치하는 것 외에 라지드롭형 스프링클러헤드를 랙 높이 3 m 이하마다 설치할 것. 이 경우 수평거리 15 cm 이상의 송기공간이 있는 랙식 창고에는 랙 높이 3 m 이하마다 설치하는 스프링클러헤드를 송기공간에 설치할 수 있다.
  3. 창고시설에 적층식 랙을 설치하는 경우 적층식 랙의 각 단 바닥면적을 방호구역 면적으로 포함할 것
  4. 1.~3. 에도 불구하고 천장 높이가 13.7 m 이하인 랙식 창고에는 「화재조기진압용 스프링클러설비의 화재안전기술기준(NFTC 103B)」에 따른 화재조기진압용 스프링클러설비를 설치할 수 있다.
  5. 높이가 4 m 이상인 창고(랙식 창고를 포함한다)에 설치하는 폐쇄형 스프링클러 헤드는 그 설치장소의 평상시 최고 주위온도에 관계 없이 표시온도 121 ℃ 이상의 것으로 할 수 있다.

② 수원의 저수량은 다음의 기준에 적합해야 한다.

  1. 라지드롭형 스프링클러헤드의 설치개수가 가장 많은 방호구역의 설치개수(30개 이상 설치된 경우에는 30개)에 3.2 ㎥(랙식 창고의 경우에는 9.6 ㎥)를 곱한 양 이상이 되도록 할 것
  2. 화재조기진압용 스프링클러설비를 설치하는 경우 「화재조기진압용 스프링클러설비의 화재안전기술기준(NFTC 103B)」에 따를 것

③ 가압송수장치의 송수량은 다음 기준의 기준에 적합해야 한다.
  1. 가압송수장치의 송수량은 0.1 MPa의 방수압력 기준으로 160 L/min 이상의 방수성능을 가진 기준 개수의 모든 헤드로부터의 방수량을 충족시킬 수 있는 양 이상인 것으로 할 것. 이 경우 속도수두는 계산에 포함하지 않을 수 있다.
  2. 화재조기진압용 스프링클러설비를 설치하는 경우 「화재조기진압용 스프링클러설비의 화재안전기술기준(NFTC 103B)」에 따를 것
④ 교차배관에서 분기되는 지점을 기점으로 한쪽 가지배관에 설치되는 헤드의 개수(반자 아래와 반자속의 헤드를 하나의 가지배관 상에 병설하는 경우에는 반자 아래에 설치하는 헤드의 개수)는 4개 이하로 해야 한다. 다만, 화재조기진압용 스프링클러설비를 설치하는 경우에는 그렇지 않다.
⑤ 스프링클러헤드는 다음의 기준에 적합해야 한다.
  1. 라지드롭형 스프링클러헤드를 설치하는 천장·반자·천장과 반자사이·덕트·선반 등의 각 부분으로부터 하나의 스프링클러헤드까지의 수평거리는 「화재의 예방 및 안전관리에 관한 법률 시행령」 별표2의 특수가연물을 저장 또는 취급하는 창고는 1.7 m 이하, 그 외의 창고는 2.1 m(내화구조로 된 경우에는 2.3 m를 말한다) 이하로 할 것
  2. 화재조기진압용 스프링클러헤드는 「화재조기진압용 스프링클러설비의 화재안전기술기준(NFTC 103B)」 2.7.1에 따라 설치할 것
⑥ 물품의 운반 등에 필요한 고정식 대형기기 설비의 설치를 위해 「건축법 시행령」 제46조제2항에 따라 방화구획이 적용되지 아니하거나 완화 적용되어 연소할 우려가 있는 개구부에는 드렌처설비를 설치해야 한다.
⑦ 비상전원은 자가발전설비, 축전지설비(내연기관에 따른 펌프를 사용하는 경우에는 내연기관의 기동 및 제어용 축전지를 말한다) 또는 전기저장장치(외부 전기에너지를 저장해 두었다가 필요한 때 전기를 공급하는 장치를 말한다. 이하 같다)로서 스프링클러설비를 유효하게 20분(랙식 창고의 경우 60분을 말한다) 이상 작동할 수 있어야 한다.

(4) 소화수조 및 저수조

소화수조 또는 저수조의 저수량은 특정소방대상물의 연면적을 5,000 ㎡로 나누어 얻은 수(소수점 이하의 수는 1로 본다)에 20 ㎥를 곱한 양 이상이 되도록 해야 한다.

CHAPTER 21 기타 기준(창고시설 문제)

01 특수가연물을 저장하는 랙식창고의 체적이 15[m]×26[m]×8[m] 이다. 이 창고에 라지드롭형 스프링클러헤드를 정방형으로 설치하려고 한다. 랙식 창고에 설치해야할 헤드의 최소개수를 구하시오.(다른 소방시설이 설치된 것은 고려하지 않는다.)

- 계산과정 :
- 정답 :

계산과정

① 헤드간 거리(정방형) : $S = 2R\cos 45 = 2 \times 1.7 \times \cos 45 = 2.4[m]$

② 가로변 헤드 개수 : $\dfrac{15}{2.4} = 6.25 = 7$개

③ 세로변 헤드 개수 : $\dfrac{26}{2.4} = 10.83 = 11$개

④ 랙식 창고의 경우 랙 높이 3[m] 마다 설치하므로 3열을 설치한다. $\dfrac{8}{3} = 3$열

∴ $7 \times 11 \times 3 = 231$개

정답 231개

초판발행	2025년 2월 20일
편 저	이종오
발 행 인	이상옥
발 행 처	에듀콕스(educox)
출판등록번호	제25100-2018-000073호
주 소	서울시 관악구 신림로23길 16 일성트루엘 907호
팩 스	02)6499-2839
이 메 일	educox@hanmail.net

저자와의
협의하에
인지생략

이 책에 실린 내용에 대한 저작권은 에듀콕스(educox)에 있으므로 함부로 복사·복제할 수 없습니다.

정가 28,000원

ISBN 979-11-93666-28-9